Maple V
Rechnen und Programmieren mit Release 4

von
Alexander Walz

R. Oldenbourg Verlag München Wien 1998

Bildnachweis Umschlag:
Eine Detailaufnahme der Leibnizschen Rechenmaschine (erfunden und bearbeitet in Paris und Göttingen 1640 – 1672)
Photo Deutsches Museum München

Die Deutsche Bibliothek - CIP-Einheitsaufnahme

Walz, Alexander:
Maple V : Rechnen und Programmieren mit Release 4.
München , Wien : Oldenbourg
   ISBN 3-486-24280-6

Buch. 1998
  brosch.

CD-ROM: 1998

© 1998 R. Oldenbourg Verlag
Rosenheimer Straße 145, D-81671 München
Telefon: (089) 45051-0, Internet: http://www.oldenbourg.de

Lektorat: Ursula Killguß
Herstellung: Rainer Hartl
Umschlagkonzeption: Kraxenberger Kommunikationshaus, München
Gedruckt auf säure- und chlorfreiem Papier
Gesamtherstellung: R. Oldenbourg Graphische Betriebe GmbH, München

Inhalt

Teil 1 Mathematik mit Maple V

0	**Vorwort**	5
1	**Bedienung von Maple V**	11
1.1	Das Arbeitsblatt	11
1.2	Die Benutzeroberfläche	13
1.3	Gestaltung von Arbeitsblättern	25
2	**Rechnen und Arbeiten mit Maple V**	35
2.1	Grundrechenarten	35
2.2	Fließkommaberechnungen	37
2.3	Symbolische Ausdrücke	40
2.4	Ergebnisspeicher	40
2.5	Weitere Eingabekonventionen	41
2.6	Variablen	42
2.6.1	Zuweisungen	42
2.6.2	Rücksetzen von Maple	44
2.6.3	Auswertungsregeln	45
2.7	Funktionsdefinition	48
2.8	Hilfefunktionen	53
2.9	Typische Anwenderfehler	55
2.9.2	Syntaxfehler	55
2.9.2	Semantikfehler	56
2.9.3	Mißachtung mathematischer Prioritäten	56
2.9.4	Tippfehler	57
2.9.5	Ditto	57
2.9.6	Zuweisungen	58
2.9.7	Der Doppelpunkt	60
2.9.8	Verwechselung zwischen Funktionen in Pfeilnotation und Termen	61
3	**Grundlagen**	63
3.1	Mathematische Funktionen	63
3.2	Vordefinierte Konstanten	64
3.3	Exponentialschreibweise	65

3.4   Prioritäten mathematischer Operationen 65
3.5   Kurznamen für Funktionen und Befehle 67
3.5.1   Makros 67
3.5.2   Aliase 68
3.6   Ausdrücke und Datenstrukturen in Maple V 70
3.6.1   Ausdruck 70
3.6.2   Bereiche 70
3.6.3   Folgen 71
3.6.4   Listen 72
3.6.5   Mengen 73
3.7   Griechische Buchstaben 74

4   Umformungen, Vereinfachungen und Lösungen 75
4.1   Rechnen mit Polynomen 75
4.2   Quotienten 79
4.3   Vergleich von Ausdrücken 84
4.4   Annahmen und Vereinfachungen 85
4.4.1   Setzen von Annahmen mit assume 86
4.4.2   Vereinfachungen mittels combine 89
4.4.2.1 Potenzen 89
4.4.2.2 Wurzeln 91
4.4.2.3 Logarithmen 92
4.4.3   Trigonometrische Ausdrücke 93
4.5   Gleichungen 97
4.5.1   Darstellung und Umformungen 97
4.5.2   Lösung von Gleichungen 98
4.6   Ungleichungen 105
4.7   Gleichungssysteme 105
4.8   Substitution von Ausdrücken 107
4.9   Punkt-Richtungsform und Schnittpunkte von Geraden 112
4.10   Komplexe Zahlen 114

5   Graphik 119
5.1   Zweidimensionale Graphiken 119
5.1.1   Die plot-Anweisung 119
5.1.2   Koordinatenachsen und Gitternetz 128
5.1.3   Punkte: Stile und Symbole 130
5.1.4   Linienarten und Farben 132
5.1.5   Tangenten 134
5.1.6   Implizite Funktionen 134
5.1.7   Parametrische Kurven 138
5.1.8   Kurven in Polarkoordinaten 138
5.1.9   Logarithmische Plots 140

5.1.10   Vektorfelder 141
5.1.11   Ungleichungen 142
5.1.12   Animation 144
5.2   Dreidimensionale Graphiken 146
5.2.1   Der plot3d-Befehl 146
5.2.2   Flächen aus Punktkoordinaten 153
5.2.3   Flächen in Kugelkoordinaten 154
5.2.4   Implizite Funktionen 155
5.2.5   Kurven im Raum 156
5.2.6   Animationen in 3D 158
5.3   Abspeicherung von Graphiken in Dateien 159
5.3.1   Einzelbilder 159
5.3.2   Animationen 160

6   **Analysis** 163
6.1   Verknüpfung von Funktionen 163
6.1.1   Verknüpfung durch Grundrechenarten 163
6.1.2   Verknüpfung durch Verkettung 165
6.2   Fakultäten und Binomialkoeffizienten 167
6.3   Symmetrie von Funktionen 168
6.4   Grenzwerte 169
6.5   Stetigkeit 173
6.6   Folgen reeller Zahlen 176
6.6.1   Explizit gebildete Folgen 176
6.6.2   Implizit gebildete Folgen 182
6.7   Summen, Reihen und Produkte 185
6.7.1   Summen 185
6.7.2   Reihen 186
6.7.3   Produkte 187
6.8   Differentiation 188
6.8.1   Ableitungen mit diff 188
6.8.2   Extrem- und Wendestellen 190
6.8.3   Monotonieverhalten 193
6.8.4   Differentialoperator D 195
6.8.5   Partielle Ableitungen 196
6.8.6   Differentiation impliziter Funktionen 197
6.9   Integration 198
6.9.1   Unbestimmte und bestimmte Integrale 198
6.9.2   Uneigentliche Integrale 201
6.9.3   Integrationsmethoden 204
6.9.4   Mehrfachintegrale 205
6.9.5   Flächenprobleme 206
6.10   Reihenentwicklung 209

6.11   Stückweise definierte Funktionen 213
6.12   Einfache Differentialgleichungen 217

7   Lineare Algebra, Analytische Geometrie und Kombinatorik .. 225
7.1   Vektoren 225
7.2   Matrizen 228
7.2.1   Matrixdefinition 229
7.2.2   Fundamentale Matrixarithmetik 231
7.2.3   Lineare Gleichungssysteme in Matrizenform 235
7.3   Geometrie der Ebene 239
7.4   Geometrie des Raumes 243
7.5   Kombinatorik 246

Teil 2 Die Programmiersprache Maple V

8   Die Programmiersprache Maple V 251
8.1   Allgemeines 251
8.2   Eigenschaften der Programmiersprache Maple V 252
8.3   Begriffsbestimmungen 253

9   Bezeichner 255
9.1   Variablen 255
9.2   Datentypen 257
9.3   Schutz von Bezeichnern 261

10   Ausgabebefehle 263
10.1   Formatierte Ausgabe mit print und lprint 263
10.2   Formatierte Ausgabe mit printf 266

11   Bedingungen 269
11.1   Die if-Anweisung 269
11.2   Boolesche Operatoren 275

12   Schleifen 277
12.1   Allgemeines 277
12.2   for/from - Schleifen 279
12.3   Gekürzte for/from - Schleifen 282
12.4   for/in - Schleifen 283
12.5   while - Schleifen 283
12.6   Kombinierte for/while - Schleifen 285

12.7   Sprungbefehle für Schleifen 286

13   Strukturierte Datentypen 289
13.1   Folgen 289
13.2   Listen und Mengen 292
13.2.1   Grundsätzliches zu Listen und Mengen 292
13.2.2   Listen 295
13.2.3   Mengen 300
13.2.4   Umwandlungen zwischen Listen und Mengen 301
13.3   Tabellen 301
13.4   Felder 307

14   Zeichenketten 313

15   Prozeduren 317
15.1   Definition von Prozeduren 318
15.2   Parameter 320
15.3   Rückgabewerte einer Prozedur 322
15.4   Geltungsbereiche von Variablen 325
15.4.1   Lokale Variablen 325
15.4.2   Globale Variablen 327
15.4.3   Umgebungsvariablen 329
15.5   Auswertungsregeln für Bezeichner 329
15.6   Veränderung der Parameter 332
15.6.1   Veränderung auf Release 3-Art mit *name* 332
15.6.2   Veränderung mit *evaln* 334
15.7   Wegfall und zusätzliche Angabe von Argumenten 336
15.8   Funktionen als Argumente 339
15.9   Prozeduren als Argumente 341
15.10   Erweiterte Typüberprüfung im Prozedurkopf 342
15.11   Optionen als Argumente 343
15.12   Fehlerbehandlung 347
15.13   Funktionen als Rückgabe 349
15.14   Interaktive Terminaleingaben 350
15.15   Unterprozeduren 352
15.16   Selbstaufruf einer Prozedur 353
15.17   Unausgewertete Rückgabe 354
15.18   Optionen & interne Prozedurverwaltung 355
15.19   Erinnerungstabellen 357
15.20   Effiziente Rekursionen 361
15.21   Benutzerdefinierte Typen 365
15.22   Abspeicherung und Laden von Dateien 368

16   Weiterführende Programmierung 371
16.1   Erstellung eigener Pakete und Bibliotheken 371
16.1.1   Erstellung eines Paketes 372
16.1.2   Hilfeseiten in Release 4 376
16.1.3   Erstellung einer Bibliothek 378
16.1.3.1 Interne Prozeduren 379
16.1.3.2 Tabellenzuweisung 380
16.1.3.3 Abspeicherung der Routinen in die Bibliothek 381
16.1.3.4 Einsatz des neuen Paketes 383
16.1.3.5 Initialisierung des Paketes 384
16.2   Hardware-Fließkommaarithmetik 386
16.3   Dateiein- und -ausgabeoperationen 388
16.3.1   Eingabeoperationen 388
16.3.2   Ausgabeoperationen 391

Anhänge

A   Syntaxübersichten 397
A1   Schnellübersicht 397
A2   Syntaxübersicht der besprochenen Maple-Befehle 402
A2.1   Standardbefehle 402
A2.2   Das Paket student 414
A2.3   Das Paket linalg 416
A2.4   Das Paket geometry 420
A2.5   Das Paket geom3d 422
A2.6   Das Paket combinat 423

B   Das System Maple V 425
B1   Systemkomponenten 425
B1.1   Kernel 425
B1.2   Maple-Hauptbibliothek (*main Maple Library*): 425
B1.2.1   Allgemeines 425
B1.2.2   Die Variable libname 427
B1.2.3   readlib-definierte Befehle 428
B1.2.4   Sonstige Maple Library-Befehle 429
B1.2.5   Das Paketkonzept von Maple V 430
B1.3   Benutzerschnittstelle (*user interface*) 432
B1.4   Share Library 433
B2   Systemvariablen & Systemkommandos 434
B2.1   Überblick 434
B2.2   interface-Einstelloptionen 435
B2.2.1   Ausgabemodi 436

B2.2.2   Prompt 437
B2.2.3   Anzeige von Prozedurcode 437
B2.3   Interne Arbeitsweise von Maple V: 438
B3   Maple-Initialisationsdatei 439
B4   Archivverwaltungsprogramm MARCH 442

C   **Installationshinweise** 447
C1   Installation der Share Library 447
C2   Installation von Maple Library Updates 449
C2.1   Installation des Library Updates in Release 3 450
C2.2   Installation der Library Updates in Release 4 450
C3   Installation der auf der CD-ROM enthaltenen Pakete 451

D   **Maple V im Internet** 453

E   **Geschichte Maples** 457

F   **Inhalt der CD-ROM** 459

          Quellenverzeichnis 467

          Index 471

Für Sabine

Vorwort

Maple V

Maple ist ein sehr mächtiges wissenschaftlich-mathematisches Computeralgebrasystem; seine Funktionen umfassen u.a.:

- symbolische und numerische Berechnungen;
- mathematische Funktionen für Algebra, Analysis, diskrete Mathematik, Finanzmathematik, lineare Algebra, Physik und Statistik;
- zwei- und dreidimensionale Graphiken;
- eine ungemein starke, flexible und leicht zu erlernende Programmiersprache.

Maple V bildet zusammen mit Mathematica, Macsyma und MuPAD die Spitzenklasse mathematischer Anwendungsprogramme. Für nahezu jedes Problem existieren in Maple Lösungsmöglichkeiten. Zudem hält sich das Programm in der Regel an die gewohnten mathematischen Schreibweisen, so daß es nicht sonderlich schwierig ist, sich in das Programm einzuarbeiten. Darüber hinaus kann das Arbeiten mit Maple sehr viel Spaß bereiten und das 'Feingefühl' für die Mathematik ganz erheblich fördern. Nicht umsonst hält Maple V verstärkt Einzug in Schulen und Universitäten, wobei die Lehre nur einen der vielen Anwendungsschwerpunkte dieses Systemes darstellt.

Zweck dieses Buches

Dieser Grundeinstieg soll Sie durch eine Vorstellung der verschiedenen elementaren Befehle und Funktionen in kurzer Zeit mit dem Umgang mit Maple vertraut machen. Der Text zeigt die außerordentlichen Fähigkeiten und Einsatzmöglichkeiten des Programmes auf, geht hierbei aber nicht allzusehr in die Tiefe, da dieses für den Einstieg in Maple nur hinderlich wäre. Zumeist werden die einzelnen Befehle kurz in ihrer Funktion und Syntax vorgestellt und ihr Einsatz anhand einfacher, verständlicher und vor allem übersichtlicher Beispiele demonstriert.

Maple V arbeitet kommandozeilenorientiert, d.h. Anweisungen werden generell über eine Eingabezeile erfaßt. Es ist daher notwendig, daß der Einsteiger die Syntax elementarer Befehle und den generellen Umgang mit Maple V erlernt, auch wenn dieses anfangs ein wenig Zeit und Geduld erfordern wird. Der Aufwand lohnt sich allemal.

In das Buch sind sowohl die Erfahrungen des Autors mit anfänglichen Problemen bei der Anwendung Maples als auch die einiger Dozenten, die an Schulen und Universitäten in der Bundesrepublik Deutschland und den Vereinigten Staaten von Amerika Maple-Kurse durchführen, eingeflossen.

Das Buch beschreibt zwar die Anwendung von Maple V Release 4 unter dem Betriebssystem MS Windows, bis auf die besprochene Windows-Oberfläche, Formatierungsmöglichkeiten bei Release 4-Arbeitsblättern und einige Besonderheiten bei Dateiein- und -ausgabebefehlen[1] ist es aber aufgrund der 100%igen Kompatibilität der Befehle und Programmiersprache sowie der durch Maple V erzeugten Dateien für alle anderen Betriebssystemversionen von Release 4 einsetzbar. Die Studentenversion von Release 4 wurde berücksichtigt.

Das Buch ist dreigeteilt:

Teil 1 - Mathematik mit Maple V - macht Sie mit dem Computeralgebrasystem bekannt, erklärt, wie Problemstellungen der Algebra, Analysis, linearen Algebra, analytischen Geomtrie und Kombinatorik zu lösen sind, erläutert die Erstellung von Graphiken und beschäftigt sich mit typischen Fehlern, die dem Anfänger zum Beginn der Arbeit mit Maple V unterlaufen können.

Teil 2 - Die Programmiersprache Maple V - beschreibt Sprachkonstrukte wie Bedingungen und Schleifen, Datenstrukturen, die Erstellung eigener Prozeduren und Maple-Bibliotheken sowie von Online-Hilfeseiten.

Die Anhänge enthalten Syntaxübersichten, das System Maple V betreffende Informationen, Installationsanleitungen zu Maple Library Updates, Paketen und der Share Library in der Studentenversion, Maple V im Internet sowie ein Abriß der Geschichte und Entwurfskriterien Maples.

Die dem Buch beiliegende CD-ROM enthält Arbeitsblätter zu allen im Buch enthaltenen Beispielen, Programmpatches von Release 4, Library Updates, die Share Libraries von Release 3 und 4 zur Installation in den Studentenversionen, viele von verschiedenen Akademikern geschriebene Maple-Pakete, u.v.a.m. Beachten Sie, daß das Urheberrecht an dem auf der CD-ROM befindlichen Material bei den jeweiligen Schöpfern verbleibt, die Dateien nur für den persönlichen Gebrauch genutzt und nicht an Dritte weitergegeben bzw. zugänglich gemacht werden dürfen.

Danksagungen

An dieser Stelle möchte ich all denjenigen danken, die mich auf verschiedenste Art und Weise beim Entstehen dieses Buches unterstützt haben.

[1] Dieses bezieht sich nur auf den zweiten Teil und Anhang B.

Folgenden Personen bin ich zu besonderem Dank verpflichtet:

- **Dr.-Ing. habil. Erhard Proß**, Leipzig,
  hat mir über den gesamten Zeitraum des Projektes mit Rat und Tat zur Seite ge-
  standen, sehr viel Zeit zur Korrektur des ersten Teiles sowohl aus mathematischer
  Sicht als auch aus vom Standpunkt eines Anwenders aufgewendet und wertvolle
  Hinweise gegeben. Dr. Proß hat auch einige Maple-Arbeitsblätter zur CD-ROM
  beigetragen.

- **Joseph S. Riel**, San Diego, California,
  hat viele Fragen zur Programmiersprache und zum Verhalten von Maple V um-
  fassend und kompetent beantwortet, zahlreiche und wertvolle Tips und Hinweise
  gegeben, deutlich zum Verständnis vieler Abschnitte in Teil 2 beigetragen sowie
  zahlreiche Pakete und äußerst interessante Dokumentationen zu Maple V beige-
  steuert.

- **Elizabeth C. Scheyder**, Philadelphia, Pennsylvania,
  hat den ersten Teil aus ihrer Sicht als Maple-Dozentin an der University of Pennsylvania korrekturgelesen und wichtige Tips und Hinweise gegeben. Ferner hat
  sie die englischen Online-Hilfeseiten zu dem auf der CD-ROM enthaltenen Paket
  math korrigiert.

- **Dr. Jenny Watson**, Waterloo Maple UK,
  hat als Repräsentantin von Waterloo Maple Inc. in Europa viele Fragen zu der internen Arbeitsweise und dem System Maple V beantwortet und den Autor in vielen weiteren Dingen (z.B. der CD-ROM) engagiert unterstützt.

Die nun genannten Personen haben dem Autor von ihren Erfahrungen mit der
Durchführung von Maple-Kursen an Schulen und Universitäten berichtet bzw.
Vorschläge für das Buch eingebracht:

- **Dr. Jochen Fingberg**, BUGH Wuppertal, Fachbereich Physik (Theorie);
- **Werner Fingberg**, Bielefeld;
- **Prof. Robert J. Lopez**, Department of Mathematics, Rose-Hulman Institute of
  Technology, Terre Haute, Indiana;
- **Heinz Rathfelder**, Gymnasium am Deutenberg, Villingen-Schwenningen;
- **Ulrich Rauscher**, Gymnasium in der Taus, Backnang.

Ferner danke ich:

- **David Hart**, Indiana University Bloomington, Bloomington, Indiana;
- **Prof. Michael Monagan**, Department of Mathematics and Statistics, Simon Fra-
  ser University, British Columbia,

für Informationen zum Ursprung der Programmiersprache Maple V sowie einige nach Release 3 zurückportierte Funktionen von Release 4.

Dank gilt auch den Beiträgern zur CD-ROM:

- **Edgardo S. Cheb-Terrab**, Symbolic Computation Group of the Theoretical Physics Department, Rio de Janeiro State University (UERJ), Rio de Janeiro;
- **Marco Codutti**, Service de Calcul Symbolique par Ordinateur, Université Libre de Bruxelles, Brüssel;
- **Sasha Cyganowski**, PhD Student, School of Computing and Mathematics, Deakin University, Waurn Ponds, Victoria;
- **Douglas B. Meade**, Associate Professor, Department of Mathematics, USC, Columbia, South Carolina;
- **Dr. Luiz A.C.P. da Mota**, Adjoint Professor, Rio de Janeiro State University (UERJ), Rio de Janeiro;
- **Eckhard Pflügel**, LMC-IMAG, Grenoble;
- **Renato Portugal**, Department of Applied Mathematics, University of Waterloo, Waterloo, Ontario;
- **Alain Schauber**, Professeur de Maths en MPSI, Forbach (Frankreich);
- **Daniel Schwalbe**, Assistant Professor of Mathematics, Dept. of Math/CS, Macalester College, St. Paul, Minnesota.

Den im folgenden genannten Personen bin ich sehr für die Unterhaltung meiner Maple-bezogenen WebSites zu Dank verpflichtet:

- **Dr. Dmitry Gokhman**, Division of Mathematics and Statistics, University of Texas at San Antonio;
- **Prof. Dr. M. Jarke** und **Stefanie Kethers**, Lehrstuhl V für Informatik, RWTH Aachen;
- **Dr. Roland W. Kunz**, Organisch-chemisches Institut, Universität Zürich.

Meiner Lektorin **Ursula Killguß** vom Verlag Oldenbourg möchte ich ganz herzlich für ihre Unterstützung, Hilfeleistung und die sehr angenehme Zusammenarbeit meinen Dank aussprechen.

Für ihre moralische Unterstützung, Hilfe bei Formulierungen und vor allem ihre unerschütterliche Geduld während der vielen Monate, in denen dieses Buch entstand und sie oft auf mich verzichten mußte, möchte ich mich schließlich bei meiner Lebensgefährtin **Sabine Fleuster** bedanken.

Teil 1

Mathematik mit
Maple V

1 Bedienung von Maple V

Übersicht

- **1.1 Das Arbeitsblatt**
- **1.2 Die Benutzeroberfläche**
- **1.3 Gestaltung von Arbeitsblättern**

1.1 Das Arbeitsblatt

Eine Release von Maple V wird i.d.R. mit zwei unterschiedlichen Benutzerschnittstellen ausgeliefert, zum einen der Kommandozeilenversion, die z.B. direkt unter DOS[2] oder Linux gestartet werden und relativ wenig Komfort besitzen, und den Versionen für graphische Benutzeroberflächen, die z.B. unter Linux/X Window, MS Windows oder OS/2 eingesetzt werden und die Arbeit mit Maple sehr erleichtern. Es werden hierbei Menüs zur Verfügung gestellt, mit denen beispielsweise Arbeitssitzungen abgespeichert, Dateien geladen, bestimmte Einstellungen getroffen oder das Aussehen der Berechnungen individuell gestaltet werden können. Dieses Kapitel widmet sich ausschließlich der graphischen Benutzeroberfläche von Release 4 für MS Windows.

Nach dem Start von Maple erscheint ein leeres Arbeitsblatt (*worksheet*) und das Eingabesymbol (*Prompt*) in Form eines Größer-Zeichens an dessen oberen linken Rand. Der Prompt zeigt an, daß Maple die Eingabe der Rechenkommandos erwartet (sog. *Eingabemodus*, englisch: *Input Mode*). In der Studentenversion von Release 4 für Windows erscheint die Zeichenfolge 'STUDENT' vor dem Prompt.

Das Arbeitsblatt besteht i.d.R. aus drei *Bereichen* (auch Regionen genannt): Eingabebereich, Textbereich und Ausgabebereich. Im Eingabebereich werden die Rechenkommandos in *Kommandozeilen* erfaßt; in die Textregion können Sie Kommentare eintragen; in der Ausgaberegion erscheinen die Ergebnisse. Ferner gibt es die Graphikregion, in der die von Maple erzeugten Graphiken plaziert werden können.

---

[2]   In der Student Edition von Release 4 fehlt die DOS-Kommandozeilenversion.

> Eingaberegion;

                    Ausgaberegion

Textregion

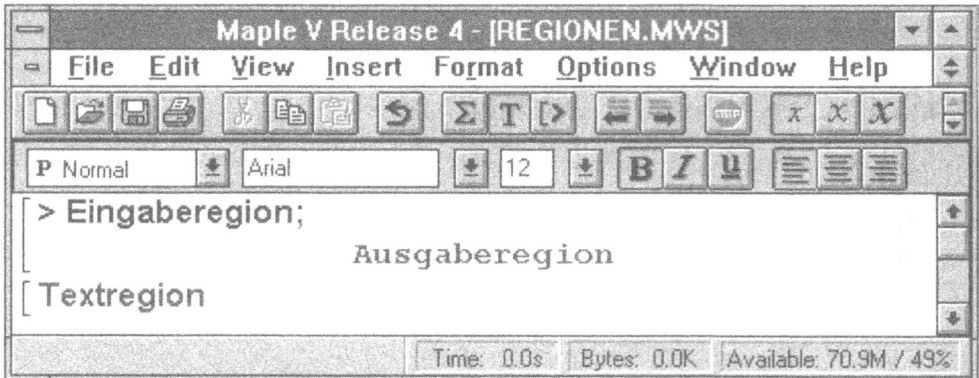

Bild 1.01: Oberfläche von Maple V Release 4

Diese Bereiche sind keine fixe Bildschirmregionen, wie man dieses von einigen anderen (i.d.R. Shareware-) Computeralgebrasystemen her kennt. In Maple V folgt direkt unterhalb der Kommandozeile(n) in der Eingaberegion die korrespondierende Ausgabe in der Ausgaberegion - es sei denn, man hat dies unterbunden -, darauf dann wieder eine Eingaberegion, usw. Dazwischen lassen sich nach Belieben Kommentare (Textbereiche) und Graphiken (Graphikbereiche) einfügen. Alle Bereiche bis auf den Eingabebereich werden bei der Abarbeitung der Eingaben von Maple übergangen.

Die Schriftzeichen (Fonts) der Eingaberegion, Textregion und Ausgaberegion lassen sich den Präferenzen des Anwenders gemäß ändern (s.u.). Auch stehen Tastaturkommandos zur Verfügung, die die Gestaltung des Arbeitsblattes steuern - sie werden im nächsten Abschnitt vorgestellt.

Die Anweisungen zur Durchführung mathematischer Berechnungen werden in einer oder in mehreren Kommandozeilen eingegeben. Ist das Ende einer Zeile durch die Benutzereingabe erreicht, so wird automatisch in der nächsten Zeile fortgefahren.

Jede Kommandozeile muß entweder mit einem Semikolon (*semicolon*) oder einem Doppelpunkt (*colon*) jeweils gefolgt von Return oder Enter abgeschlossen werden[3]. Dabei bewirkt das Semikolon die Berechnung **und** die Anzeige des Ergebnisses, der Doppelpunkt nur die Berechnung, aber nicht die Anzeige des Resultates. Letzteres ist bei Zwischenergebnissen oder ohnehin trivialen Zuweisungen nützlich. Kapitel 2.4 'Ergebnisspeicher' beinhaltet eine kleine Demonstration.

[3] Eine Ausnahme ist der Aufruf der Online-Hilfe mittels ? (siehe Unterkapitel 2.8 Hilfefunktionen).

1.2 Die Benutzeroberfläche

In Release 4 ist gegenüber älteren Maple-Releases eine Vielzahl von Menüpunkten hinzugekommen, auch ist die Benutzeroberfläche in dem Sinne erweitert worden, daß Ihnen viele Formatierungsmöglichkeiten für die Dokumentation von Berechnungen in den Textregionen zur Verfügung stehen, die an diejenigen eines Textverarbeitungssystemes heranreichen - wenn auch mit geringerem Komfort und auch weniger intuitiv. Es ist schon eine intensive Beschäftigung mit den verschiedenen Einstellungen nötig, um zügig Arbeitsblätter attraktiv zu gestalten. Da der Leser sicherlich zunächst eher an der Durchführung mathematischer Kalkulationen als an deren Erklärung interessiert ist, wird an dieser Stelle nicht näher darauf eingegangen, und es sei auf den nächsten Abschnitt verwiesen. Bild 1.02 veranschaulicht den Aufbau der Oberfläche:

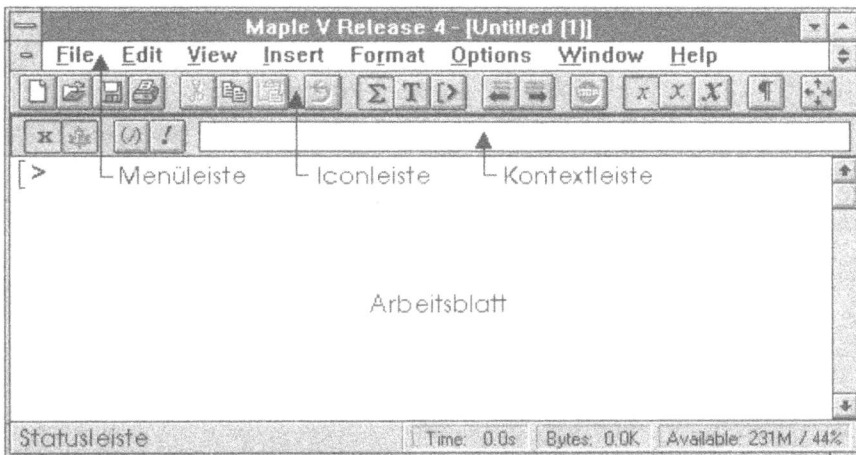

Bild 1.02: Aufbau der Oberfläche von Release 4

U.a. stehen Ihnen in Release 4 folgende Tastenfunktionen zur Verfügung:

* RETURN - Beenden einer oder mehrerer Kommandozeilen und Berechnung der Eingabe;
* SHIFT+RETURN - Wagenrücklauf und Positionierung des Cursors in die neu geschaffene Eingabezeile (*carriage return & newline*), keine Berechnung;
* F3: Trennen zweier zusammenhängender Regionen (i.d.R. Kommandozeilen);
* F4: Zusammenfügen zweier zusammenhängender Regionen;
* F5: Einfügen einer Eingaberegion;
* F9: Ein- und Ausblenden der Trennlinien zwischen den Regionen.

Bitte schauen Sie in der Menüleiste nach weiteren Kurztastenfunktionen. Die Hilfeseiten zu diesem Thema können Sie auch mit den Kommandos

?worksheet,hotmac für Macintosh, **?worksheet,hotwin** für MS Windows und **?worksheet,hotunix** für UNIX aufrufen.

Das Menü FILE

stellt verschiedene Dateioperationen (Neu, Öffnen, Speichern, Exportieren und Schließen) bereit. Hier können Sie auch getroffene Einstellungen abspeichern, ein Arbeitsblatt ausdrucken, die letzten vier geladenen Arbeitsblätter abrufen und Maple V wieder verlassen.

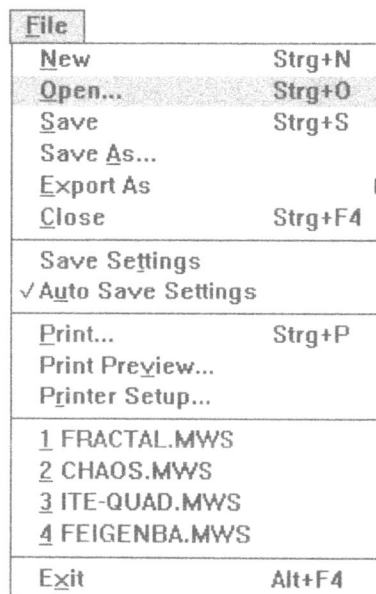

File	
New	Strg+N
Open...	Strg+O
Save	Strg+S
Save As...	
Export As	▶
Close	Strg+F4
Save Settings	
√ Auto Save Settings	
Print...	Strg+P
Print Preview...	
Printer Setup...	
1 FRACTAL.MWS	
2 CHAOS.MWS	
3 ITE-QUAD.MWS	
4 FEIGENBA.MWS	
Exit	Alt+F4

Bild 1.03: Das Menü File/Datei

Mit dem Eintrag New kreieren Sie ein neues Arbeitsblatt. In Release 4 ist es möglich, mehrere Arbeitsblätter gleichzeitig geöffnet zu halten. Bei den jeweiligen Versionen von MS Windows sind folgende Unterschiede zu beachten:

1) Windows 3.1 bzw. Windows 3.11 for Workgroups:
   Hier läuft Release 4 nur im *Shared Kernel Mode* (etwa: gemeinsame Arbeitsumgebung), d.h. Sie können zwar in mehreren Arbeitsblättern arbeiten, es ist aber zu beachten, daß in einem Arbeitsblatt vorgenommene Zuweisungen auch in allen anderen geöffneten Arbeitsblättern gelten und somit nicht vollkommen unabhängig voneinander Berechnungen durchgeführt werden können. Zu beachten ist, daß Variablen und deren Werte auch dann weiterhin 'existieren', wenn das Arbeitsblatt, in welchem sie definiert wurden, bereits geschlossen wurde.

2) Windows 95 und Windows NT

Release 4 für Windows 95 oder NT kann auf zweierlei Weise aufgerufen werden: einmal im unter Punkt 1) beschriebenen *Shared Kernel Mode* und dann im *Parallel Kernel Mode* mit der Kommandozeilenoption -km p. Im Windows-Ordner für Maple V erscheinen zwei Icons für die Modi. Im Parallelmodus sind geöffnete Arbeitsblätter unabhängig voneinander, Zuweisungen von Ausdrücken an Variablen gelten nur in dem Arbeitsblatt, in dem sie vorgenommen wurden, aber nicht in den anderen.

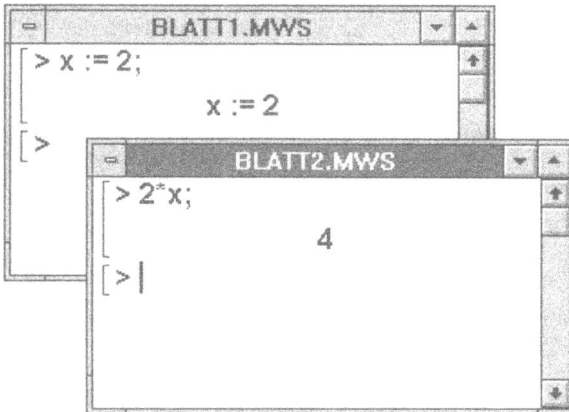

Bild 1.04: Mehrere Arbeitsblätter in Windows 3.11

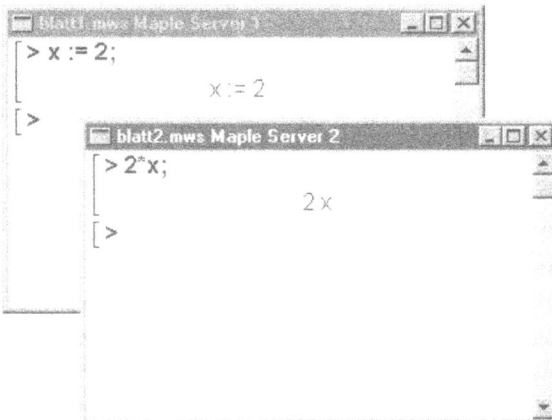

Bild 1.05: Mehrere Arbeitsblätter unter Windows 95/NT

Open öffnet bzw. lädt ein Arbeitsblatt, welches entweder im MWS-Dateiformat von Release 4, im MS-Format für Release 3-Dateien oder im Textformat vorliegen kann. MWS- und MS-Dateien beinhalten sowohl Ein- als auch Maple-Ausgaben, Texte, deren Formatierungen sowie evtl. eingebettete Graphiken, in ASCII-Dateien

sind nur die Benutzereingaben gespeichert. Möchten Sie eine Textdatei importie-
ren, so gehen Sie wie folgt vor:

1) Wählen Sie den Menüpunkt File/Open an. Ein Fenster öffnet sich.

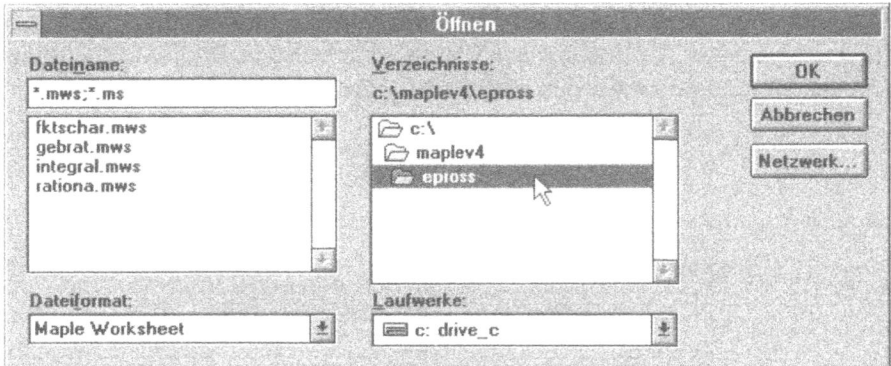

Bild 1.06: Fenster Datei öffnen

2) Aktivieren Sie im Listenfeld 'Dateiformate' den Eintrag 'Maple Text' und
drücken Sie OK.

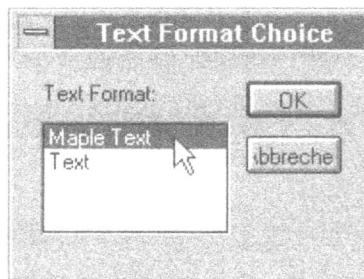

Bild 1.07: Fenster Text Format Choice

3) Ein kleines Fenster öffnet sich. Markieren Sie den Eintrag 'Maple Text', wenn in
der zu importierenden Textdatei jede Zeile mit einem Prompt beginnt. Der
Inhalt der einzelnen Zeilen wird dann automatisch in Eingaberegionen
umgewandelt. Eine über mehrere Zeilen verteilte Anweisung bzw. der Code
einer Prozedur wird gewöhnlich in einer Eingaberegion erfaßt, Sie brauchen
also nicht Bereiche manuell zu trennen. Fehlen in der Textdatei die Prompts, so
wählen Sie den Eintrag 'Text', die gesamte Datei wird dann in eine Textregion
eingelesen.[4]
4) Bestätigen Sie Ihre Wahl mit OK.

---

[4] Besser ist allerdings die Verwendung des Befehles **read**, welcher in Kapitel 15.22 besprochen wird.

Save speichert den aktuellen Inhalt des Arbeitsblattes in die jeweilige bereits bestehende Datei; mit Save As speichern Sie ein neues Arbeitsblatt unter einem beliebigen Namen und in einem der vorhandenen Dateiformate (MWS, Text, LaTeX) ab.
Das Zielverzeichnis können Sie dabei ebenfalls wählen. Anders als bei Save erscheint eine Warnmeldung, wenn eine bereits vorhandene Datei überschrieben
werden soll. MWS-Dateien lassen sich im übrigen unkodiert per E-mail versenden.

Vorsicht ist bei geladenen Release 3-Dateien (Endung .ms) geboten. Release 4
überschreibt diese ohne Vorwarnung mit dem neuen MWS-Format, aber unter Beibehaltung der Endung .ms. Eine solche Datei kann nicht mehr von Release 3 gelesen werden. Hier hilft dann nur die Abspeicherung als Textdatei (Art: Maple Text)
und die Importierung in Release 3. Die einzelnen Eingaberegionen müssen Sie
dann allerdings wieder von Hand herstellen.

Mit Save Settings werden gewisse das Arbeitsblatt betreffende Formatierungsein-
stellungen gespeichert, wie z.B. die Anzeige von Trennlinien, des Prompts oder
auch der Statusleiste. Diese Einstellungen gelten dann für die nachfolgenden Arbeitssitzungen. Auto Save Settings speichert die aktuellen Einstellungen jedesmal
vor Verlassen Maples ab und überschreibt die alten.

Print druckt das Arbeitsblatt auf Papier, mit Print Preview können Sie das Aussehen
des gesamten Arbeitsblattes vor dem Ausdruck kontrollieren, Printer Setup gestattet den Aufruf des Fensters 'Druckereinstellung', um so druckerspezifische Einstellungen zu treffen.

Exit schließlich beendet Maple.

Menü EDIT

Zuvor markierte Textpassagen können in die Zwischenablage kopiert (Copy), aus
der Zwischenablage in das Arbeitsblatt (oder auch in ganz andere Programme) eingefügt (Paste) oder gelöscht (Delete) werden. Mit Cut wird Text ausgeschnitten
und in die Zwischenablage kopiert. Diese Funktionen sind auch sehr hilfreich bei
sich wiederholenden Eingaben. Im Menü sind auch die Kurztastenbelegungen einiger der Funktionen angegeben, so daß diese bequem über die Tastatur aufgerufen
werden können, ohne das Menü selbst zu öffnen.

Sie können auch über mehrere Regionen verteilte Passagen in die Zwischenablage
eintragen. Maple-Ausgaben werden in Typeset Notation innerhalb Release 4 wieder eingefügt, in anderen Anwendungen in Character Notation (siehe Bild 1.10:
Ausgabemodi).

Find sucht nach einem bestimmten Text im Arbeitsblatt. Der OLE-Bereich des Menüs (OLE - Object Linking and Embetting) ermöglicht es, Daten zwischen zwei
verschiedenen Windows-Anwendungen auszutauschen, z.B. Texte, Graphiken oder
Arbeitsblätter. Split trennt Eingaberegionen oder Absätze, Join verbindet sie.

Edit	
Undo Delete	**Strg+Z**
Cut	Strg+X
Copy	Strg+C
Copy as Maple Text	
Paste	Strg+V
Paste Maple Text	
Delete Paragraph	Strg+Entf
Select All	Strg+A
Find...	Strg+F
Insert OLE Object...	
Object	
Show OLE Objects	
Input Mode	F5
Split or Join	▶
Execute	▶
Remove Output	▶

Bild 1.08: Menü Edit

Die aktivierte und mit einem Häkchen gekennzeichnete Option Input Mode legt den
Eingabemodus zur Erfassung von Anweisungen fest. Hierbei können folgende
Ausgangssituationen vorliegen:

1) In einer Eingaberegion sind noch keine Anweisungen erfaßt, der Cursor steht
   direkt hinter dem Prompt. Deaktivieren Sie den Menüeintrag oder drücken Sie
   die Funktionstaste F5, so wird die Eingaberegion in eine Textregion für
   Kommentare umgewandelt. Aktivieren Sie hiernach sofort wieder den Eintrag
   (oder betätigen Sie F5), wird aus der Textregion wieder eine Eingaberegion.

2) Sie haben wie unter 1) beschrieben eine Textregion erzeugt und bereits Text
   erfaßt. Drücken Sie jetzt F5 (bzw. Sie aktivieren den Menüeintrag Input Mode
   wieder), erscheint an der aktuellen Position ein Kästchen, in dem Sie eine
   Maple-Anweisung erfassen können. Die im Kasten enthaltene Anweisung wird
   aber nicht ausgeführt, sondern in Typeset Notation umgewandelt. Sie können
   auf diese Art Formeln in aus Büchern gewohnter Schriftsetzung erfassen,
   welches auch den optischen Reiz Ihrer Arbeitsblätter deutlich erhöht (siehe auch
   das nächste Unterkapitel).

3) Sie haben in einer Eingaberegion eine Maple-Anweisung erfaßt. Jetzt gibt es folgende drei Möglichkeiten:

   a) Der Cursor steht am Anfang der Zeile, oder Sie bewegen ihn dorthin. Drücken Sie jetzt F5, dann verschwindet der Prompt, die Eingaberegion bleibt aber - entgegen der Annahme - weiter vorhanden. Drücken Sie jetzt nochmals F5, dann erscheint das Kästchen für die Formeleingabe. Soll der Prompt wieder angezeigt werden, markieren Sie die gesamte Eingabe und wählen Format/Convert/Maple Input.

   b) Der Cursor befindet sich mitten in der Anweisung. Mit F5 ließe sich dort Text erfassen; dieses ist unsinnig und führt darüber hinaus zu Syntaxfehlern.

   c) Der Cursor steht hinter der Anweisung, F5 erzeugt dann für den Rest der Zeile eine Textregion für nachfolgende Kommentare.

Execute berechnet automatisch alle Eingaben nacheinander vom Anfang bis zum Ende eines Arbeitsblattes[5] (Worksheet) oder nur markierte Passagen (Selection). Remove Output entfernt Ausgaberegionen aus dem Arbeitsblatt, entweder alle (From Worksheet) oder markierte Bereiche (From Selection).

Menü VIEW

Die folgenden Menüeinträge klicken Sie einmal mit der Maus an, um die genannten Einstellungen zu aktivieren oder zu deaktivieren. Aktivierte Einstellungen erhalten ein Häkchen.

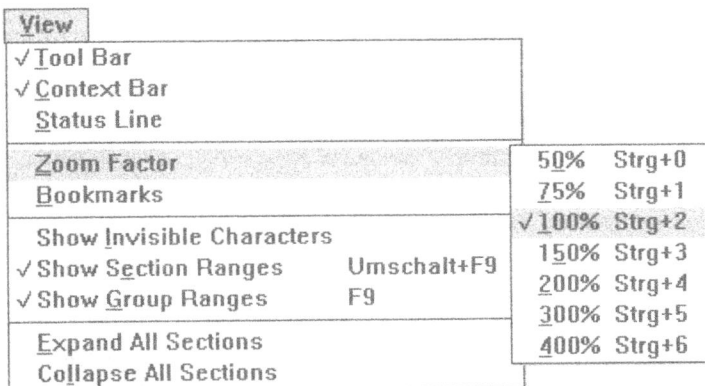

Bild 1.09: Menü View

Das Aussehen der Arbeitsoberfläche kann der Anwender nach eigenem Geschmack gestalten, u.a. können Leisten ein- oder ausgeschaltet werden (siehe Bild 1.09). Die Tool Bar besteht aus der Iconleiste sowie der Context Bar, letztere läßt sich

---

[5] Auf diese Weise läßt sich der Zustand der abgespeicherten Maple-Sitzung wieder herstellen (dieses ist eine Art Ersatz für die Save Kernel State-Option in Release 3).

separat ein- oder ausblenden. Zoom Factor bestimmt den Vergrößerungsfaktor für das Arbeitsblatt.

Die aktivierte Option Show Invisible Characters zeigt Formatierungszeichen wie Zeilenumschaltung (¶ für RETURN, ↵ für SHIFT+RETURN) und Leerzeichen (·) an, welches zur Bereinigung von Problemen mit der Formatierung von Arbeitsblättern hilfreich ist. Show Section Ranges schaltet die vertikale Umklammerung von Absätzen und Show Group Ranges die vertikale Umklammerung von Eingaberegionen ein oder aus.

Expand All Sections klappt Abschnitte auf, während Collapse All Sections sie wieder zuklappt.

Auf die Menüs Insert und Format wird im nächsten Unterkapitel in Zusammenhang mit der Gestaltung von Arbeitsblättern eingegangen.

Menü OPTIONS

Hier können Sie Einstellungen zum Ein- und Ausgabeverhalten Maples innerhalb des Arbeitsblattes treffen. Replace Output ersetzt bei einer erneuten Ausführung einer Eingabe die bereits vorhandene Ausgabe durch die neue, bei abgeschalteter Option wird die neue Ausgabe unterhalb der bereits erfolgten hinzugefügt. Insert Mode fügt einen neuen Eingabebereich direkt nach dem aktuellen hinzu, die Einstellung ist gewöhnlich abgeschaltet.

Mit Output Display können Sie die Darstellungsart der Ausgaben Maples festlegen. Ausgaben können einzeilig (Lineprint Notation) oder zweidimensional (Character Notation) im Textmodus dargestellt werden; die Voreinstellung ist Typeset Notation, welche Ausgaben im Graphikmodus anzeigt.

Mit dem Kommando **interface/prettyprint** läßt sich die Darstellungsart auch von der Kommandozeile her steuern, nähere Informationen hierzu finden Sie im Anhang B2.2.1.

Auf den Eintrag Assumed Variables wird in Kapitel 4.4 eingegangen, Plot Display bestimmt, ob Graphiken direkt in das Arbeitsblatt eingefügt (Inline) oder in einem separaten Fenster (Window) angezeigt werden.

Das Menü WINDOW

hält verschiedene Funktionen zur Anordnung der einzelnen geöffneten Arbeitsblätter bereit.

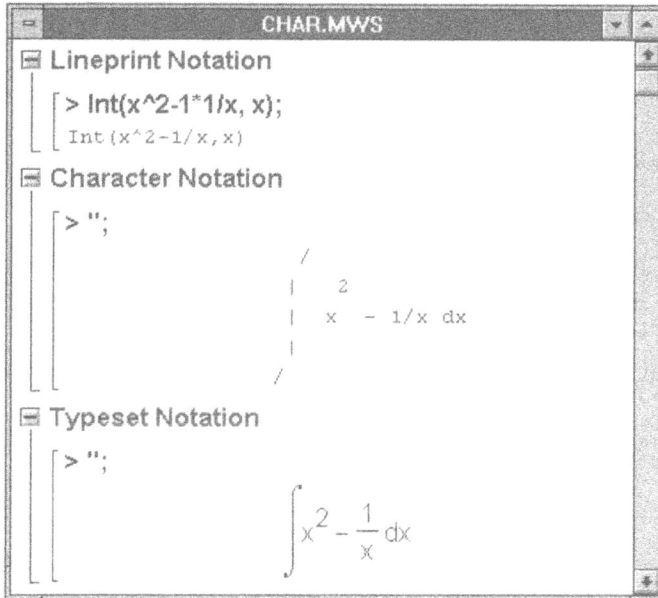

Bild 1.10: Ausgabemodi Maples

Menü HELP

ruft das Online-Hilfesystem Maples auf. Contents zeigt den Inhalt an, von hier aus können Sie via Hyperlinks weitere detailliertere Informationen über Neuerungen in Release 4, die genaue Anwendung und Funktion einzelner Befehle u.v.a.m. (siehe Bild 1.11) erhalten. Klicken Sie hierzu einmal mit der linken Maustaste auf die unterstrichenen Begriffe, eine neue Hilfeseite mit den gewünschten Angaben öffnet sich dann.

Abschnitte, denen Kästchen mit einem Pluszeichen vorangestellt sind, können Sie durch Anklicken der Kästchen mit der Maus öffnen, durch nochmaliges Anklicken wieder schließen.

Help On <begriff> sucht nach der Hilfe zu einem von Ihnen im Arbeitsblatt markierten Begriff, wie z.B. Befehlen.

Topic Search sucht nach Themen, Full Text Search (siehe Bild 1.12) nach dem Vorkommen eines Begriffes in allen Hilfeseiten und listet die zutreffenden Seiten in einem Fenster zur weiteren Anwahl auf.

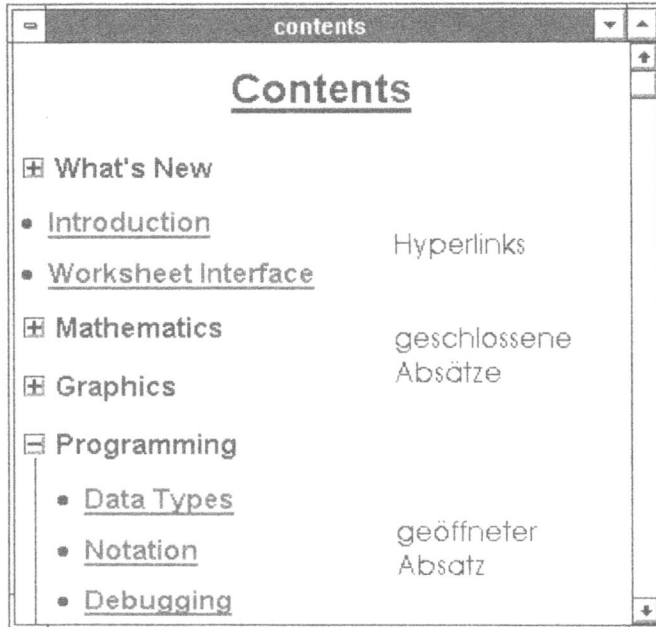

Bild 1.11: Inhaltsübersicht der Online-Hilfe

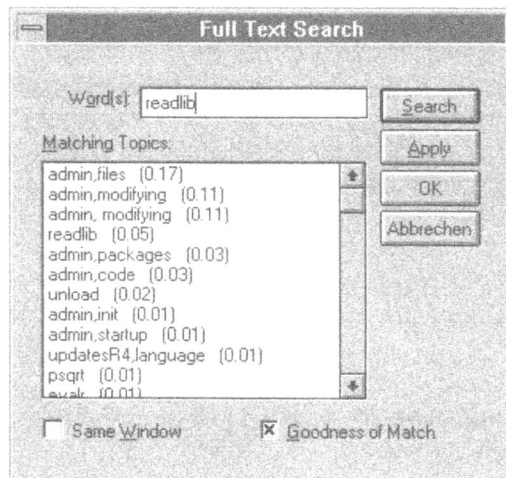

Bild 1.12: Fenster Full Text Search

History zeigt eine Liste der in einer Arbeitssitzung bereits aufgerufenen Hilfethemen an.

Bewegen im Arbeitsblatt

Im Arbeitsblatt selber können Sie sich unter Windows mit den Cursortasten sowie den erweiterten Cursortasten Pos 1, Ende, Bild auf und Bild ab bewegen. Um direkt an den Anfang eines nebenstehenden Befehles in einer Zeile zu springen, benutzen Sie die Steuerungstaste zusammen mit den Pfeiltasten. Auch können Sie mit der Maus direkt den Cursor an eine beliebige Stelle setzen.

Markieren können Sie Passagen mit der Maus oder der Tastatur, im letzteren Falle durch gleichzeitige Betätigung der jeweiligen Cursortaste zusammen mit Strg und / oder Shift.

Die folgenden Abbildungen erläutern die verschiedenen Funktionen der Leisten.

Die Iconleiste

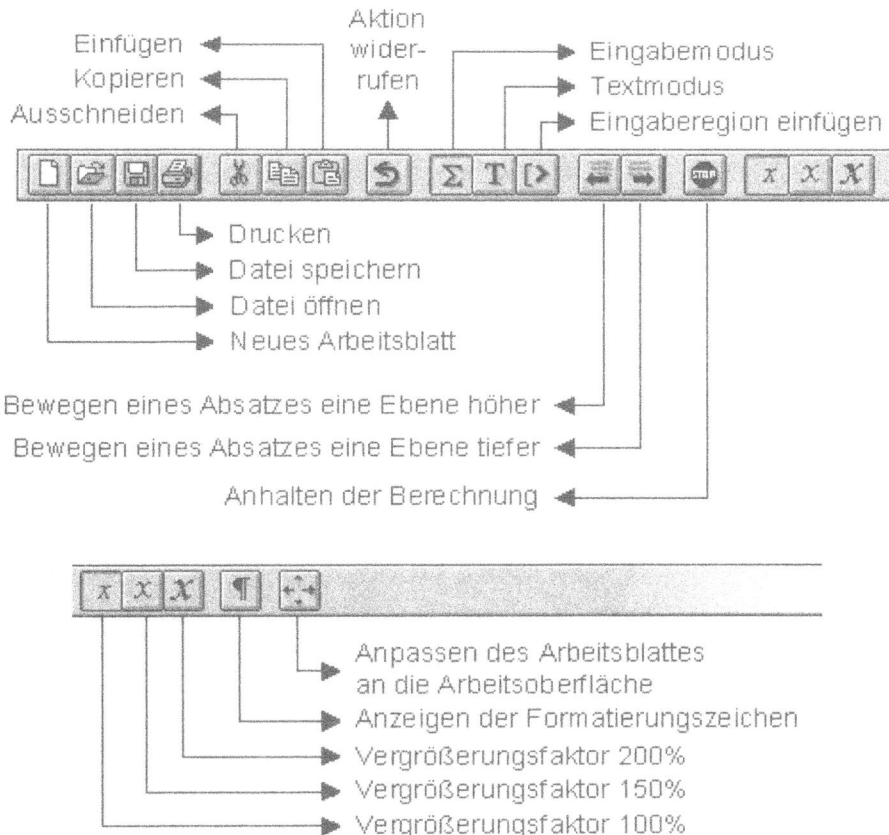

Bild 1.13: Iconleiste vom Release 4 für Windows

Die Kontextleiste im Eingabemodus

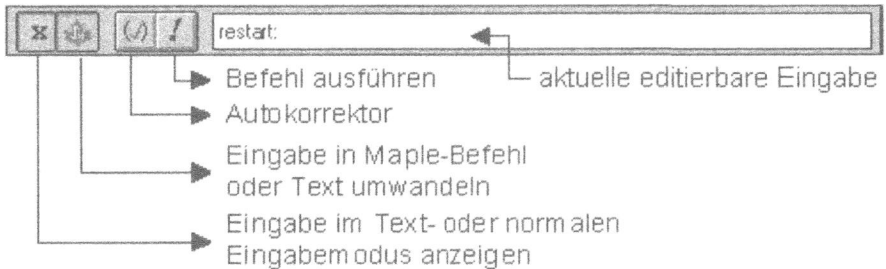

```
[x] [⚓] | [(/)] [I] | restart:                               ◄──────────
              │   │                                          └─ aktuelle editierbare Eingabe
              │   └──► Befehl ausführen
              │ └─────► Autokorrektor
              │
              └──────► Eingabe in Maple-Befehl
                       oder Text umwandeln
      └───────────────► Eingabe im Text- oder normalen
                        Eingabemodus anzeigen
```

Die Autokorrektur korrigiert unvollständige Eingaben, fügt z.B. fehlende Klammern hinzu. Tippfehler bei Kommandonamen werden nicht korrigiert. Auch muß die Korrektur nicht unbedingt sinnvoll sein.

Die Kontextleiste im Textmodus

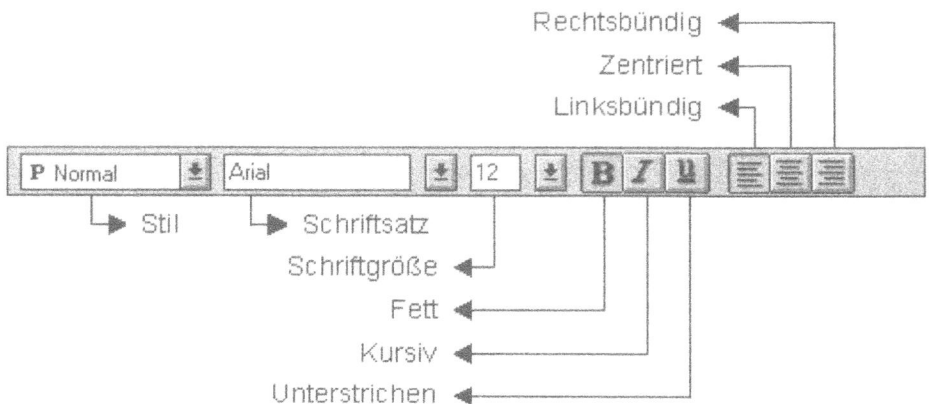

```
                                          Rechtsbündig ◄───────────┐
                                            Zentriert ◄──────────┐ │
                                          Linksbündig ◄────────┐ │ │
[P Normal ▼] [Arial ▼] [12 ▼] [B] [I] [U] [≡] [≡] [≡]
      └► Stil    └► Schriftsatz
             Schriftgröße ◄──┘
                    Fett ◄──────┘
                  Kursiv ◄──────────┘
           Unterstrichen ◄──────────────┘
```

Über diese Kontextleiste können Sie das Erscheinungsbild von Texten ändern, einen anderen Stil angeben, den Schriftsatz (Font) und dessen Größe ändern, ihn fett, kursiv oder unterstrichen hervorheben und zentriert oder rechtsbündig ausrichten.

Die Statusleiste

Hier ist besonders die GDI-Anzeige interessant, wenn deren Wert unter ein Minimum fällt, bei dem die Stabilität der Oberfläche gefährdet sein könnte. Release 4 weist den Nutzer aber i.d.R. darauf hin, daß die Ressourcen knapp werden und bietet an, die aktuelle Sitzung abzuspeichern und danach zu beenden.

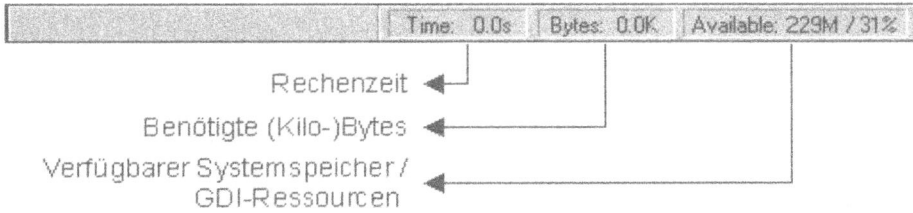

Rechenzeit ◄┘
Benötigte (Kilo-)Bytes ◄
Verfügbarer Systemspeicher /
GDI-Ressourcen ◄

Bild 1.16: Statusleiste in Release 4 für Windows (Patch 4.00b)

1.3 Gestaltung von Arbeitsblättern

Die folgenden Passagen sollen den Entwurf dokumentierter Arbeitsblätter beschreiben. Hierzu berechnen wir die allgemeine Ableitung einer Beispielfunktion
und ergänzen diese um allgemeine Erklärungen.

Öffnen Sie ein neues Arbeitsblatt, der Cursor steht oben links neben dem Prompt.
Bewegen Sie den Cursor mit den Pfeiltaste zwei Schritte nach links. Die Klammer
ist jetzt hervorgehoben.

Bild 1.17: Markierte Klammer

Überschrift

Wählen Sie den Menüpunkt Insert/Paragraph/Before oder drücken Sie
STRG+SHIFT+K, eine Textzeile oberhalb der Eingabezeile erscheint. Ändern Sie
den aktuellen Stil von Normal auf Heading 1, um eine Überschrift einzufügen.

Bild 1.18: Auswahl eines anderen Stiles

Klicken Sie auf das Icon Zentrierter Text in der Kontextleiste. Geben Sie folgenden
Text ein: 'Differentiation' (diese und die folgenden Eingaben ohne die Anführungszeichen) und bestätigen Sie mit RETURN. Der Cursor steht jetzt in der Mitte
der nächsten Zeile.

Autor

Wählen Sie den Stil Author, der Cursor verbleibt in der Mitte. Geben Sie ein: `'von Gottfried Wilhelm Leibniz'` und betätigen Sie die RETURN-Taste[6]. Der Cursor wird an den Anfang der nächsten Zeile gesetzt, der Stil ist wieder Normal.

Abschnitt

Fügen Sie jetzt einen Abschnitt (*section*) durch Anwahl von Insert/Section ein. Ein Kästchen mit einem Minus-Symbol erscheint, der Cursor befindet sich rechts daneben, der Stil wird automatisch auf Heading 1 gesetzt. Geben Sie das Wort 'Exponentialfunktion' ein.

Die Schrift ist relativ groß, wählen Sie daher in der Kontextleiste eine geringere Größe aus.

Bild 1.19: Änderung der Schriftgröße

Drücken Sie RETURN und geben Sie hiernach folgenden Text ein: `'Die Ableitung der Exponentialfunktion '` (mit einem Leerzeichen am Ende).

Mathematische Schriftsetzung in Textpassagen

Wählen Sie jetzt Edit/Input Mode oder drücken Sie einfach die Funktionstaste F5. Ein Kästchen mit einem Fragezeichen darin erscheint. Die Kontextleiste wird auf den Eingabemodus umgestellt. Tippen Sie folgende Zeichen ein: `'a^x'`. Das Potenzzeichen ^ (Caret) befindet sich auf der deutschen PC-Tastatur links neben der Taste 1. Sie sehen jetzt die Potenz a^x innerhalb des Kästchens.

---

[6] Gottfried Wilhelm Leibniz und Isaac Newton haben unabhängig voneinander die Differentialrechnung entwickelt.

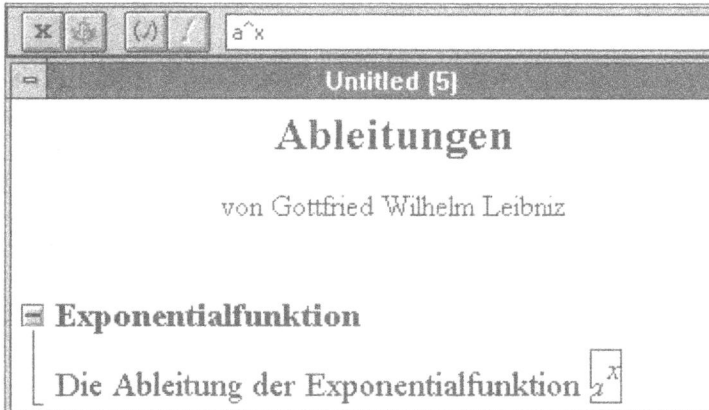

Bild 1.20: Eingabemodus in einer Textzeile

Drücken Sie wieder F5 (oder führen Edit/Input Mode aus) und betätigen Sie die Leertaste. Sie verlassen nun den Eingabemodus und können weiter Text erfassen. Durch Edit/Input Mode lassen sich auch komplette Maple-Anweisungen eingeben, so daß Formeln in mathematischer Schriftsetzung innerhalb von Textpassagen erfaßt werden können.

Geben Sie 'mit:' und RETURN ein. Wählen Sie den Stil Bullet Item. Es erscheint ein kleiner Kreis zu Begin der nächsten Zeile. Der Definitionsbereich für a lautet: 'a > 0 und a <> 1'. Die Relation und die Ungleichung lassen sich auch hier wieder im Input Mode (Taste F5) erfassen. Bestätigen Sie mit RETURN.

Erfassen Sie: 'x beliebig' mit abschließendem RETURN. Ändern Sie den Stil auf Normal. Der Bullet verschwindet. Geben Sie ein: 'lautet:' und RETURN.

Einfügen von Eingaberegionen

Eine Eingaberegion wird durch den Menüpunkt Insert/Execution Group/Before Cursor in den Absatz eingefügt. Geben Sie die Anweisung 'Diff(a^x, x) = diff(a^x, x);' und bestätigen Sie mit RETURN. Maple berechnet Ihre Anweisung und stellt das Ergebnis zentriert dar[7].

> Diff(a^x, x) = diff(a^x, x);

$$\frac{\partial}{\partial x} a^x = a^x \ln(a)$$

Die neue Eingaberegion, welche nun erscheint, läßt sich durch die Kombination der Funktionstasten Strg und Entf löschen. Sie wird hier nicht benötigt.

---

[7] Die Befehle selbst werden in den folgenden Kapiteln erklärt.

Hyperlinks

Fügen Sie nun einen weiteren Absatz wie oben beschrieben durch den Menüeintrag Insert/Section ein. Geben Sie als Beschreibung 'Weitere Informationen' an und drücken Sie RETURN. Erfassen Sie den Text: 'Siehe Online-Hilfe zu ' (mit einem abschließendem Leerzeichen).

Wählen Sie nun Insert/Hyperlink, um einen Hyperlink hinzuzufügen. Ein Fenster öffnet sich. Tragen Sie im Feld 'Link Text' den Begriff 'Diff' ein, diese Passage wird dann im Arbeitsblatt als Hyperlink-Text erscheinen. Aktivieren Sie das Feld 'Help Topic'. Dort erfassen Sie ebenfalls den Begriff 'Diff'. Klicken Sie später im Arbeitsblatt einmal mit der Maus auf den Hyperlink, so wird die Hilfeseite zu dem Maple-Befehl **Diff** aufgerufen und angezeigt. Bestätigen Sie Ihre Eingaben im Fenster.

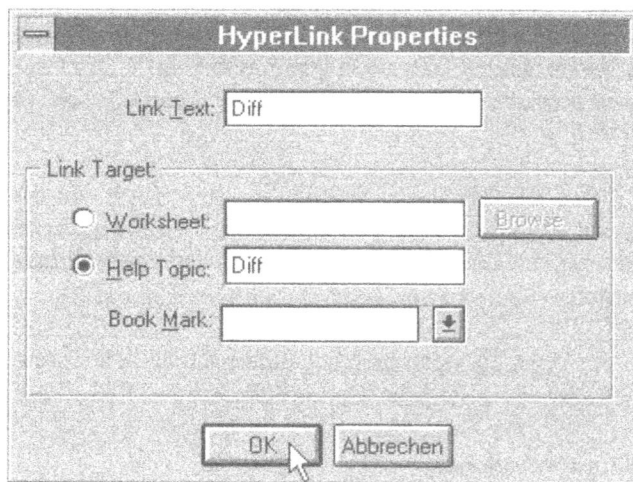

Bild 1.21: Hyperlink-Fenster

Der Hyperlink erscheint unterstrichen in türkiser Farbe im Abschnitt neben dem Text.

Wiederholen Sie das Prozedere mit einem Hyperlink für den Befehl **diff** (Link Text: 'diff', Help Topic: 'diff'). Das Arbeitsblatt[8] sollte wie folgt aussehen:

---

[8] Sie finden das Arbeitsblatt auf der CD-ROM im Verzeichnis /buch/teil1/kap01 unter dem Dateinamen doku.mws.

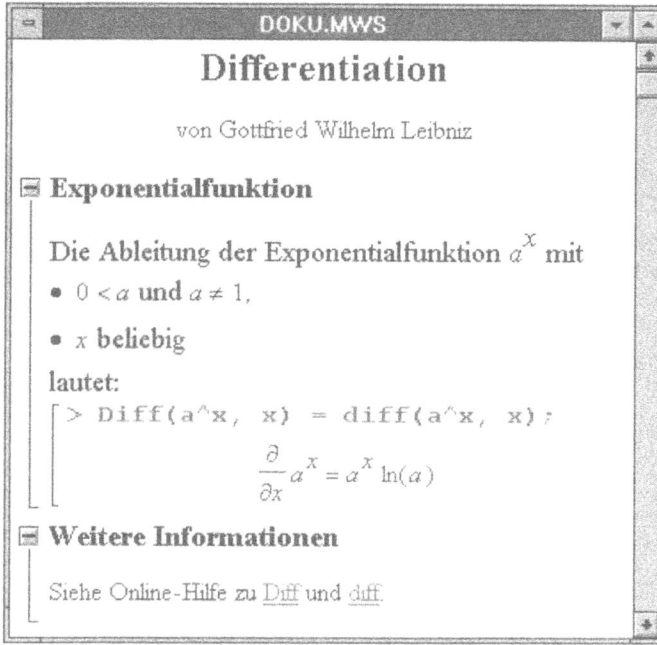

Bild 1.22: Das fertige Arbeitsblatt

Es lassen sich auch sog. *Bookmarks*, unsichtbare Sprungmarken, in Arbeitsblättern erfassen, zu denen mit Hilfe von Hyperlinks gesprungen werden kann. Diese Bookmarks können sich sowohl im selben Arbeitsblatt als auch in einer anderen Release 4-Datei befinden.

Die Marke wird in die Arbeitsblattdatei eingefügt, auf die der Hyperlink verweisen wird, dies kann dieselbe oder eine anderere Worksheet sein[9]. Eine Sprungmarke wird durch Aufruf des Menüpunktes View/Bookmarks/Edit Bookmark erfaßt. Es öffnet sich ein kleines Fenster, in welches Sie den Namen der Markierung erfassen.

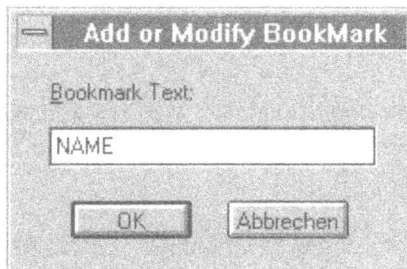

Bild 1.23: Eingabe eines Sprungmarke

---

[9]   Das Prinzip gleicht im ungefähren der Formatierungssprache HTML.

Die Namen der Marken sollten sich nicht gleichen.

Um den Hyperlink zu der Sprungmarke zu setzen, stellen Sie zunächst sicher, daß die Datei, in der sich der Hyperlink befinden wird, bereits abgespeichert wurde.

Rufen Sie Insert/Hyperlink auf, geben Sie den Hyperlinktext ein, lassen Sie die Einstellung 'Worksheet' aktiviert und klappen Sie die Bookmark-Auswahlliste auf. Die Namen der bereits existierenden Sprungmarken erscheinen dort. Wählen Sie die betreffende Mark aus und bestätigen Sie.

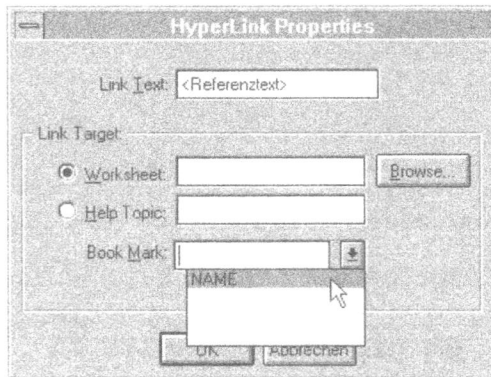

Bild 1.24: Setzen eines Links zu einer Sprungmarke

Auch Sprünge zu in Online-Hilfetexten befindlichen Marken lassen sich erfassen. Rufen Sie zunächst die entsprechende Hilfeseite auf, damit in der oben abgebildeten Bookmark-Auswahlliste die Namen der Sprungmarken erscheinen. Wenn die Hilfeseite beispielsweise mit **?admin,startup** aufrufbar ist (den Namen der Hilfeseite erkennen Sie anhand der Titelleiste des Hilfefensters), und die dort befindliche Sprungmarke 'Startup Actions' heißt, so geben Sie den Linktext und den Namen der Hilfeseite ein, wählen aus der Auswahlliste den Eintrag 'Startup Actions' an und bestätigen (siehe Bild 1.25).

Einstellung der Schriftfonts

Sicherlich eines der ersten Dinge, welches man am äußeren Erscheinungsbild von Release 4 nach der Installation ändern möchte, ist, die Schriftfonts den eigenen Vorlieben anzupassen.

Die Einstellung erfolgt über den Menüpunkt Format/Styles. Es erscheint das Styles-Management-Fenster.

In diesem sind oben links in einem Rollfenster alle verfügbaren Stile aufgelistet. Die wichtigsten sind:

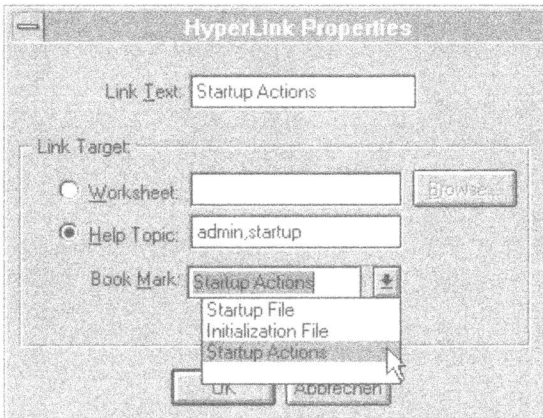

Bild 1.25: Sprung zu Bookmark in einer Hilfeseite

- Maple Input: Eingaberegion
- 2D Output: Ausgaberegion
- Normal: Textregion
- Error: Font für Fehlermeldungen

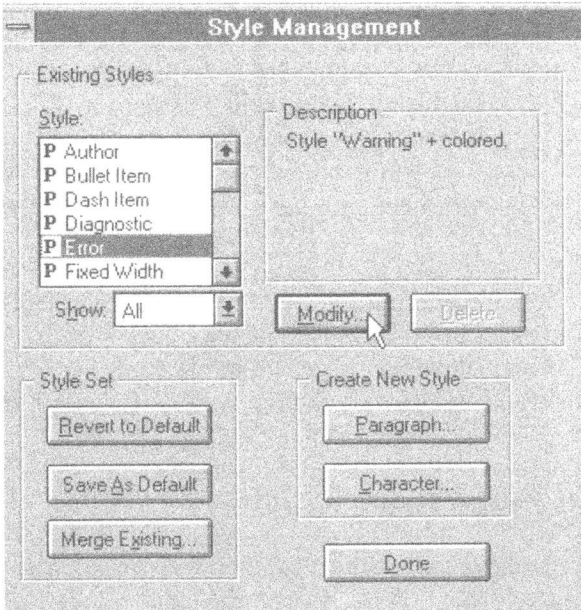

Bild 1.26: Style Management

Markieren Sie einen zu ändernden Stil, und drücken Sie den Knopf 'Modify'. Es öffnet sich das Fenster 'Paragraph Style'. Unten links wird der Knopf 'Fonts' betätigt, so daß im nächsten Fenster der gewünschte Font, dessen Größe und weitere Attribute wie Kursiv- oder Fettdruck ausgewählt werden können.

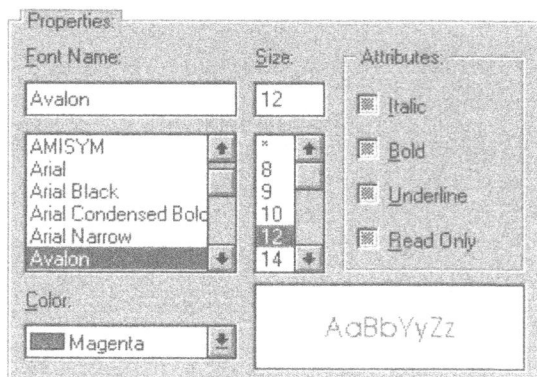

Bild 1.27: Ausschnitt des Character-Styles-Fensters

Die Einstellungen werden durch zweimaliges OK bestätigt, man gelangt dann wieder in das Style-Management-Fenster. Weitere Stile können auf die beschriebene Art geändert werden.

Im Fenster 'Style Management' können Sie die geänderten Einstellungen durch Drücken des Knopfes 'Save As Default' abspeichern, wenn sie auch für alle *in Zukunft* zu schaffenden Arbeitsblätter gelten sollen. Auf bereits erstellte Worksheets haben gespeicherte Änderungen keine Auswirkung. Die Einstellungen selbst werden nur im Arbeitsblatt selbst vermerkt, Release 4 greift beim Öffnen eines bereits existierenden Arbeitsblattes nicht auf die Stildatei zu, um deren Vorgaben zu übertragen.

Alle Einstellungen werden in einer (einzigen) MWS-Datei erfaßt. Sinnvollerweise sollte diese Datei einen selbsterklärenden Namen tragen (z.B. `styles.mws`) bzw. in einem eigenen Unterverzeichnis abgelegt werden, um sie schnell wiederfinden zu können. Erzeugen Sie *neue* Arbeitsblätter, so liest Release 4 die Stildatei automatisch ein[10].

Weitere Einstellungsmöglichkeiten für Stile

Die Formatierung der einzelnen Stile läßt sich auf verschiedenste Weise dem eigenen Geschmack anpassen. Es fällt bei dem erarbeiteten Arbeitsblatt 'doku.mws' auf, daß die Zeilen vom Stil Bullet Item (die Definitionsbereiche der Unbekannten a und x) direkt am linken Rand erscheinen. Eventuell sollen aber die Einträge ein wenig eingerückt erscheinen.

[10] Dazu wird der absolute Pfadname in die Datei `maplev4.ini` im Windows-Hauptverzeichnis unter der Rubrik [Files], Zuweisung Template (Schablone) eingetragen.

Hierzu wählen Sie die Menüfunktion Format/Styles an und markieren den Stil
Bullet Item. Drücken Sie den Knopf 'Modify'. Das Fenster 'Paragraph Style' wird
geöffnet. Für Einrückungen ist das dortige Feld 'Indentation' zuständig. Wählen Sie
im Feld 'Left Margin' einen anderen Wert für den Abstand zwischen dem linken
Rand des Arbeitsblattes und dem Beginn des Textes, indem Sie beliebig oft auf die
nebenliegenden Knöpfe drücken. Auch ein anderes Auflistungssymbol können Sie
bestimmen (Bullet für Kringel, Dash für waagerechten Strich, No Bullet für kein
Symbol). Klicken Sie auf OK. Das Fenster schließt sich.

Im Fenster 'Style Management' können Sie die geänderten Einstellungen wie oben
beschrieben abspeichern. Sollen die neuen Werte nur für das aktuelle Arbeitsblatt
gelten, so speichern Sie sie nicht ab, sondern drücken nur den Knopf 'Done'. Die
Änderungen werden sogleich im Arbeitsblatt wirksam.

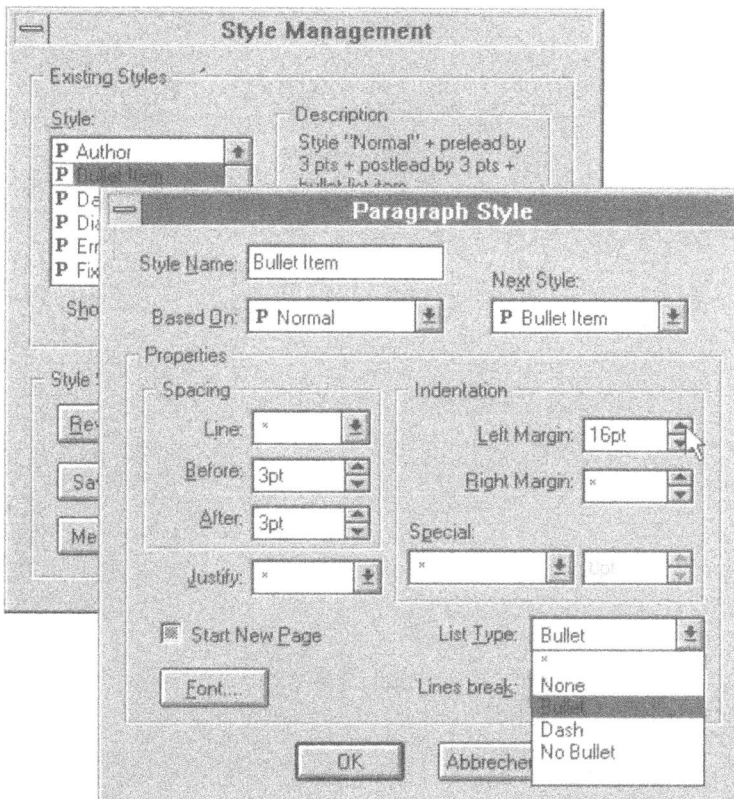

Bild 1.28: Festlegen von Einrückungen

2 Rechnen und Arbeiten mit Maple V

Übersicht

- **2.1 Grundrechenarten**
- **2.2 Fließkommaberechnungen**
- **2.3 Symbolische Ausdrücke**
- **2.4 Ergebnisspeicher**
- **2.5 Weitere Eingabekonventionen**
- **2.6 Variablen**
- **2.7 Funktionsdefinition**
- **2.8 Hilfefunktionen**
- **2.9 Typische Anwenderfehler**

2.1 Grundrechenarten

- +, -, *, /, ^

Beginnen wir nun, mit Maple V zu rechnen. Dazu starten Sie Maple V. Ein leeres Arbeitsblatt mit dem Eingabeprompt erscheint. Wir beschäftigen uns zunächst mit den Grundrechenarten Addition (+), Subtraktion (-), Multiplikation (*) und Division (/). Geben Sie am Eingabeprompt 4+6 zusammen mit einem Semikolon ein und bestätigen Sie die Eingabe mit RETURN. Das Ergebnis erscheint zentriert unterhalb der Eingabe. Es bildet sich danach eine neue Eingaberegion, in die der Cursor automatisch springt.

```
>  4+6;
```

$$10$$

Führen Sie einige weitere Berechnungen durch:

```
>  4-10;
```

$$-6$$

```
>  8*9;
```

72

```
>  10/2;
```

$$5$$

Potenzen lassen sich mit einem Caret ($^$) darstellen.

```
>  2^3;
```

$$8$$

Das Caret erzeugen Sie auf der deutschen PC-Tastatur, indem Sie die $^$-Taste (links neben der Taste '1') betätigen, sie danach loslassen, die Leertaste[11] und danach die gewünschte Taste (hier 3) drücken; danach erst erfolgt die Anzeige des $^$-Symboles[12]. Fehlt das Caret auf der Tastatur, so verwenden Sie zwei Multiplikationszeichen (**).

Dezimalzahlen werden mit einem Punkt (und nicht mit einem Komma) dargestellt, wie in der angelsächsischen Welt üblich.

```
>  3*5-5.5*9+6;
```

$$-28.5$$

Bereits getätigte Eingaben lassen sich erneut ausführen oder auch abändern. Bewegen Sie dazu den Cursor in die entsprechende Eingaberegion. Drücken Sie erneut RETURN, so wird die originale Eingabe erneut berechnet, oder ändern Sie die Eingabe Ihren Wünschen gemäß, danach bestätigen Sie mit RETURN. Auch können Sie Eingaben kopieren und an einer anderen Stelle einfügen, dieses ist besonders praktisch bei sich wiederholenden, gleichartigen Eingaben, die nur ein wenig verändert werden müssen. Auf diese Weise müssen Sie Anweisungen nicht jedes Mal erneut komplett erfassen.

Eine Eingabe (aber auch Texte) können Sie mit der Maus oder der Tastatur markieren. Im letzteren Falle bewegen Sie den Cursor an den Anfang der Eingaberegion und drücken SHIFT zusammen mit der Taste Ende, die gesamte Eingabe ist nun markiert und wird invertiert dargestellt. Einen Teil einer Eingabe markieren Sie durch Setzen des Cursors an deren Anfang und Bewegen des Cursors bei festgehaltener SHIFT-Taste.

Die markierte Passage wird durch den Menüpunkt Edit/Copy oder durch die Kurztastenfunktion STRG+C in die Zwischenablage eingetragen.

---

[11] Die Betätigung der Leertaste ist in den Windows-Versionen oft nicht nötig.
[12] Bei der DOS-Version ertönt ein kurzes Signal.

Edit	View	Insert	Format	Options	Window	Help

Undo Delete	Strg+Z
Cut	Strg+X
Copy	Strg+C
Copy as Maple Text	
Paste	Strg+V
Paste Maple Text	
Delete Paragraph	Strg+Entf
Select All	Strg+A
Find...	Strg+F
Insert OLE Object...	
Object	
Show OLE Objects	
√ Input Mode	F5
Split or Join	▶
Execute	▶
Remove Output	▶

> `10/2;`

5

> `2^3;`

8

> `3*5-5.5*9+6;`

-28.5

>

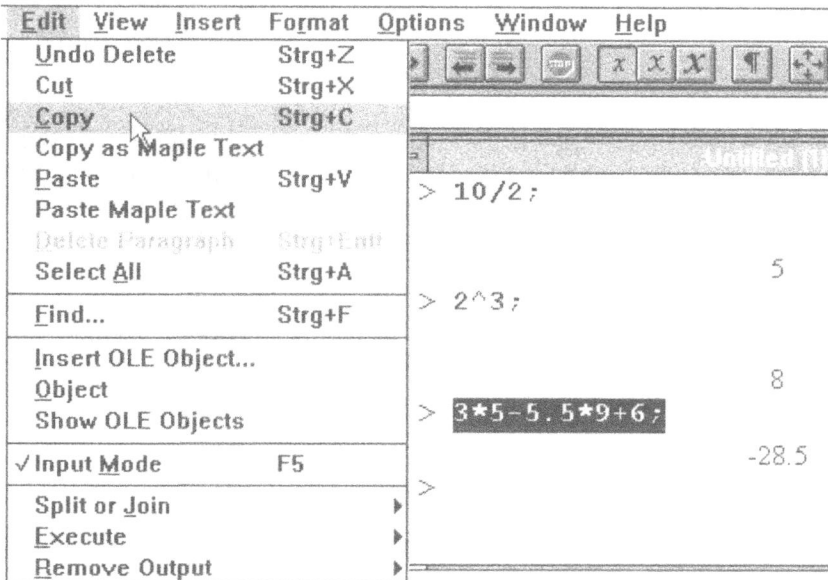

Bild 2.01: Markieren und Kopieren

Bewegen Sie den Cursor an die Stelle, in die der Eintrag eingefügt werden soll und wählen Sie den Menüeintrag **Edit/Paste** oder drücken Sie einfach STRG+V.

2.2 Fließkommaberechnungen

* **evalf**
* **Digits**

Bei den obigen einfachen Beispielen verhält sich Maple V wie ein Taschenrechner. Anders ist es aber bei rationalen und irrationalen Werten. Maple V ist grundsätzlich bemüht, möglichst genau zu rechnen. Daher erhalten Sie i.d.R. bei der Division ganzer Zahlen keinen Fließkommawert als Ergebnis, sondern einen (eventuell gekürzten) Bruch (*fraction*), sprich einen rationalen Ausdruck - die von Maple V bevorzugte Repräsentation:

> `5/8;`

$$\frac{5}{8}$$

Wünschen Sie aber die Dezimaldarstellung von Werten, so reicht es, hinter einer Zahl im Bruch einen Punkt zu setzen, eine (oder auch mehrere Nullen) brauchen nicht zu folgen.

```
> 5./8;
```

.6250000000

In Maple V ist eine Vielzahl mathematischer Funktionen implementiert. Deren Namen gleichen im Ungefähren denen eines normalen wissenschaftlichen Taschenrechners. Argumente (*arguments*) von Funktionen und Befehlen werden grundsätzlich in runde Klammern gesetzt. Zu Anfang des nächsten Kapitels ist eine Übersicht oft verwendeter Funktionen aufgeführt.

Irrationale Zahlen können in Computern nie genau dargestellt werden. Ein Ausdruck wie z.B. die Quadratwurzel (*square root*) der Zahl 2

```
> sqrt(2);
```

$$\sqrt{2}$$

ergibt daher in Maple V nicht den Wert 1.414213562, wie ihn ein Taschenrechner ermitteln würde, sondern wird unausgewertet wieder angezeigt und bleibt auch intern unausgewertet. Auch hier erzwingt die Übergabe einer Fließkommazahl eine numerische Berechnung.

```
> sqrt(2.);
```

1.414213562

Bei Fließkommazahlen können Rundungsfehler auftreten:

```
> sqrt(2.)^2;
```

1.999999999

Die Genauigkeit bei Fließkomma*berechnungen*, d.h. die Anzahl der dabei berücksichtigten Fließkommastellen[13] (Vorkommastellen + Nachkommastellen), läßt sich durch die Systemvariable **Digits** ändern[14], der Vorgabewert ist 10. Die Erhöhung des Wertes führt bei komplexen Berechnungen zu einer längeren Rechenzeit.

```
> Digits := 20;
```

Digits := 20

---

[13] Genauer: der Stellen der Mantisse.
[14] In der Student Edition beträgt der maximale Wert von **Digits** 100, in der Professional Edition ist er unbeschränkt.

```
> 1/3.;
```

$$.3333333333333333333333$$

Der Befehl **evalf** wandelt einen rationalen Ausdruck in einen Fließkommawert um, die Anzahl der Fließkommastellen orientiert sich an der aktuellen Einstellung von **Digits**.

```
> evalf(1/3);
```

$$.3333333333333333333333$$

Unabhängig davon kann die Genauigkeit einer einzelnen Fließkommadarstellung als Option durch **evalf**(ausdruck, genauigkeit) vorgeben werden:

```
> evalf(Pi, 50);
```

$$3.1415926535897932384626433832795028841971693993751$$

Hier wird die Zahl π mit 50 Stellen angezeigt.

```
> Digits := 10:
```

Beachten Sie, daß **evalf** mit der Option Genauigkeit nicht bei Fließkommaausdrükken funktioniert.

```
> evalf(1/3., 100);
```

$$.3333333333$$

```
> evalf(1/3, 30);
```

$$.333333333333333333333333333333$$

Bei Fließkommawerten wird die Option mißachtet und statt dessen der Wert von **Digits** verwendet.

Sie müssen **Digits** *nicht* ändern, wenn Sie sehr kleine bzw. sehr große Fließkommazahlen eingeben, da Maple V diese intern anders repräsentiert. **Digits** hat nur dann einen Einfluß auf die *Genauigkeit einer Berechnung*, wenn darin Fließkommazahlen involviert sind. Einige Maple-Befehle wandeln Zahlen intern in Fließkommazahlen um, so daß es eventuell zu Ungenauigkeiten kommen kann[15].

---

[15] Sie erhalten weitere Informationen zu Fließkommazahlen in der Online-Hilfe unter **?Float**.

2.3 Symbolische Ausdrücke

Erst die Fähigkeit, mit symbolischen Ausdrücken rechnen zu können, macht Maple V zu einem Computeralgebrasystem. Potenzen werden automatisch vereinfacht.

```
> x^2*x;
```

$$x^3$$

Auch einfache Summen faßt Maple V ohne Ihr Zutun zusammen:

```
> x+x;
```

$$2\,x$$

Bei 'komplizierteren' Ausdrücken hingegen müssen Sie *Befehle* anwenden, die in den nächsten Kapiteln näher vorgestellt werden.

```
> x*(x-1);
```

$$x\,(x - 1)$$

```
> expand(x*(x-1));
```

$$x^2 - x$$

2.4 Ergebnisspeicher

Auf die letzten drei Ergebnisse kann mittels des Anführungszeichens " (*double quote / ditto*) zurückgegriffen werden. Dabei übergibt " das letzte, "" das vorletzte und """ das vorvorletzte Ergebnis (*result*) an die aktuelle Kommandozeile. Es ist auch gleich, ob vorher ein Ergebnis mit einem Semikolon angezeigt oder mit einem Doppelpunkt nur eine interne Berechnung durchgeführt wurde.

```
> sin(2):
```

```
> cos(2);
```

$$\cos(2)$$

```
> tan(2);
```

$$\tan(2)$$

```
> """;
```

$$\sin(2)$$

Das zweifache Anführungszeichen bezieht sich auf die Anzeige von tan(2):

```
> "";
```

tan(2)

Das jetzt folgende einfache Anführungszeichen greift auf das Ergebnis zurück, den die vorherige Zeile geliefert hat:

```
> ";
```

tan(2)

Auch ein durch das Ditto ermitteltes Ergebnis - egal, ob angezeigt oder nicht - bewirkt immer die Neubelegung des Ergebnisspeichers.

Problematisch ist die Verwendung des Dittos, wenn Maple-Anweisungen nicht hintereinander ausgeführt werden, sondern der Anwender diese in einer anderen Reihenfolge durchführt, da sich der Ergebnisspeicher immer auf das Ergebnis der *zuletzt erfolgten Berechnung* bezieht und daher *nicht unbedingt* auf die Befehlzeile, welche sich im Arbeitsblatt direkt über der das Ditto enthaltenen Anweisung befindet.

2.5 Weitere Eingabekonventionen

Maple V unterscheidet zwischen Groß- und Kleinschreibung, beispielsweise sind sin(Pi) und Sin(Pi) nicht dasselbe:

```
> sin(Pi);
```

0

```
> Sin(Pi);
```

Sin(π)

Obwohl Maple V **Sin** nicht kennt, erfolgt kein Fehlermeldung.

Eingaben können Sie auch über mehrere Zeilen, die durch RETURN jeweils abgeschlossen werden, verteilen, z.B.:

```
> 3*9

> ;
```

```
> 3*

> 9;
```

                                        27

2.6 Variablen

♦ **eval**

Ergebnisse von Berechnungen und beliebige Maple-Ausdrücke können Sie abspeichern, um später auf sie zugreifen zu können. Sie werden in sog. *Variablen* festgehalten, auf deren Werte durch Angabe der Namen (sog. *Bezeichner*) dieser Variablen zugegriffen werden kann. Die Werte der Variablen lassen sich im Laufe einer Arbeitssitzung beliebig ändern. Variablen können nicht nur Zahlenwerte und Terme, sondern z.B. auch Gleichungen, Funktionen, Matrizen, Vektoren, Prozeduren u.v.a.m. zugewiesen werden[16].

2.6.1 Zuweisungen

Die Zuweisung (*assignment*) von Ausdrücken an Variablen erfolgt[17] mit dem Zuweisungsoperator ':=', einem Doppelpunkt gefolgt von einem Gleichheitszeichen.

Die generelle Syntax für Zuweisungen lautet:

```
       bezeichner := ausdruck
```

Für die Bezeichner gelten folgende Bildungsregeln:

1) Der Name muß entweder mit einem Buchstaben oder einem Unterstrich (_) beginnen.

2) Danach können Zahlen, Unterstriche oder weitere Buchstaben in beliebiger Anordnung folgen.

3) Andere Sonderzeichen, wie z.B. %, #, @, das Leerzeichen u.a., sind nicht zugelassen.

4) Namen von Maple-Befehlen bzw. vordefinierten Konstanten dürfen nicht benutzt werden[18]. Aus einem Zeichen bestehende vordefinierte Konstanten bzw. Operatoren sind: D, I, und (der Buchstabe) O.

---

[16] Damit unterscheidet sich Maple V von gängigen imperativen Programmiersprachen: Bei Letzteren müssen zur Zeit einer Auswertung die numerischen Werte der in einer Zuweisung enthaltenen Variablen feststehen, in Maple V hingegen nicht.

[17] wie bei den Programmiersprachen der Algol-Familie, z.B. Algol60 oder Modula-2

[18] Siehe aber ?unprotect bzw. Kapitel 9.3.

5) Die Bezeichnung kann in Release 4 bis zu 524.275 Zeichen enthalten.

6) Maple unterscheidet bei Bezeichnern zwischen Groß- und Kleinschreibung. var und Var beispielsweise bezeichnen unterschiedliche Objekte, sind also nicht dasselbe.

Erlaubte Bezeichner sind u.a.:
- var1   • Var
- var2a   • _var
- var2_a   • _2
- var[1]   • _

Die Variablendefinition auf die beiden letztgenannten Arten (_, _2) wird nicht empfohlen.

Maple wertet grundsätzlich den auf der rechten Seite der Zuweisung befindlichen Ausdruck soweit wie möglich aus und weist ihn danach der Variablen zu.

Es folgen einige Beispiele möglicher Zuweisungen, die einzelnen Bedeutungen werden in diesem und dem folgenden Kapitel erläutert:

```
> var := 2;            # Zahlenwert
```

$$var := 2$$

```
> f := x -> ln(x);     # Funktion
```

$$f := x \to \ln(x)$$

```
> gl := x=2;           # Gleichung
```

$$gl := x = 2$$

```
> erg := solve(ln(x)); # Ergebnis
```

$$erg := 1$$

Zwischen den einzelnen in einem Ausdruck enthaltenen Operatoren können Sie beliebig viele Leerzeichen einfügen, um Ihre Eingabe übersichtlicher zu gestalten. Sie können beispielsweise eingeben:

```
> u:=1:
```

oder

```
> u := 1:
```

Den Wert einer Variablen erfahren Sie durch Eingabe ihres Namens mit abschließendem Semikolon.

```
> u;
```

$$1$$

Das einfache Gleichheitszeichen '=' dient nur dem Vergleich von Ausdrücken, es
kann nicht zur Wertdeklaration herangezogen werden[19].

2.6.2 Rücksetzen von Maple

* **restart**

Alle während der Sitzung (*session*) gespeicherten Variablen (und damit auch die in
Unterkapitel 2.7 beschriebenen benutzerdefinierten Funktionen) und aufgerufenen
Pakete können Sie durch **restart** wieder löschen (sog. 'Reset')[20]. Systemvariablen
wie **Digits** werden dabei auf ihren ursprünglichen Zustand zurückgesetzt.

```
> i := 1: j := 2: k := 3:
> i, j, k;
```

$$1, 2, 3$$

```
> restart:
> i, j, k;
```

$$i, j, k$$

Wenn Release 4 im Shared Kernel Modus betrieben wird, sollte grundsätzlich am
Anfang eines jeden Arbeitsblattes die Anweisung **restart** ausgeführt werden, wenn
in anderen Arbeitsblättern definierte Variablen hier nicht gelten sollen.

Löschen (*unassign*) können Sie einzelne Variablen durch eine Zuweisung der Form

```
variable := 'variable'
```

---

[19] wie in der Schulmathematik oder beispielsweise BASIC, C oder FORTRAN üblich.
[20] Zu beachten ist, daß **restart** die Maple-Initialisationsdatei (s. Anhang B3) immer wieder
einliest mitsamt aller eventuell dort gespeicherten Paketaufrufen, Variablen, etc.

```
> n := 1;
```

$$n := 1$$

```
> n;
```

$$1$$

```
> n := 'n';
```

$$n := n$$

```
> n;
```

$$n$$

Vorsicht: Wird im Arbeitsblatt diejenige Zeile, welche eine oder mehrere Zuweisungen enthält, gelöscht, so bleibt der Wert der betroffenen Variablen aber weiterhin erhalten ! Dasselbe gilt, wenn im Shared Kernel Mode unter Release 4 Arbeitsblätter geschlossen werden.

2.6.3 Auswertungsregeln

Maple V wertet Variablen voll aus (*full evaluation*), d.h. sie gelten zum einen im
gesamten Arbeitsblatt und zum anderen wird bei jedem Vorkommnis einer zugewiesenen Variablen in einem Ausdruck der Variablenname durch den zugewiesenen Wert ersetzt und eine Auswertung - soweit möglich - vorgenommen. Um die
Vorgehensweise Maples hier deutlich zu machen, betrachten wir die Zuweisungs-
kette a = b = c = d.

```
> restart:
> a := b;
```

$$a := b$$

```
> b := c;
```

$$b := c$$

```
> c := d;
```

$$c := d$$

Wenn wir nun den Wert von a erhalten wollen

```
> a;
```

$$d$$

löst Maple V die Verkettung $a = b = c = d$ komplett (sozusagen 'rückwärts') auf, es wird aber nicht intern $a := d$ gesetzt.

Im obigen Beispiel erfolgt die Auswertung in drei Stufen (*levels*), die der Anwender einzeln mit dem Befehl **eval** abfragen kann.

```
> eval(a, 1); # erste Stufe
```

$$b$$

```
> eval(a, 2); # zweite Stufe
```

$$c$$

```
> eval(a, 3); # dritte Stufe
```

$$d$$

Wenn wir jetzt die Kette beispielsweise durch die Zuweisung

```
> b := 'b';
```

$$b := b$$

unterbrechen, liegt nur noch die einstufige Zuweisung $a = b$ vor.

```
> a;
```

$$b$$

```
> restart:
```

Ein weiteres Beispiel: Im Polynom p

```
> p := x^2+x+1;
```

$$p := x^2 + x + 1$$

wird die Unbestimmte x gleich Null gesetzt:

```
> x := 0:
```

und p wird in zwei Stufen ausgewertet:

```
> eval(p, 1);
```

$$x^2 + x + 1$$

```
> eval(p, 2);
```

$$1$$

Die letzte Eingabe ist gleichbedeutend mit

```
> p;
```

$$1$$

Möchten Sie die Auswertung durch Maple V verhindern, so setzen Sie den gesamten Ausdruck oder eine oder mehrere Variablen, denen Werte zugewiesen wurden, in Apostrophe[21] (*forward quotes*). Der Term y

```
> y := 4*x-3:
```

wird in die Gleichung gl eingesetzt, die Auswertung von y unterbleibt zunächst.

```
> gl := 'y'*67=x+6;
```

$$gl := 67\,y = x + 6$$

Rufen Sie aber im nächsten Schritt die Gleichung erneut auf,

```
> gl;
```

$$268\,x - 201 = x + 6$$

so erfolgt die Auswertung. Wird ein Ausdruck n-mal in Apostrophe gesetzt, so wird die Auswertung n-mal verhindert:

```
> '''4 * sum((-1)^(n+1)/(2*n-1), n=1 .. infinity)''';
```

$$"4\left(\sum_{n=1}^{\infty}\frac{(-1)^{n+1}}{2n-1}\right)"$$

```
> ";
```

$$'4\left(\sum_{n=1}^{\infty}\frac{(-1)^{n+1}}{2n-1}\right)'$$

[21] Die Apostrophtaste ' befindet sich auf der deutschen PC-Tastatur rechts neben der Taste 'ä'.

```
> ";
```

$$4 \left(\sum_{n=1}^{\infty} \frac{(-1)^{n+1}}{2n-1} \right)$$

```
> ";
```

$$\pi$$

Man erkennt hier deutlich, daß mit jeder Anweisung jeweils ein Apostrophpaar entfernt wird.

2.7 Funktionsdefinition

♦ **for .. from .. to .. by .. do .. od**

Funktionen lassen sich nach folgender Syntax definieren:

```
funktionsname := argument -> ausdruck;

                       oder

funktionsname := (argumentenfolge) -> ausdruck;
```

Für Funktionsnamen gelten die in Kapitel 2.6.1 genannten Bezeichnerregeln. Eine Argumentenfolge besteht aus den einzelnen Argumenten, jeweils getrennt durch Kommata.

Die Funktionszuweisung erfolgt mittels der sog. *Pfeilnotation (arrow notation)*[22].

```
> f := x -> 1/4*x^4-4*x;
```

$$f := x \rightarrow \frac{1}{4}x^4 - 4x$$

```
> f(7.);
```

$$572.2500000$$

---

[22] Beachten Sie, daß eine Funktionsdefinition in der Form
```
> t(x) := x^2:
```
nicht möglich ist.
```
> evalf(t(7));
```

$$t(7)$$

2.7 Funktionsdefinition 49

Der funktionale Operator -> besteht aus dem Minus- und dem Größerzeichen. Nimmt man es ganz genau, so wird die Variable f mit der durch die Pfeilzuweisung geschaffenen sog. *anonymen Funktion* x -> 1/4*x^4-4*x belegt.

Um die Funktionszuweisung ermitteln zu können, genügt es nicht,

```
> f;
```

$$f$$

einzugeben, sie läßt sich aber durch Anwendung des Befehles **eval** ermitteln:

```
> eval(f);
```

$$x \to \frac{1}{4}x^4 - 4x$$

Der Funktions*term* kann durch Angabe des Funktionsnamens zusammen mit dem oder den Argumenten in Klammern bestimmt werden:

```
> f(x);
```

$$\frac{1}{4}x^4 - 4x$$

Mit Hilfe einer *Schleife* kann eine Wertetabelle erstellt werden. Die Zeilen trennen Sie durch die Tasten SHIFT+RETURN voneinander (die SHIFT-Taste drücken, gedrückt lassen und danach die RETURN-Taste betätigen), die letzte Zeile (> od;) aber wird an deren Ende nur durch die RETURN-Taste abgeschlossen[23].

```
> for a from -2 to 2 by 0.5 do
>     lprint(a, evalf(f(a)))
> od;
```

```
-2  12.
-1.5  7.265625000
-1.0  4.250000000
-.5  2.015625000
0  0
.5  -1.984375000
1.0  -3.750000000
1.5  -4.734375000
2.0  -4.000000000
```

---

[23] Das Kapitel 12 befaßt sich ausführlich mit Schleifen.

Die **for**-Schleife erlaubt die mehrmalige Abarbeitung bestimmter Anweisungen, welche sich im Rumpf zwischen **do** und **od** befinden. Dabei steht die Anzahl der Wiederholungen im voraus fest. In diesem Beispiel werden alle Werte von (**from**) -2 bis (**to**) +2 mit einer Schrittweite (**by**) von 0.5 durchlaufen und der *Laufvariablen* a zugeordnet. Beträgt die Schrittweite Eins, so kann sie weggelassen werden, der Passus by 1 kann also entfallen. **lprint** bewirkt die Ausgabe der Werte von a und f(a). (Sie können auch den Befehl **print** benutzen.) Sollen mehrere Befehle im Rumpf abgearbeitet werden, so müssen sie durch Semikolon voneinander getrennt werden. Hinter **do** allerdings darf sich kein Semikolon befinden.

Da Funktionsdefinitionen in Variablen gespeichert werden, erfolgt deren Löschung analog durch Angabe des Funktionsnamens.

```
> f(x);
```

$$\frac{1}{4}x^4 - 4x$$

```
> f := 'f';
```

$$f := f$$

```
> f(x);
```

$$f(x)$$

Die Kehrwertfunktion $\frac{1}{f}$ einer Funktion f kann wie folgt festgelegt werden:

```
> kehrwert := x -> 1/x;
```

$$kehrwert := x \rightarrow \frac{1}{x}$$

```
> kehrwert(sin(x));
```

$$\frac{1}{sin(x)}$$

```
> kehrwert(1/x);
```

$$x$$

Auch Befehle in Funktionstermen sind zugelassen, z.B. kann eine neue Logarithmusfunktion bestimmt werden, die direkt das Ergebnis in Fließkommadarstellung durch Verwendung von **evalf** ausgibt. Die Reihenfolge der Argumente bei der Funktionsdefinition ist beliebig, sie muß dann aber beim Aufruf der neuen Funktion eingehalten werden. Im Gegensatz zu **log** erwartet **logf** zunächst das Argument und danach erst die Basis. Bei Funktionen mit mehr als einer Variablen müssen die Unbekannten in Klammern hinter den Zuweisungsoperator (:=) gesetzt werden:

```
> restart:
```

```
> logf := (arg, basis) -> evalf(log[basis](arg));
```

$$\text{logf} := (\text{arg, basis}) \rightarrow \text{evalf}(\log_{\text{basis}}(\text{arg}))$$

```
> logf(100, 10);
```

$$2.000000000$$

Die Programmierung mehrzeiliger Funktionen und Prozeduren wird im zweiten Teil des Buches erklärt.

```
> g := (x, y, z) -> x^2+y^2+z^2:
```

```
> g(2, 3, c);
```

$$13 + c^2$$

Die Namen 'einfacher' Variablen und von Funktionen sollten sich nicht gleichen, da es dann zu gegenseitigen Überschreibungen kommt. Im folgenden wird eine Variable h und eine Funktion h(x) definiert, nach der Funktionszuweisung besitzt h nicht mehr den Wert 1 sondern enthält die Funktionszuweisung:

```
> h := 1;
```

$$h := 1$$

```
> h := x -> x^2;
```

$$h := x \rightarrow x^2$$

```
> eval(h);
```

$$x \rightarrow x^2$$

Sie können bestimmte - abweichende - Funktionswerte auf folgende Weise vorgeben:

$$f(x_0) := \text{Wert};$$

z.B.:

```
> h(0) := 1; h(0);
```

$$h(0) := 1$$

$$1$$

Diese Vorgabemöglichkeit besteht dann *nicht*, wenn der Funktionsterm aus nur einer *Zahl* besteht, z.B. 1, $\frac{1}{2}$, 0.5 oder zu einer Zahl vereinfacht wird. Hierbei ist ausschlaggebend, was Maple nach der Funktionsdefinition *anzeigt*. Es läßt sich folgende Faustregel aufstellen:

1) Wird der Pfeiloperator in der Maple-Ausgabe angezeigt, d.h. f := arg → term oder f := funktionsname, können Sie Werte vorgeben,

2) wird nur eine Zuweisung der Form f := zahl auf dem Bildschirm ausgegeben, ist eine abweichende Funktionswertdefinition nicht möglich.

Vier Beispiele:

```
> f := x -> x; f(0) := undefined;
```

$$f := x \rightarrow x$$

$$f(0) := undefined$$

Der Kernel Maples vereinfacht automatisch Ausdrücke wie x+x, x-x, x*x oder $\frac{x}{x}$.

```
> f := x -> x/x;
```

$$f := 1$$

```
> f(0) := undefined;
Error, invalid left hand side in assignment
```

```
> f := x -> 1;
```

$$f := 1$$

```
> f(0) := undefined;
Error, invalid left hand side in assignment
```

Zwar wird in der Kommandozeile die Wurzel $\sqrt{1}$ zu 1 vereinfacht, nicht aber bei einer Funktionsdefinition mit dem Funktionaloperator.

```
> f := x -> sqrt(1); f(0) := undefined;
```

$$f := x \to \sqrt{1}$$

$$f(0) := undefined$$

Die Werte, die so vorgegeben werden konnten, werden in einer Tabelle abgespeichert, die sich mit

```
> op(4, eval(f));
```

table([
    0 = undefined
    ])

abfragen läßt.

Wichtig ist, daß die in Kapitel 6 Analysis vorgestellten Stetigkeits-Befehle **iscont** und **discont**, eine solch ergänzte Funktion als *stetig* betrachten.

Es ist hilfreich, Funktionen generell in Pfeilnotation zu definieren und nicht den Funktionsterm einer Variablen zuzuweisen,

```
> f := a*x;
```

$$f := a\,x$$

da bei solch einer Definition Funktionswerte nicht ermittelbar sind

```
> f(1);
```

$$a(1)\,x(1)$$

und bei einigen später vorgestellten Befehlen Verwechselungsgefahr besteht, die unweigerlich zu Fehlermeldungen führen.

2.8 Hilfefunktionen

- ?
- ??
- ???

- **example**
- **info**
- **related**
- **usage**

Maple V enthält eine umfangreiche und gut dokumentierte englischsprachige Hilfefunktion zu den einzelnen Kommandos, welche Sie mit ?befehl (ohne abschließendes Semikolon) aufrufen können. ??kommando liefert die Syntax des entsprechenden Kommandos und ???kommando Beispiele zu diesem:

```
> ?solve
```

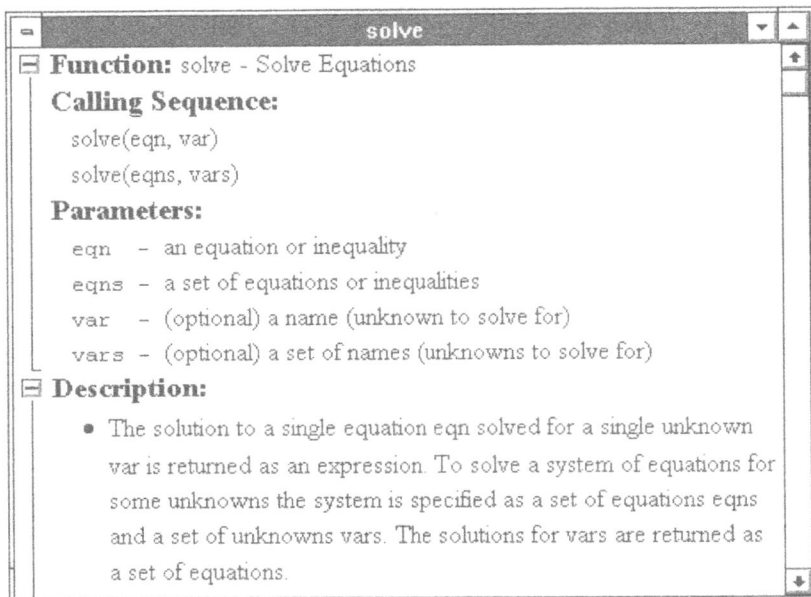

```
                              solve
⊟ Function: solve - Solve Equations
   Calling Sequence:
      solve(eqn, var)
      solve(eqns, vars)
   Parameters:
      eqn   –  an equation or inequality
      eqns  –  a set of equations or inequalities
      var   –  (optional) a name (unknown to solve for)
      vars  –  (optional) a set of names (unknowns to solve for)
⊟ Description:
      •  The solution to a single equation eqn solved for a single unknown
         var is returned as an expression. To solve a system of equations for
         some unknowns the system is specified as a set of equations eqns
         and a set of unknowns vars. The solutions for vars are returned as
         a set of equations.
```

Bild 2.02: Hilfefenster

Setzen Sie in Release 4 im Arbeitsblatt den Cursor mitten in einen Sie interessierenden Begriff und betätigen dann die Funktionstaste F1, so wird die entsprechende Hilfeseite angezeigt, wenn diese existiert. Sie brauchen also nicht unbedingt die Anweisung ?befehl einzugeben.

info(kommando); gibt eine Kurzbeschreibung:

```
> info(solve);
```

related(kommando); listet verwandte Befehle auf:

```
> related(solve);
```

Statt **??**befehl können Sie auch **usage**(befehl); und für **???**befehl auch **example**(befehl); eingeben.

2.9 Typische Anwenderfehler

Wenn man das erste Mal mit Maple V arbeitet, verweigert das Programm sicherlich des öfteren die Benutzereingabe oder gibt eventuell unerwartete Ergebnisse zurück. Daher sind an dieser Stelle die typischsten Fehler aufgelistet.

2.9.1 Syntaxfehler

liegen vor, wenn eine Maple-Anweisung falsch gebildet wurde, sich dort beispielsweise ungültige Zeichen befinden, Klammern vergessen oder Argumente in einer falschen Reihenfolge an einen Befehl übertragen wurden. Ein Operator wurde in der nächsten Zeile zuviel angegeben. In Release 4 wird der Cursor automatisch in der Eingaberegion an die fehlerhafte Stelle gesetzt[24].

```
>  4+*4;
syntax error:
4+*4;
   ^
```

```
>  3*4;
syntax error:
3*4;
  ^
```

Hier wurde 3*4 ohne Semikolon oder Doppelpunkt eingegeben, mit RETURN zur nächsten Zeile gesprungen, dann der Cursor eine Zeile wieder nach oben bewegt und hinter 3*4 ein Semikolon gesetzt und nachfolgend RETURN gedrückt.

Bei verschachtelten Ausdrücken können Klammern fehlen oder falsch gesetzt werden, da hierbei die Übersicht schnell verloren geht.

```
>  sum(1+2/n)^n, n=infinity);
syntax error:
sum(1+2/n)^n, n=infinity);
          ^
```

In der Mathematik ist ein Ausdruck wie mx, welches 'm multipliziert mit der Unbestimmten x' bedeutet, üblich. Dies führt bei Maple allerdings zu einer Fehlermeldung:

```
>  2x;
syntax error:
2x;
  ^
```

---

[24] Es werden hier ausnahmsweise die Fehlermeldungen von Release 3 abgedruckt, da diese typographisch besser zu realisieren sind.

```
> 2*x;
```

$$2\,x$$

Maple V betrachtet 2x als ungültigen Bezeichner. Es muß also grundsätzlich das Multiplikationszeichen * angegeben werden. Gleichwohl erfolgt die *Anzeige* ohne das Multiplikationszeichen.

2.9.2 Semantikfehler

können vorkommen, wenn ein Befehl eine Operation durchführen soll, die unmöglich bzw. sinnlos ist, z.B. wenn ein Ausdruck in das Binärformat übertragen werden soll.

```
> convert(x^2, binary);
Error, (in convert/binary) invalid argument for convert
```

Oft werden auch Argumente vergessen:

```
> diff(x^2);
Error, wrong number (or type) of parameters in function diff

> diff(x^2, x);
```

$$2\,x$$

2.9.3 Mißachtung mathematischer Prioritäten

Zu den häufigsten Fehlerquellen gehören falsch gesetzte Klammern. Diese bewirken zwar nicht unbedingt Syntaxfehler, können aber zu 'falschen' Ergebnissen führen.

```
> limit(1+1/n^n, n=infinity);
```

$$1$$

Hier sollte eigentlich der Summenwert von $(1 + \frac{1}{n})^n$ berechnet werden. Da auch bei Maple Punkt- vor Strichrechnung[25] gilt, bezieht sich die Potenz n nur auf den Nenner des Bruches, also erkennt Maple V: $1 + \frac{1}{n^n}$. Gemeint war aber:

```
> limit((1+1/n)^n, n=infinity);
```

$$e$$

[25] Siehe auch den Kapitel 3.4: 'Prioritäten mathematischer Operationen.

Folgende Vorgehensweise ist bei der Erfassung geklammerter Ausdrücke äußerst praktisch: Wenn der o.g. Grenzwert $\lim\limits_{n\to\infty} (1 + \frac{1}{n})^n$ berechnet werden soll, können Sie die Eingabe in drei Stufen vornehmen:

```
limit();
```

Bewegen Sie nun den Cursor in die Klammer zurück. Geben Sie dort ein:

```
()^n, n=infinity
```

Positionieren Sie jetzt die Eingabemarke in der inneren Klammer (vor ^n) und erfassen Sie:

```
1+1/n
```

und drücken dann RETURN. Je länger Sie mit Maple V arbeiten, desto mehr Klammern, Kommata etc. werden Sie setzen (müssen), die o.g. Eingabetechnik erspart Ihnen die oft mühsame Suche nach der fehlerhaften Stelle.

Kapitel 3.4 enthält eine Tabelle der in Maple V geltenden Prioritäten.

2.9.4 Tippfehler

Tippfehler bei Kommandos oder Variablen bzw. Konstanten ergeben keine Fehlermeldung, es wird die Eingabe unberechnet wieder ausgegeben.

```
> sum((1+2/n)^n, n=infinty);
```

$$\left(1+\frac{2}{\text{infinty}}\right)^{\text{infinty}}$$

Hier fehlt bei **infinity** das letzte 'i'.

2.9.5 Ditto

Fehlerträchtig ist auch - wie bereits erwähnt - die Verwendung des Dittos (", "", """). Obschon recht praktisch und bequem, ist dessen Verwendung dann problematisch, wenn der Anwender zwischen den Eingabezeilen hin- und herspringt, sie erneut ausführt, und man eventuell gar nicht mehr weiß, auf welches Ergebnis sich der Ergebnisspeicher denn nun eigentlich bezieht, die Folge können Syntaxfehler oder 'falsche' Ergebnisse sein. Ein (ziemlich triviales) Beispiel[26]:

```
Zeile 1> restart:
```

---

[26] Der Befehl **solve** ermittelt die Lösung einer Gleichung und wird in Kapitel 4 ausführlich beschrieben.

```
Zeile 2> x^2-1;
```

$$x^2 - 1$$

```
Zeile 3> solve("=0);
```

$$1, -1$$

Setzen Sie den Cursor nun wieder in Zeile 3 und führen Sie die Anweisung erneut aus:

```
Zeile 3> solve("=0);
Error, (in solve) invalid arguments
```

Das Ditto bezieht sich nicht (mehr) auf das Polynom $x^2 - 1$, sondern auf die Folge
`-1, 1`, d.h. Maple V hätte die Anweisung `solve(-1, 1 = 0);` lösen sollen.
Das Argument `-1, 1 = 0` aber verstößt gegen die Syntax von **solve**.

2.9.6 Zuweisungen

Ein Zuweisungsversuch an einen Maple-Befehl schlägt generell fehl:

```
> solve := 9;
Error, attempting to assign to `solve` which is protected
```

Die Fehlermeldung weist darauf hin, daß der Name 'solve' *geschützt* ist[27].

Maple V reagiert mit einem Syntaxfehler auf unerlaubte Bezeichner:

```
> 3n := 90;
syntax error:
3n:=90;
  ^
```

Der Versuch der Zuweisung mit dem Gleichheitszeichen '=' scheint zwar zuerst zu funktionieren:

```
> b = 1;
```

$$b = 1$$

aber eine Wertbelegung erfolgt nicht,

```
> b;
```

$$b$$

---

[27] Siehe Teil 2, Kapitel 9.3.

da der Ausdruck b=1 eine Gleichung darstellt.

Wenn eine Variable rekursiv definiert ist, ihr aber zu Anfang noch kein Wert zugeordnet wurde, sind Stapelüberläufe die Folge.

```
> restart:

> a := a + 1;
Warning, recursive definition of name
```

$$a := a + 1$$

```
> a;
Error, too many levels of recursion
```

Viele der in den nächsten Kapiteln zu besprechenden Anweisungen erfordern die Angabe unbestimmter Variablen bzw. unbestimmter Ausdrücke. Wenn z.B. der Term x^2 abgeleitet werden soll, so schlägt dieses fehl, wenn vorher der Unbestimmten x ein numerischer Zahlenwert zugewiesen wurde.

```
> restart:

> x := 1:

> diff(x^2, x);
Error, wrong number (or type) of parameters in function diff
```

Hier wird der in den Klammern befindliche Ausdruck x^2, x zu 1, 1 ausgewertet, bevor **diff** versucht, eine Berechnung durchzuführen.

Es ist sinnvoll sich anzugewöhnen, gewissen Variablennamen wie x, y, z, oder t niemals numerische Werte zuzuweisen[28]. Verlangt ein Befehl unbestimmte Argumente, so kann eine Auswertung wie im obigen Fall durch Einschluß der Argumentenfolge in Apostrophe verhindert werden,

```
> diff('x^2, x');
```

$$2x$$

oder aber die Variablenwerte werden vorher gelöscht.

---

[28] Maple V erlaubt, generell Zuweisungen an vorgegebene Variablennamen mittels des Befehles **protect** zu unterbinden, welches aber wohl nur in besonderen Fällen sinnvoll ist. Siehe dazu Teil 2, Kapitel 9.3 und Anhang B3.

In vielen Fällen sind Zuweisungen unnötig. Der Befehl **subs**[29] ersetzt in einem Ausdruck beliebige Operanden und nimmt danach eine Auswertung vor, ohne daß dabei aber eine Zuweisung getroffen wird.

```
> restart:
```

```
> p := x^2+x+1;
```

$$p := x^2 + x + 1$$

```
> subs(x=0, p);
```

$$1$$

```
> p;
```

$$x^2 + x + 1$$

```
> x;
```

$$x$$

2.9.7 Der Doppelpunkt

hat Vor- und Nachteile: Er unterdrückt einerseits die Ausgabe von trivialen Maple-Ergebnissen,

```
> t := 0;
```

$$t := 0$$

verhindert die Anzeige der in einem Maple-Paket enthaltenen Befehle bei dessen Initialisierung mit **with**,

```
> with(linalg);
Warning, new definition for norm
Warning, new definition for trace
```

[BlockDiagonal, GramSchmidt, JordanBlock, LUdecomp, QRdecomp, Wronskian,
... (viele Zeilen weitere Prozedurnamen je nach Fenster- und Fontgröße) ...
vandermonde, vecpotent, vectdim, vector, wronskian]

seine Benutzung kann andererseits aber fatal sein, wenn auf die Schnelle Anweisungen erfaßt werden, die zwar syntaktisch korrekt sind, bei denen aber Klammern falsch gesetzt sind oder etwas fehlt. Folgefehler sind dann unvermeidlich, da die Ausgaben auf dem Bildschirm zuvor nicht kontrolliert werden konnten.

---

[29] Siehe Kapitel 4.8.

```
> eulersche_zahl := limit(1+1/n^n, n=infinity):
```

```
> ln(eulersche_zahl) = ln(exp(1));
```

$$0 = 1$$

2.9.8 Verwechselung zwischen Funktionen in Pfeilnotation und Termen

Große Probleme bestehen anfangs, wenn abwechselnd Funktionen als Funktionsterme oder als anonyme Funktionen Variablen zugewiesen werden, und man nicht weiß, ob bei der späteren Verwendung der Bezeichner nun die Argumente genannt werden müssen oder nicht. Dieser Abschnitt beschäftigt sich auch ein wenig mit Maple-Interna, Sie können die jeweiligen Passagen aber ruhig überlesen.

```
> restart:
```

```
> F := x -> a*x;
```

$$F := x \rightarrow a\,x$$

```
> f := a*x;
```

$$f := a\,x$$

Die Ableitung von f mittels des Kommandos **diff** entspricht den Erwartungen,

```
> diff(f, x);
```

$$a$$

diejenige von F aber nicht:

```
> diff(F, x);
```

$$0$$

Eine in Pfeilnotation definierte Funktion wird intern als Prozedur repräsentiert. Gibt man nur den Prozedurnamen (hier also F) an, so erfolgt keinerlei Auswertung und in diesem Falle wird F von den Maple-Befehlen als Konstante angesehen, die eigentlich in F enthaltene anonyme Funktion bleibt verborgen. (Sie können versuchsweise den Befehl **diff** - d.h. den Bezeichner - einmal 'ableiten', hier erhalten Sie dann auch den Wert 0.)

Durch Angabe des oder der Argumente hinter den Bezeichner F erzielt man das gewünschte Resultat:

```
> diff(F(x), x);
```

$$a$$

Bei in Pfeilnotation definierten Funktionen müssen bis auf ganz wenige Ausnahmen (s. Kapitel 6.1 Verknüpfung von Funktionen) die Argumente genannt werden; setzen Sie sie hinter den Bezeichner eines Funktions*termes*, so werden sie an jeden Operanden des Termes 'angehängt', das Ergebnis ist vollkommen unbrauchbar.

```
> f(x);
```

$$a(x)\, x(x)$$

Folgende <u>Regel</u> kann aufgestellt werden: Bei ausschließlich symbolischen Berechnungen genügt die Zuweisung eines Termes an einen Bezeichner. Oft aber werden sowohl symbolische als auch numerische Berechnungen mit einem Ausdruck durchgeführt, so daß die Definition mit dem funktionalen Operator → deutlich vorteilhafter ist und man nicht überlegen muß, ob die Argumente angegeben oder nicht angegeben werden sollen. Im Buch wird daher fast ausschließlich mit solch festgelegten Funktionen gearbeitet.

Wie schon in einer Fußnote hingewiesen, läßt sich eine Funktion nicht auf die gewohnte Art und Weise definieren:

```
> restart:
```

```
> f(x) := sin(2*x);
```

$$f(x) := \sin(2\,x)$$

Ausführliche Erläuterungen zu diesem Thema finden Sie in Kapitel 15.18.

3 Grundlagen

Übersicht

- **3.1 Mathematische Funktionen**
- **3.2 Vordefinierte Konstanten**
- **3.3 Exponentialschreibweise**
- **3.4 Prioritäten mathematischer Operationen**
- **3.5 Kurznamen für Funktionen und Befehle**
- **3.6 Ausdrücke und Datenstrukturen**
- **3.7 Griechische Buchstaben**

3.1 Mathematische Funktionen

Maple V enthält eine Vielzahl mathematischer Funktionen, die wichtigsten können Sie der folgenden Aufstellung entnehmen:

math. Funktion	Bedeutung	in Maple	Syntax
a^x	Exponentialfunktion mit der Basis a	^	a^x
e^x	Exponentialfunktion mit der Basis e	exp	exp(x)
$\sqrt{x}$	Quadratwurzel	sqrt	sqrt(x)
$\sqrt[n]{x}$	n-te Wurzel	surd	surd(x, n)
$\log_a x$	Logarithmus zur Basis a	log	log[a](x)
$\ln x$	natürlicher Logarithmus	ln	ln(x)
$\lg x$	Zehnerlogarithmus	log10	log10(x)
$\sin x, \cos x, \tan x$	Winkelfunktionen[30]	sin, cos, tan	sin(x), cos(x), tan(x)
arcsin x, etc.	Arkusfunktionen	arcsin	arcsin(x)

[30] Die Argumente sowie Rückgaben dieser Funktionen im Bogenmaß.

sinh x, etc.	Hyperbelfunktionen	`sinh`	sinh(x)
Arsinh x, etc.	Areafunktionen	`arcsinh`	arcsinh(x)
$\|x\|$	Betragsfunktion	`abs`	abs(x)
sgn x	Vorzeichenfunktion	`signum`	signum(x)
n!	n-Fakultät	`!`, `factorial`	n!, factorial(n)
$\binom{n}{k}$	Binomialkoeffizient n über k	`binomial`	binomial(n, k)
$\sum\limits_{k=m}^{n} x_k$	Summe über x_k für k = m bis n	`sum`	sum(x(k), k=m..n)
$\prod\limits_{k=m}^{n} x_k$	Produkt über x_k für k=m bis n	`product`	product(x(k), k=m..n)

3.2 Vordefinierte Konstanten

In Maple V sind folgende Konstanten standardmäßig definiert. Ihr Wert kann (bzw. sollte) nicht geändert werden.

Bedeutung	Maple-Konstante	Wert
Catalan-Konstante	`Catalan`	0.9159655942...
Euler-Konstante γ	`gamma`	0.5772156649...
Imaginäre Einheit	`I`	$\sqrt{-1}$
Unendlich ∞	`infinity`	
Kreisteilungszahl π	`Pi`	3.141592654...
Boolescher Wahrheitswert 'falsch'	`false`	
Boolescher Wahrheitswert 'wahr'	`true`	
Nullfolge, 'leerer Wert'	`NULL`	
Prozedurauswertung fehlgeschlagen oder abgebrochen	`FAIL`	

Tab. 3.1: Maple-Konstanten

Die Eulersche Zahl E ist in Release 4 nicht mehr vordefiniert. Zur Abhilfe können Sie

```
> alias(E=exp(1)):
```

der Initialisationsdatei maple.ini hinzufügen[31] oder die Anweisung in das Arbeitsblatt eintippen.

Alle in Maple V definierten Konstanten sind in der Variablen

```
> constants;
```

$$\text{false, } \gamma, \infty, \text{ true, Catalan, FAIL, } \pi$$

erfaßt. Die imaginäre Einheit I fehlt hier, da sie von Maple V via **alias** initialisiert
wird.

3.3 Exponentialschreibweise

Zahlen können Sie auch in ihrer Exponentenschreibweise mit dem Buchstaben **e**
erfassen. Die Syntax ist:

```
ReZ = R * 10^Z
```

Hierbei steht die Mantisse R für eine reelle, der Exponent Z für eine ganze Zahl.
e ist somit die Basis 10.

```
> 1e-8, 1e8, 1.75e-2;
```

$$.1 \ 10^{-7}, .1 \ 10^{9}, .0175$$

Der Buchstabe **e** muß von *Zahlen* umschlossen sein, anhand der Ausgabe ist schon
erkennbar, daß mit dem Kennbuchstaben **e** gebildete Werte Fließkommazahlen
sind.

3.4 Prioritäten mathematischer Operationen

Der Vorrang (*precedence*) mathematischer Operationen vor anderen (z.B. Punkt-
vor Strichrechnung) gilt natürlich auch für Maple. Soll dieses außer Kraft gesetzt
werden, so müssen entsprechend Klammern gesetzt werden.

Beispiele:

```
> 3*4+5;
```

17

---

[31] Siehe Anhang B3.

```
>  3*(4+5);
```

27

```
>  2^3^4;
syntax error:
2^3^4;
     ^
```

Mehrere aufeinanderfolgende Exponenten müssen bei der Hütchen-Schreibweise in Klammern gesetzt werden.

```
>  2^(3^4);
```

2417851639229258349412352

Die Tabelle zeigt die Reihenfolge der Prioritäten der in Maple V vorhandenen Operatoren.

Zeichen	Funktion
.	Verkettungsoperator
%	Label für Platzhalter
&-Operatoren	z.B. für Matrixoperationen
!	Fakultät
mathem. Funktionen	
^, **, @@	Potenz, Potenz, mehrfacher Verkettungsoperator
, &, /, @, intersect	Multiplikation, &-Operator, Division, einfacher Verkettungsoperator, Schnittmenge
+, -, union, minus	Addition, Subtraktion, Vereinigungsmenge, Mengendifferenz
mod	Modulus
..	Bereich
<, <=, >, >=, =, <>	Vergleichsoperatoren
$	Folgenoperator
not	Boolesche Funktion ¬
and	Boolesche Funktion ∧
or	Boolesche Funktion ∨
->	Pfeiloperator
,	Separator für Folgen
:=	Zuweisungsoperator

Tab. 3.2: Prioritäten

Der Verkettungsoperator hat die höchste, der Zuweisungsoperator die niedrigste Priorität.

3.5 Kurznamen für Funktionen und Befehle

◆ **alias** ◆ **macro**

Oft ist die Verwendung längerer Funktions- und Befehlsnamen lästig, da hierbei der Aufwand, der bei der Erfassung von Anweisungen entsteht, hoch ist. Die Befehle **macro** und **alias** erlauben jedoch die Festlegung sog. *Kurzformen* als Makros bzw. Aliase, mit denen Maple-Funktionen und -Befehle aufgerufen werden können[32].

3.5.1 Makros

macro gestattet Ihnen die Eingabe der Kurzform einer Funktion oder eines Befehles als sog. *Makro*. Bei der Auswertung einer Eingabe wird die Abkürzung in den ursprünglichen Namen umgewandelt; letzterer erscheint dann wieder in der Ausgaberegion.

macro übertragen Sie eine oder mehrere Gleichungen der Form

---

macro(gl1, gl2, ...);

wobei gl1, gl2, ... Gleichungen der Art

Kurzform = ursprünglicher Name

symbolisieren.

Anschauungsbeispiele:

Statt **log10** soll in Zukunft **lg** benutzt werden können:

> restart:

Wir definieren das Makro **lg**

> macro(lg=log10);

und können es von nun an für Eingaben nutzen:

---

[32] Wie Kurzformen dauerhaft zur Verfügung gestellt werden können, ohne sie bei jeder Sitzung neu definieren zu müssen, ist in Anhang B3 erklärt.

```
> lg(100);
```

$$\log 10(100)$$

```
> evalf(");
```

$$2.000000000$$

Selbstverständlich läßt sich auch der voll ausgeschriebene Befehlsname weiterhin nutzen.

```
> log10(100);
```

$$\log 10(100)$$

```
> evalf(");
```

$$2.000000000$$

Mit **macro** (und **alias**) können nur die Namen der abzukürzenden Funktionen und Befehle definiert werden, deren Syntax läßt sich aber nicht ändern. Nutzen Sie hierfür selbstdefinierte Funktionen (s. Kapitel 2.7).

Definierte Makros lassen sich durch die Anweisung

```
macro(kurzname = kurzname);
```

wieder löschen, auch hier können mehrere Gleichungen mit zu löschenden Kurznamen übergeben werden. **restart** löscht alle in einer Arbeitssitzung festgelegten Kurznamen[33].

3.5.2 Aliase

Im Gegensatz zu **macro** werden mit **alias** definierte Kurzformen auch bei der Ausgabe von Ergebnissen verwendet.

```
> restart:
```

```
> alias(lg=log10);
```

$$I, lg$$

alias gibt bereits definierte Alias-Kurzformen zurück, hier I für die imaginäre Einheit, welche beim Start Maples automatisch mit dem Wert $\sqrt{-1}$ belegt wird.

---

[33] Dieses gilt auch für Aliase.

```
> lg(100); evalf(");
```

$$lg(100)$$

$$2.000000000$$

In Release 4 ist die Konstante E für die Eulersche Zahl 2.7182818... nicht mehr
vorhanden. Zwar wird bei der Ausgabe der kleine Buchstabe e - wenn passend -
zurückgegeben, doch läßt er sich nicht bei Eingaben verwenden, so daß immer die
Eingabe `exp(1)` erforderlich wäre. Daher also:

```
> alias(E=exp(1));
```

$$I, E$$

```
> ln(E);
```

$$1$$

Aliase werden wie Makros gelöscht.

```
> alias(E=E);
```

$$I$$

```
> ln(E);
```

$$ln(E)$$

Auf einen Nachteil der beiden Befehle **macro** und **alias** sei an dieser Stelle hingewiesen: Die Kurznamen mögen zwar für *Sie* lesbar sein, können aber bei anderen
Maple-Anwendern, die Ihre Arbeitsblätter nutzen, Verständnisschwierigkeiten her-
vorrufen. Sollten die Kurzdefinitionen nur in Ihrer Maple-Initialisationsdatei (siehe
Anhang B3) aufgeführt sein, bei anderen aber nicht, so sind Ihre Arbeitsblätter
wertlos, da die Kurzformen dann nicht übersetzt werden können.

Fügen Sie daher die Kurzdefinitionen hinter jede Zeile mit **restart** ein (meistens
eher sinnlos) oder verzichten Sie ganz auf Makros oder Aliase, wenn Sie Ihre Map-
le-Dateien an Dritte weitergeben. Die dritte Alternative ist, auf die von Ihnen getroffenen Abkürzungen explizit in einer Textregion am Anfang Ihres Arbeitsblattes
hinzuweisen und den Anwender zu bitten, sie in die eigene Maple-Initialisationsdatei einzutragen.

3.6 Ausdrücke und Datenstrukturen in Maple V

◆ op

In den folgenden Kapiteln werden Ihnen oft die Begriffe *Ausdruck, Bereich, Folge, Liste* und *Menge* begegnen und es ist vorteilhaft, ihre Bedeutung zu kennen. Die Termini werden hier auch anhand von Beispielen erläutert, stören Sie sich aber nicht an den noch zu besprechenden Befehlen.

Eine ausführliche Beschreibung der Datenstrukturen in Maple V gibt Kapitel 13.

3.6.1 Ausdruck

Ein Ausdruck (*expression*) kann eine

- Zahl, z.B. 1,
- ein Bezeichner (von Variablen, Konstanten, Funktionen, Befehlen, etc.), z.B. n, Pi, ln, sin, limit,
- eine durch einen oder mehrere Operatoren gebildete Verknüpfung der vorher genannten drei Objekte, z.B. n + 1, sin(n + cos(Pi)), a < b, x → y.

sein. Ein *Maple-Ausdruck* ist ein beliebiger in Maple V gültiger Ausdruck, die Begriffe 'Ausdruck' und 'Maple-Ausdruck' werden aber synonym gebraucht. Aus Ausdrücken sind auch die im folgenden vorgestellten Datenstrukturen zusammengesetzt.

3.6.2 Bereiche

Ein Bereich (*range*) hat die Form

$$p \ .. \ q$$

wobei p und q beliebige in Maple V gültige Ausdrücke repräsentieren, der Binäroperator .. (zwei Punkte ohne Leerzeichen zwischen ihnen) verbindet die beiden Bezeichner p und q. Bereiche bezeichnen Intervalle, p und q sind die Intervallgrenzen, die Bedeutung ergibt sich allerdings erst aus dem Zusammenhang. Bereiche werden u.a. zur Angabe der Integrationsgrenzen bei der bestimmten Integration genutzt.

```
> restart:

> Int(x^2, x=0 .. 1) = int(x^2, x=0 .. 1);
```

$$\int_0^1 x^2 dx = \frac{1}{3}$$

3.6.3 Folgen

Eine Folge (*expression sequence* oder kurz *sequence*) ist eine geordnete Ansammlung beliebiger Maple-Ausdrücke, die durch Kommata voneinander getrennt sind:

$$a_1, a_2, ..., a_k, ..., a_n$$

Der Befehl **solve** zur Lösung einer oder mehrer Gleichungen gibt grundsätzlich die gefundenen Ergebnisse als Folge zurück:

```
> solve(x^3-x^2-2*x);
```

$$0, -1, 2$$

Hier hat die Ergebnisfolge drei Elemente und man kann auf ein oder mehrere Elemente mit Hilfe eines *Index* oder *Indexbereiches* zugreifen, die beide in eckige Klammern angegeben werden. Die k-te Lösung läßt sich durch den Index [k], z.B.

```
> "[1];
```

$$0$$

herausgreifen, wobei k ∈ IN. Besser ist es allerdings, die Lösungsfolge einer Variablen zuzuweisen und dann den Index an den Variablennamen 'anzuhängen'.

```
> p1 := "";
```

$$p1 := 0, -1, 2$$

```
> p1[2];
```

$$-1$$

Zur Ermittlung einer zusammenhängenden Teilfolge $a_p, ..., a_q$, mit p, q ∈ IN und p ≤ q, setzen Sie einen Bereich p .. q in eckige Klammern:

```
> p1[2 .. 3];
```

$$-1, 2$$

Findet **solve** keine Lösung, so gibt Maple V eine Leerfolge (*empty sequence, null sequence*) zurück, die durch den Wert NULL definiert ist.

```
> solve(1=0);
```

(keine Bildschirmausgabe)

Eine Folge kann - zumindest theoretisch - aus nur einem Element bestehen. Ist dieses einer Variablen zugewiesen, so geben Sie nur ihren Namen, aber nicht den Index an.

Aus Folgen werden in Maple V die in den nächsten zwei Absätzen vorgestellten Listen und Mengen gebildet.

3.6.4 Listen

entstehen durch Einschluß einer Folge in eckige Klammern:

$$[a_1, a_2, ..., a_k, ..., a_n]$$

Die Reihenfolge der einzelnen Elemente a_k der Folge wird übernommen - das ist später besonders wichtig, wenn ein Befehl in einer Liste enthaltene Ausdrücke an einer festgelegten Position erwartet. Als Beispiel möge die graphische Darstellung vektorwertiger Funktionen (s. Kapitel 5.1.7) dienen. Die Anweisung

```
> plot([sin(t), cos(t), t=0 .. 2*Pi]);
```

zur Zeichnung des Einheitskreises ist korrekt, wird aber das Parameterintervall t=0 .. 2π an die zweite Position verschoben, so gibt Maple V eine Fehlermeldung aus.

```
> plot([sin(t), t=0 .. 2*Pi, cos(t)]);
Plotting error, empty plot
```

Natürlich ist auch die von Ihnen vorgegebene Reihenfolge der Elemente eines Vektors oder einer Matrix von Maple V einzuhalten, daher werden auch hier Listen verwendet.

Auf einzelne Listenelemente a_k oder eine Teilfolge von Listenelementen $a_p, ..., a_q$ gestattet wie bei Folgen ein Index bzw. ein Indexbereich den Zugriff:

```
> p2 := [p1];
```

$$p2 := [0, -1, 2]$$

```
> p2[1];
```

$$0$$

Release 4 gibt bei der Angabe eines *Indexbereiches* eine Liste zurück.

Sonderfälle sind wie bei Folgen die leere Liste und eine Liste mit nur einem Element.

```
> [ solve(1=0) ];
```

$$[\,]$$

```
> p3 := [solve(x=0)];
```

$$p3 := [0]$$

Möchten Sie aus p3 das einzelne Element ermitteln, so setzen Sie den Index 1 hinter den Variablennamen.

```
> p3[1];
```

$$0$$

Listen können Sie mit dem Befehl **op** in Folgen umwandeln:

```
> op(p2);
```

$$0, -1, 2$$

3.6.5 Mengen

Eine Menge wird ebenfalls aus einer Folge gebildet, indem letztere in geschweifte Klammern gesetzt wird. Im Unterschied zur Liste werden mehr als einmal vorkommende gleiche Ausdrücke eliminiert, und die interne Reihenfolge ist willkürlich:

```
> p5 := {a, b, c, d, a, b};
```

$$p5 := \{c, d, b, a\}$$

Indexzugriffe sind zwar auch hier möglich, doch aufgrund der nie vorhersehrbaren Reihenfolge unsinnig. Eine Menge können Sie wie bei Listen mit **op** in eine Folge konvertieren:

```
> op(p5);
```

$$c, d, b, a$$

Mengen können auch aus nur einem Element oder einer Nullfolge bestehen, z.B.

```
> leereMenge := { NULL };
```

$$leereMenge := \{\,\}$$

welches gleichbedeutend mit

```
> leereMenge := {};
```

$$leereMenge := \{\ \}$$

ist.

Maple-Mengen gleichen den aus der Mathematik bekannten Mengen und lassen sich mit speziellen Mengenoperatoren behandeln, die in Kapitel 13.2.3 beschrieben werden.

Zusammenfassung:

	Syntax	Beispiel	Zugriff einzeln	Zugriff Bereich
Bereich	p .. q	r := 1 .. 3;	lhs(r), rhs(r);	r;
Folge	$a_1, a_2, ..., a_n$	folge := 1, 2, 3, 1;	folge[k];	folge[r];
Liste	$[a_1, a_2, ..., a_n]$	liste := [folge];	liste[k];	liste[r];
Menge	$\{a_1, a_2, ..., a_n\}$	menge := {folge};	menge[k];	menge[r];

Tab. 3.3: Datenstrukturen in Maple V

3.7 Griechische Buchstaben

Die Versionen Maples für graphische Benutzeroberflächen können sowohl kleine als auch große griechische Buchstaben darstellen. Dazu wird der Name des jeweiligen Buchstaben eingegeben: für kleine griechische Buchstaben mit kleinem ersten Buchstaben, für große Buchstaben mit großem ersten Buchstaben.

```
> alpha, beta, gamma, delta, epsilon, zeta, eta, theta,
> iota, kappa, lambda, mu, nu, xi, omicron, pi, rho, sigma,
> tau, upsilon, phi, chi, psi, omega;
```

$$\alpha, \beta, \gamma, \delta, \varepsilon, \zeta, \eta, \theta, \iota, \kappa, \lambda, \xi, \pi, \rho, \sigma, \tau, \phi, \chi, \psi, \omega$$

```
> Alpha, Beta, Gamma, Delta, Epsilon, Zeta, Eta, Theta,
> Iota, Kappa, Lambda, Nu, Mu, Xi, Omicron, Pi, Rho, Sigma,
> Tau, Upsilon, Phi, Psi, Omega;
```

$$A, B, \Gamma, \Delta, E, \zeta, H, \Theta, I, K, \Lambda, \Xi, \pi, P, \Sigma, T, \Phi, \text{Chi}, \Psi, \Omega$$

Der Großbuchstabe X (Chi) existiert nicht in Maple, da der Name **Chi** mit der Funktion zur Berechnung hyperbolischer Kosinusintegrale belegt ist.

4 Umformungen, Vereinfachungen und Lösungen

Übersicht

- 4.1   Rechnen mit Polynomen
- 4.2   Quotienten
- 4.3   Vergleich von Ausdrücken
- 4.4   Annahmen und Vereinfachungen
- 4.5   Gleichungen
- 4.6   Ungleichungen
- 4.7   Gleichungssysteme
- 4.8   Substitution von Ausdrücken
- 4.9   Punkt-Richtungsform und Schnittpunkte von Geraden
- 4.10 Komplexe Zahlen

4.1 Rechnen mit Polynomen

- coeff
- coeffs
- collect
- convert/`+`
- student/completesquare
- degree
- expand
- factor
- has
- lcoeff
- ldegree
- op
- select
- simplify
- sort

Beginnen wir zunächst mit der Behandlung von Polynomen. **expand** multipliziert Polynome aus (*expansion of polynomials*):

```
> expand((x-2)^2);
```

$$x^2 - 4x + 4$$

Möchten Sie, daß bestimmte Teilterme *nicht* ausmultipliziert werden, so geben Sie diese als weitere Argumente an:

```
> expand((a-b)*(a+b), a+b);
```

$$(a + b)\,a - (a + b)\,b$$

```
> expand(");
```

$$a^2 - b^2$$

factor zerlegt einen polynomialen Ausdruck in Linearfaktoren:

```
> factor(");
```

$$(a - b)(a + b)$$

Die Vereinfachung (*simplification*) von Ausdrücken erfolgt in den allermeisten Fällen mittels **simplify**. Die Vereinfachungen, die Maple V hierbei durchführt, hängen von der Art des jeweiligen Ausdruckes ab.

```
> (x-1)^2+(x+4)^2;
```

$$(x - 1)^2 + (x + 4)^2$$

```
> simplify(");
```

$$2x^2 + 6x + 17$$

collect faßt einen Ausdruck in bezug auf eine bestimmte Variable (hier das zweite Argument) zusammen:

```
> p := 5*x+a*x-a;
```

$$p := 5x + ax - a$$

```
> collect(p, x);
```

$$(5 + a)x - a$$

```
> collect(p, a);
```

$$(x - 1)a + 5x$$

Auswahl der Teile eines Ausdruckes, die eine bestimmte 'Eigenschaft' besitzen:

```
> select(has, p, a);
```

$$ax - a$$

has ist hierbei eine Funktion, die das Polynom p auf das Vorhandensein der Unbekannten a hin untersucht, **select** ermittelt dann die betreffenden Teile.

Quadratische Ergänzungen sind ebenfalls problemlos:

```
> restart:
```

```
> p := x^2+2*x+2;
```

$$p := x^2 + 2x + 2$$

```
> with(student):
```

```
> completesquare(p, x);
```

$$(x+1)^2 + 1$$

completesquare[34] ist nicht Bestandteil der Standardbibliothek Maples, in welcher die fundamentalen Befehle und Funktionen gespeichert sind, sondern ist in einem sog. *Paket* (hier **student**) enthalten. Sie können auf dreierlei Weise auf Paketbefehle zugreifen:

1) indem Sie einen Befehl in seiner voll ausgeschriebenen Form `paket-name[befehl](argumente)` aufrufen, z.B.
   ```
   > student[completesquare](p, x);
   ```
2) oder indem Sie den Befehl **with**(`paketname`) ausführen, der Kurznamen für alle in einem Paket definierten Kommandos erzeugt, so daß Sie auf die bisher gewohnte Weise einen Paketbefehl via `befehl(argumentenfolge);` wie oben angegeben anwenden können;
3) oder durch gezielte Angabe eines oder mehrerer Paketbefehle mittels **with**(`paketname, befehl1, befehl2, ...`), z.B.
   ```
   > with(student, completesquare);
   ```
   Die angebebenen Befehle können Sie dann über ihre Kurznamen aufrufen.

Der Sinn des Konzeptes nachladbarer Pakete ist, den Arbeitsspeicherbedarf Maples so gering wie möglich zu halten, damit dieses Computeralgebrasystem auch auf 'kleineren' Computern arbeiten kann. Daher sind nur die meist genutzten Befehle sofort beim Start verfügbar, nicht aber spezielle. Weitere Informationen zur Konstruktion von Maple V finden Sie in Anhang B und E.

Sortieren nach absteigendem Grad der Glieder eines Polynomes können Sie mit **sort**:

```
> restart:
```

```
> poly := x^2-3*x^5+x;
```

$$poly := x^2 - 3x^5 + x$$

---

[34] Statt **completesquare** können Sie auch **cmpltsq** eingeben.

```
> sort(poly);
```

$$-3x^5 + x^2 + x$$

Die Auflistung aller Glieder des Polynomes (aber auch anderer algebraischer Ausdrücke) gestattet **op**:

```
> glieder := op(poly);
```

$$\text{glieder} := -3x^5, \ x^2, \ x$$

Das n-te Glied der in der Variable abgelegten Folge greifen Sie durch den Index heraus[35], hier n=1:

```
> glieder[1];
```

$$-3x^5$$

Aus den einzelnen Gliedern erzeugt **convert** zusammen mit der Option `` `+` `` wieder das Polynom:

```
> convert([glieder], `+`);
```

$$x^2 - 3x^5 + x$$

Die Glieder müssen in einer Liste übergeben werden. Das Backquote (`` ` ``) liegt auf der deutschen PC-Tastatur neben der 'ß'-Taste und wird durch Drücken der Shift-Taste zusammen mit '"' erzeugt. Je nach Betriebssystem müssen Sie danach noch die Leertaste betätigen.

lcoeff ermittelt den Koeffizienten der höchsten Potenz (*leading coefficient*):

```
> lcoeff(poly);
```

$$-3$$

coeffs ermittelt in einem Ausdruck (erstes Argument) alle Koeffizienten der Unbestimmten x (zweites Argument):

```
> coeffs(poly, x);
```

$$1, 1, -3$$

Einen bestimmten Koeffizienten ermittelt **coeff** (ohne s). Übergeben Sie ihm das Polynom als erstes, die ihn beinhaltende Unbekannte als zweites und (optional) den

---

[35] Man beachte die eckigen Klammern.

Grad der interessierenden Potenz als drittes Argument. Wird letzteres weggelassen, wird der Koeffizient der Potenz ersten Grades ermittelt. Fehlt diese Potenz, gibt Maple V den Wert 0 zurück.

```
> coeff(poly, x);
```

$$1$$

```
> coeff(poly, x, 5);
```

$$-3$$

```
> coeff(2*x^3, x);
```

$$0$$

Der (höchste) Grad (*degree*) des Polynomes:

```
> degree(poly);
```

$$5$$

Der niedrigste Grad des Polynomes:

```
> ldegree(poly);
```

$$1$$

4.2 Quotienten

- **convert/confrac**
- **convert/parfrac**
- **convert/rational**
- **denom**
- **divide**
- **gcd**

- **lcm**
- **normal**
- **numer**
- **quo**
- **rem**
- **unapply**

Gegeben sei folgende gebrochen-rationale Funktion f:

```
> restart:
```

```
> f := x->(0.5*x^3-1.5*x+1)/(x^2+3*x+2);
```

$$f := x \rightarrow \frac{.5x^3 - 1.5x + 1}{x^2 + 3x + 2}$$

Die Division von gebrochenrationalen Polynomen erfolgt durch Einsatz von **convert/confrac**; das erste Argument von **convert** ist das gebrochen-rationale Polynom selbst, das zweite die Option `confrac`, welche die Art der Division bestimmt, und das dritte Argument die im Polynom enthaltene Unbestimmte.

```
> bruch := convert(f(x), confrac, x);
```

$$\text{bruch} := .5000000000x - 1.500000000 + \frac{2.000000000}{x+1}$$

Die Umwandlung des Fließkommaausdruckes in einen rationalen Term nehmen Sie durch **convert/rational** vor:

```
> convert(bruch, rational);
```

$$\frac{1}{2}x - \frac{3}{2} + \frac{2}{x+1}$$

Bestimmung des Zählers (*numerator*):

```
> fz := numer(f(x));
```

$$fz := .5x^3 - 1.5x + 1$$

Bestimmung des Nenners (*denominator*):

```
> fn := denom(f(x));
```

$$fn := x^2 + 3x + 2$$

quo ermittelt den ganzrationalen Anteil bei einer Division zweier Polynome; als drittes Argument nennen Sie die in den Polynomen enthaltene Unbestimmte (hier x):

```
> qu := quo(fz, fn, x);
```

$$qu := .5000000000x - 1.500000000$$

Die Syntax zur Ermittlung des Restes (*remainder*) mit **rem** gleicht der von **quo**:

```
> re := rem(fz, fn, x);
```

$$re := 4.000000000 + 2.000000000x$$

```
> rat_qu := convert(qu, rational);
```

$$\text{rat\_qu} := \frac{1}{2}x - \frac{3}{2}$$

```
> convert(re, rational);
```

$$4 + 2x$$

Mit dem Befehl **unapply** können wir eine *anonyme Funktion* aus dem Quotienten bilden

```
> unapply(rat_qu, x);
```

$$x \rightarrow \frac{1}{2}x - \frac{3}{2}$$

und sie der Variablen asymptote zuweisen, um eine Funktion zu erzeugen:

```
> asymptote := ";
```

$$\text{asymptote} := x \rightarrow \frac{1}{2}x - \frac{3}{2}$$

unapply wird als erstes Argument der zuzuweisende Ausdruck angegeben und danach die im Funktionsterm enthaltene(n) Unbekannte(n).

Fassen wir die letzten beiden Eingaben zu einer Anweisung zusammen:

```
> asymptote := unapply(rat_qu, x):
```

Die Syntax von **unapply** lautet:

---

unapply(ausdruck, x);

oder

unapply(ausdruck, x, y, ...);

---

wobei x, y, usw. die in ausdruck enthaltenen Unbestimmten sind; y, usw. können aber auch weggelassen werden, wenn gewünscht.

Funktionsdefinitionen wie

```
> sinus := sin(x);
```

$$\text{sinus} := \sin(x)$$

```
> h := x -> sinus; h(Pi);
```

$$h := x \to sinus$$

$$sin(x)$$

oder

```
> h := x -> unapply(sinus, x); h(Pi);
```

$$h := x \to unapply(sinus, x)$$

$$\pi \to sin(x)$$

oder

```
> sin(x); h := x -> ";
```

$$sin(x)$$

$$h := x \to "$$

funktionieren im übrigen nicht[36].

Nicht-gleichnamige Brüche faßt **normal** zusammen, wobei - wenn möglich - sowohl Zähler als auch Nenner faktorisiert werden.

```
> br := (2*x-1)/(x-2)-(x+1)/(x+2);
```

$$br := \frac{2x-1}{x-2} - \frac{x+1}{x+2}$$

```
> normal(br);
```

$$\frac{x\,(x+4)}{(x-2)\,(x+2)}$$

Geben Sie die Option expanded an, so werden Zähler und Nenner ausmultipliziert.

```
> normal(br, expanded);
```

$$\frac{x^2+4x}{x^2-4}$$

---

[36] Setzen Sie hinter h := x -> unapply(sinus, x) noch den Ausdruck (x), also:
h := x -> unapply(sinus, x)(x), stürzt Release 4 für Windows ab.

Der Hauptnenner (*common denominator*) ist das kleinste gemeinsame Vielfache (*least commom multiple*) der beiden Nenner:

```
> lcm(x-2, x+2);
```

$$x^2 - 4$$

Der größte gemeinsame Teiler des Bruches lautet:

```
> gcd(x-2, x+2);
```

$$1$$

Partialbruchzerlegungen (*partial fractions*) mit **convert/parfrac** sind ebenfalls kein Problem:

```
> pb := (x^2-3)/(x^3-x);
```

$$pb := \frac{x^2-3}{x^3-x}$$

```
> convert(pb, parfrac, x);
```

$$\frac{3}{x} - \frac{1}{x-1} - \frac{1}{x+1}$$

divide bestimmt, ob die beiden angegebenen Polynome ohne Rest teilbar sind. Wenn ja, so wird `true` ausgegeben und das Ergebnis dem dritten Argument übergeben; wenn nicht, dann meldet Maple `false` und liefert keinen Ausdruck zurück. Es ist wichtig, darauf zu achten, daß der Bezeichner, der als letztes Argument übergeben wird, unbestimmt ist. Ist er aber bereits mit einem Wert belegt, so übergeben Sie ihn in Apostrophen, also unausgewertet.

```
> soll := 1:

> divide(x^3-2*x^2-5*x+6, x-1, soll);
Error, wrong number (or type) of parameters in function divide

> divide(x^3-2*x^2-5*x+6, x-1, 'soll');
```

$$true$$

```
> soll;
```

$$x^2 - x - 6$$

```
> divide(0.5*x^3-1.5*x+1, x^2+3*x+2, sol2);
```

false

```
> sol2;
```

sol2

An dieser Stelle sei auf eine Eigenheit Maples hingewiesen: Brüche werden bei Ihrer Interpretation - wenn möglich - gekürzt, ohne daß man dieses verhindern könnte[37].

```
> f := x -> (x-1)^2/(x-1);
```

$f := x \rightarrow x - 1$

Sogar ein Einschluß in Apostrophe hilft nicht, der Ausdruck wird dennoch gekürzt.

```
> ''(x-1)^2/(x-1)'';
```

'x - 1'

Dieses Verhalten ist problematisch, da der ursprüngliche Ausdruck an der Stelle x=1 eine Definitionslücke besitzt, der von Maple V zurückgegebene und in der Variablen f abgespeicherte Ausdruck aber über dem gesamten Definitionsbereich stetig ist. Sie können aber definieren:

```
> f(1) := undefined;
```

f(1) := undefined

```
> f(1);
```

undefined

4.3 Vergleich von Ausdrücken

* **evalb**

Ein Vergleich von Ausdrücken (*expressions*) geschieht durch die allgemein bekannten Operatoren

---

[37] Diese Vereinfachung ist im Kernel (s. Anhang B1.1) einprogrammiert und wird von den Maple-Entwicklern als hinnehmbar angesehen, da sie nur für eine kleine Zahl von Fällen inkorrekt sind.

Zeichen	Bedeutung
=	gleich (*equals*)
<	kleiner als (*less than*)
<=	kleiner gleich (*less or equals*)
>	größer (*greater*)
>=	größer gleich (*greater or equals*)
<>	ungleich (*unequal*)

Tab. 4.1: Relationen

evalb wertet (*evaluates*) eine Gleichung in bezug auf ihren (Booleschen) Wahrheitswert aus, eventuell vereinfachen Sie den Ausdruck vorher.

```
> u := 50:

> evalb(u = 50);
```

true

```
> evalb(u < 50);
```

false

4.4 Annahmen und Vereinfachungen

- about
- additionally
- assume
- combine/ln
- combine/power
- combine/radical
- combine/trig
- convert/degrees
- convert/expsincos
- convert/ln
- convert/radians
- convert/sincos
- convert/trig
- is
- RealRange & Open
- trigsubs

Aus gutem Grund vereinfacht Maple V nicht automatisch Ausdrücke wie z.B.

```
> sqrt(x^2);
```

$$\sqrt{x^2}$$

zu 'x' und

```
> sin(2*Pi*n);
```

$$\sin(2\,\pi\,n)$$

nicht zu '0'.

Im ersten Fall gilt beispielsweise:

```
> x := -2:
```

```
> sqrt(x^2)=x;
```

$$2 = -2$$

```
> evalb(");
```

$$false$$

```
> x := 'x':
```

Im zweiten Fall kann $\sin(2\pi n)$ nur dann zu '0' vereinfacht werden, wenn $n \in \mathbb{N}$ ist.

4.4.1 Setzen von Annahmen mit assume

Maple V bietet mit dem Befehl **assume** die Möglichkeit, gewisse Annahmen für Unbekannte zu treffen, die deren Definitionsbereiche einschränken und Vereinfachungen erlauben.

assume teilen Sie eine Relation oder die Unbekannte und deren Typ[38] mit:

```
> assume(x >= 0);
```

Wurden Definitionsbereichseinschränkungen für eine Unbekannte vereinbart, so wird bei der Ausgabe direkt hinter den Variablennamen eine Tilde gesetzt. Diese Tilde darf aber nicht bei der Verwendung des Namens in der Eingaberegion benutzt werden.

```
> x;
```

$$x\sim$$

Bisher getroffene Annahmen können mit der Anweisung **about** in Erinnerung gerufen werden.

```
> about(x);
Originally x, renamed x~:
  is assumed to be: RealRange(0,infinity)
```

---

[38] Eine Aufstellung der in Maple V vorhandenen Typen finden Sie in Kapitel 9.2.

Übersetzt heißt dieses sinngemäß:

• ursprünglicher Name: x, geändert zu: x~,
• mit der Annahme: Definitionsbereich eingeschränkt auf die Menge der reellen Zahlen mit $0 \le x < \infty$.

Jetzt führt Maple V die Vereinfachung durch:

```
> sqrt(x^2);
```

$$x\sim$$

In Release 4 können Sie über den Menüpunkt Options/Assumed Variables steuern, wie Maple V Variablen, für die Annahmen getroffen wurden, darstellen soll: mit nachgestellter Tilde (Trailing Tildes), mit einem erklärenden Text (Phrase) oder ohne jegliche Kennzeichnung (No Annotation)[39].

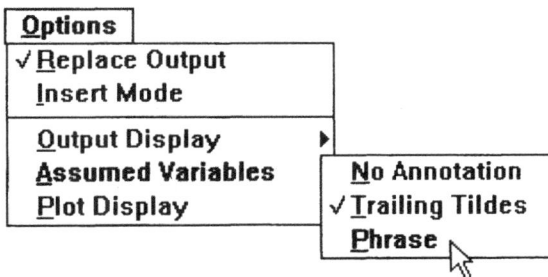

Bild 4.01: Menü Options/Assumed Variables

Stellen Sie die Ausgabe auf Phrase um, so wird ausgegeben:

```
> x;
```

$$x$$
with assumptions on x

Zu der Periodizität der Sinusfunktion:

```
> assume(n, integer);

> about(n);
Originally n, renamed n~:
  is assumed to be: integer
```

[39] Sie können auch von der Kommandozeile aus durch die Zuweisung `~` := ` ` die Tilde zum Verschwinden bringen, erfassen Sie diese Anweisung vor der Verwendung von **assume**. Vgl. Michael Monagan: `Tips for Maple Users`, MapleTech Spring 1994.

```
> sin(2*Pi*n);
```

$$0$$

Getroffene Vereinbarungen werden durch Löschung der Variablen aufgehoben

```
> x := 'x': n := 'n':
```

oder durch erneuten Einsatz von **assume** überschrieben. Auch für verschiedene Unbekannte können Einschränkungen in einer **assume**-Anweisung getroffen werden.

```
> assume(x < y, y < z);
```

Der Befehl **is** überprüft eine Bedingung oder eine Vereinbarung auf ihren Wahrheitsgehalt.

```
> is(x < z);
```

true

```
> is(x, integer);
```

false

x wurde nicht auf die Menge der ganzen Zahlen eingeschränkt.

Zu bereits bestehenden Annahmen können weitere für eine Unbekannte mit **additionally** nachträglich hinzugefügt werden.

```
> assume(n, integer):
```

```
> additionally(n, 0 .. 2);
```

```
> about(n);
Originally n, renamed n~:
  is assumed to be: PropRange(0,2)
```

Hier wird die Unbekannte n auf die ganzen Zahlen 0 bis 2, d.h. n = {0, 1, 2} beschränkt.

Weitere Möglichkeiten sind beispielsweise:

```
> assume(n, integer, n > 0);
```

```
> about(n);
Originally n, renamed n~:
  is assumed to be: AndProp(integer,RealRange(1,infinity))
```

Zwei Eigenschaften wurden verknüpft, einmal ist n Teil der Menge der ganzen Zahlen *und* weiter gilt: $1 \leq n < \infty$[40]. Auch offene, halboffene und geschlossene Intervalle lassen sich angeben. Die Grenzen bzw. Randpunkte a und b werden als Teil eines geschlossenen Intervalles I betrachtet, also I = [a, b], es sei denn, ein Randpunkt (oder beide) wird mit **Open** nicht als dem Intervall zugehörig gekennzeichnet.

Das Intervall kann einer Variablen zugewiesen werden, die dann in **assume** eingesetzt wird. Unten wird das halboffene Intervall (0, 1] definiert und mit dem Namen b versehen.

```
> b := RealRange(Open(0), 1):

> assume(n, b);

> about(n);
Originally n, renamed n~:
  is assumed to be: RealRange(Open(0),1)
```

Wiederum läßt sich mit **is** überprüfen, ob ein Element in einem Intervall liegt.

```
> is(0, b);
```

$$false$$

```
> is(1, b);
```

$$true$$

4.4.2 Vereinfachungen mittels combine

Der Befehl **combine** ist zumeist die Umkehrung der Anweisung **expand** und faßt Summen, Produkte und Potenzen zusammen.

4.4.2.1 Potenzen

Potenzen können in einigen Fällen mit **combine/power** vereinfacht werden. Der Befehl nimmt bei folgenden Ausdrücken (erste Spalte) Umformungen[41] vor:

---

[40] Man könnte allerdings hier auch nur `assume(n, posint);` setzen. **posint** steht hier stellvertretend für die natürlichen Zahlen (größer 0).

[41] Siehe auch Online-Hilfe zu **?combine,power**. Die hier angegebene Umformung sqrt(-a) -> sqrt(a)*I wird aber bereits automatisch von Maple V bei der Eingabe des Ausdruckes sqrt(-a) vorgenommen.

$$x^y * x^z \rightarrow x^{y+z}$$
$$(x^{y)z} \rightarrow x^{y*z}$$
$$e^x * e^y \rightarrow e^{x+y}$$
$$(e^x)^y \rightarrow e^{x*y}$$
$$a^n * b^n \rightarrow (a*b)^n$$

  ○ x, y, z beliebig (numerisch / symbolisch)

  ○ a, b ∈ IN, n ∈ IQ; a, b, n numerisch

Das erste Potenzgesetz $a^x * a^y = a^{x+y}$ bzw. $\dfrac{a^x}{a^y} = a^{x-y}$ läßt sich wie folgt umsetzen:

```
> restart:
```

```
> a^x * a^y;
```

$$a^x\, a^y$$

```
> combine(", power);
```

$$a^{(x+y)}$$

```
> a^x / a^y = combine(a^x / a^y, power);
```

$$\frac{a^x}{a^y} = a^{(x-y)}$$

Bezüglich des zweiten Potenzgesetzes $(a^x)^y = a^{xy}$ muß in Release 4 die Unbestimmte y auf die Menge der ganzen Zahlen eingeschränkt werden.

```
> assume(y, integer);
```

```
> (a^x)^y = combine((a^x)^y, power);
```

$$(a^x)^{y\tilde{}} = a^{(x\, y\tilde{})}$$

```
> y := 'y':
```

combine/power vereinfacht nicht symbolische Ausdrücke wie $a^x * b^x$ (3. Potenzgesetz),

```
> combine(a^x * b^x, power);
```

$$a^x\, b^x$$

sondern arbeitet nur mit numerischen Werten.

```
> 2^(2/3) * 3^(2/3);
```

$$2^{2/3}\,3^{2/3}$$

```
> combine(", power);
```

$$6^{2/3}$$

4.4.2.2 Wurzeln

Wurzeln können mit dem Befehl **combine/radical** vereinfacht[42] werden.

```
> sqrt(3-sqrt(2))*sqrt(3+sqrt(2));
```

$$\sqrt{3-\sqrt{2}}\,\sqrt{3+\sqrt{2}}$$

```
> combine(", radical);
```

$$\sqrt{7}$$

Bei symbolischen Ausdrücken im Radikanden, z.B.

```
> t := sqrt(x+4) * sqrt(x);
```

$$t := \sqrt{x+4}\,\sqrt{x}$$

nimmt **combine/radical** keine Vereinfachungen vor,

```
> combine(t, radical);
```

$$\sqrt{x+4}\,\sqrt{x}$$

da der Definitionsbereich der Unbestimmten x nicht bekannt ist und es somit zu nicht zulässigen Umformungen kommen könnte, z.B. gilt $\sqrt{a}\,\sqrt{b} \neq \sqrt{ab}\;\forall a, b < 0$. Treffen Sie daher eine Annahme für die Unbestimmte x,

```
> assume(x >= 0);
```

```
> combine(t, radical);
```

$$\sqrt{x\!\sim^2 + 4x\!\sim}$$

```
> x := 'x':
```

---

[42] Wie Maple V hierbei vorgeht, ist in der Online-Hilfe unter **?combine,radical** erläutert.

oder fügen Sie **combine/radical** die Option `symbolic` hinzu, die davon ausgeht,
daß alle Unbestimmten, deren Vorzeichen nicht bekannt sind, positiv und reell
sind.

```
> combine(t, radical, symbolic);
```

$$\sqrt{x^2 + 4x}$$

Auf Radikanden können u.a. die Befehle **factor** und **expand** angewendet werden.

```
> factor(");
```

$$\sqrt{(x+4)\,x}$$

```
> sqrt((a-1)*(a+1));
```

$$\sqrt{(a-1)(a+1)}$$

```
> expand(");
```

$$\sqrt{a^2 - 1}$$

4.4.2.3 Logarithmen

combine/ln gestattet folgende Transformationen[43]:

$$a*\ln(x) \quad\quad \to \ln(x^a) \quad\quad \circ\ a \in \mathrm{IQ},\ x,\ y\ \text{beliebig (alle auch symbolisch)}$$
$$\ln(x) + \ln(y) \quad \to \ln(x * y)$$

Beispiele:

```
> ln(3)+ln(2);
```

$$\ln(3) + \ln(2)$$

```
> combine(", ln);
```

$$\ln(6)$$

Sind Unbestimmte vorhanden, so müssen Sie in vielen Fällen zwei weitere Argumente angeben. Das dritte Argument gibt den Typ[44] des Faktors a an, bei dem die
Umformung $a*\ln(x) \to \ln(x^a)$ erfolgen soll; geben Sie hier `anything` an, so wird
jeder Typ berücksichtigt. Das vierte Argument `symbolic` erzwingt in vielen

---

[43] Nähere Informationen enthält die Online-Hilfe zu **?combine,ln**.
[44] Eine Liste der in Maple V enthaltenen Typen enthält Kapitel 9.2.

Fällen eine Umformung und geht davon aus, daß die erwünschten Umwandlungen zulässig sind.

Die Funktionalgleichung ln(x) + ln(y) = ln(x y):

```
> ln(x) + ln(y);
```

$$\ln(x) + \ln(y)$$

```
> combine(", ln, anything, symbolic);
```

$$\ln(x\ y)$$

```
> ln(x) - ln(y) =
>     combine(ln(x) - ln(y), ln, anything, symbolic);
```

$$\ln(x) - \ln(y) = \ln\left(\tfrac{x}{y}\right)$$

```
> 3*ln(x) + 1/2*ln(y);
```

$$3\ \ln(x) + \tfrac{1}{2}\ \ln(y)$$

Durch die nächste Anweisung wird nur mit dem ersten Glied 3 `ln(x)` die Umformung a*ln(x) = ln(x^a) vorgenommen, da dessen Faktor vom Typ Ganzzahl (`integer`) ist, in der darauffolgenden Anweisung werden alle Glieder berücksichtigt.

```
> combine(", ln, integer, symbolic);
```

$$\ln(x^3) + \tfrac{1}{2}\ln(y)$$

```
> combine(", ln, anything, symbolic);
```

$$\ln(x^3\ \sqrt{y}\ )$$

4.4.3 Trigonometrische Ausdrücke

Zur Vereinfachung trigonometrische Ausdrücke stehen in Maple V mehrere Anweisungen zur Verfügung:

simplify versucht, auf einen Ausdruck die Identitäten

$$\sin(x)^2 + \cos(x)^2 = 1 \text{ bzw. } \sinh(x)^2 - \cosh(x)^2 = 1$$

anzuwenden:

```
> restart:
```

```
> sin(x)^2+2*cos(x)^2;
```

$$sin(x)^2 + 2\cos(x)^2$$

```
> simplify(");
```

$$\cos(x)^2 + 1$$

combine/trig formt Produkte und Potenzen trigonometrischer Ausdrücke in trigonometrische Summen um, wenn die Ausdrücke die Funktionen **sin, cos, sinh** und
cosh enthalten. Als Beispiel behandeln wir die Additionstheoreme erster Art:

```
> expand(sin(a+b));
```

$$\sin(a)\cos(b) + \cos(a)\sin(b)$$

```
> combine(", trig);
```

$$\sin(a + b)$$

```
> expand(cos(a-b));
```

$$\cos(a)\cos(b) + \sin(a)\sin(b)$$

```
> combine(", trig);
```

$$\cos(a - b)$$

```
> expand(tan(a+b));
```

$$\frac{\tan(b) + \tan(a)}{1 - \tan(b)\tan(a)}$$

Der Befehl **trigsubs** gibt eine Reihe trigonometrischer Identitäten zu einem Ausdruck zurück. Laden Sie **trigsubs** vorher mit **readlib**[45]. Für den Halbwinkelsatz des
Tangens erhalten wir:

```
> readlib(trigsubs):
```

```
> trigsubs(tan(alpha/2));
```

---

[45] Siehe Anhang B1.2.4.

$$\left[\tan\left(\frac{1}{2}\alpha\right), \tan\left(\frac{1}{2}\alpha\right), 2\,\frac{\tan\left(\frac{1}{4}\alpha\right)}{1-\tan\left(\frac{1}{4}\alpha\right)^2}, \frac{\sin\left(\frac{1}{2}\alpha\right)}{\cos\left(\frac{1}{2}\alpha\right)}, \frac{\sin(\alpha)}{1+\cos(\alpha)}, \right.$$

$$\frac{1-\cos(\alpha)}{\sin(\alpha)}, \frac{1}{\cot\left(\frac{1}{2}\alpha\right)}, \frac{1}{\cot\left(\frac{1}{2}\alpha\right)}, 2\,\frac{\cot\left(\frac{1}{4}\alpha\right)}{\cot\left(\frac{1}{4}\alpha\right)^2-1},$$

$$\left. \frac{2}{\cot\left(\frac{1}{4}\alpha\right)-\tan\left(\frac{1}{4}\alpha\right)}, -I\,\frac{\left(e^{\left(\frac{1}{2}I\alpha\right)}-e^{\left(-\frac{1}{2}I\alpha\right)}\right)}{e^{\left(\frac{1}{2}I\alpha\right)}+e^{\left(-\frac{1}{2}I\alpha\right)}} \right]$$

Wenn nur die Entsprechungen interessieren, welche die Sinus- und Kosinusfunktion enthalten, so lassen sich diese mit **select** und **has** herausfiltern.

```
> select(has, ", {sin, cos});
```

$$\left[\frac{\sin(\frac{1}{2}\alpha)}{\cos(\frac{1}{2}\alpha)}, \frac{\sin(\alpha)}{1+\cos(\alpha)}, \frac{1-\cos(\alpha)}{\sin(\alpha)} \right]$$

Für welche Funktionen Identitäten in Maple V vorhanden sind, läßt sich durch

```
> trigsubs(0);
```

$$\{\cos, \cot, \csc, \sec, \sin, \tan\}$$

ermitteln[46]. Übergeben Sie **trigsubs** eine Identitätsgleichung, so ermittelt Maple V, ob die Entsprechung abgespeichert ist.

```
> trigsubs(tan(x)=sin(x)/cos(x));
```

$$`found`$$

convert/sincos wandelt - wenn möglich - trigonometrische Ausdrücke in ihre Darstellung durch **sin** und **cos**, und hyperbolische trigonometrische Ausdrücke in diejenige durch **sinh** und **cosh** um.

---

[46] `eval('trigsubs/TAB');` zeigt alle gespeicherten Identitäten zu den obigen sechs Funktionen an.

```
> convert(sech(x), sincos);
```

$$\frac{1}{\cosh(x)}$$

convert/expsincos wandelt trigonometrische Ausdrücke wie **convert/sincos** um, bei hyperbolischen trigonometrischen Funktionen jedoch wird deren Exponentialdarstellung zurückgegeben.

```
> convert(cot(x), expsincos);
```

$$\frac{\cos(x)}{\sin(x)}$$

```
> convert(sinh(x), expsincos);
```

$$\frac{1}{2}e^x - \frac{1}{2}\frac{1}{e^x}$$

```
> simplify(", power);
```

$$\frac{1}{2}e^x - \frac{1}{2}e^{(-x)}$$

convert/trig wandelt Exponentialfunktionen in trigonometrische bzw. hyperbolisch-trigonometrische Ausdrücke um.

```
> convert(", trig);
```

$$\sinh(x)$$

Areafunktionen lassen sich durch den natürlichen Logarithmus darstellen:

```
> convert(arcsinh(x), ln);
```

$$\ln(x + \sqrt{x^2 + 1})$$

Gradmaße werden mit **convert/radians** ins Bogenmaß umgerechnet, dazu muß der Winkel vorher mit degrees multipliziert werden.

```
> convert(45*degrees, radians);
```

$$\frac{1}{4}\pi$$

Das ganze funktioniert auch umgekehrt.

```
> convert(Pi/2, degrees);
```

$$90 \text{ degrees}$$

Auf die Dauer einfacher ist hier sicherlich die Definition eigener Funktionen:

```
> rad := alpha -> Pi*alpha/180:
```

```
> rad(90);
```

$$\frac{1}{2}\pi$$

```
> deg := arc -> 180*arc/Pi:
```

```
> deg(Pi);
```

$$180$$

4.5 Gleichungen

- **allvalues**
- **assign**
- **fsolve**
- **isolate**
- **lhs**
- **rhs**
- **solve**

4.5.1 Darstellung und Umformungen

Die Eingabe einer Gleichung (*equation*) ist leicht:

```
> 4+x*3=y*sqrt(2);
```

$$4 + 3x = y\sqrt{2}$$

Diesen Ausdruck können Sie an eine Variable zuweisen durch:

```
> eq1 := ";
```

$$eq1 := 4 + 3x = y\sqrt{2}$$

Zur Ermittlung der linken (*left-hand*) und rechten Seite (*right-hand side*) der Gleichung stehen **lhs** und **rhs** zur Verfügung:

```
> lhs(eq1);
```

$$4 + 3x$$

```
> rhs(eq1);
```

$$y\sqrt{2}$$

isolate löst eine Gleichung nach einem beliebigen dort vorhandenen Ausdruck auf; dieser Befehl steht nicht sofort zur Verfügung, Sie müssen ihn erst durch

```
> readlib(isolate):
```

aktivieren.

```
> isolate(eq1, 3*x);
```

$$3x = y\sqrt{2} - 4$$

```
> isolate(eq1, y);
```

$$y = -\frac{1}{2}(-4 - 3x)\sqrt{2}$$

```
> simplify(");
```

$$y = \frac{1}{2}(4 + 3x)\sqrt{2}$$

4.5.2 Lösung von Gleichungen

Die Lösungsmenge einer Gleichung bzw. eines Gleichungsystemes ermitteln die Befehle **solve** bzw. **fsolve**.

4.5.2.1 Symbolische Lösungen mit solve

Wenn eine Gleichung in einer Unbekannten vorliegt, so übertragen Sie **solve** nur die Gleichung, Maple V ermittelt dann die Lösungsmenge:

```
solve(g1);

solve(g1, var);
```

```
> eq2 := 1/4*x^3-4*x=0;
```

$$eq2 := \frac{1}{4}x^3 - 4x = 0$$

```
> solve(eq2);
```

$$0, 4, -4$$

Optional können Sie hier auch als zweites Argument die Unbekannte der Gleichung angeben:

```
> solve(eq2, x);
```

$$0, 4, -4$$

Sie können statt einer Gleichung auch einen Term übertragen[47]:

```
> solve(lhs(eq2));
```

$$0, 4, -4$$

Enthält eine Gleichung mehrere Unbestimmte, so geben Sie die Unbekannte, für welche Sie die Lösung erhalten wollen, explizit als zweites Argument an.

```
> k := (x, y) -> x^2+y^2:
> solve(k(x, y)=1, x);
```

$$\sqrt{1-y^2}, \ -\sqrt{1-y^2}$$

oder

```
> solve(x^2+y^2=1, y);
```

$$\sqrt{-x^2+1}, -\sqrt{-x^2+1}$$

Enthält eine Gleichung eine oder mehrere Fließpunktzahlen, so wandelt **solve** diese in rationale Zahlen um - oder nähert diese an -, errechnet die Lösung und gibt letztere in Fließpunktdarstellung wieder zurück.

```
> solve(0.25*x^3-4*x);
```

$$0, 4., -4.$$

solve ermittelt auch vielfache Nullstellen einer Gleichung. Gegeben sei ein Polynom sechsten Grades:

```
> poly := 1/5*(x-2)^3*(x+1)^2*(x-1):
```

Die Lösungen sind x1=-1, x2=1, x3=2. Da der Linearfaktor (x-2) wegen $(x-2)^3$ dreimal vorkommt, existiert an der Stelle x=2 eine dreifache, wegen $(x+1)^2$ an der

---

[47] Im Gegensatz zur Online-Hilfe formt **solve** eine Gleichung t1=t2 intern in den Term t1-t2 um und rechnet dann weiter.

Stelle x=-1 eine doppelte und wegen (x − 1) an der Stelle x=1 eine einfache
Nullstelle.

```
> solve(poly);
```

$$2, 2, 2, -1, -1, 1$$

Um mehrfach vorkommende gleiche Werte auf einen einzigen Wert zurückzuführen, setzen Sie das obige Ergebnis in geschweifte Klammern und erzeugen somit
eine Menge.

```
> {"};
```

$$\{-1, 1, 2\}$$

Diese wird mit **op** in eine Folge umgewandelt:

```
> op(");
```

$$-1, 1, 2$$

solve ermittelt nur bei Polynomen alle Lösungen. Die Sinusfunktion[48] z.B. hat unendlich viele Nullstellen.

```
> f := x -> sin(x);
```

$$f := \sin$$

```
> solve(f(x), x);
```

$$0$$

Es ist aber möglich, Maple V dazu zu zwingen, bei transzendenten Funktionen, d.h.
Nicht-Polynomen, eine allgemeine Lösung zu ermitteln, indem die Umgebungsvariable **_EnvAllSolutions** gleich **true** gesetzt wird.

```
> _EnvAllSolutions := true:
```

```
> solve(sin(x), x);
```

$$\pi \_Z1\sim$$

---

[48] Es ist normal, daß das alleinige Argument 'x' der Sinus-Funktion, wie bei allen anderen
mathematischen Maple-Funktionen, nicht angezeigt wird.

Der Bezeichner _Z1~ steht hier für die Menge der ganzen Zahlen. Leider lassen sich dieser Variablen keine Werte zuordnen, so daß man spezielle Ergebnisse erhalten könnte[49].

Wenn Sie die Unbestimmte, für die **solve** eine oder mehrere Lösungen finden soll, als Menge übergeben, so gibt Maple V eine oder mehrere Mengen mit je einer Lösungsgleichung zurück.

```
> equ := x+1;
```

$$equ := x + 1$$

```
> sol := solve(equ, {x});
```

$$sol := \{x = -1\}$$

Mit dem Befehl **assign** können Sie Zuweisungen treffen - im Gegensatz zum Zuweisungsoperator := erwartet das Kommando aber eine Liste oder eine Menge von Gleichungen.

```
assign({a=b, c=d, ...});

          oder

assign([a=b, c=d, ...]);
```

Die rechten Seiten der Gleichungen werden den jeweils linken Seiten zugewiesen, a, c, etc. müssen unbelegte Variablen, die rechten Seiten b, c, etc. können beliebige Maple-Ausdrücke sein.

Es bietet sich an, **assign** die von **solve** zurückgegebene Lösungsmenge zu übertragen, um die dort enthaltene(n) Unbestimmte(n) zuzuweisen; das macht aber nur dann Sinn, wenn nur eine Lösung pro Unbestimmte gefunden wird. Wenn pro Unbekannte mehrere Lösungsmengen zurückgegeben werden, so bearbeitet **assign** nur die letzte Menge.

In unserem Beispiel besitzt die Variable x nach der Bestimmung der Lösung noch nicht den Lösungswert -1.

```
> x;
```

$$x$$

---

[49] Dieses hängt mit der Tabelle **Invfunc** zusammen (s. auch Anhang X1 auf der CD-ROM).

```
> assign(sol);
```

```
> x;
```

$$-1$$

solve liefert, wenn vorhanden, immer auch komplexe Lösungen.

```
> restart:
```

```
> equ := 2*x^4-2=-1;
```

$$equ := 2x^4 - 2 = -1$$

```
> solve(equ);
```

$$\frac{1}{2}2^{3/4}, -\frac{1}{2}2^{3/4}, \frac{1}{2}I2^{3/4}, -\frac{1}{2}I2^{3/4}$$

```
> evalf(");
```

$$.8408964155, -.8408964155, .8408964155\,I, -.8408964155\,I$$

(Die imaginäre Einheit $\sqrt{-1}$ wird in Maple V durch die Konstante I repräsentiert.)

Werden die Lösungen sehr umfangreich, so setzt Maple für mehrfach vorkommende Ausdrücke sog. *Labels* der Form %n ein, damit das Ergebnis etwas übersichtlicher wird.

```
> k := x -> x^3-5*x:
```

```
> solve(k(x)=1);
```

$$\frac{1}{6}\%1^{1/3} + \frac{10}{\%1^{1/3}},$$

$$-\frac{1}{12}\%1^{1/3} - \frac{5}{\%1^{1/3}} + \frac{1}{2}I\sqrt{3}\left(\frac{1}{6}\%1^{1/3} - \frac{10}{\%1^{1/3}}\right),$$

$$-\frac{1}{12}\%1^{1/3} - \frac{5}{\%1^{1/3}} - \frac{1}{2}I\sqrt{3}\left(\frac{1}{6}\%1^{1/3} - \frac{10}{\%1^{1/3}}\right)$$

$$\%1 := 108 + 12I\sqrt{1419}$$

Bei solchen ausufernden Lösungstermen empfiehlt es sich, die Ergebnisse als *Liste* in einer Variablen zwischenzuspeichern[50], um auf die einzelnen Resultate über ihren Index zugreifen zu können.

```
> lsg := ["]:
```

Die erste Lösung[51]:

```
> lsg[1];
```

Mit `interface(labelling=false);` weisen Sie Maple V an, Labels nicht zu verwenden und statt dessen die Ausgabe ungekürzt zu vollziehen. Durch `interface(labelling=true);` können Sie diese Einstellung wieder rückgängig machen. Ein **restart** bewirkt dieses nicht.

Bei Polynomen mit einem Grad größer oder gleich 5 findet **solve** in den meisten Fällen keine expliziten Lösungen. Es wird dann die sog. *RootOf*-Darstellung benutzt.

```
> k := x -> x^5+x^4;
```

$$k := x^5 + x^4$$

```
> solve(k(x)=1);
```

$$RootOf(\_Z^5 + \_Z^4 - 1)$$

Die numerischen Lösungen lassen sich aber mit **allvalues** berechnen.

```
> allvalues(");
```

$$- 1.078388933 - .4969396651 \ I, - 1.078388933 + .4969396651 \ I,$$
$$.1500514907 - .8974603264 \ I, .1500514907 + .8974603264 \ I, .8566748839$$

Bei Polynomen vierten Grades kann die Umgebungsvariable **_EnvExplicit** auf den Wert **true** gesetzt werden, um alle expliziten Ergebnisse zu erhalten, d.h. Maple V gibt Lösungen wie bei **allvalues** (eventuell mit Labels) zurück.

```
> restart:
```

```
> k := x -> x^4-3*x:
```

---

[50] Zur Abspeicherung in eine Liste setzen Sie den **solve**-Befehl in eckige Klammern.
[51] Auf einen Abdruck der Ausgabe wurde hier verzichtet.

```
> solve(k(x)=0);
```

$$0, \text{RootOf}(\_Z^3 - 3)$$

```
> _EnvExplicit := true:

> solve(k(x)=0);
```

$$0, 3^{1/3}, -\frac{1}{2} 3^{1/3} + \frac{1}{2} I\, 3^{5/6}, -\frac{1}{2} 3^{1/3} - \frac{1}{2} I\, 3^{5/6}$$

4.5.2.2 Numerische Lösungen mit fsolve

Lösungen von Gleichungen können Sie auf rein numerischem Wege mit **fsolve** ermitteln. Sie können wie bei **solve** Gleichungen oder Terme angeben, die Ausgabe entspricht ebenfalls der von **solve**. **fsolve** lassen sich eine oder mehrere Optionen angeben, mit denen Sie die Arbeitsweise des Befehles beeinflussen können.

```
          fsolve(gl);

     fsolve(gl, x, Optionen);

  fsolve(gl, x=a .. b, Optionen);
```

Bei Polynomen findet **fsolve** i.d.R. alle Lösungen:

```
> fsolve(x^4-4*x^3-13*x^2+4*x+12);
```

$$-2., -1., 1., 6.$$

Bei transzendenten Funktionen wird - wenn möglich - nur eine Nullstelle zurückgegeben:

```
> fsolve(sin(x));
```

$$3.141592654$$

Sie können aber **fsolve** ein Intervall der Form x=a .. b angeben, in dem es nach Nullstellen suchen soll. Befindet sich dort keine Nullstelle, wird die Eingabe unausgewertet zurückgegeben.

```
> fsolve(sin(x), x=6 .. 7);
```

$$6.283185307$$

```
> fsolve(sin(x), x=0.5 .. 0.6);
```

$$\text{fsolve(sin(x), x, .5 .. .6)}$$

Es ist sinvoll, vor der Eingabe von Intervallen die Nullstellen visuell mittels des Graphen des Ausdruckes zu bestimmen (s. Kapitel 5).

fsolve errechnet im Gegensatz zu **solve** *reelle* Lösungen, durch die Angabe der Option `complex` können Sie aber neben den reellen auch komplexe Lösungen ermitteln lassen.

```
> fsolve(2*x^4-2=-1, x, complex);
```

$$-.8408964153, \ -.8408964153 \ I, \ .8408964153 \ I, \ .8408964153$$

Ist die globale Variable **Digits** auf einen Wert größer zehn gesetzt, setzt **fsolve** diesen vor Beginn der internen Berechnungen generell auf den Wert zwölf, um die Lösungsermittlung zu beschleunigen. In einigen Fällen kann dieses zu Rundungsfehlern bzw. Ungenauigkeiten führen, und **fsolve** kann dann u.U. keine Lösung finden. Mit der Option `fulldigits` wird dieser Mechanismus ausgeschaltet.

4.6 Ungleichungen

Maple V beherrscht nur die Ermittlung der Lösungsmenge von sehr 'einfachen' Ungleichungen (*inequalities*), sie geschieht aber prinzipiell wie bei Gleichungen mit **solve**. Release 4 benutzt zur Darstellung der Lösungsmenge die (ziemlich unübersichtliche) 'RealRange'-Darstellung:

```
> solve(x-1 < 3, x);
```

$$\text{RealRange(-infinity, Open(4))}$$

Dies besagt, daß das offene Intervall $(-\infty, 4)$ die Ungleichung erfüllt. Durch Setzen des zweiten Argumentes, also x, in geschweifte Klammern läßt sich die alte Release 3-Ausgabe erzwingen:

```
> solve(x-1 < 3, {x});
```

$$\{x < 4\}$$

4.7 Gleichungssysteme

Auch bei Gleichungs*systemen* können **solve** und **fsolve** angewandt werden. Die einzelnen Gleichungen werden als Menge, als erstes, die enthaltenen Unbekannten ebenfalls in einer Menge als zweites Argument übergeben.

```
> restart:
```

```
> solve({3*x-2*y=8, 5*x-3*y=4}, {x, y});
```

$$\{x = -16, y = -28\}$$

Die einzelnen Gleichungen sind (natürlich) auch Variablen zuweisbar, welche dann in **solve** eingesetzt werden.

```
> gl1 := -2*x+2*y+7*z = 0;
```

$$gl1 := -2x + 2y + 7z = 0$$

```
> gl2 := x-y-3*z = 1;
```

$$gl2 := x - y - 3z = 1$$

```
> gl3 := 3*x+2*y+2*z = 5;
```

$$gl3 := 3x + 2y + 2z = 5$$

```
> solve({gl1, gl2, gl3}, {x, y, z});
```

$$\{z = 2, x = 3, y = -4\}$$

Eine weitere Variation:

```
> gls := {gl1, gl2, gl3};
```

$$gls := \{-2x + 2y + 7z = 0, x - y - 3z = 1, 3x + 2y + 2z = 5\}$$

```
> glv := {x, y, z};
```

$$glv := \{y, x, z\}$$

```
> solve(gls, glv);
```

$$\{z = 2, x = 3, y = -4\}$$

Die Reihenfolge der einzelnen Lösungen erfolgt willkürlich. Die einzelnen Werte können wie bei einfachen Gleichungen mit **assign** den jeweiligen Variablen zugewiesen werden.

```
> assign(");
```

```
> x, y, z;
```

$$3, -4, 2$$

Auch die Lösung von Systemen, bei denen die Anzahl der Unbekannten ungleich der der Gleichungen ist, beherrscht **solve**.

```
> restart:
```

```
> solve({x-y+z=4, 2*x+3*y-z=-1}, {x, y, z});
```

$$\{z = 5/3\ y + 3,\ x = -\ 2/3\ y + 1,\ y = y\}$$

Die Unbestimmte y wird hier von Maple V als Parameter gewählt. Diese Wahl ist aber auch hier - da Gleichungen und Unbekannte in Menge enthalten sind - vollkommen willkürlich. Es könnte genausogut x und z treffen.

4.8 Substitution von Ausdrücken

♦ **algsubs**   ♦ **student/powsubs**
♦ **subs**

Es kommt des öfteren vor, daß Teile eines Ausdruckes durch andere ersetzt werden sollen. Hierzu gibt es in Maple V das Kommando **subs**.

Beispiel 1: Verschiebung einer Parabel

Nehmen wir an, es soll eine Parabel (*parabola*) p0 mit dem Scheitelpunkt (*vertex*) S(0, -1) um den Vektor v=(α, β) verschoben werden.

Wir definieren zuerst die Ausgangsgleichung:

```
> p0 := y = x^2-1;
```

$$p0 := y = x^2 - 1$$

Die Koordinaten des Vektors v betragen:

```
> alpha := 2: beta := 3:
```

Wir ersetzen nun die Variable x durch den Ausdruck x-α und die Variable y durch den Term y-β (also zwei symbolische Ausdrücke) in der Gleichung p0 mittels **subs**. Die Substitutionsgleichungen werden als erste Argumente dem Befehl übergeben, dabei steht der zu substituierende Ausdruck auf der linken Seite der Substitutionsgleichung. Als letztes Argument wird der Name des Ausdruckes (hier die Gleichung), in dem die Substitutionen vorgenommen werden sollen, genannt. Die neue Parabelgleichung wird der Variablen p1 zugewiesen. α und β werden erst einmal unausgewertet übergeben, ihre Werte bleiben aber bekanntlich erhalten.

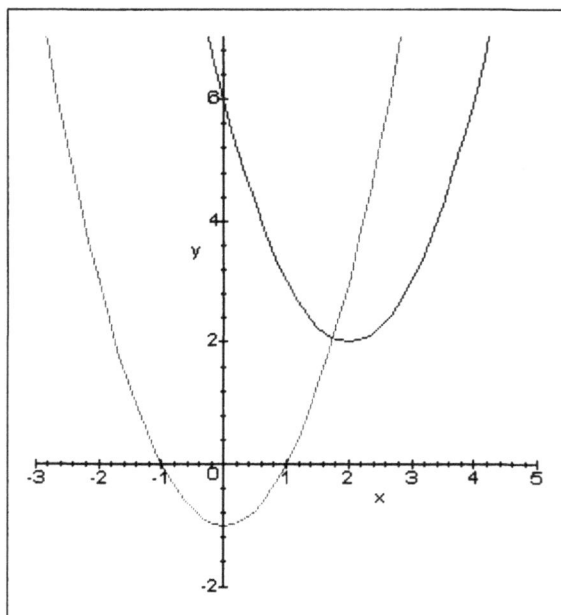

Bild 4.02: Parabelverschiebung

```
> p1 := subs(x = x - 'alpha', y = y - 'beta', p0);
```

$$p1 := y - \beta = (x - \alpha)^2 - 1$$

Die Gleichung p1 wird nun nach y aufgelöst.

```
> readlib(isolate):
```

```
> p1 := isolate(p1, y);
```

$$p1 := y = (x - 2)^2 + 2$$

subs sucht also in einem Ausdruck nach dem Vorkommen bestimmter Sequenzen und ersetzt sie durch andere. Ein weiteres Beispiel:

Beispiel 2:
Substitution und anschließende Resubstitution symbolischer Ausdrücke

```
> restart:
```

```
> t := x-1;
```

$$t := x - 1$$

Substitution:

```
> t := subs(x-1=u, t);
```

$$t := u$$

Resubstitution:

```
> t := subs(u=x-1, t);
```

$$t := x - 1$$

Auch die Angabe numerische Werte ist erlaubt, z.B. kann im Term t für die Variable x der Wert 1 eingesetzt werden.

```
> subs(x=1, t);
```

$$0$$

Merke: Bei Substitutionen mit **subs** erfolgt keine Zuweisung der rechten Seite der Substitutionsgleichung an die linke Seite.

```
> x;
```

$$x$$

Beispiel 3: Substitution mit Trick

Viele Befehle Maples führen Operationen nur mit bestimmten Ausdruckstypen durch, z.B. akzeptiert **divide** nur 'echte' Polynome wie z.B.

```
> poly := x^3-x^2-x;
```

$$poly := x^3 - x^2 - x$$

```
> divide(poly, x);
```

$$true,$$

nicht aber Terme wie $x^3 - x^2 - x \sin(x)$, die dem obigen Polynom zwar ähnlich sehen, aber durch die Präsenz der Sinusfunktion kein Polynom darstellen:

```
> nonpoly := x^3-x^2-x*sin(x);
```

$$nonpoly := x^3 - x^2 - x \sin(x)$$

```
> divide(nonpoly, x);
Error, invalid arguments to divide
```

Eine Lösung zu diesem Problem hier ist, die Sinusfunktion durch eine Konstante, beispielsweise _T, zu ersetzen, den neuen Ausdruck **divide** zu übergeben und nach Rückgabe des Ergebnisses eine Resubstitution vorzunehmen.

```
> poly := subs(sin(x)=_T, nonpoly);
```

$$poly := x^3 - x^2 - x\_T$$

```
> divide(poly, x, 'erg'):

> subs(_T=sin(x), erg);
```

$$x^2 - x - \sin(x)$$

Viel einfacher wäre in diesem Fall aber die Division von nonpoly durch x und anschließende Vereinfachung:

```
> simplify(nonpoly/x);
```

$$x^2 - x - \sin(x)$$

Es gibt einen weiteren Befehl in Maple V, der Substitutionen durchführt, wobei - im Gegensatz zu **subs** - auch die Potenzgesetze beachtet werden: **student/powsubs**.

Gegeben sei folgendes Polynom g0:

```
> restart:

> g0 := x^5-9*x^3+20*x;
```

$$g0 := x^5 - 9x^3 + 20x$$

Dieses Polynom wird im folgenden gleich Null gesetzt, die Lösungsmenge ist zu ermitteln. Um zum Ergebnis zu gelangen, übergeben wir hierzu aber nicht den Term g0 dem Befehl **solve**, sondern ermitteln die Lösung einmal 'von Hand' via Substitution.

Zunächst klammern wir ein x aus.

```
> divide(g0, x, 'g0'): g1 := g0*x;
```

$$g1 := (x^4 - 9x^2 + 20)\, x$$

subs sucht ausschließlich nach dem Vorkommen eines Ausdruckes, Rechengesetze - in diesem Fall die Potenzgesetze, hier $(x^2)^2$ - werden nicht beachtet.

```
> subs(x^2=u, g1);
```

$$(x^4 - 9u + 20)\, x$$

Der Befehl **student/powsubs** berücksichtigt hingegen die Potenzgesetze, die Substitution wird korrekt auf alle zutreffenden Glieder angewandt.

```
> with(student, powsubs);
```

$$[powsubs]$$

```
> powsubs(x^2=u, g1);
```

$$(u^2 - 9u + 20)\, x$$

Lösen wir die Gleichungen $u^2 - 9u + 20 = 0$ und x=0:

```
> lsg0 := solve(", {u}), solve(", {x});
```

$$lsg0 := \{u = 4\}, \{u = 5\}, \{x = 0\}$$

Die Resubstitution $u = x^2$ wird auf alle Lösungen angewandt, da in der Lösungsmenge {x=0} die Unbekannte u nicht enthalten ist, erfolgt dort auch keine Ersetzung. Mit dem Befehl **seq** können die Substitutionen mit nur einer Befehlszeile vorgenommen werden. Dabei ersetzt **seq** in jeder der drei Mengen lsg_1, lsg_2, lsg_3 die Substitutionsvariable u durch x^2, wenn vorhanden.

```
> lsg1 := seq(subs(u=x^2, lsg0[i]), i=1 .. 3);
```

$$lsg1 := \{x^2 = 4\}, \{x^2 = 5\}, \{x = 0\}$$

```
> seq(solve(lsg1[i]), i=1 .. nops([lsg1]));
```

$$\{x = 2\}, \{x = -2\}, \left\{x = \sqrt{5}\right\}, \left\{x = -\sqrt{5}\right\}, \{x = 0\}$$

Ein weiterer Substitutionsbefehl ist **algsubs**, der hier nur ganz kurz vorgestellt wird. Er umfaßt die Funktionen von **subs** sowie **student/powsubs** und beherrscht ferner algebraische Substitutionen. Der Befehl wurde mit Release 4 eingeführt[52].

```
> expr := a+b+c:
```

---

[52] Michael Monagan hat dem Autor freundlicherweise die Release 3-Fassung des Befehles für die CD-ROM zur Verfügung gestellt, s. Verzeichnis /libs/mv3addon.

```
> algsubs(a+b=x, expr);
```

$$x + c$$

```
> algsubs(x^2=u, x^4+x^2+1);
```

$$u + u^2 + 1$$

sort kann das Ergebnis sortieren.

4.9 Punkt-Richtungsform und Schnittpunkte von Geraden

* ◆ **student/intercept**   ◆ **student/slope**
* ◆ **student/isolate**

Sind zwei Punkte P1(x1, x2) und P2(x2, y2) gegeben, so läßt sich daraus die Geradengleichung y=mx+n ermitteln.

```
> restart:
```

```
> with(student):
```

```
> gl := y = m*x+n;
```

$$gl := y = m\,x + n$$

Die Steigung der Geraden wird mit dem Befehl **slope** aus dem Paket **student** berechnet, wobei der Befehl die Koordinatenpaare zweier Punkte als Folge zweier Listen erwartet:

```
> m := slope([x1, y1], [x2, y2]);
```

$$m := \frac{y1 - y2}{x1 - x2}$$

Der y-Achsenabschnitt n wird mit der zugegebenermaßen hier etwas kryptischen Anweisung

```
> assign(isolate(subs(x=x1, y=y1, gl), n));
```

```
> n := n;
```

$$n := y1 - \frac{(y1 - y2)\,x1}{x1 - x2}$$

gefunden. **subs** setzt in der Gleichung gl für die dort enthaltenen Unbestimmten x und y jeweils x1 und y1 ein, danach wird mit **isolate**[53] die Gleichung gl nach n aufgelöst und mit **assign** das Ergebnis der Variablen n zugewiesen. Für die nächsten Anweisungen muß der Wert von n gelöscht werden.

```
> n := 'n':
```

Ein konkretes Beispiel: Gegeben seien die Punkte P(1, 5) und Q(2, 9). Die Punkte werden wie oben beschrieben dem Befehl **slope** als Argument übergeben.

```
> m := slope([1, 5], [2, 9]);
```

$$m := 4$$

Die Koordinaten eines Punktes werden jetzt in die Gleichung für x und y eingesetzt. Man beachte, daß der Wert für die Steigung m aufgrund der Vollauswertung von Ausdrücken (vgl. Kapitel 2.6.3) bereits in die Gleichung von Maple V eingesetzt wurde. Die obige allgemeine Anweisung zur Ermittlung von n wird jetzt auseinandergezogen und in mehrere Kommandos zerlegt.

```
> subs(x=1, y=5 , gl);
```

$$5 = 4 + n$$

```
> isolate(", n);
```

$$n = 1$$

```
> assign(");
> gl;
```

$$y = 4 x + 1$$

Fertig !

Schnittpunkte einer Geraden mit den Koordinatenachsen oder zwischen zwei Geraden können Sie mit **intercept** berechnen, welches ebenfalls im Paket **student** enthalten ist.

---

[53] **student/isolate** ist eigentlich nicht Bestandteil des Paketes student, da diese Funktion aus der Maple-Hauptbibliothek geladen wird (s. Anhang B1.2.4).

Schnittpunkt mit der y-Achse:

```
> intercept(gl);
```

$$\{x = 0, y = 1\}$$

Schnittpunkt mit der vertikalen Gerade x=2:

```
> intercept(gl, x=2);
```

$$\{x = 2, y = 9\}$$

Schnittpunkt mit der Abszisse:

```
> intercept(gl, y=0);
```

$$\{y = 0, x = -\frac{1}{4}\}$$

Schnittpunkt zweier Geraden gl und z:

```
> z := y=x-2;
```

$$z := y = x - 2$$

```
> intercept(gl, z);
```

$$\{x = -1, y = -3\}$$

Siehe auch Abschnitt 7.3 'Geometrie der Ebene'.

4.10 Komplexe Zahlen

* **abs**
* **argument**
* **conjugate**
* **convert/exp**
* **convert/polar**

* **evalc**
* **Im**
* **polar**
* **Re**
* **signum**

Die allgemeine Darstellung einer komplexen Zahl (*complex number*) z erfolgt mit dem großen Buchstaben **I** als imaginärer Einheit.

```
> z := x + I*y;
```

$$z := x + I\, y$$

Ein spezielles Beispiel:

```
> a := 2 + 3*I;
```

$$a := 2 + 3\,\mathsf{I}$$

Re ermittelt den Realteil (*real part*) einer komplexen Zahl:

```
> Re(a);
```

$$2$$

und **Im** deren Imaginärteil (*imaginary part*):

```
> Im(a);
```

$$3$$

Den Betrag (*absolute value*) oder Radius r=|z| ermittelt **abs**:

```
> r := abs(a);
```

$$r := \sqrt{13}$$

Den Phasenwinkel (*principal value of argument*) ϕ einer komplexen Zahl bestimmt **argument**:

```
> phi := argument(a);
```

$$\phi := \arctan\left(\tfrac{3}{2}\right)$$

conjugate konjugiert eine komplexe Zahl (*complex conjugation*) :

```
> conjugate(a);
```

$$2 - 3\,\mathsf{I}$$

signum normiert eine komplexe Zahl auf die Länge 1:

```
> signum(a);
```

$$\left(\tfrac{2}{13} + \tfrac{3}{13}\mathsf{I}\right)\sqrt{13}$$

Eine komplexe Zahl der Form z=x+I*y wandelt **convert/polar** in die Polarschreibweise z=r(cos ϕ + i sin ϕ) um:

```
> convert(a, polar);
```

$$\mathsf{polar}(\sqrt{13}, \arctan(\tfrac{3}{2}))$$

Eine komplexe Zahl läßt sich auch direkt mit dem Kommando **polar** in der Polarschreibweise darstellen.

```
> a := polar(sqrt(13), arctan(3/2));
```

$$\mathsf{polar}(\sqrt{13}, \arctan(\tfrac{3}{2}))$$

evalc wandelt einen Ausdruck in Polarkoordinaten in die Form x+I*y um.

```
> evalc(a);
```

$$2 + 3\,\mathsf{I}$$

Der Befehl **convert/exp** wandelt trigonometrische Funktionen in einem Ausdruck in ihre Exponentialschreibweise um. Die Eulersche Schreibweise komplexer Zahlen steht in enger Beziehung zur Polarkoordinatendarstellung:

```
> plr := cos(phi)+I*sin(phi):
```
```
> convert(r*plr, exp) = r*plr;
```

$$r\,e^{(\mathsf{I}\,\phi)} = r\,(\cos(\phi) + \mathsf{I}\,\sin(\phi))$$

Die Operatoren +, −, * und / erlauben auch komplexe Arithmetik:

```
> restart:
```
```
> a := 2+I*3:
```
```
> b := 1-I:
```
```
> a+b, a-b;
```

$$3 + 2\,\mathsf{I}, 1 + 4\,\mathsf{I}$$

```
> a*b, a/b;
```

$$5 + I, \ -\frac{1}{2} + \frac{5}{2}\ I$$

Komplexe Ausdrücke können Sie mit **evalc** kombiniert mit **Re** bzw. **Im** in ihre 're-ellen' Bestandteile (also Real- und Imaginärteil) zerlegen. Dieses ist beispielsweise dann sinnvoll, wenn Sie umfangreiche, ursprünglich komplexe Berechnungen durch reelle Fließkommaarithmetik beschleunigen möchten (siehe Teil 2, Kapitel 16.2).

Ein Ausdruck, der mit **evalc** ausgewertet werden soll, darf nur komplexe Zahlen der Form z=x+I*y beinhalten.

```
> restart:

> z := x+I*y;
```

$$z := x + I\ y$$

```
> c := a+I*b;
```

$$c := a + I\ b$$

Aus diesen komplexen Zahlen besteht die Formel

```
> formel := z^2+c;
```

$$formel := (x + I\ y)^2 + a + I\ b$$

Die reellen Entsprechungen dieser Formel werden ermittelt:

```
> reell := evalc((Re(formel)));
```

$$reell := x^2 - y^2 + a$$

```
> imag := evalc((Im(formel)));
```

$$imag := 2\ x\ y + b$$

5 Graphik

Überblick

- **5.1 Zweidimensionale Graphiken**
- **5.2 Dreidimensionale Graphiken**
- **5.3 Abspeicherung von Graphiken in Dateien**

Die sog. *Plotfunktionen* ermöglichen es, Graphen von Funktionen im zwei- und dreidimensionalen Raum darzustellen. Die Möglichkeiten der Graphikkommandos von Maple V sind sehr vielfältig, allerdings ist es oft etwas mühsam, attraktiv gestaltete Zeichnungen auf den Bildschirm zu bringen. In diesem Kapitel wird daher das Thema Graphiken intensiv behandelt, wenn auch nicht in allen Details, so daß der Überblick gewahrt bleibt.

5.1 Zweidimensionale Graphiken

- plots/animate
- plots/coordplot
- plots/display
- plots/fieldplot
- plots/implicitplot
- plots/inequal
- plots/logplot
- plot
- plots/polarplot
- plots/setoptions
- student/showtangent
- plots/surfdata
- plots/textplot

5.1.1 Die plot-Anweisung

Der fundamentale Befehl für die Erzeugung von Graphiken lautet **plot**. In diesem und dem nächsten Unterkapitel beschäftigen wir uns mit der graphischen Darstellung der Funktion

$$f(x) = \frac{\frac{1}{2}x^3 - \frac{3}{2}x + 1}{x^2 + 3x + 2}$$

```
> f := x -> (1/2*x^3-3/2*x+1)/(x^2+3*x+2):
```

Der Graph ist sehr gut dazu geeignet, die Verhaltensweise und verschiedenen Einstellungsmöglichkeiten Maples im Graphikbereich zu erläutern, indem Schritt für Schritt das Erscheinungsbild der Zeichnung verbessert wird.

Um den Graphen der Funktion im Intervall [-5, +5] zu zeichnen, geben Sie ein:

```
> plot(f(x), x=-5 .. 5);
```

Beginnen wir zunächst mit den speziellen Graphikfunktionen der MS WindowsBe-
nutzeroberfläche von Release 4. Der Graph wird hier innerhalb des Arbeitsblattes
unterhalb der **plot**-Anweisung eingefügt. Es ist aber auch möglich, ihn in einem eigenen Fenster anzuzeigen. Stellen Sie dafür im Menü Options/Plot Display die Ausgabe auf Window um.

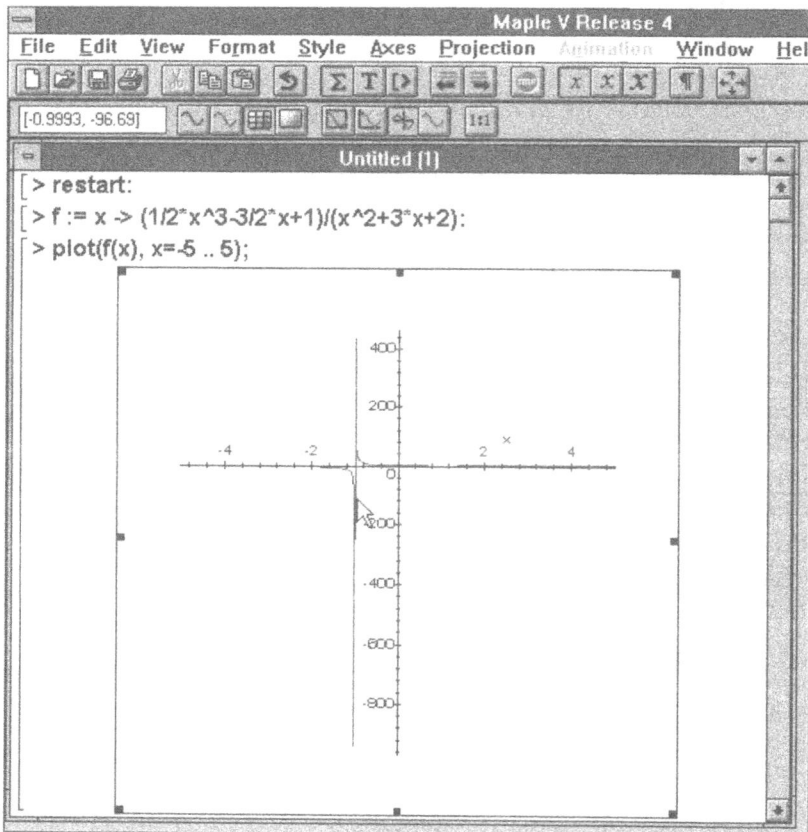

Bild 5.01: Aktivierter Graphikbereich in Release 4

Wenn Sie einmal mit der Maus in den Graphikbereich klicken, so wird er von einem Rahmen umrandet. Zielen Sie mit der Maus in eines der schwarzen Kästchen
am Rande, so können Sie den Graphen vergrößern oder verkleinern, indem Sie die
linke Maustaste gedrückt halten und die Maus bewegen.

Bei aktiviertem Plotfenster ändern sich die Menü- sowie Kontextleisten. In der
Menüleiste werden die Punkte Insert und Options durch die Einträge Style, Axes,
Projection und Animation ersetzt.

Mit dem Eintrag Style läßt sich der Stil des oder der Graphen ändern, Linien können gestrichelt, Punkte mit anderen Symbolen (z.B. als Rauten) dargestellt und
dreidimensionale Graphiken mit oder ohne Gitterlinien angezeigt werden. Beispielsweise kann die Linienart des Graphen im Menü Style/Line Style geändert
werden:

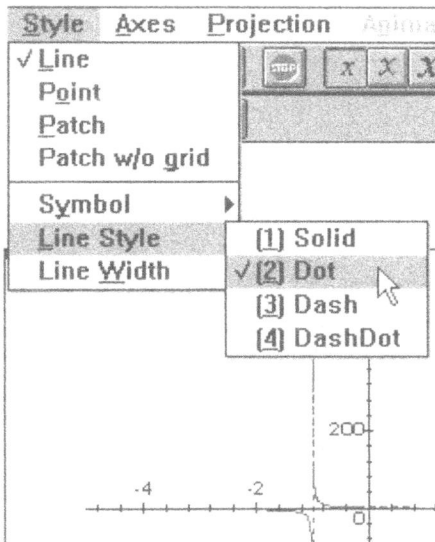

Bild 5.02: Menü Style

Über das Menü Axes können Sie die Darstellung der Koordinatenachsen festlegen:
als Kasten (box) um den Graphen herum, als sog. Rahmen (frame) links und unterhalb des Graphen oder als Koordinatenkreuz (normal). Durch die Anwahl des Ein-
trages none werden keine Achsen angezeigt.

Über Projection können Sie die Skalierung des Graphen bestimmen: Constrained,
d.h. die Achsen haben dieselbe Skalierung (1:1) oder aber Unconstrained, d.h. in
unterschiedlicher Skalierung, wie in Bild 5.01.

In der Kontextleiste werden ganz links die Koordinaten der aktuellen Mausposition
angezeigt. Rechts daneben befinden sich eine Reihe von (Smart-) Icons, mit deren
Hilfe das Aussehen der Graphik verändert werden kann.

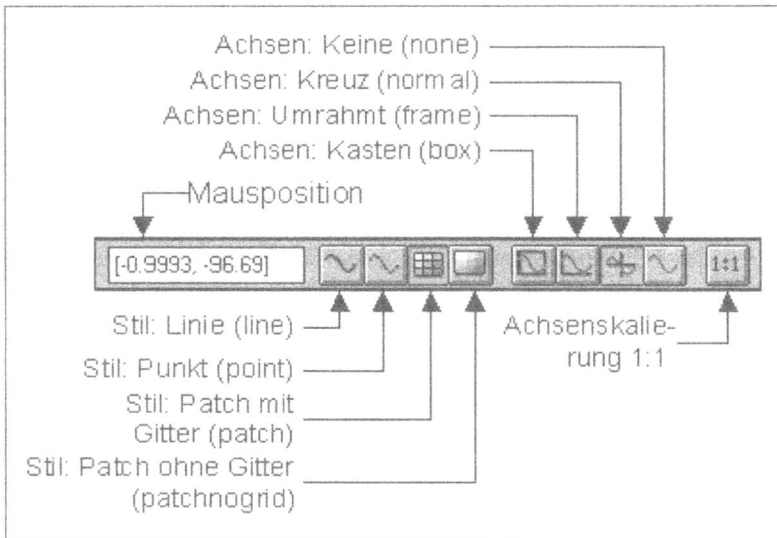

Bild 5.03: Graphik-Kontextleiste in Release 4

Es ist möglich, dem Befehl **plot** sog. *Plotoptionen* zu übergeben, so daß das Layout der Graphiken - im folgenden *Plot* genannt - auch von der Kommandozeile aus gesteuert werden kann. Es ergeben sich hier viele weitere Gestaltungsmöglichkeiten, die aus der Menü- oder Kontextleiste nicht abrufbar sind. Die wichtigsten Plotoptionen werden in diesem Kapitel vorgestellt. Im folgenden werden die Plots nur über die Kommandozeile gestaltet, damit die Erläuterungen möglichst betriebssystemunabhängig sind[54].

Die allgemeine Syntax des Befehles **plot** für reelle Funktionen mit einer reellen Veränderlichen lautet:

```
plot(f, x=a .. b, Plotoptionen);

plot(f, x=a .. b, c .. d, Plotoptionen);

plot(f, x=a .. b, y=c .. d, Plotoptionen);
```

f gibt eine Funktion oder eine Menge einer oder mehrerer Funktionen in der Variablen x an.

Der *Plotbereich* (plot range) x=a .. b definiert den horizontalen Bereich, über den f gezeichnet wird, der optionale Plotbereich c .. d bzw. y=c .. d den

---

[54] Zumindest in der Windowsversion von Release 4 stehen keine Masken zur Einstellung der Optionen für einen Graphen zur Verfügung.

vertikalen Bereich, und `Plotoptionen` eine oder mehrere Optionen, die speziell für Graphiken angegeben werden *können*, die Übergabe des Ordinaten-Plotbereiches und der Plotoptionen ist daher nicht zwingend. Die Variablen a, b, c und d müssen numerische Werte, x und y hingegen dürfen keinerlei Werte tragen, d.h. die letzten beiden Variablen sollten unbelegt sein. Ferner muß gelten: a < b und c < d, möglich ist auch: a = c und b = d.

Der Name des Abszissenbereiches - hier x - muß mit der im Ausdruck f enthaltenen Unbestimmten übereinstimmen, sonst gibt es die Fehlermeldung 'empty plot'. Ist der Ordinaten-Plotbereich genannt, so wird an die y-Achse dessen Bezeichnung gesetzt, hier beispielsweise y, fehlt der Ordinaten-Plotbereich, erhält die Achse keine Bezeichnung[55].

Da die Funktion f an der Stelle x=-1 eine Polstelle aufweist, wählt Maple V für die Ordinate relativ hohe bzw. niedrige Werte, so daß der Graph nicht optimal dargestellt ist. Wir werden daher im folgenden Plot den y-Achsenabschnitt selbst vorgeben, wobei jetzt für den x-Achsenabschnitt der Bereich -7 .. 5, und für den y-Achsenabschnitt der Bereich -10 .. 10 gewählt werden, d.h. `x=-7 .. 5, y=-10 .. 10`.

Auch fällt auf, daß beim obigen Graphen an der Unstetigkeitsstelle x=-1 eine vertikale Gerade gezogen wird. Dieses werden wir mit der Option `discont=true` beheben[56].

Bevor der Graph neu gezeichnet wird, ermitteln wir zuvor die Asymptote a der Funktion f und zeigen diese zusammen mit der Ausgangsfunktion in einer Graphik an, indem die Funktionen f und a als Menge übergeben werden.

Die Asymptote der Funktion f erhalten wir durch Einsatz der Funktion **quo**, die den ganzrationalen Teil des gebrochen-rationalen Polynomes ermittelt. Wir übertragen ihr den Zähler, den Nenner sowie die in der Funktion f enthaltene Unbestimmte, in der gerade genannten Reihenfolge.

```
> quo(numer(f(x)), denom(f(x)), x);
```

$$\frac{1}{2}x - \frac{3}{2}$$

Mit diesem Term wird die Funktion a definiert.

```
> a := unapply(", x):
```

---

[55] Sie können auch den Ordinatenbereich c .. d ohne Laufbereichsnamen angeben:
```
> plot(f, x=a .. b, c .. d);
```
[56] Diese Option führt nicht immer zu dem gewünschten Ergebnis.

Die Graphik wird durch die Anweisung

```
> plot({f(x), a(x)}, x=-7 .. 5, y=-10 .. 10, discont=true);
```

erzeugt.

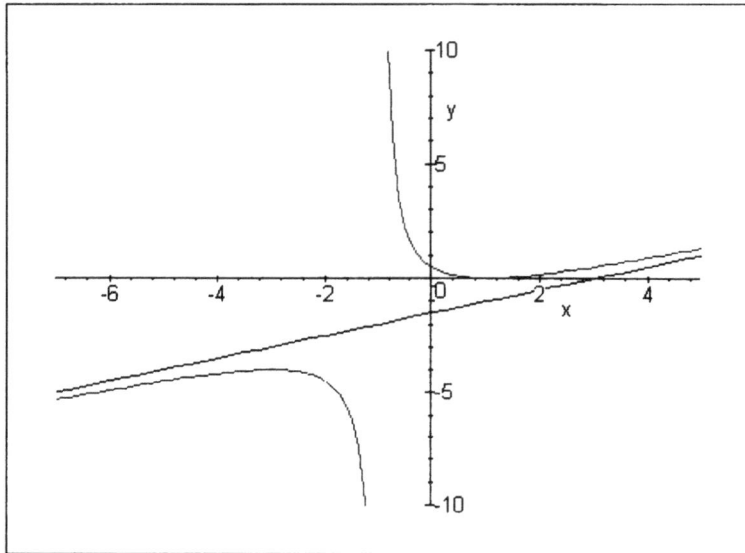

Bild 5.04: Verbesserter Plot

Um eine einheitliche Skalierung der Graphen zu erhalten, geben Sie die Option `scaling=constrained` an:

```
> plot({f(x), a(x)}, x=-7 .. 5, y=-10 .. 10,
>     scaling=constrained, discont=true);
```

Wenn in Release 4 die x- als auch y-Achsenbereiche gleich sind (d.h. x=a .. b, y=a .. b), dann ist die Angabe der Option `scaling=constrained` nicht nötig, da Release 4 automatisch den Graphen im Verhältnis 1:1 skaliert.

Bezeichnungen lassen sich mit dem Befehl **textplot** einfügen. Die Syntax ist:

```
textplot(
    [x-Koordinate, y-Koordinate,
    `Text in back quotes`],
    Plotoptionen);
```

Die Koordinaten und der Text müssen in Form einer Liste übergeben werden (also in eckigen Klammern)[57]. Die Plotoptionen sind - wie der Name schon sagt - optional, müssen also nicht angegeben werden. **textplot** ist Teil des **plots**-Paketes. **textplot** können nur diejenigen Optionen übergeben werden, die sinnvoll sind - dazu später mehr.

Da sowohl Graphen als auch die Bezeichnungen in *einem* Fenster erscheinen sollen, werden die Ergebnisse der einzelnen Anweisungen zunächst in Variablen zwischengespeichert. Hierbei sollten die Befehle jeweils mit einem Doppelpunkt beendet werden, da ansonsten seitenlange Maple-interne Codes zur Darstellung der Graphikanweisungen im Arbeitsblatt ausgedruckt werden.

```
> with(plots):

> text1 := textplot([-1.9, f(-1.9), `f(x)`],
>             color=red,
>             align={ABOVE, RIGHT},
>             font=[HELVETICA, 10]):

> text2 := textplot([1, a(1), `a(x)`],
>             align={BELOW, RIGHT},
>             font=[HELVETICA, 10]):

> graph := plot({f(x), a(x)}, x=-8 .. 7, y=-7 .. 7,
>             discont=true,
>             labels=[`x`, `y`],
>             xtickmarks=16,
>             ytickmarks=15,
>             axesfont=[HELVETICA, 10],
>             titlefont=[HELVETICA, BOLD, 12],
>             title=`Die Funktion f und ihre Asymptote a`):
```

Die einzelnen Plotanweisungen, welche den Variablen text1, text2 und graph zugewiesen wurden, werden durch **display({variablenfolge})** in einem Fenster zur Anzeige gebracht (siehe Bild 5.05). Wie **textplot** ist auch der Befehl **display** Teil des Paketes **plots**.

```
> display({graph, text1, text2});
```

In einigen Fällen kann die Reihenfolge, mit der die einzelnen Graphen mit **display** angedruckt werden, bedeutend sein. Eine Kontrolle diesbezüglich haben Sie mit einer Plot-*Menge* nicht, da Mengenelemente von Maple V in einer nicht vorauszusehender Reihenfolge geordnet werden. Die Verwendung einer Liste ist daher vorzuziehen.

---

[57] Texte müssen - wie in Maple V sonst auch - in Backquotes gesetzt werden.

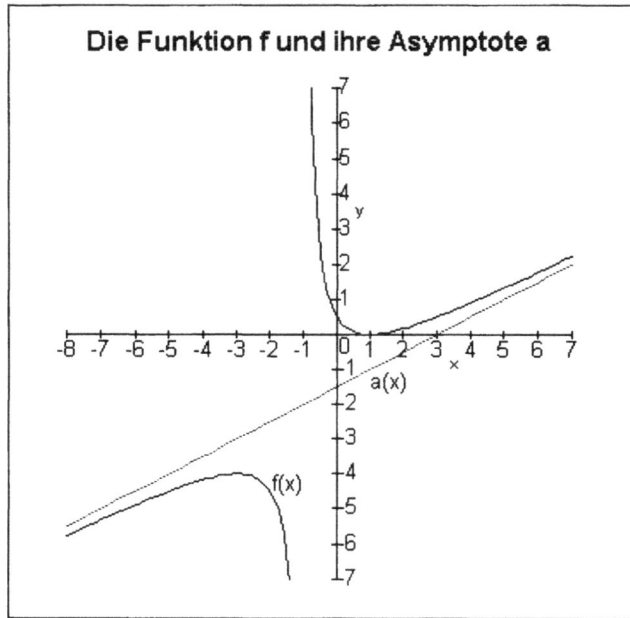

Bild 5.05: Graphen & Bezeichnungen in einem Plot

In Release 4 werden Graphen $p_1, p_2, ..., p_n$ mit **display** in folgender Reihenfolge angezeigt: p_1 ganz unten, p_2 über p_1, ... , p_n ganz oben.

Die folgende Aufstellung gibt eine Erklärung der verwendeten Optionen für den Befehl **textplot**:

`color=red:`	Farbe: Der Text wird in roter Farbe angezeigt. Leider ignoriert zumindest Release 4 für MS Windows for Workgroups 3.11 diese Option. Weitere Farben sind in Kapitel 5.1.4 aufgeführt. Auch Graphen lassen sich kolorieren.
`align={ABOVE, RIGHT}`	Ausrichtung: Die Option `align` erlaubt eine nähere Spezifizierung der Ausrichtung des Textes: ober- (`ABOVE`) oder unterhalb (`BELOW`) des angegebenen Koordinatenpaares, rechts (`RIGHT`) oder links (`LEFT`) von ihm. Es kann hierbei jedoch vorkommen, daß der Text trotzdem in die Kurve hineingeschrieben wird, die Koordinaten müßten dann manuell nachkorrigiert werden. Zwei Positionierungsangaben von `align` müssen als Menge in geschweifte Klammern gesetzt werden.

	Die Option `align` ist dann sinnvoll, wenn als Koordinatenpaar eine Stelle x und ihr zugehöriger Funktionswert f(x) angegeben wird, da in vielen Fällen der Text mitten in die Kurve gesetzt wird.
`font=` `  [HELVETICA,10]`	<u>Textfont</u>: Gibt den Schriftsatz sowie dessen Größe in Punkten des darzustellenden Textes an. Verfügbare Schriftsätze sind: `TIMES`, `COURIER`, `HELVETICA` und `SYMBOL`. In Release 4 bestimmt `font` auch die Einstellungen für die Optionen `axesfont` und `labelfont`, diese können aber wieder durch die beiden letztgenannten Optionen jeweils übersteuert werden.

plot werden folgende Optionen übertragen:

`labels=` `  [`x`, `y`]`	<u>Achsenbezeichnungen</u>: Diese Option kann angegeben werden, wenn der Ordinatenbereich nicht spezifiziert wurde oder Sie aber ganz andere Labels angeben möchten. Ist `labels` nicht angegeben, so ermittelt Maple V die Bezeichnungen für die Koordinatenachsen anhand der **plot** oder **textplot** übertragenen Plotbereiche.
`xtickmarks=16`	Anzahl der <u>Markierungsstriche</u> auf der Abszisse.
`ytickmarks=15`	Anzahl der <u>Markierungsstriche</u> auf der Ordinate.
`axesfont=` `  [HELVETICA,10]`	<u>Achsennumerierungfont</u>: Gibt den Schriftsatz sowie dessen Größe in Punkten der Achsennumerierung an, s. auch `font`. (Die Option `labelfont` ist für die Achsenbezeichnungen zuständig und hat dieselbe Syntax wie `axesfont`.)
`titlefont=` `  [HELVETICA,BOLD,12]`	<u>Titelfont</u>: Gibt den Schriftsatz der Überschrift an. Als zweites Listenelement ist hier ein Stilelement angegeben: `BOLD` für Fettdruck; das dritte Argument gibt die Größe in Punkten an.
`title=`Text``	<u>Überschrift</u> in Backquotes.

Plotoptionen, welche für alle darzustellenden Plotstrukturen (das sind die Graphikanweisungen, welche z.B. durch die Befehle **plot**, **textplot**, **plot3d**, etc. erzeugt werden) gelten sollen, können mit dem Befehl **setoptions** aus dem Paket **plots** auch voreingestellt werden, so daß diese für alle Plots einer Arbeitssitzung gelten und nicht immer wieder hinzugefügt werden müssen - dazu zählen u.a. die

Optionen `scaling`, `font` oder `axes`, aber nicht `discont`, da letztere nur im **plot**-Befehl eingesetzt werden kann.

```
> setoptions(
>     scaling=constrained,
>     axes=box,
>     titlefont=[HELVETICA, BOLD, 12],
>     axesfont=[HELVETICA, 11],
>     labelfont=[HELVETICA, 11],
>     font=[HELVETICA, 11],
>     labels=[`x`, `y`]);
```

Nun kann man auf die explizite Angabe eines Großteiles der Optionen in den jeweiligen Plotanweisungen verzichten[58]. Nach einem Neustart mittels **restart** sind die mit **setoptions** definierten Einstellungen wieder gelöscht und es gelten die alten Defaultwerte.

```
> text1 := textplot([-1.9, f(-1.9), `f(x)`], color=red,
>              align={ABOVE, RIGHT}):

> text2 := textplot([1, a(1), `a(x)`], align={BELOW, RIGHT}):

> graph := plot({f(x), a(x)}, x=-8 .. 7, y=-7 .. 7,
>              discont=true):
```

Optionen, welche auf alle verwendeten Plotbefehle anwendbar sind, können auch dem Befehl **display** übertragen werden.

```
> display({graph, text1, text2},
>     title=`Die Funktion f und ihre Asymptote a`);
```

5.1.2 Koordinatenachsen und Gitternetz

In Maple V stehen vier verschiedene Achsenkreuze zur Verfügung, sie können mit der Plotoption `axes` eingestellt werden:

* `normal`:   normales Achsenkreuz (Voreinstellung)
* `box` oder `boxed`:   umschließender Rahmen
* `frame`:   Koordinatenachsen links und unterhalb des Graphen
* `none`:   keine Darstellung der Achsen

Im Paket **plots** ist der Befehl **coordplot** enthalten, mit dem Gitterlinien für verschiedenste Koordinatensysteme gezeichnet werden können, um Graphiken attraktiv unterlegen zu können. Wir wählen für unsere Funktionen f und a das

[58] Auch hier können die Plotoptionen via **plots[setoptions]** in die Maple-Initialisationsdatei eingetragen werden, wenn sie für alle Graphiken gelten sollen.

kartesische Koordinatensystem. Die Anwendung von **coordplot** ist etwas umständlich, da das Gitternetz an den Graphen individuell angepaßt werden muß[59].

Die Syntax von **coordplot** lautet:

```
coordplot(koordinatensystem, bereichsliste, Optionen);
```

coordplot benötigt für unser Vorhaben fünf Argumente:

```
> gitter := coordplot(
>              cartesian,
>              [-8 .. 7, -7 .. 7],
>              view=[-8 .. 7, -7 .. 7],
>              grid=[16, 15],
>              color=[gray, gray]):
```

cartesian	kartesisches Koordinatensystem
[-8 .. 7, -7 .. 7]	horizontaler und vertikaler Bereich des darzustellenden Gitternetzes in Form einer Liste
view=[-8 .. 7, -7 .. 7]	Eingrenzung des *darzustellenden* Bereiches auf die view übertragenen Werte. Diese (eigentliche doppelte) Angabe ist hier notwendig, da ansonsten das Gitternetz zwar für den Abszissenbereich -8 .. 7 und den Ordinatenbereich -7 .. 7 erstellt wird, der entstandene Plot aber insgesamt den Vorgabebereich -10 .. 10, -10 .. 10 umfaßt.
grid=[16, 15]	Anzahl der horizontalen (hier 16) und vertikalen (hier 15) Linien des Gitternetzes. Die beiden Zahlen berechnen sich wie folgt aus den horizontalen und vertikalen Bereichen (s.o): $16 = |-8| + |7| + 1, 15 = |-7| + |7| + 1$.
color=[gray, gray]	Farbe der Gitterlinien, zum einen für die horizontalen Gitterlinien (erstes Listenelement), zu anderen für die vertikalen Gitterlinien (zweites Listenelement).

---

[59] Das auf der CD-ROM befindliche Paket **math** enthält die Prozeduren **gridplot** und **cartgrid** für Release 3 und 4. **gridplot** zeichnet eine oder mehrere reelle Funktionen wie der Befehl **plot**, fügt aber auch ein Gitternetz hinzu, **cartgrid** erzeugt ein Gitter, welches mit **display** zusammen mit anderen Plotstrukturen angezeigt werden kann. Das Paket **math** befindet sich auf der CD-ROM im Verzeichnis /libs/math.

Da die Liste [-8 .. 7, -7 .. 7] zweimal vorkommt, kann sie auch einer Variablen zugewiesen werden. Diese Variable wird dann in den Plotbefehl eingesetzt.

```
> b := [-8 .. 7, -7 .. 7]:

> gitter := coordplot(
>              cartesian,
>              b,
>              view=b,
>              grid=[16, 15],
>              color=[gray, gray]):
```

Zuletzt werden die Graphen, die Texte und das Gitternetz in einem Plot angezeigt.
Die Option axes=box bestimmt die Art der Koordinatenachsen als umschließen-
den Rahmen. Bevorzugte Plotoptionen lassen sich auch als Makro oder Variable
definieren, so daß die Eingabe generell kürzer wird.

```
> macro(ab = 'axes=box', xt=xtickmarks, yt=ytickmarks);
```

Die an **macro** übertragene Option axes=font muß in Apostrophe gefaßt werden,
um einen Syntaxfehler zu vermeiden, da es sich hierbei um eine Gleichung handelt.
Variablen nehmen Optionen auch 'ausgewertet' an[60].

```
> sc := scaling=constrained:
```

Die Optionen xtickmarks und ytickmarks in den abgekürzten Formen übertragen wir **display**; würden sie in Release 4 nur der **plot**-Anweisung (siehe Variable
gitter) hinzugefügt werden, so würden diese Einstellungen überschrieben, d.h. aufgehoben, werden, *wenn* Optionen mit **setoptions** vordefiniert wurden.

```
> display({graph, text1, text2, gitter},
>     ab, sc, xt=16, yt=15,
>     title=`Die Funktion f und ihre Asymptote a`);
```

Der Graph ist in Bild 5.06 abgebildet.

5.1.3 Punkte: Stile und Symbole

Auch Punkte in Form einer Liste von Listen mit Punktkoordinaten können mit **plot**
gezeichnet werden. Die Voreinstellung des Befehles ist line, d.h. es werden Lini-
en zwischen den einzelnen Punkten gezogen, und zwar vom linken Punktepaar der
Liste bis hin zum rechten Punktepaar:

---

[60] Der Variable wird eigentlich eine Gleichung zugewiesen.

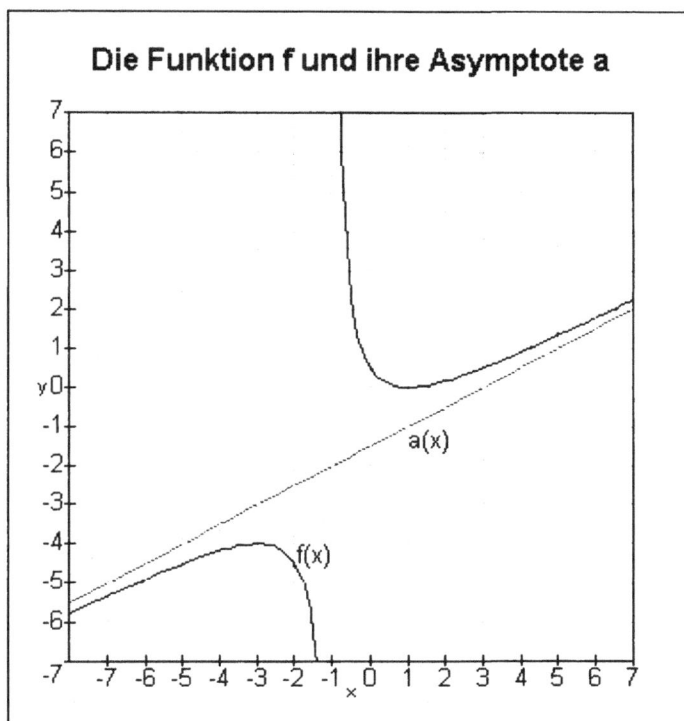

Die Funktion f und ihre Asymptote a

Bild 5.06: Graphen mit Bezeichnungen und Gitternetz

```
> restart:

> stern := [
>     [-0.75, 0], [-1.75, 0.75], [-0.5, 0.75], [0, 2],
>     [0.5, 0.75], [1.75, 0.75], [0.75, 0], [1.25, -1.25],
>     [0, -0.5], [-1.25, -1.25], [-0.75, 0] ];

> plot(stern, x=-2 .. 2, y=-2 .. 2.5,
>     axes=box, scaling=constrained);
```

Sollen die Punkte nicht mit Linien verbunden werden, so unterdrückt die Option style=point dieses. Für die Darstellung der Punkte können verschiedene Symbole angegeben werden, z.B. ein Diamant (bzw. eine Raute).

```
> plot(stern, x=-2 .. 2, y=-2 .. 2.5,
>     style=point, symbol=diamond, axes=box,
>     scaling=constrained);
```

Optionen für `style` bei zweidimensionalen Plots sind:

- `line:`   Linie
- `point:`   Punkt

Verfügbare Symbole für die Stiloption `point` sind:

- `box:`   Viereck
- `circle:`   Kreis
- `cross:`   Kreuz
- `diamond:`   Raute
- `point:`   einfacher Punkt

Die Angabe der Stile und Symbole kann auch gänzlich mit großen Buchstaben vorgenommen werden, also LINE, POINT, etc. Nutzen Sie sowohl als Stil als auch Symbol die Einstellung `point`, so müssen Sie zumindest für die Symboloption das Wort POINT (also in großen Buchstaben) eintragen.

5.1.4 Linienarten und Farben

Zur besseren Abhebung der einzelnen Kurven voneinander können Sie sowohl spezielle Farben (*colors*) als auch Linienarten (*linestyles*) verwenden. Folgende 24 Farben sind in Maple V vordefiniert, die der Option **color** zugewiesen werden können.

• aquamarine	aquamarin		• orange	orange
• black	schwarz		• pink	rosa
• blue	blau		• plum	rosinenfarben
• brown	braun		• red	rot
• coral	dunkelorange		• sienna	bräunlich
• cyan	hellblau		• tan	gelbbraun
• gold	goldenfarben		• turquoise	türkis (hell)
• green	grün		• violet	violett
• gray bzw. grey	grau (hell)		• wheat	weizenfarben
• khaki	khaki			(hellgrau)
• magenta	magenta/fuchsin		• white	weiß
• maroon	kastanienbraun		• yellow	gelb
• navy	dunkelblau			

Es lassen sich in Maple V auch eigene Farben mittels **COLOR/RGB** definieren[61].

---

[61] Die Definition der genannten vordefinierten Farben können Sie in Release 4 mittels der Befehlssequenz `readlib(`plot/color`):` `interface(verboseproc=2):` `print(`plot/colortable`);` abrufen.

Eine Farbe wird über ihre drei RGB-Werte definiert: Rot, Grün und Blau - in dieser Reihenfolge. Alle drei Werte liegen im Bereich 0 .. 1. Viele Bildverarbeitungsprogramme benutzen einen Bereich zwischen 0 .. 255, daher teilen wir im nächsten Beispiel die Werte durch 256:

```
> restart:
```

```
> bienengelb := COLOR(RGB, 226/256, 188/256, 024/256);
```

$$\text{bienengelb} := \text{COLOR}\Big(\text{RGB}, \frac{113}{128}, \frac{47}{64}, \frac{3}{32}\Big)$$

Die Linienarten geben die Art der Strichelung der Kurven an, für n=0 und n=1 ist die Linie gänzlich ohne Lücken durchgezogen, weitere positive Werte von n bestimmen verschiedene Strichelungen. Zur Angabe der Linienart wird die Option **linestyle** verwendet.

Die Farben werden in eine Liste namens farben eingetragen, man kann auf sie über einen Index (hier n) zugreifen. Die jeweilige Linienart und Farbe wird über den Befehl **seq** und den durch ihn ermittelten Wert für n gesteuert. Eine ausführliche Beschreibung von **seq** enthält Kapitel 6.6.

```
> farben := [red, navy, black, bienengelb, gray]:
```

```
> graph := seq(plot(sin(x*n), x=-2 .. 2,
>     linestyle=n, color=farben[n]), n=1 .. 5):
```

```
> plots[display]({graph}, axes=box);
```

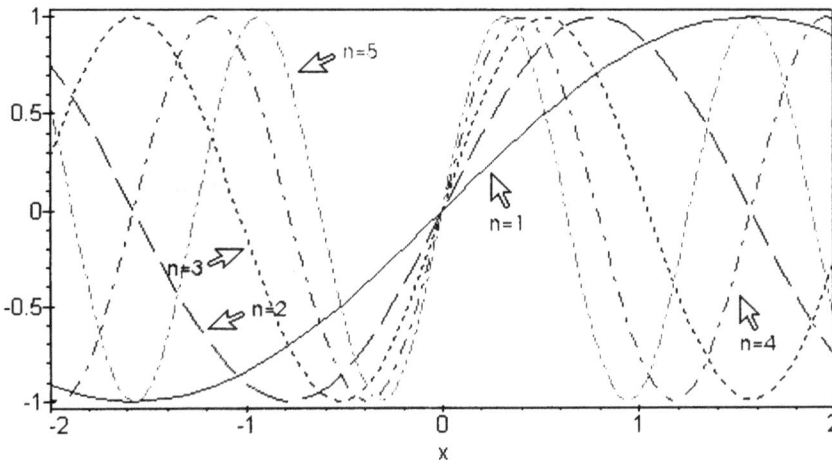

Bild 5.07: Sinusfunktion mit verschiedenen Linienarten und Farben

Für weitere Optionen siehe **?plot[options]**.

5.1.5 Tangenten

Ein spezieller Graphikbefehl befindet sich im Paket **student: showtangent**. Mit seiner Hilfe läßt sich eine Tangente, die an einer bestimmten Stelle an dem Graphen einer Funktion anliegt, zusammen mit dieser Funktion anzeigen. Als erstes Argument nennen Sie die Funktion an sich (es kann nur eine angegeben werden), als zweites die Stelle, an der die Tangente angelegt werden soll, und als drittes den Abszissen-Plotbereich der auszugebenden Graphik. Weitere Plotoptionen, wie z.B. der Ordinatenbereich, lassen sich hinzufügen.

```
> restart:

> with(student, showtangent):

> showtangent(sin(x), x=-Pi/2,
>     x=-4 .. 4, y=-2 .. 2, scaling=constrained);
```

5.1.6 Implizite Funktionen

Der Befehl **plot** akzeptiert nur explizite Ausdrücke y = g(x).

```
> plot(x^2+y^2-1, x=-2 .. 2, y=-2 .. 2);
Plotting error, empty plot
```

Implizite Funktionen f(x, y) = 0 hingegen werden von dem Befehl **implicitplot** aus dem Paket **plots** bearbeitet. I.d.R. werden ihm Gleichungen übertragen, so daß sich z.B. auch Umkehrrelationen graphisch darstellen lassen.

```
> restart:

> with(plots):
```

Beispiel 1: Implizite Funktionen:

Die Gleichung des Einheitskreises in kartesischen Koordinaten läßt durch die Formel $x^2 + y^2 = 1$ darstellen.

```
> kreis := x^2+y^2=1:
```

Wir wählen noch eine Ellipse und eine Hyperbel:

```
> ellipse := x^2*2/5+y^2*2/3=1:

> hyperbel := x^2/3-y^2/2=1:
```

Der Befehl **implicitplot** läßt sich wie der Standardbefehl **plot** benutzen, also inklusive Plotoptionen. Der Ordinatenbereich (drittes Argument) muß grundsätzlich angegeben werden. Die Graphen sind in Bild 5.08 dargestellt.

```
> implicitplot({kreis, ellipse, hyperbel},
>    x=-2.5 .. 2.5, y=-2.5 .. 2.5,
>    scaling=constrained);
```

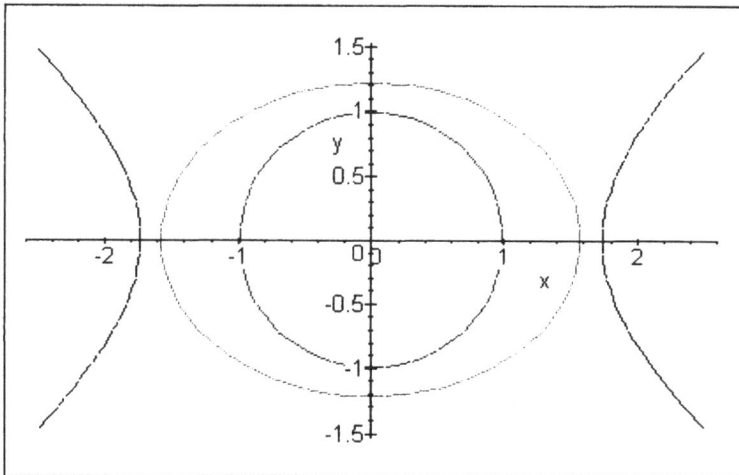

Bild 5.08: Drei implizite Funktionen

Release 4 zeigt alle Kurven in derselben Farbe an. Sollen die Graphen in unterschiedlichen Farben dargestellt werden, so können drei **implicitplot**-Anweisungen mit unterschiedlichen `color`-Optionen erzeugt und mit **display** auf den Bildschirm gebracht werden. (Dieses Vorgehen wird noch einmal in Beispiel 2 demonstriert.) Anstatt Gleichungen können auch Terme angegeben werden[62]:

```
> implicitplot(x^2+y^2-1, x=-2 .. 2, y=-2 .. 2,
>    axes=box, scaling=constrained);
```

An diesem Beispiel wird deutlich, daß **implicitplot** nur den Bereich darstellt, in welchem die implizite Funktion $f(x, y) = 0$ erfüllbar ist, hier also x=-1 .. 1, y=-1 .. 1. Durch die Angabe der Option `view` aber kann der Blickbereich durch Angabe einer Liste mit zwei Bereichen, der erste für den horizontalen, der zweite für den vertikalen Bereich, individuell eingestellt werden. Die Option `view` läßt sich auch in anderen Plotbefehlen verwenden.

---

[62] Intern formt **implicitplot** Gleichungen der Form l=r zu einem Term l-r um.

```
> implicitplot(x^2+y^2-1, x=-2 .. 2, y=-2 .. 2,
>    axes=box, scaling=constrained,
>    view=[-2 .. 2, -2 .. 2]);
```

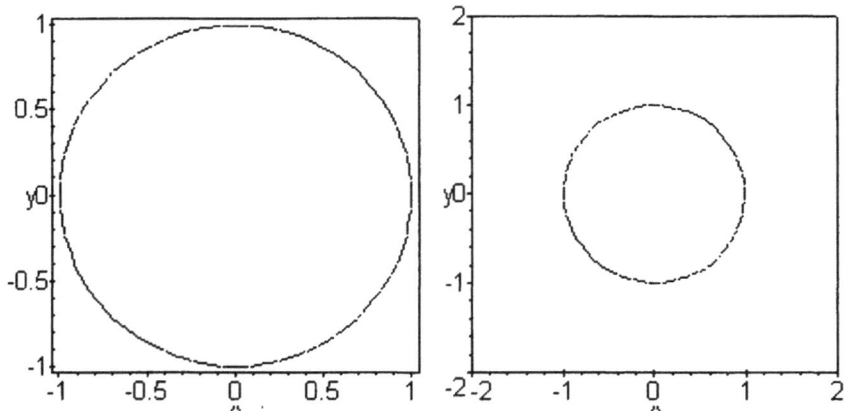

Bild 5.09: **implicitplot** ohne (links) und mit `view`-Option (rechts)

Ist die implizite Funktion mittels der Pfeilzuweisung definiert,

```
> f := (x, y) -> x^2+y^2-1:
```

so übergeben Sie **implicitplot** nur den Funktionsnamen f, zwei Bereiche der Form x0 .. x1, y0 .. y1 sowie - wenn gewünscht - beliebige Plotoptionen.

```
> implicitplot(f, -2 .. 2, -2 .. 2,
>    axes=box, scaling=constrained);
```

Beispiel 2: Umkehrrelationen

Mit **implicitplot** können z.B. auch eine Funktion, ihre Umkehrrelation sowie die Winkelhalbierende graphisch präsentiert werden.

```
> eq1 := y=x^2;
```

$$eq1 := y = x^2$$

Die Umkehrrelation erhalten wir, indem mit **subs** die Unbestimmten miteinander vertauscht werden.

```
> eq2 := subs({y=x, x=y}, eq1);
```

$$eq2 := x = y^2$$

```
> eq3 := y=x;
```

$$eq3 := y = x$$

Der Graphikbereich ist jedesmal derselbe, daher ersparen wir uns ein wenig Arbeit, indem er der Variablen b zugewiesen wird.

```
> b := x=-2 .. 4, y=-3 .. 3:
```

Die Graphen werden mit unterschiedlichen Farben sowie Linienarten erzeugt und in drei Variablen zwischengespeichert.

```
> ip1 := implicitplot(eq1, b, color=black):
```

```
> ip2 := implicitplot(eq2, b, color=navy, linestyle=2):
```

```
> ip3 := implicitplot(eq3, b, color=red, linestyle=3):
```

```
> display({ip1, ip2, ip3}, scaling=constrained);
```

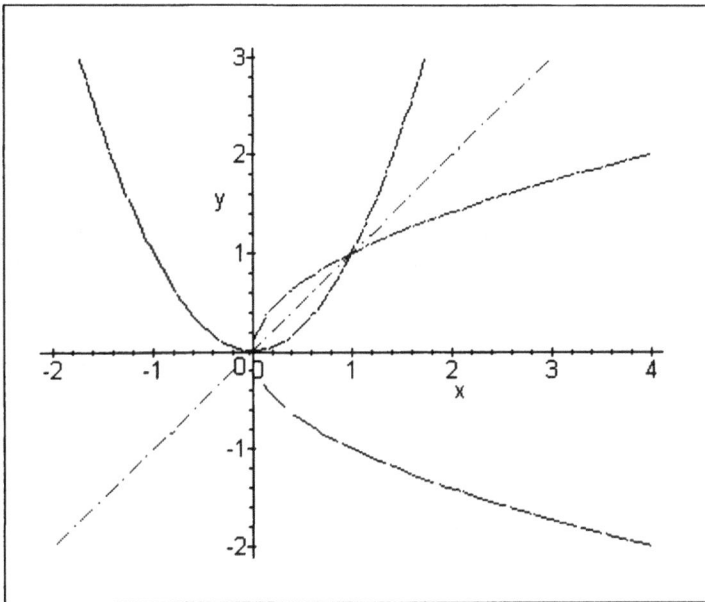

Bild 5.10: Funktion, Umkehrrelation und Winkelhalbierende

5.1.7 Parametrische Kurven

Eine ebene Kurve, welche in ihrer Parameterdarstellung als vektorwertige Funktion

$$r(t) = \begin{pmatrix} x(t) \\ y(t) \end{pmatrix}$$

bzw. als Gleichungssystem

$$x = x(t), y = y(t),$$

für das Parameterintervall $t \in [a, b]$ gegeben ist, kann mit **plot** gezeichnet werden. Die Syntax für Parameterplots lautet:

```
plot([x(t), y(t), t=a .. b], Plotoptionen);
```

Ein Beispiel:

```
> plot([t*sin(3*t), t*cos(3*t), t=-2*Pi .. 2*Pi],
>      x=-8 .. 6, y=-8 .. 8, scaling=constrained, axes=box);
```

Der Graph ist in Bild 5.11 links dargestellt.

Sollen mehrere Kurven gezeichnet werden, so übergeben Sie die Listen mit den jeweils drei Angaben x-Koordinate, y-Koordinate und Parameterintervall als Menge. Das Resultat ist in Bild 5.11 rechts abgebildet.

```
> astroide := [3*cos(t)^3, 3*sin(t)^3, t=-Pi .. Pi]:
```

```
> archim_spirale := [t/10*sin(t), t/10*cos(t), t=0 .. 10*Pi]:
```

```
> plot({astroide, archim_spirale}, scaling=constrained);
```

5.1.8 Kurven in Polarkoordinaten

Eine Kurve $r = r(\varphi)$ mit $\varphi \in [\alpha, \beta]$ stellt der Befehl **polarplot** dar - ebenfalls aus dem Paket **plots**. Seine Syntax lautet:

```
polarplot(r(φ), φ = α .. β, Plotoptionen);
```

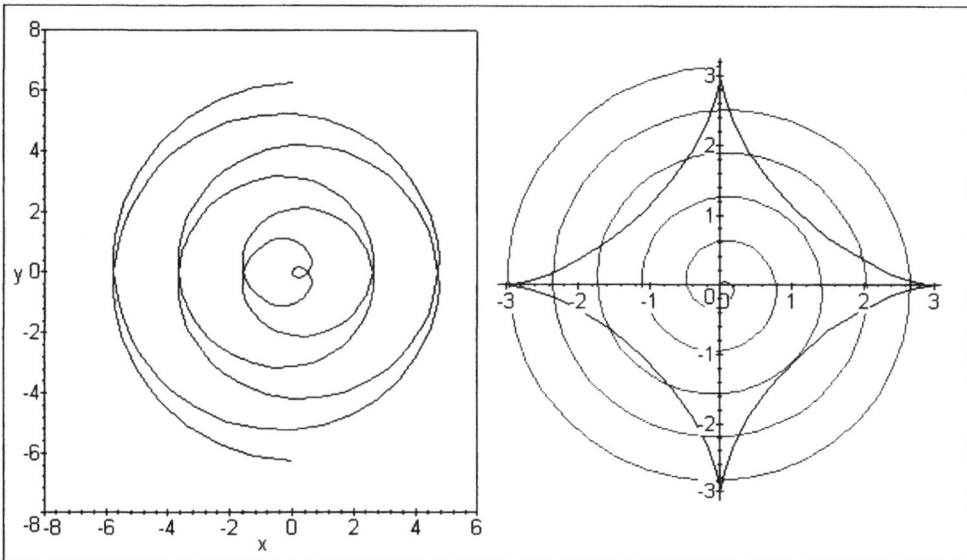

Bild 5.11: Parameterplots

Wird das Intervall für den Polarwinkel weggelassen, so wählt Maple V das Intervall $\varphi \in [-2\pi, 2\pi]$.

```
> restart:

> with(plots, polarplot):

> polarplot(cos(2*t), t=-Pi .. Pi,
>     scaling=constrained, view=[-1 .. 1, -1 .. 1]);
```

polarplot akzeptiert neben dem Ausdruck $r(\varphi)$

```
> polarplot(phi, phi=0 .. 6*Pi, scaling=constrained);
```

auch die Polarkoordinaten in Parameterform:

```
> polarplot([t, t, t=0 .. 6*Pi], scaling=constrained);
```

Beide Anweisungen erzeugen die Archimedische Spirale (Bild 5.12).

Wie gewohnt können auch mehrere Kurven mit einer Anweisung erzeugt werden.

```
> polarplot({1, -cos(2*phi)/cos(phi)}, phi=0 .. 3*Pi,
>     view=[-2 .. 2, -2 .. 2], scaling=constrained);
```

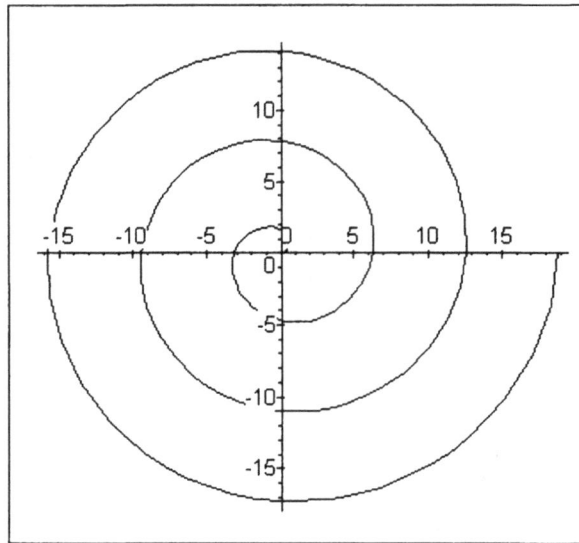

Bild 5.12: Archimedische Spirale

5.1.9 Logarithmische Plots

Der **plots**-Befehl **logplot** zeichnet Funktionen über einer linear-skalierten Abszisse und einer logarithmisch skalierten Ordinate, also einfach-logarithmisch. Die Syntax gleicht der von **plot**, auch lassen sich Funktionen in Parameterdarstellung wie gewohnt skizzieren.

Release 4 quittiert die Angabe der Einstellung `axeslabel` mit einem Syntaxfehler, stellt aber die über die Kommandozeile eingegebene Achsenvorgabe dar.

Undokumentiert ist die Option `base`. Die Voreinstellung ist `base=10`, Sie können aber eine beliebige reelle Basis x wählen mit `base=x` als optionales Argument. Die Skalierungseinheiten der Ordinate können sich dann aber überdecken.

```
> restart: with(plots, logplot):

> logplot(exp(x^3-x^2-x+1), x=-3 .. 3);

> logplot(2^(x^3-x^2-x+1), x=-3 .. 2, y=0.1 .. 512,
>    base=2, color=navy, linestyle=3, axes=normal,
>    labelfont=[HELVETICA, 11]);
```

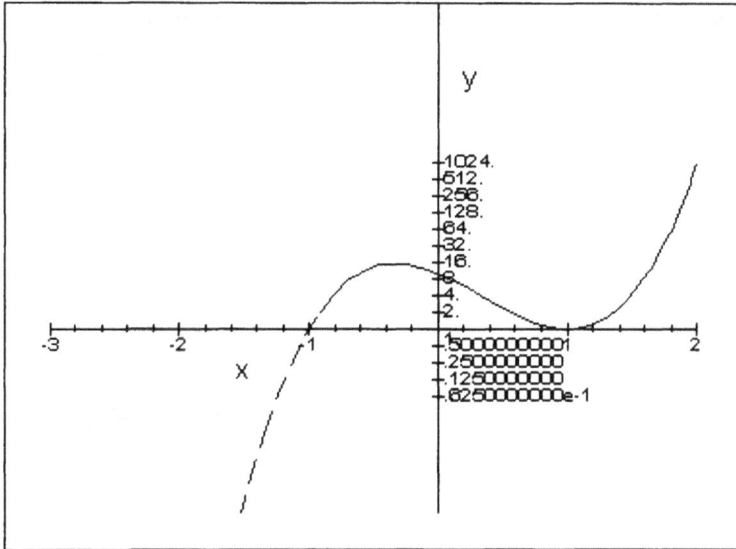

Bild 5.13: Halblogarithmische Zeichnung

Das Gegenstück zu **logplot** ist **semilogplot**, dieses mal ist die Abszisse logarithmisch und die Ordinate linear, siehe **?plots, semilogplot**. Beide Achsen werden mit **loglogplot** logarithmisch dargestellt, siehe **?plots, loglogplot**.

5.1.10 Vektorfelder

Der Befehl **plots/fieldplot** zeichnet ein zweidimensionales Vektorfeld. Die Syntax gleicht der des Befehles **plot**. Die Vektorkomponenten in zwei Variablen werden in einer Liste, getrennt durch ein Komma, übergeben, der horizontale und vertikale Bereich muß angegeben werden.

Mit der speziellen Option `arrow` können Sie die Darstellung der Vektorpfeile definieren: `LINE`, `SLIM`, `THICK` und `THIN`. Diese Werte müssen in Großbuchstaben angegeben werden. Die Voreinstellung ist `THIN`.

Ferner können Sie die Dichte des Vektorfeldes steuern, indem Sie die Werte der Option `grid` (Voreinstellung ist `[20 .. 20]`) ändern.

Ein Beispiel: Der magnetische Feldstärkevektor

$$H := \frac{I}{2\pi r^2} \begin{pmatrix} -y \\ x \\ 0 \end{pmatrix}$$

bestimmt das Magnetfeld in der Umgebung eines stromdurchflossenen linearen Leiters. Die magnetischen Feldlinien in einer zur Leiterachse senkrechten Ebene sollen dargestellt werden.

```
> restart: with(plots, fieldplot):
```

Die beiden Vektorkomponenten lauten:

```
> k1 := 1/(2*Pi)*(-y): k2 := 1/(2*Pi)*x:
```

wobei I = r = 1.

```
> fieldplot([k1, k2], x=-10..10, y=-10..10,
>    arrows=SLIM, scaling=constrained, color=navy,
>    grid=[12, 12]);
```

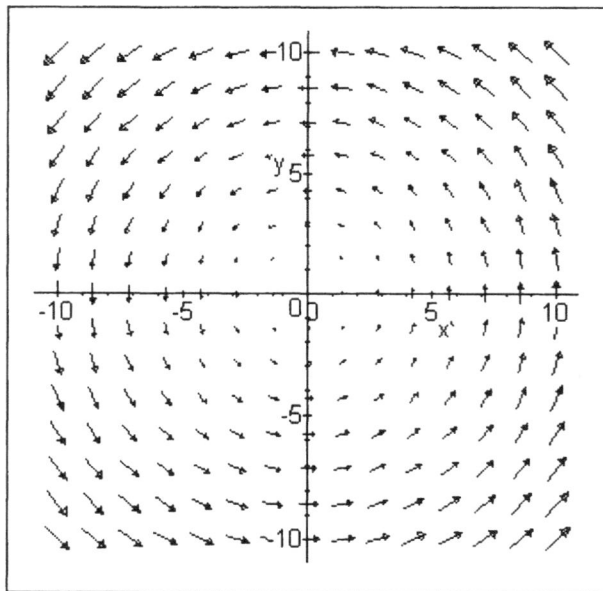

Bild 5.14: Vektorfeld

5.1.11 Ungleichungen

Release 4 erlaubt die graphische Anzeige *linearer* Gleichungen und der Lösungsmenge linearer Ungleichungen mit dem Befehl **inequal** aus dem **plots**-Paket. Mehrerere Gleichungen und/oder Ungleichungen werden als Menge übergeben.

Es gibt mehrere Optionen für die Farbgestaltung:

- optionsfeasible: Bereich, den alle Ungleichungen erfüllen,
- optionsexcluded: Bereich, in dem min. eine Ungleichung nicht erfüllt ist,
- optionsopen: Linie der Grenze einer 'offenen' Ungleichung (<, >),
- optionsclosed: Linie der Grenze 'geschlossener' Ungleichungen (≤, ≥)
                      sowie Gleichungen.

Hinter den Namen der Optionen wird die Farbe und - wenn gewünscht - die Dicke
der begrenzenden Linien in runden Klammern angegeben. Ein Beispiel:

```
> restart: with(plots, inequal):

> inequal({x+0.25*y > 0, x-y <= 2}, x=-1 .. 4, y=-3 .. 3,
>     optionsexcluded=(color=white),
>     optionsopen=(color=navy, thickness=2),
>     optionsclosed=(color=maroon, thickness=2),
>     optionsfeasible=(color=gray),
>     axes=frame,
>     scaling=unconstrained);
```

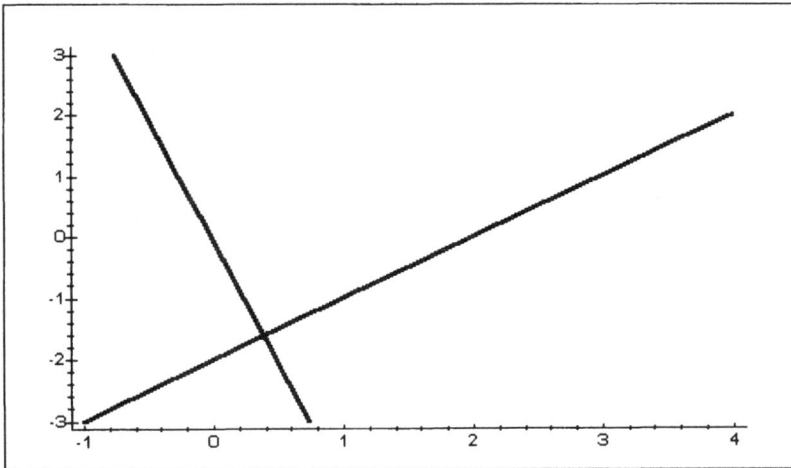

Bild 5.15: Ungleichungen mit **inequal**

Die Angabe thickness gibt die Dicke der Linie an. Vorgabe ist der Wert 0, möglich sind die Werte 0, 1, 2 und 3. Diese Option können Sie - wie die anderen auch -
in vielen weiteren **plots**-Kommandos und in **plot** selbst angeben.

Horizontale und Vertikale können ebenfalls dargestellt werden:

```
> mondrian := {x > 1, y > 1, x < 2.5,   x >= 1.4,   y < 2}:
```

Hinweis: Mit **inequal** können nur lineare Gleichungen bzw. Ungleichungen bearbeitet werden, Polynome eines höheren Grades als 1 werden abgewiesen.

5.1.12 Animation

Mit **animate** können Sie Animationen zweidimensionaler Graphen erzeugen. **animate** ist Teil des Graphikpaketes **plots**. Im folgenden wird eine Funktionsschar der gedämpften Schwingung dargestellt:

```
> restart: with(plots, animate):

> f := (x, n) -> sin(n*x)*exp(-x):
```

$$f := (x, y) \to \sin(n\,x)\,e^{(-x)}$$

```
> animate(f(x, n), x=-3 .. 3, n=1 .. 20,
>     frames=20,
>     numpoints=100);
```

Einzelne Bilder sind in Bild 5.17 dargestellt.

Mit der Option `frames` bestimmen Sie die Anzahl der zu erstellenden Einzelbilder der Animation, `numpoints` definiert die Anzahl der zu errechnenden Punkte, zwischen denen Linien gezogen werden, um den Graphen zu erstellen (Vorgabe in Release 4 sind 50 Punkte). Je höher der Wert von `numpoints`, desto weniger 'kantig' ist der Graph.

Aktivieren Sie den Graphikbereich, so schaltet die Kontextleiste in den Animationsmodus um und zeigt verschiedene Schalter zur Steuerung der Animation an (s. Bild 5.16). Ganz rechts in der Leiste ist ein Schalter eingeblendet, der die Anwahl der normalen Plot-Kontextleiste ermöglicht.

In Kapitel 5.3 wird beschrieben, wie Sie Graphiken und Animationen in Bilddateien abspeichern.

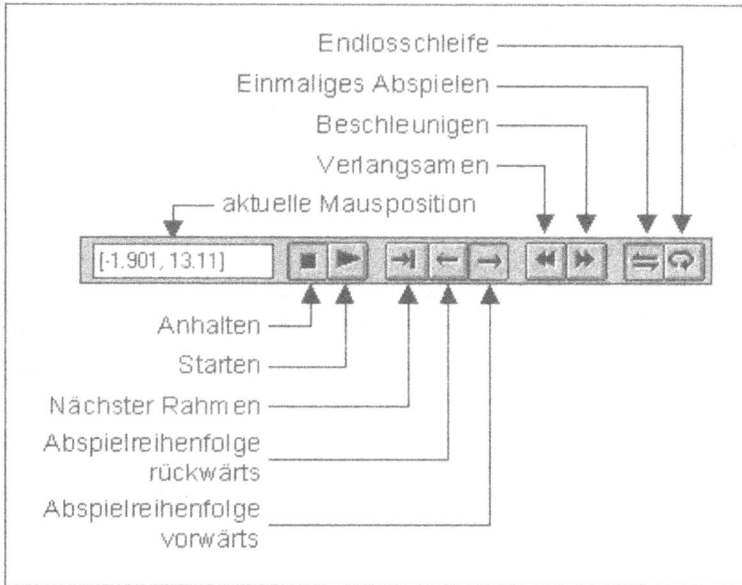

Bild 5.16: Animationssteuerung

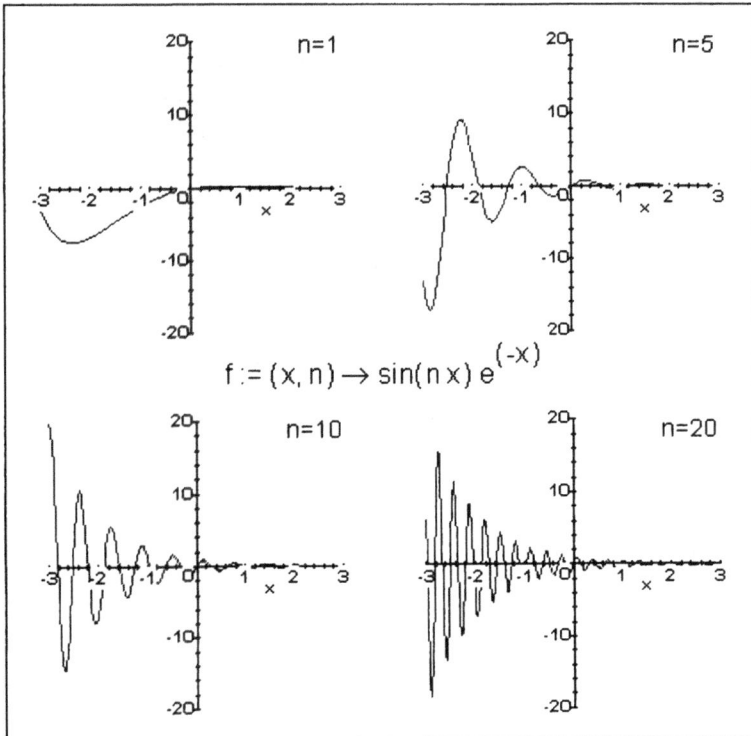

$$f := (x, n) \to \sin(n\,x)\, e^{(-x)}$$

Bild 5.17: Animation der gedämpften Schwingung

5.2 Dreidimensionale Graphiken

* **plot3d**
* **plots/animate3d**
* **plots/implicitplot3d**

* **plots/spacecurve**
* **plots/sphereplot**
* **plots/surfdata**

5.2.1 Der plot3d-Befehl

Das Gegenstück zu **plot** für Graphen von Funktionen im dreidimensionalen Raum ist **plot3d**. Dieser Befehl stellt Flächen dar, die Syntax ist der von **plot** sehr ähnlich. Wie **plot** ist **plot3d** bereits beim Start Maples verfügbar, er ist nicht Bestandteil des auch im folgenden oft benutzten Paketes **plots**.

5.2.1.1 Reellwertige Funktionen

Die Syntax des Graphikkommandos **plot3d** für *reellwertige Funktionen* mehrerer Veränderlicher lautet:

```
plot3d(f, x=a .. b, y=c .. d, Plot3d-Optionen);
```

f bezeichnet eine Funktion oder eine Menge von Funktionen, die beiden Plotbereiche x und y müssen generell angegeben werden, auch hier gelten die unter 5.1.1 genannten Bedingungen. Plot3d-Optionen können, müssen aber nicht genannt werden.

Wenn keine entsprechenden Optionen angegeben wurden, zeichnet Maple V Release 4 die Flächen im Stil hidden, d.h. mit Gitterlinien und ohne farbige Flächen; diejenigen Gitterlinien, welche vom Betrachter aus gesehen hinter dem vorderen Teil der Fläche liegen, werden zudem verdeckt. Koordinatenachsen werden nicht angezeigt, lassen sich aber mit der Option axes hinzufügen.

Die folgende Graphikanweisung zeichnet ein elliptisches Paraboloid:

```
> restart:

> f := (x, y) -> x^2+y^2;
```

$$f := (x, y) \rightarrow x^2 + y^2$$

```
> plot3d(f(x, y), x=-3 .. 3, y=-3 .. 3);
```

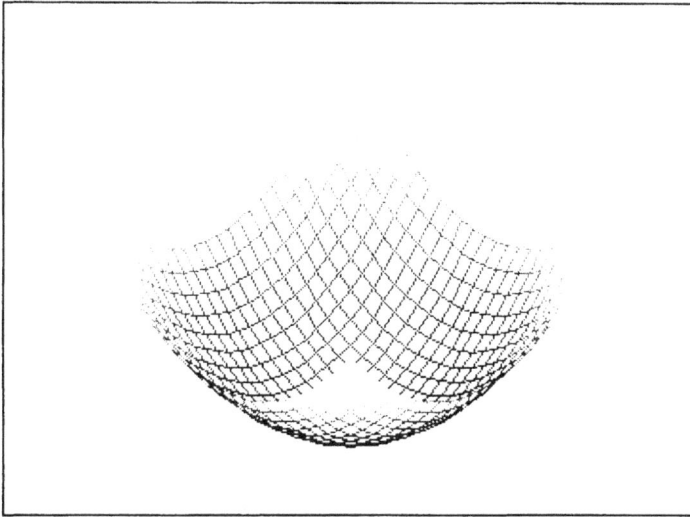

Bild 5.18: Elliptisches Paraboloid

Wie bei zweidimensionalen Graphen lassen sich eine oder mehrere Optionen angeben, einige von ihnen gleichen den 2D-Optionen, welche in Kapitel 5.1.1 beschrieben wurden, z.B. `scaling`, `axes`, `color` oder die Textformatierungen. Wir nutzen die Stiloption `contour` beispielsweise, um uns die Niveaulinien des Paraboloiden anzusehen, und fügen auch Koordinatenachsen hinzu.

```
> plot3d(f(x, y), x=-3 .. 3, y=-3 .. 3,
>     style=contour, contours=15, color=red,
>     orientation=[0, 0], scaling=constrained,
>     axes=normal, axesfont=[HELVETICA, 12]);
```

Verfügbare Einstellungen für **style** sind:

- `contour`:   nur Höhenlinien,
- `hidden`:   nur Liniengitter, dahinterliegende Teile werden überdeckt
                           (Voreinstellung in Release 4),
- `line`:   wie `wireframe`,
- `patch`:   wie `hidden` + farbige Ausfüllung der Fläche,
- `patchcontour`:   farbige Fläche + Höhenlinen,
- `patchnogrid`:   farbige Fläche, kein Liniengitter,
- `point`:   nur Punkte,
- `wireframe` :   nur Liniengitter, dahinterliegende Teile werden nicht
                           überdeckt.

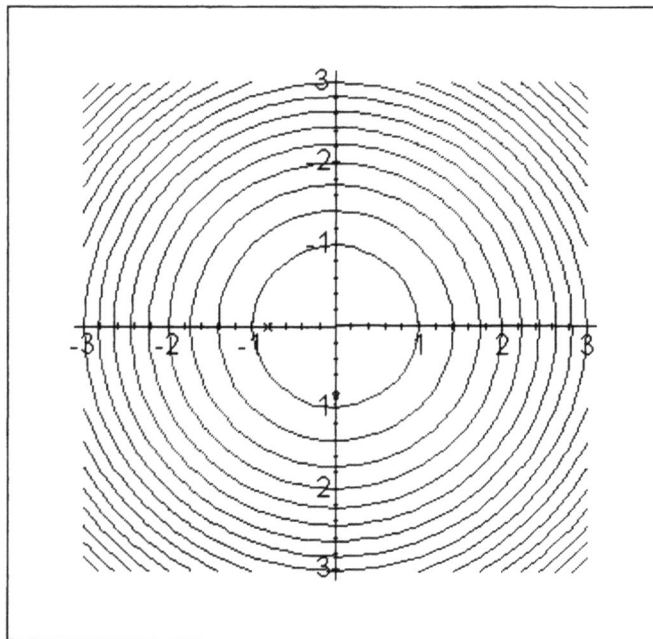

Bild 5.19: Niveaulinien mit `style=contour`

Diese Stile können Sie auch in der Kontextleiste bzw. im Plotfenster direkt anwählen. Hier werden auch Einstellungen für Achsen und Skalierung angeboten.

Die 3D-Option `contours` definiert die *Anzahl* der Niveaulinien, der Vorgabewert ist 10.

`orientation` bestimmt den Blickwinkel in Grad, in der Reihenfolge horizontale (ϑ) und vertikale Richtung (φ). Diese beiden Werte werden als Liste angegeben, d.h. `orientation`=[ϑ, φ]. In unserem Fall blicken wir direkt von oben auf die x,y-Ebene. Der Vorgabewert ist [45, 45].

Alternativ können Sie direkt mit der Maus den Graphen beliebig drehen und ihn sich so von den verschiedensten Seiten ansehen. Klicken Sie dazu mit der linken Maustaste auf den Graphen - er verschwindet und statt dessen erscheint ein Quader. Jetzt ist es möglich, mit der Maus auf einen beliebigen Flächenpunkt zu zeigen und bei gedrückter linker Taste die Maus in die gewünschte Richtung zu bewegen. Dabei wird der Blickwinkel in der Statusleiste des Plotfensters kontinuierlich aktualisiert.

Wenn Sie nun den Graphen aus der geänderten Perspektive anschauen möchten, so betätigen Sie die RETURN-Taste, klicken doppelt in den Quader oder in der

Iconleiste auf den R-Knopf. Je komplexer der Graph ist, desto länger dauert der Bildaufbau[63]. Haben Sie nun 'Ihre' bevorzugte Perspektive gefunden, so können Sie die Werte der Winkel in die Option **orientation** übernehmen.

Das elliptische Paraboloid kann auch über einem Kreisgebiet gezeichnet werden, indem der y-Wertebereich von den durch **plot3d** durchlaufenden x-Werten abhängig gemacht wird:

```
> Y := solve(x^2+y^2=9, y);
```

$$Y := \sqrt{-x^2 + 9}, -\sqrt{-x^2 + 9}$$

Auf das erste Ergebnis greifen Sie mit dem Index 1 zu. **plot3d** kann natürlich auch mehrere Graphen auf einmal anzeigen, die zu zeichnenden Funktionen werden als Menge übergeben.

```
> plot3d({f(x, y), 5}, x=-3 .. 3, y=-Y[1] .. Y[1],
>    orientation=[40, 70], color=navy, axes=frame);
```

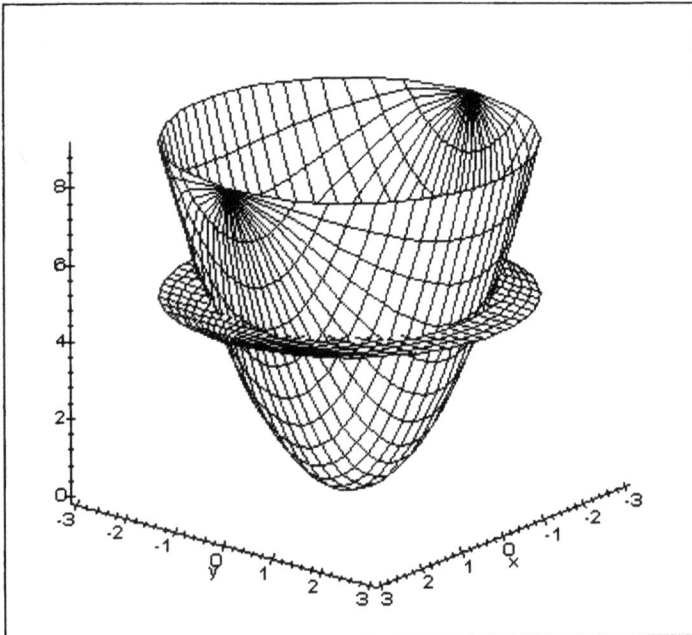

Bild 5.20: Elliptisches Paraboloid und Ebene

---

[63] Darüberhinaus werden unter MS Windows 3.11 für Workgroups die GDI-Ressourcen sehr schnell verbraucht und häufig ist es nötig, Windows selbst zu verlassen.

Im folgenden beschäftigen wir uns mit den Einfärbungsmöglichkeiten. Hierfür stehen zwei Optionen zur Verfügung: `color` und `shading`. Beide kolorieren die Fläche des Graphen nach bestimmten Gesichtspunkten:

`color`   Einfärbung des Graphen mit einer der vordefinierten Farben oder einem COLOR/RGB-Wert. Der Option `color` kann auch eine Funktion übergeben werden, die dann die Einfärbung bestimmt (s.u.).

`shading`   Der Graph wird nach einer der folgenden Optionen eingefärbt: XY, XYZ, Z, ZGREYSCALE, ZHUE und NONE. Bei der Einstellung XY ist die Einfärbung von der x- und y-Koordinate abhängig, bei XYZ von allen drei Koordinaten, bei Z, ZHUE und ZGREYSCALE nur vom Funktionsergebnis. Alle Einstellungen können Sie auch in kleinen Buchstaben eingeben.

Werden beide Optionen in einer Anweisung verwendet, so wird die `shading`-Option[64] ignoriert.

Nicht nur auf eine feste Farbe kann `color` gesetzt werden, man kann ihr auch, wie bereits erwähnt, eine Funktion angeben, die die Farbgebung bestimmt. Hierbei ist es nicht nötig, daß die RGB-Werte zwischen 0 und 1 liegen; liegen höhere Werte vor, reduziert Maple V diese im gleichen Verhältnis auf Beträge zwischen 0 und 1.

Türkise Farben legt folgende Funktion fest:

```
> tuerkis := b -> COLOR(RGB, 0.05, b, b):
```

Die harmonische Schwingung im Raum:

```
> r := (x, y) -> sin(x) * exp(y):
```

Die Farbe soll von den Funktionswerten der Funktion r abhängen. Um zu verdeutlichen, wie Flächen von Maple V zusammengesetzt werden, setzen wir die Funktion r(x, y) in die Sinus-Funktion ein[65]. Der Graph soll etwas genauer, d.h. mit weicheren Verläufen, gezeichnet sein, daher wird die Option `grid` auf [30, 30] gesetzt, die Voreinstellung ist [25, 25]. In der Student Edition von Release 4 lassen sich max. 5120 Punkte (also `grid=[70, 70]`) angeben.

---

[64] Die definierten `shading`-Einstellungen können Sie wie folgt abfragen:
```
> interface(verboseproc=2):
> readlib(`plot3d/options3d`):
> print(`plot3d/shadings`);
```
[65] Die Verwendung der Sinus-Funktion dient hier nur der Anschauung.

```
> plot3d(r(x, y), x=-3.5 .. 4, y=4 .. 10,
>     orientation=[64, 94],
>     style=patch,
>     color=tuerkis(sin(r(x, y))),
>     grid=[30, 30],
>     axes=box);
```

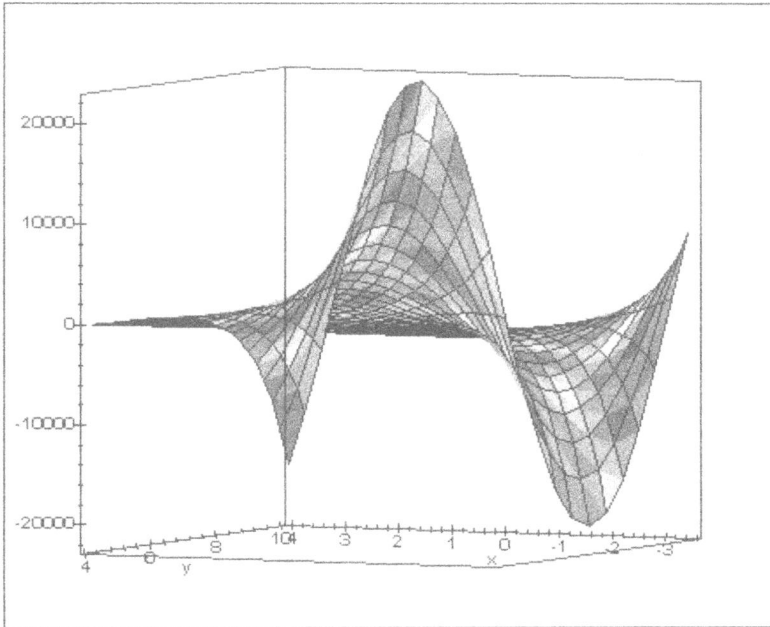

Bild 5.21: Harmonische Schwingung in 3D

5.2.1.2 Durch Prozeduren bestimmte Graphiken

Möchten Sie Werte einer *Prozedur* graphisch darstellen, z.B. die Mandelbrotmenge, so übergeben Sie nur den Namen der Prozedur ohne Klammern und Argumente als erstes Argument, gefolgt von dem horizontalen und vertikalen Bereich (ohne Koordinatennamen) und beliebigen Optionen:

```
plot3d(prozedurname, a .. b, c .. d, Plot3d-Optionen);
```

```
> restart:

> mandelbrot := proc(x, y)
>     local z, m;
>      z:=evalf(x+y*I);
>     for m from 0 to 25 while abs(z) < 2 do
>         z:=z^2+(x+y*I)
>     od;
```

```
>       m
> end:

> plot3d(mandelbrot, -2 .. 0.5, -1.2 .. 1.2,
>     grid=[150, 150],
>     style=patchnogrid,
>     shading=zhue);
```

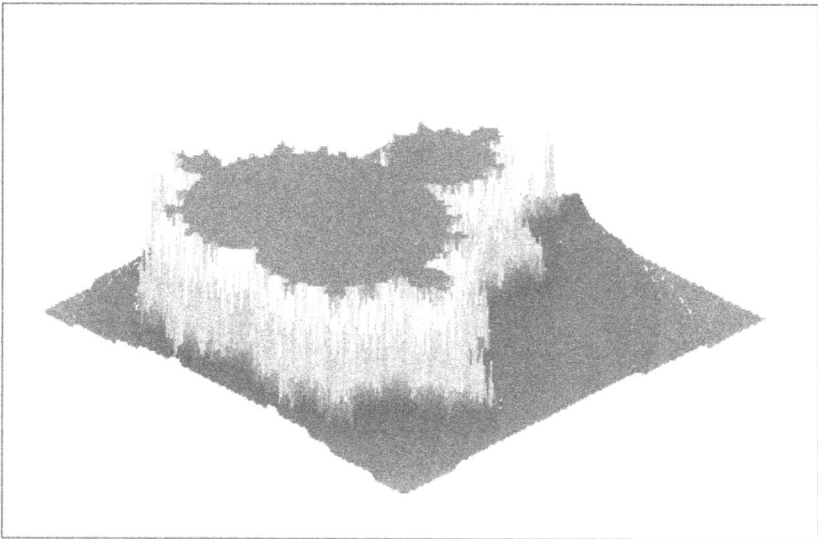

Bild 5.22: Die Mandelbrotmenge mit **plot3d**

plot3d kann man mit einem Trick auch zur zweidimensionalen Ausgabe einer Graphik bewegen. Das erste Argument ist dann die Nullfunktion (der Wert 0) und für die Struktur ist dann die `color`-Option verantwortlich, die ihre Farbwerte von der Prozedur erhält.

```
> plot3d(0, -2 .. 0.7, -1.2 .. 1.2,
>     color=mandelbrot,
>     orientation=[-90,0],
>     grid=[250, 250],
>     style=patchnogrid,
>     scaling=constrained);
```

5.2.1.3 Graphen von Funktionen in Parameterdarstellung

Funktionen in Parameterdarstellung werden wie bei **plot** gezeichnet, es kommen lediglich das dritte Listenelement, d.h. die z-Koordinate, sowie der Laufbereich des zweiten Parameters hinzu.

```
> plot3d([cos(u)*sin(v), sin(u)*sin(v), cos(v)],
>     u=-3 .. 3, v=-3 .. 3, scaling=constrained);
```

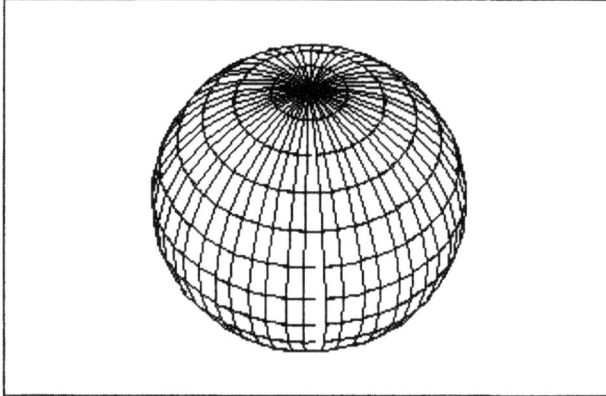

Bild 5.23: Kugel als Parameterplot

5.2.2 Flächen aus Punktkoordinaten

Liegen dreidimensionale Punktkoordinaten vor, so lassen sich diese mit **surfdata** als Fläche darstellen. Der Befehl erwartet eine Liste von Listen in der Form:

$$
\begin{aligned}
L := [\ & [\ [x_{11}, y_{11}, z_{11}], & [x_{12} y_{12}, z_{12}], & \quad \dots & [x_{1n}, y_{1n}, z_{1n}] & \ ], \\
& [\ [x_{21}, y_{21}, z_{21}], & [x_{22}, y_{22}, z_{22}], & \quad \dots & [x_{2n}, y_{2n}, z_{2n}] & \ ], \\
& [\ \dots & \dots & \quad \dots \ \dots & & \ ], \\
& [\ [x_{m1}, y_{m1}, z_{m1}], & [x_{m2}, y_{m2}, z_{m2}], & \quad \dots & [x_{mn}, y_{mn}, z_{mn}] & \ ] \ ]
\end{aligned}
$$

Die Syntax:

```
surfdata(L, Plot3d-Optionen);
```

surfdata ist im Paket **plots** enthalten.

```
> restart: with(plots, surfdata):
```

```
> f := (x, y) -> x*sin(y):
```

Zuerst werden die Zeilen definiert,

```
> innen := [seq([x, y, f(x, y)], y=-5 .. 5)]:
```

danach die gesamte Struktur[66]:

```
> aussen := [seq(innen, x=-5 .. 5)]:

> surfdata(aussen,
>   orientation=[-24, 53],
>   axes=frame,
>   labels=[`x`, `y`, `z`],
>   labelfont=[HELVETICA, 12]);
```

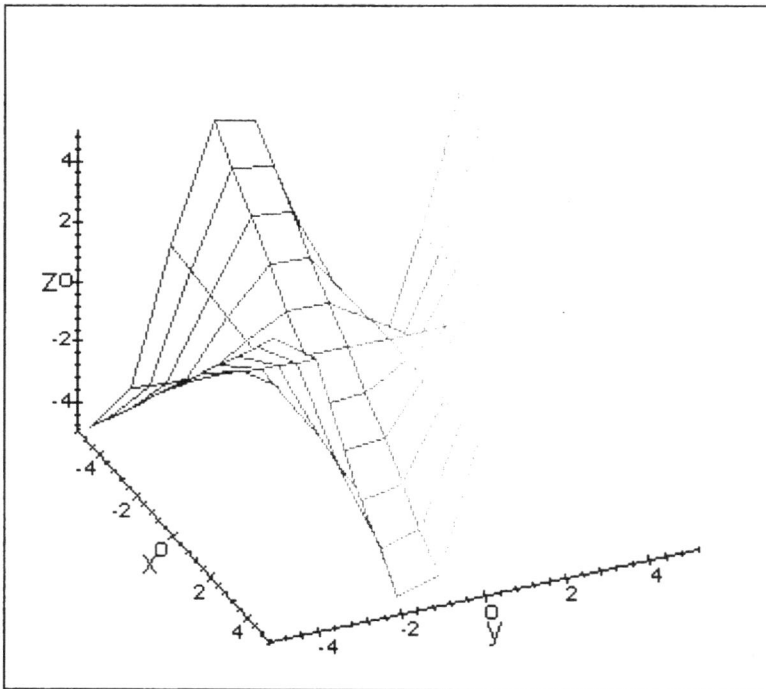

Bild 5.24: Oberfläche aus Punkten

5.2.3 Flächen in Kugelkoordinaten

bzw. räumlichen Polarkoordinaten stellt **sphereplot** (Paket **plots**) graphisch dar. Hier können Sie entweder eine Funktion in zwei Variablen oder eine Liste mit drei Polarkoordinaten als erstes Argument angeben, gefolgt von zwei Plotbereichen bzw. Parameterintervallen. Plot3d-Optionen können auch hier genannt werden.

---

[66] Dieses Vorgehen erspart uns die Mühe bei der Suche nach falsch gesetzten oder fehlenden Klammern, man hätte auch direkt
```
> surfdata([seq([seq([x, y, f(x, y)], y=-5 .. 5)], x=-5 .. 5)],
>    ...);
```
eingeben können.

```
sphereplot(f(x, y), x=a .. b, y=c .. d, Plot3d-Optionen);

                               oder

sphereplot([r, ϑ, φ], ϑ=a .. b, φ=c .. d, Plot3d-Optionen);
```

Zwei Beispiele:

```
> restart: with(plots, sphereplot):

> sphereplot(x*y, x=0 .. 2*Pi, y=0 .. Pi,
>     scaling=constrained, style=hidden,
>     orientation=[-101, -34], color=navy);
```

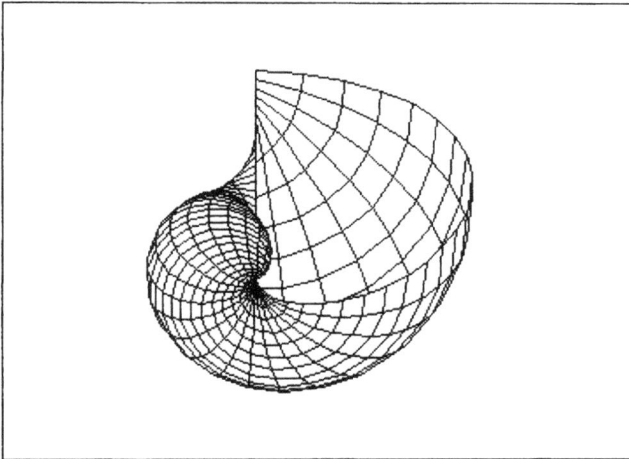

Bild 5.25: Schneckenhaus

```
> sphereplot([x, t, x*exp(-x^2+1)], x=-Pi .. Pi, t=-Pi .. Pi,
>     orientation=[41, 87],
>     axes=frame,
>     shading=z,
>     grid=[50, 50]);
```

Siehe auch **?cylinderplot** und **?tubeplot**.

5.2.4 Implizite Funktionen

Implizite Funktionen präsentiert der Befehl **implicitplot3d**. Er erwartet eine oder mehrere Gleichungen oder Terme in drei Unbekannten sowie je einen Plotbereich pro Variable. **implicitplot3d** ist Bestandteil des Paketes **plots**.

```
implicitplot3d(f, x=a .. b, y=c .. d, z=e .. f,
    Plot3d-Optionen);
```

```
> restart: with(plots, implicitplot3d):
> implicitplot3d({x^2+y^2-z^2=2, z},
>     x=-3 .. 3, y= -3 .. 3, z=-2 .. 2,
>     color=gray,
>     style=patch,
>     grid=[20, 20, 20],
>     orientation=[30, 70]);
```

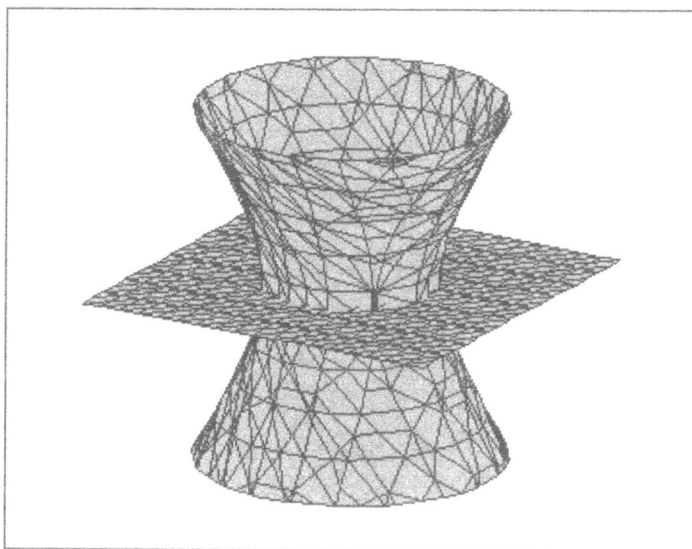

Bild 5.26: Einschaliger Hyperboloid

5.2.5 Kurven im Raum

Kurven werden im Raum mit **spacecurve** aus dem Paket **plots** gezeichnet. Der Befehl erwartet als erstes Argument eine Liste bestehend aus den *parametrischen Repräsentanten* der x-, y- und z-Koordinaten. Den Laufbereich des Parameters geben Sie als zweites Argument an. Optionen können danach genannt werden.
Die Syntax:

```
spacecurve([x(t), y(t), z(t)], t=a .. b, Plot3d-Optionen);
```

```
> restart: with(plots, spacecurve):
```

```
> spacecurve([cos(t), sin(t), t], t=0 .. 6*Pi,
>     orientation=[40, 75],
>     axes=normal,
>     shading=z,
>     numpoints=100);
```

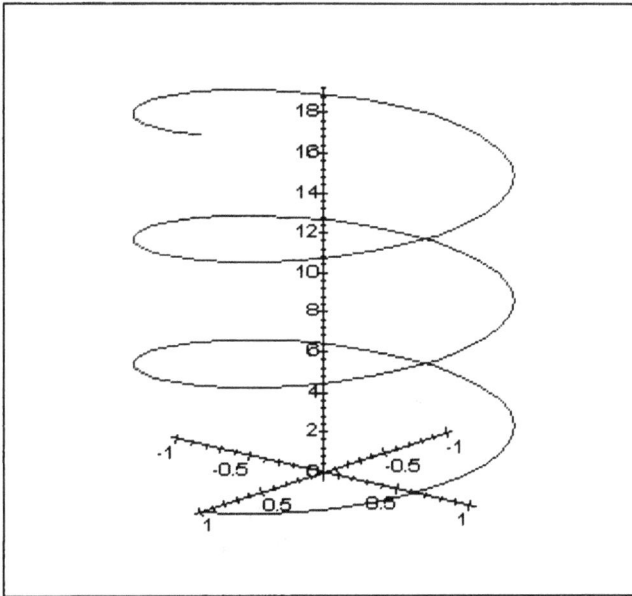

Bild 5.27: Rechtsdrehende Schraubenlinie

Eine andere Gestaltungsmöglichkeit der Ausgabe gestattet **seq**. Im Beispiel unten werden die Kurvenscharen der parametrischen Funktion f(x, t) nebeneinander für t=1 .. 6 und den angegebenen Definitionsbereich von x im Raum gezeichnet. **seq** erzeugt hier eine Folge von sechs Listen mit je drei Koordinaten sowie dem Laufbereich von x; diese Listenfolge wird als Menge dem Graphikbefehl übertragen. Beachten Sie die unterschiedlichen runden, geschweiften und eckigen Klammern.

```
> f := (x, t) -> t*x*exp(-x^2+1):

> spacecurve(
>     { seq( [x, t, f(x, t), x=-5 .. 5], t=1 .. 6 ) },
>     orientation=[-102, 82], shading=z, axes=frame);
```

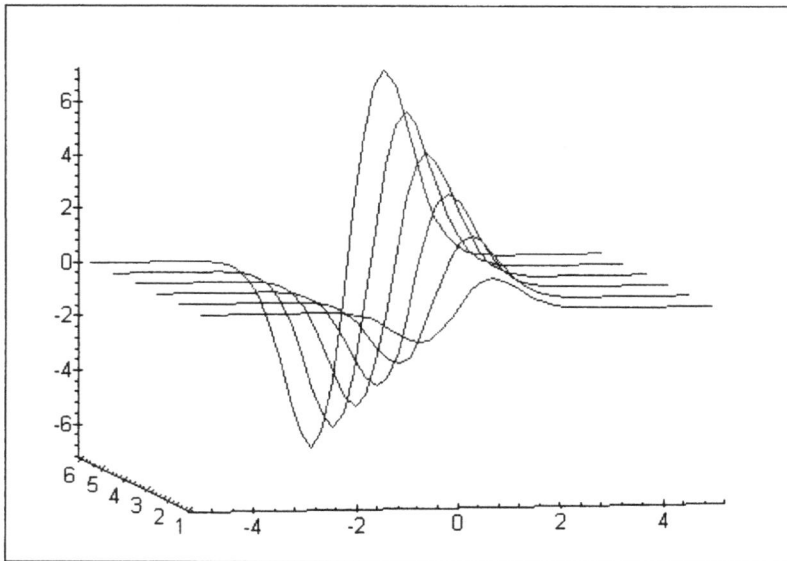

Bild 5.28: Kurvenschar

5.2.6 Animationen in 3D

Auch im dreidimensionalen Raum ist es möglich, Animationen zu erzeugen. Der
hierfür bereitgestellte Befehl lautet **animate3d** und ist im Paket **plots** enthalten.

Syntax:

```
animate3d(f(x, y, n), x=a .. b, y=c .. d, n=e .. f,
     Plot3d-Optionen);
```

```
> restart:

> with(plots, animate3d):

> r := (x, y, n) -> n*sin(x)*exp(y):

> animate3d(r(x, y, n), x=-3.5 .. 4, y=4 .. 10, n=0 .. 20,
>     frames=21,
>     orientation=[65, 90],
>     style=wireframe,
>     color=gray);
```

animate3d arbeitet auch mit Funktionen in Parameterdarstellung.

5.3 Abspeicherung von Graphiken in Dateien

Die Ausgabe von Graphiken läßt sich nicht nur auf den Bildschirm 'leiten', sondern auch in eine Graphik- oder Druckerdatei. Wir behandeln hier nur die Umleitung in Graphikfiles.

5.3.1 Einzelbilder

```
> restart:

> interface(plotdevice=pcx,
>     plotoutput=`bild.pcx`,
>     plotoptions=`width=800,height=600`);
```

Mit der **interface**-Anweisung nehmen Sie die Umleitung vor. Die Option `plotdevice` definiert das Dateiformat; für DOS/Windows-basierte Betriebssysteme interessant sind[67]:

Dateiformat	Beschreibung
• jpeg	Joint Picture Experts Group-Format
• pcx	ZSoft PCX-Format (PC-Paintbrush)
• ps	Postscript

Beim JPEG-Format ist zu beachten, daß diese Bilder unter Informationsverlust komprimiert werden (mit ca. 87 %), dennoch weisen sie eine relativ gute Qualität auf. UNIX- und andere Dateiformate sind unter **?plot[device]** abfragbar.

Die erzeugten Bilddateien lassen sich mit einem beliebigen Bildverarbeitungsprogramm manipulieren. Für World Wide Web Sites ist vor allem das GIF Construction Set (Hersteller: Alchemy Mindworks) interessant. Hiermit können Sie aus den Einzelbildern - im GIF-Format - wieder eine Animation erzeugen.

`plotoutput` gibt den Namen der zu speichernden Dateien an. `plotoptions` definiert die Auflösung des Bildes in Pixel mit `width` (Breite) und `height` (Höhe). Es darf in dem String *kein* Leerzeichen vorhanden sein.

Das Bild erstellen Sie auf die übliche Art.

```
> plot3d(sin(x)*exp(y), x=0 .. 10, y=4 .. 10);
```

---

[67] Die in Release 3 angebotenen Dateiformate GIF und BMP sind in Release 4 nicht mehr vorhanden.

Plotoptionen können natürlich angegeben werden. Leider ignoriert Maple die Angaben `axesfont` und `labelfont` und wählt einen festen, ziemlich großen Schriftsatz - unabhängig von den Abmessungen des Bildes.

Mit

```
> interface(plotdevice=win);
```

wird die Bildschirmdarstellung der folgenden Plots wieder eingeschaltet. Arbeiten Sie unter X Windows, geben Sie statt `win` den Terminus `x11` bzw. bei Apple Macintosh `mac` ein. Setzen Sie vor der Erstellung der Graphik die Einstellung auf `default`, so wird zumindest bei Release 4 für MS Windows das Bild in Form von ASCII-Sonderzeichen in eine Textdatei abgelegt.

5.3.2 Animationen

Auch die bzw. alle Einzelbilder einer Animation lassen sich über einen Umweg abspeichern. Hierzu setzen wir den Befehl **plot** bzw. **plot3d** (und nicht **animate** bzw. **animate3d**) in einer Schleife ein.

```
> restart:

> f := (x, n) -> sin(n*x)*exp(-x):
```

Die Anzahl der zu erzeugenden Einzelbilder (Option `frames` in **animate** / **animate3d**) legen wir zunächst in der Variablen frames ab.

```
> frames := 20:
```

Die Dateinamen sollen folgendes Format haben:

`frameXXX.jpg,`

d.h. `frame001.jpg`, `frame002.jpg`, usw. Der Dateiname wird aus mehreren Teilzeichenketten generiert[68], die Führnullen werden in der Variablen null abgespeichert. Wir setzen sie zunächst auf `NULL`.

```
> null := NULL:
```

Wir geben explizit den absoluten Pfad und den Dateinamen an. Hierfür dient die Variable filename, die eine Zeichenkette, bestehend aus dem absoluten Pfad, des Anfanges des Dateinamens (`frame`), den Führnullen und dem Suffix `.jpg`, erzeugt. Die Variable filename darf erst in der Schleife ausgewertet werden (jedesmal neu), daher setzen wir die Erzeugungsanweisung in Apostrophe. Wünschen

---

[68] Siehe Kapitel 14.

Sie ein anderes Dateiformat, so ersetzen Sie das Suffix `.jpg` entsprechend, z.B.
`.pcx`.

```
> filename :=
>     'cat(`c:/maplev4/frames/frame`, null, n, `.jpg`)':
```

Würde die Variable von Anfang an ausgewertet sein, würde pro Schleifendurchlauf
die Datei `c:/maplev4/frames/frame`**n**`.jpg` erzeugt, d.h. vorherige Bilder würden überschrieben. Beachten Sie, daß auch unter DOS-basierten Systemen die einfachen Schrägstriche zur Trennung der Verzeichnisnamen angegeben werden müssen. In unserem Beispiel werden die Bilddateien auf Laufwerk C: in das Verzeichnis `/maplev4/frames` geschrieben.

Die Anzahl der Führnullen wird aus dem jeweiligen Wert der Laufvariablen n berechnet, d.h. aus der Anzahl der Stellen von n, und wird in nnull festgehalten. Die
Schleife `for m` generiert einen String mit nnull Nullen.

Hinweis: Drücken Sie am Ende der nun folgenden Zeilen SHIFT+RETURN, hinter
der letzte Zeile (`od;`) aber nur RETURN.

Die Bilddateien selbst werden in einer Schleife erzeugt[69].

```
> for n from 1 to frames do
>     nnull := 2-floor(log[10](evalf(n))):
>     for m to nnull do
>         null := cat(null, `0`):
>     od:
```

Um jeweils einen neuen Dateinamen zu bilden, muß die entsprechende Zeichenkette der Option `plotoutput` zugewiesen werden. Die anderen Optionen werden
ebenfalls in die **interface**-Anweisung gepackt.

```
>     interface(
>         plotdevice=jpeg,
>         plotoutput=filename,
>         plotoptions=`width=300,height=200`):
```

Der Graph wird auf die übliche Weise gezeichnet. Eine Anzeige auf dem Bildschirm erfolgt auch in diesem Falle nicht. Optionen lassen sich wie gewohnt
angeben.

```
>     plot(f(x, n), x=-3 .. 3,   numpoints=100):
```

Damit der Anwender weiß, welches Bild gerade auf das Speichermedium geschrieben wird, geben wir den Dateinamen auf dem Bildschirm aus.

---

[69] Siehe auch Kapitel 12 'Schleifen'.

```
>      lprint(`Writing`, filename);
```

Die Variable für die Führnullen muß wieder zurückgesetzt werden, bevor sie für den nächsten Schleifendurchlauf neu belegt wird.

```
>      null := NULL:
> od;
```

$$nnull := 2$$

```
Writing    c:/maplev4/frames/frame001.jpg
```

$$null :=$$

$$nnull := 2$$

```
Writing    c:/maplev4/frames/frame002.jpg
```

```
                           (usw.)
```

```
Writing    c:/maplev4/frames/frame020.jpg
```

$$null :=$$

Hinter **od** muß ein Semikolon gesetzt werden, da ansonsten die Bilddateien nicht geschrieben werden. Zuletzt werden die nachfolgenden Graphikausgaben wieder auf den Monitor geleitet.

```
> interface(plotdevice=win):
```

6 Analysis

Übersicht

- **6.1** **Verknüpfung von Funktionen**
- **6.2** **Fakultäten und Binomialkoeffizienten**
- **6.3** **Symmetrie von Funktionen**
- **6.4** **Grenzwerte**
- **6.5** **Stetigkeit**
- **6.6** **Folgen reeller Zahlen**
- **6.7** **Summen, Reihen und Produkte**
- **6.8** **Differentiation**
- **6.9** **Integration**
- **6.10** **Reihenentwicklung**
- **6.11** **Stückweise definierte Funktionen**
- **6.12** **Einfache Differentialgleichungen**

6.1 Verknüpfung von Funktionen

6.1.1 Verknüpfung durch Grundrechenarten

- **@, @@** ◆ **invfunc**

Maple V kann mit zwei Funktionen f und g und den Grundrechenarten Addition, Subtraktion, Multiplikation und Division Summen f+g, Differenzen f-g, Produkte f*g und Quotienten $\frac{f}{g}$ bilden. Es lassen sich auch mehr als zwei Funktionen miteinander verknüpfen.

```
> restart:

> g := x -> 1/5*x^2;
```

$$g := x \to \frac{1}{5}x^2$$

```
> h := x -> sqrt(x-4);
```

$$h := x \to \sqrt{x-4}$$

```
> f := g(x) + h(x);
```

oder

```
> f := (g+h)(x);
```

$$f := \frac{1}{5}x^2 + \sqrt{x-4}$$

Durch diese Definitionen wird nur ein Term der Variablen f zugewiesen, f ist aber keine Funktion. Sowohl der Ausdruck g(x) als auch h(x) liefern Funktions*terme* zurück, nicht aber die *anonymen Funktionen* $x \rightarrow \frac{1}{5}x^2$ und $x \rightarrow \sqrt{x-4}$, mit denen eine neue Funktion erzeugt werden könnte.

```
> f(x);
```

$$\frac{1}{5}x(x)^2 + \sqrt{x(x)-4}$$

Es gibt drei Lösungsmöglichkeiten: Zum einen können die beiden verknüpften Funktions*terme* mit **unapply** zu einer Funktion zusammengefaßt werden,

```
> f := unapply(g(x) + h(x), x);
```

$$f := x \rightarrow \frac{1}{5}x^2 + \sqrt{x-4}$$

zum anderen lassen sich die Funktions*namen* (hier g und h) und somit die anonymen Funktionen verknüpfen und zuweisen,

```
> f := g + h;
```

$$f := g + h$$

```
> f(x);
```

$$\frac{1}{5}x^2 + \sqrt{x-4}$$

oder aber Sie bilden mit dem Funktionaloperator und der Summe (g+h)(x) eine anonyme Funktion und belegen eine Variable mit dem Ergebnis.

```
> f := x -> (g+h)(x);
```

$$f := g + h$$

```
> f(x);
```

$$\frac{1}{5}x^2 + \sqrt{x-4}$$

```
> f := g / h;
```

$$f := \frac{g}{h}$$

```
> f(x);
```

$$\frac{1}{5}\,\frac{x^2}{\sqrt{x-4}}$$

```
> plot({f(x), g(x), h(x)}, x=-5 .. 10, y=0 .. 20,
>    scaling=constrained);
```

6.1.2 Verknüpfung durch Verkettung

Komposita von Funktionen $f_1 \circ f_2 \circ ... \circ f_n$ werden in Maple V entweder mit dem Operator @ (*composition operator*) gebildet oder aber durch n-malige Klammerung der Funktionen. Möchten Sie ein Argument, z.B. x angeben, so setzen Sie zuerst die Komposita in runde Klammern und dahinter die Unbestimmte x ebenfalls in runde Klammern.

```
> restart:
```

```
> (f@g@h)(x);
```

$$f(g(h(x)))$$

```
> f(g(h(x)));
```

$$f(g(h(x)))$$

Ein Beispiel: Es wird die Komposition $f \circ g$ für

```
> f := x -> exp(x):
```

und

```
> g := x -> 2*x-7:
```

gebildet:

```
> (f@g)(x), f(g(x));
```

$$e^{(2x-7)}, e^{(2x-7)}$$

Für die n-fache Verknüpfung einer Funktion f mit sich selbst dient der *wiederholte Verkettungsoperator* @@.

```
> f@@n, (f@@n)(x);
```

$$f^{(n)}, (f^{(n)})(x)$$

Beachten Sie den Unterschied zwischen der Schreibweise $f^{(n)}$ und der Potenz f^n.

```
> f@@n, f^n;
```

$$f^{(n)}, f^n$$

Z.B.

```
> b := x=-4 .. 4:
> p1 := plot(sin(x), b, color=black):
> p2 := plot((sin(x))^3, b, color=red, linestyle=2):
> p3 := plot((sin@@3)(x), b, color=gray, linestyle=3):
> plots[display]({p1, p2, p3});
```

Ist n negativ, so sucht Maple V in einer Tabelle nach der Umkehrfunktion f^{-1} der Funktion f und gibt sie - wenn eingetragen - zurück.

```
> ln@@(-1), (sin@@(-2))(x);
```

$$\text{exp}, (\text{arcsin}^{(2)})(x)$$

Die Tabelle kann mit

```
> readlib(invfunc);
```

angezeigt werden, es lassen sich zusätzliche Einträge angeben bzw. löschen. Siehe hierzu auch Kapitel 13.3 'Tabellen' und die Online-Hilfe zu **invfunc**.

6.2 Fakultäten und Binomialkoeffizienten

- **!**
- **binomial**
- **factorial**
- **convert/binomial**
- **convert/factorial**

Fakultäten lassen sich auf zwei Arten darstellen: einmal mit dem Fakultätsoperator !, dem eine nicht-negative ganze Zahl vorangestellt ist (also in der Form $n!$)

```
> 5!;
```

$$120$$

oder mit der Funktion **factorial**:

```
> factorial(5);
```

$$120$$

Den Binomialkoeffizient $\binom{n}{k}$ können Sie mit **binomial** ermitteln.

```
> binomial(n, k);
```

$$binomial(n, k)$$

```
> binomial(4, 2);
```

$$6$$

Fakultäten können mit **convert/binomial** in Binomialkoeffizienten und Binomialkoeffizienten mit **convert/factorial** in Fakultäten umgerechnet werden.

```
> n!/(k!*(n-k)!);
```

$$\frac{n!}{k!\,(n-k)!}$$

```
> convert(", binomial);
```

$$binomial(n, k)$$

Siehe auch Kapitel 7.5 'Kombinatorik'.

6.3 Symmetrie von Funktionen

♦ **type/evenfunc**   ♦ **type/oddfunc**

Zur Untersuchung der Symmetrieeigenschaft einer reellen Funktion f mit der Unbestimmten x existiert in Maple V ein Verfahren, dessen Anwendung Ihnen eventuell etwas umständlich erscheint: Es wird der *Maple-Typ* von f in Abhängigkeit
von x mit **type**[70] festgestellt.

---

gerade Funktion: **type**(f, **evenfunc**(x));

ungerade Funktion: **type**(f, **oddfunc**(x));

---

type-Anweisungen geben einen Booleschen Wahrheitswert zurück: true für
'wahr', false für 'falsch' - so auch hier. Sie können eine Funktion also (nur) darauf
testen, ob sie gerade (*even*) oder ungerade (*odd*) ist. Es gibt kein Kommando[71], das
Ihnen mitteilt, *welche* Symmetrieeigenschaft eine Funktion besitzt, ob sie gerade,
ungerade oder weder gerade noch ungerade ist. Ist der Graph einer Funktion asym-
metrisch, so müßten Sie beispielsweise zwei Abfragen vornehmen, die dann beide
false ergeben. Zwei Beispiele:

```
> restart:
```

```
> f := x -> x^3 - 5*x:
```

Die Funktion f ist offensichtlich ungerade, da die Exponenten der Unbekannten x
sämtlich ungerade sind und das Absolutglied gleich 0 gesetzt ist.

```
> type(f(x), evenfunc(x));
```

                                    false

```
> type(f(x), oddfunc(x));
```

                                     true

Der Graph der Funktion f zeigt deutlich die Punktsymmetrie zum Nullpunkt.

```
> plot(f(x), x=-3 .. 3);
```

Die Exponentialfunktion e^x ist bekanntlich weder gerade und ungerade.

---

[70] Siehe Kapitel 9.2 Datentypen.
[71] Einen derartigen Befehl können Sie aber leicht programmieren, siehe auch das
Kommando **symmetry** im Paket **math** auf der CD-ROM im Verzeichnis /libs/math.

```
> g := x -> exp(x):

> type(g(x), evenfunc(x));
```

false

```
> type(g(x), oddfunc(x));
```

false

6.4 Grenzwerte

* **limit**   * **traperror**
* **Limit**

Gegeben sei eine Funktion f

$$f := x \rightarrow \frac{x^2-3x+2}{x^2+2x-3},$$

```
> restart:

> f := x -> (x^2-3*x+2)/(x^2+2*x-3):
```

die wir an den Stellen

```
> solve(denom(f(x)));
```

-3, 1

- den Definitionslücken - auf ihre Grenzwerte untersuchen. Der Graph der Funktion ist in Bild 6.01 abgebildet - daß eine Definitionslücke bei x=1 besteht, kann man anhand des Graphen nicht ablesen.

```
> plot(f(x), x=-13 .. 7, y=-10 .. 10,
>    scaling=constrained, discont=true, color=navy);
```

Für Grenzwertberechnungen steht der Befehl **limit** zur Verfügung.

Bei Funktionen mit einer reellen Veränderlichen erwartet **limit** mindestens zwei Argumente: die Funktion und die zu untersuchende Stelle, hier $x_0=1$.

```
> limit(f(x), x=1);
```

$$-\frac{1}{4}$$

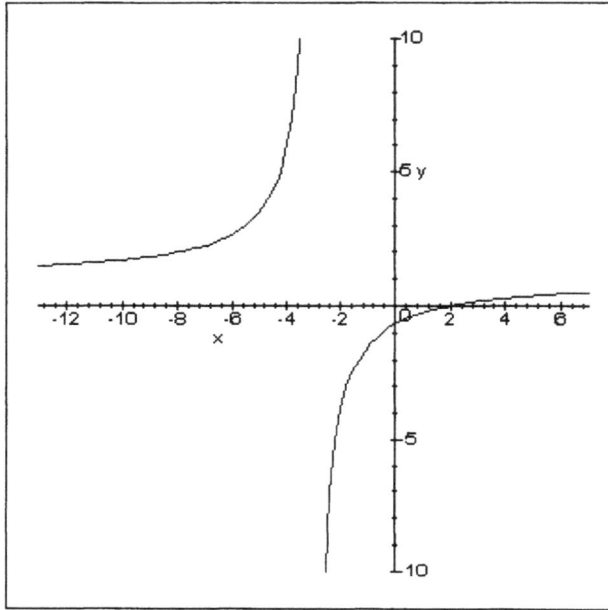

Bild 6.01: Graph der Funktion f

Durch die Angabe eines optionalen dritten Argumentes, der Richtung, bestimmt Maple V den einseitigen Grenzwert einer Funktion; hier können `left` für den linksseitigen und `right` für den rechtsseitigen Grenzwert genannt sein.

```
> limit(f(x), x=1, left);
```

$$-\frac{1}{4}$$

Damit das Ganze ein wenig schöner aussieht, benutzen wir jetzt auch den 'trägen' Partner (*inert function*) zu **limit**, den Befehl **Limit**, der die ihm übergebenen Argumente nicht auswertet und somit kein Ergebnis zurückliefert[72].

```
> Limit(f(x), x=1, right) = limit(f(x), x=1, right);
```

$$\lim_{x \to 1+} \frac{x^2-3x+2}{x^2+2x-3} = -\frac{1}{4}$$

---

[72] Siehe hierzu auch Kapitel 6.7 Summen, Reihen und Produkte.

Die Funktion ist an ihrer Definitionslücke $x_0=1$ - da dort der Grenzwert $-\frac{1}{4}$ existiert - stetig hebbar, wir ermitteln daher die stetige Fortsetzung von f:

```
> phi := unapply(simplify(f(x)), x);
```

$$\varphi := x \rightarrow \frac{x-2}{x+3}$$

Achten Sie auf die Definitionsbereiche:

```
> traperror(f(1)), phi(1);
```

$$\text{division by zero, } -\frac{1}{4}$$

traperror verhindert, daß Maple V die Berechnung von f(1) mit einer Fehlermeldung abbricht; die Fehlermeldung 'Division durch 0' wird zwar angezeigt, aber der Rest der Eingabe, d.h. $\varphi(1)$, normal abgearbeitet.

Bei $x_1=-3$ befindet sich eine zweiseitige Unendlichkeitsstelle mit Vorzeichenwechsel, Maple V gibt dafür die Antwort undefined.

```
> limit(f(x), x=-3);
```

$$\text{undefined}$$

(Sind die uneigentlichen Grenzwerte einer Funktion an einer Stelle x_0 gleich, so gibt Maple V entweder ∞ oder $-\infty$ zurück.)

Die uneigentlichen links- und rechtsseitigen Grenzwerte der Funktion f an der Stelle $x_1=3$:

```
> limit(f(x), x=-3, left);
```

$$\infty$$

```
> limit(f(x), x=-3, right);
```

$$-\infty$$

Für die Untersuchung des Verhaltens einer Funktion im Unendlichen stellt Maple die Konstante infinity zur Verfügung. Dieser kann, wenn gewünscht, ein Plus- oder Minuszeichen vorangestellt sein.

```
> limit(f(x), x=-infinity);
```

1

```
> limit(f(x), x=+infinity);
```

$$1$$

Fassen wir die Syntax von **limit** zusammen:

```
limit(f(x), x=a, r);
```

mit: f - Ausdruck in der Unbestimmten x
         a - ein numerischer Wert, auch infinity
         r - Richtung (optional): left oder right

Neben der Rückgabe eines numerischen Wertes, infinity oder undefined kann Maple auch einen Bereich ermitteln, wenn feststeht, daß zwar kein Grenzwert existiert (oder ermittelbar ist), aber sich die Funktionswerte im Unendlichen innerhalb bestimmter Grenzen befinden.

```
> limit(cos(x), x=infinity);
```

$$-1 \ .. \ 1$$

Ferner besteht die Möglichkeit, daß die Eingabe selbst zurückgegeben wird, wenn Maple V keine Lösung findet. In diesen Fällen können Sie mit **evalf** eine numerische Auswertung versuchen.

```
> limit((-2)^(2*n), n=infinity);     # n ∈ IN
```

$$\lim_{n \to \infty} (-2)^{(2n)}$$

```
> evalf(");
```

$$\infty$$

Im Ausdruck enthaltene weitere Unbekannte werden berücksichtigt:

```
> limit(x*(1-sqrt((1-a/x)*(1-b/x))), x=infinity);
```

$$\frac{1}{2}b + \frac{1}{2}a$$

Bei Funktionen im mehrdimensionalen Raum geben Sie **limit** als zweites Argument eine Menge mit den Koordinaten des zu untersuchenden Punktes an. Ein kurzes Beispiel anhand einer Funktion in zwei Unbekannten:

```
> limit(x^2+y^2, {x=0, y=0});
```

$$0$$

6.5 Stetigkeit

♦ **discont**   ♦ **iscont**

Die Stetigkeit (*continuity*) überprüft **iscont**. Dieser Befehl erwartet als Argumente eine zu untersuchende Funktion in einer reellen Variablen und das interessierende Intervall. Letzteres geben Sie als Bereich in Abhängigkeit von der Unbestimmten, also in der Form x=a .. b, an, wobei x die Unbestimmte, a, b Bereichsgrenzen darstellen. Es sollte grundsätzlich a < b sein, bei a = b liefert **iscont** oft falsche Ergebnisse.

iscont betrachtet das Intervall als offen, mit dem optionalen dritten Argument closed[73] aber können die Randpunkte mit einbezogen werden - vorausgesetzt, die einseitigen Grenzwerte existieren an den Randpunkten und sind endlich. Neben numerischen Werten für die Intervallgrenzen können auch -infinity bzw. +infinity angegeben werden.

iscont gibt einen Booleschen Wahrheitswert zurück, entweder true, wenn die Funktion im angegeben Intervall stetig, und false, wenn sie dort nicht stetig ist.

Laden Sie **iscont** zuvor mit **readlib**.

---

iscont(f(x), x=a .. b**);**

oder

iscont(f(x), x=a .. b, **'closed');**

Überprüfen wir die Stetigkeit der im letzten Abschnitt auf Grenzwerte untersuchten Funktion f:

```
> f := x -> (x^2-3*x+2)/(x^2+2*x-3):
```

```
> readlib(iscont):
```

f ist auf ganz IR nicht stetig.

---

[73] Die Option closed müssen Sie nur dann in Anführungszeichen setzen, wenn Sie bereits eine Variable namens closed mit einem Wert belegt haben.

```
> iscont(f(x), x=-infinity .. infinity);
```

false

Die Funktion f ist auf I=(-3, 1), I ⊆ IR, stetig.

```
> iscont(f(x), x=-3 .. 1);
```

true

Im abgeschlossen Intervall I=[-3, 1] ist f nicht stetig, da die Randpunkte nicht zur Definitionsmenge gehören.

```
> iscont(f(x), x=-3 .. 1, closed);
```

false

```
> iscont(f(x), x=1 .. infinity);
```

true

Da die Funktion f an der Stelle x=1 eine stetig hebbare Definitionslücke besitzt, kann man die Ergänzungsfunktion φ bilden, indem man setzt:

```
> phi := x -> f(x);
```

$$\varphi := f$$

und

```
> phi(1) := -1/4;
```

$$\varphi(1) := -\frac{1}{4}$$

Beachten Sie folgenden Fehler in Release 4: **iscont** gibt bei der Quadratwurzelfunktion $\sqrt{x}$ für $x \in IR^{\geq 0}$

```
> iscont(sqrt(x), x=0 .. infinity, closed);
```

false

zurück, die Funktion ist aber über $IR^{>0}$ stetig,

```
> iscont(sqrt(x), x=0 .. infinity);
```

true

sie ist im Randpunkt 0 definiert, und es gilt: $\sqrt{0} = \lim\limits_{x \to 0+} \sqrt{x} = 0$.

```
> sqrt(0) = limit(sqrt(x), x=0, right);
```

$$0 = 0$$

Der Befehl **discont** überprüft Funktionen in ganz IR auf Unstetigkeitsstellen; als zweites Argument geben Sie nur die Unbekannte an, Unstetigkeitsstellen werden als Menge zurückgegeben:

```
> readlib(discont):

> discont(f(x), x);
```

$$\{1, -3\}$$

Bei mehrfachen Unstetigkeiten, wie sie beim Tangens - um nur ein Beispiel zu nennen - vorkommen, gibt Maple V keine Zahlenwerte, sondern einen allgemeinen Ausdruck zurück, der die Bezeichner _Zn~ bzw. _NNn~ enthält. Die Tilden weisen schon darauf hin, daß Annahmen für die beiden Bezeichner getroffen wurden: _Zn~ bezeichnet alle ganzen Zahlen, _NNn~ alle natürlichen Zahlen. Für den kleinen Buchstaben n wird bei der Rückgabe eine natürliche Zahl eingesetzt; mit jedem Aufruf von **discont** wird n beginnend mit dem Wert 1 um den Wert 1 erhöht.

```
> discont(tan(x), x);
```

$$\{\pi \ \_Z1\sim + \frac{1}{2} \ \pi\}$$

```
> about(_Z1);
Originally _Z1, renamed _Z1~:
  is assumed to be: integer
```

Enthält ein Ausdruck mehr als eine Variable, so werden diese in bezug auf die im zweiten Argument genannte Unbekannte als Konstanten aufgefaßt:

```
> discont(1/(x+y), x);
```

$$\{-y\}$$

```
> discont(1/(x+y), y);
```

$$\{-x\}$$

Hinweis: Laut Online-Hilfe ermittelt **discont** die Stellen, bei denen es *möglich*, aber nicht unbedingt sicher ist, daß dort Unstetigkeiten vorliegen[74].

```
> discont(sqrt(x), x);
```

$$\{0\}$$

6.6 Folgen reeller Zahlen

* ◆ rsolve   ◆ $
* ◆ seq

6.6.1 Explizit gebildete Folgen

Sie können eine Folge $(a_n)_{n \in \mathbb{N}}$ explizit in Form einer Funktion, also $a_n := f(n)$, definieren,

```
> restart: a := n -> n/(n+1);
```

$$a := n \to \frac{n}{n+1}$$

so daß man ganz einfach die Werte der k-ten Glieder ermitteln kann:

```
> a(1), a(2), a(9), a(10);
```

$$\frac{1}{2}, \frac{2}{3}, \frac{9}{10}, \frac{10}{11}$$

Mit dem Kommando **seq** können Sie eine Folge von *Gliedern* $a_i, ..., a_j$ erzeugen, seine Syntax lautet:

---

seq(a(n), n=i .. j);

oder

seq(a(n), n=L);

Hier sind i und j numerische Werte, sinnvollerweise natürliche Zahlen mit i < j, n ist der Laufindex der Folge a(n) und muß daher unbestimmt sein. L bezeichnet eine Liste oder Menge von Werten, auf die jeweils die Vorschrift a(n) angewandt wird. Wir befassen uns hier nur mit dem ersten Fall seq(a(n), n=i .. j).

---

[74] Da **iscont** auf **discont** zurückgreift, erklärt sich auch o.g. Fehler.

Die Arbeitsweise von **seq** ist folgende: Zunächst wird n gleich Startwert i gesetzt, n in a(n) eingesetzt und der Wert von a(n) berechnet. Danach wird n um den Wert 1 erhöht, usw. Ist schließlich der Endwert n=j erreicht, ermittelt Maple V ein letztes Mal den Wert a(n), hier a(j), setzt n noch einmal um den Wert 1 herauf und beendet die Abarbeitung des Befehles mit der Rückgabe der ermittelten Ergebnisse in Form einer Folge (s. Kapitel 3.5.2). Ein Beispiel:

```
> b := seq(a(n), n=1 .. 10);
```

$$\frac{1}{2}, \frac{2}{3}, \frac{3}{4}, \frac{4}{5}, \frac{5}{6}, \frac{6}{7}, \frac{7}{8}, \frac{8}{9}, \frac{9}{10}, \frac{10}{11}$$

Auf die Glieder b_k können Sie über den Index zugreifen[75].

```
> b[1], b[2], b[9], b[10];
```

$$\frac{1}{2}, \frac{2}{3}, \frac{9}{10}, \frac{10}{11}$$

Für Dokumentationszwecke lassen sich eines oder mehrere Glieder in Apostrophe fassen, d.h. die Auswertung von b_k wird verhindert und der Index k tiefergestellt.

```
> 'b[1]' = b[1];
```

$$b_1 = \frac{1}{2}$$

Wie bereits oben beschrieben inkrementiert **seq** den Laufindex n vor Beendigung der Abarbeitung noch einmal um den Wert 1.

```
> n;
```

$$11$$

Die Anweisung **seq** funktioniert daher wie eine **for**-Schleife[76], nur die Schrittweite ist fix, d.h. gleich 1.

```
> for n from 1 to 10 by 1 do
>     a(n)
> od;
```

Auf die Ausgabe wird hier verzichtet.

---

[75] Zur Erinnerung: Wenn Sie a := seq(a(n), n=1 .. 10) setzen, wird die Funktion a(n) mit dem Ergebnis von seq(a(n), n=1 .. 10) überschrieben, dieses ist hier aber nicht erwünscht.

[76] S. Kapitel 12 'Schleifen', zum Laufzeitverhalten siehe die Online-Hilfe zu **seq**.

Der Laufbereich kann bei **seq** natürlich beliebig vorgegeben werden. Auch auf das Argument läßt sich eine Rechenoperation anwenden.

```
> seq(a(2*n), n=3 .. 7);
```

$$\frac{6}{7}, \frac{8}{9}, \frac{10}{11}, \frac{12}{13}, \frac{14}{15}$$

Wenn **seq** mehrmals hintereinander mit demselben Index ausgeführt wird, muß der aktuelle Wert des Indizes nicht gelöscht werden; anders ist es, wenn Sie die Indexvariable später in einem anderen Befehl, der eine unbestimmte Variable erwartet, benutzen. In diesem Fall setzen Sie die Indexvariable in Apostrophe

```
> a2n := unapply(a(2*'n'), 'n');
```

$$a2n := n \rightarrow 2\,\frac{n}{2n+1}$$

oder setzen die Indexvariable gänzlich zurück.

```
> n := 'n':
```

$$n := n$$

Es lassen sich auch Teilfolgen einfach erzeugen, z.B. für alle gerade `n`:

```
> a2n := unapply(a(2*n), n);
```

$$a2n := n \rightarrow 2\,\frac{n}{2n+1}$$

```
> seq(a2n(n), n=3 .. 7);
```

$$\frac{6}{7}, \frac{8}{9}, \frac{10}{11}, \frac{12}{13}, \frac{14}{15}$$

Statt **seq** können Sie in Release 4 auch den $-Operator verwenden, wobei die Syntax dieselbe ist[77].

Die Folge (a_n) läßt sich mit **limit** auf Konvergenz untersuchen[78]. Achten Sie darauf, daß **limit** davon ausgeht, daß die enthaltene Unbestimmte grundsätzlich reell und ungleich 0 ist, auch **assume** ist hierbei wirkungslos.

---

[77] Dieses gilt nicht für die zweite Einsatzmöglichkeit `seq(f(n), n=L)`.

[78] Das ist sicherlich keine Überraschung, **limit** ist auf alle algebraische Ausdrücke, damit auch Funktionen, anwendbar.

```
> Limit(a(k), k=infinity) = limit(a(k), k=infinity);
```

$$\lim_{k\to\infty} \frac{k}{k+1} = 1$$

Folgen lassen sich auch graphisch veranschaulichen. Dazu speichern wir die ersten 20 Folgeglieder in einer Variablen ab[79].

```
> pts := seq([n, a(n)], n=1 .. 20): n := 'n':
```

Bei Punkten braucht der horizontale Plotbereich nicht angegeben werden.

```
> p1 := plot({pts}, style=point, symbol=diamond,
>            color=black, labels=[`n`, `a[n]`]):

> p2 := plot(1, n=1 .. 20, color=red):

> plots[display]({p1, p2});
```

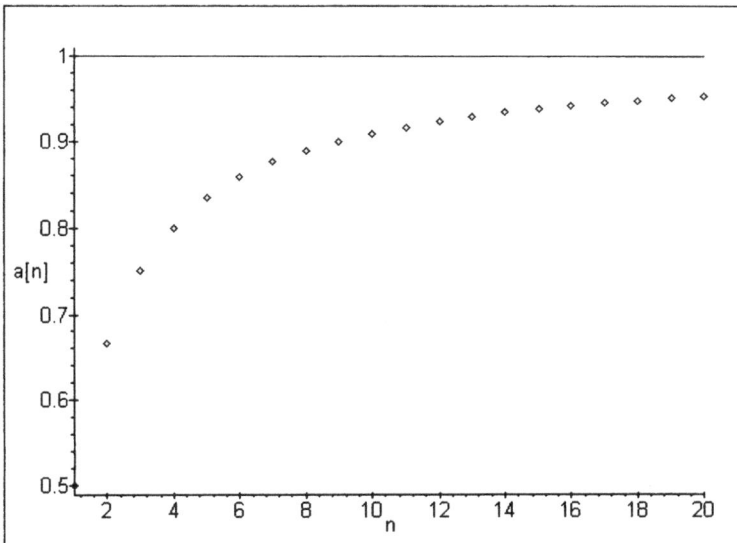

Bild 6.02: Graph der konvergenten Folge (a_n)

Wir untersuchen nun das Verhalten einiger weiterer Folgen:

```
> restart:
```

---

[79] Zur Erinnerung siehe Kapitel 5.1.3 Punkte: Stile und Symbole.

1) Divergente Folge mit Häufungspunkten

Die Folge

```
> a := n-> (-1)^n*n/(n+2);
```

$$a := n \to \frac{(-1)^n n}{n+2}$$

hat keinen Grenzwert, dafür aber zwei Häufungspunkte -1 und +1 (s. Bild 6.03). Maple V gibt dann einen Bereich a .. b zurück.

```
> limit(a(n), n=infinity);
```

$$-1 .. 1$$

Allgemeiner läßt sich sagen, daß Maple V im Intervall [a, b] alle Häufungspunkte der Folge gefunden hat; dies muß aber nicht bedeuten, daß besagtes Intervall nur aus Häufungspunkten besteht. Es ist hierbei von Vorteil, den Graphen der Folge zur weiteren Analyse zu erzeugen.

2) Bestimmte Divergenz

Ist eine Folge bestimmt divergent, d.h. sie strebt gegen einen uneigentlichen Grenzwert, so meldet Maple '-∞' bzw. '∞'.

```
> limit(n^2, n=infinity);
```

$$\infty$$

```
> limit(-n^2, n=infinity);
```

$$-\infty$$

3) Unbeschränkte, aber nicht bestimmt divergente Folge

Bei diesem Folgentyp liefert Maple das Resultat undefined (siehe Bild 6.04):

```
> limit(n*sqrt(n)*(-1)^n, n=infinity);
```

undefined

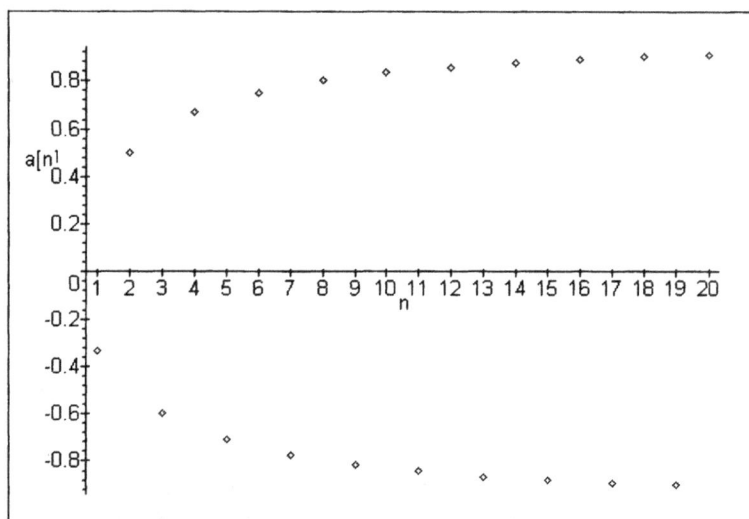

Bild 6.03: Folge mit zwei Häufungspunkten

4) Funktionen als Grenzwerte von Zahlenfolgen

Maple kann auch eine Funktion als Grenzwert zurückgeben, z.B. bei einem Ausdruck in zwei Variablen.

```
> limit(2^n*(1-x^(-2^(-n)))), n=infinity);
```

$$\ln(x)$$

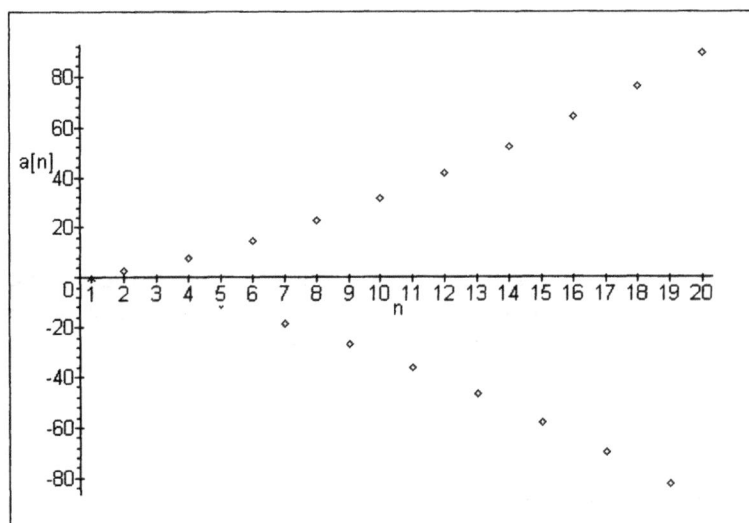

Bild 6.04: Unbeschränkte, nicht bestimmt divergente Folge

6.6.2 Implizit gebildete Folgen

Rekursiv definierte Folgen lassen sich mit Hilfe der Programmiersprache Maples realisieren. Als Beispiel seien hier die Fibonacci-Zahlen implementiert:

```
> fib := proc(n)
>    option remember;
>    if n < 3 then
>       1
>    else
>          fib(n-2) + fib(n-1)
>    fi
> end:
```

Der Variablen fib wird eine Prozedur zugeordnet, die mit dem Schlüsselwort **proc** beginnt und mit **end** endet. Direkt hinter **proc** sind die zu übergebenden Parameter in Klammern genannt, in diesem Fall nur n. Der Rumpf der Prozedur besteht aus einer Bedingungsabfrage: Wenn (**if**) n < 3, dann (**then**) gebe 1 zurück, ansonsten (**else**) fib(n-2) + fib(n-1). Dadurch ruft sich fib zweimal erneut mit den geänderten (hier dekrementierten) Argumenten auf, usw. Mit dem Wort **fi** wird die Bedingungsabfrage beendet.

Die Option **remember** weist Maple V an, bereits von fib errechnete Ergebnisse in einer internen Tabelle einzutragen, so daß nicht jedesmal von neuem das Problem auf n < 3 zurückgeführt werden muß. Maple V greift statt dessen auf die Tabelle mit den bereits ermittelten Ergebnissen zurück - dieses beschleunigt merklich die Berechnung und schont die Speicherressourcen. Mehr zur Programmiersprache Maple V finden Sie in Teil 2, siehe hier insbesondere Kapitel 15.18 und 15.19.

```
> fib(6);
```

$$8$$

```
> seq(fib(n), n=1 .. 10);
```

$$1, 1, 2, 3, 5, 8, 13, 21, 34, 55$$

Rekursiv definierte Gleichungen können mit **rsolve** gelöst werden. Dabei versucht Maple V, die Rekursion in einen geschlossenen Ausdruck zu überführen. Bei den Fibonacci-Zahlen haben wir die rekursive Festlegung

(1) $fib(n) = fib(n-2) + fib(n-1)$

sowie die Anfangsbedingungen

(2) $\texttt{fib(1)} = 1$ und $\texttt{fib(2)} = 1$.

Da die letzten beiden Festlegungen denselben Wert definieren, können wir sie wie folgt zusammenfassen:

(3) $\texttt{fib(1 .. 2)} = 1$.

rsolve erhält nun eine Menge aus (1) und (3) als erstes, den Namen `fib` als zweites Argument.

```
> restart:
```

```
> rsolve({fib(n)=fib(n-2)+fib(n-1), fib(1 .. 2)=1}, fib);
```

$$\frac{\left(-1+\frac{1}{5}\sqrt{5}\right)\left(\frac{-2}{-\sqrt{5}+1}\right)^n}{-\sqrt{5}+1} + \frac{\left(-1-\frac{1}{5}\sqrt{5}\right)\left(\frac{-2}{\sqrt{5}+1}\right)^n}{\sqrt{5}+1}$$

Weisen Sie nun diesen Ausdruck einer Funktion zu,

```
> fibn := unapply(", n):
```

lassen sich mit dem expliziten Ausdruck Folgeglieder einfach berechnen.

```
> fib6 := fibn(6);
```

$$\text{fib6} := 64\,\frac{1-\frac{1}{5}\sqrt{5}}{\left(\sqrt{5}-1\right)^7} + 64\,\frac{-1-\frac{1}{5}\sqrt{5}}{\left(\sqrt{5}+2\right)^7}$$

Diesen Ausdruck kann beispielsweise **simplify** zusammenfassen:

```
> simplify(fib6);
```

$$\frac{131072}{\left(\sqrt{5}-1\right)^7\left(\sqrt{5}+1\right)^7}$$

```
> evalf(");
```

$$7.999999965$$

Hier schlagen sich Rundungsfehler bei der Fließkommaberechnung nieder. Versuchen wir es daher einmal mit **normal**:

```
> normal(fib6);
```

$$\frac{131072}{\left(\sqrt{5}-1\right)^7\left(\sqrt{5}+1\right)^7}$$

Erst **normal** zusammen mit der Option expanded liefert das gewünschte und richtige Ergebnis.

```
> normal(fib6, expanded);
```

$$8$$

Mit der Option 'genfunc'(z) als drittes Argument berechnet **rsolve** die Erzeugende Funktion in z. Die Apostrophe müssen hier auf jeden Fall gesetzt werden.

```
> restart:

> rsolve({fib(n)=fib(n-2)+fib(n-1), fib(1 .. 2)=1}, fib,
>     'genfunc'(x));
```

$$-\frac{x}{-1+x^2+x}$$

rsolve kann eine Prozedur aus einem rekursiven Ausdruck bilden, wenn als drittes Argument anstatt 'genfunc'(z) die Option 'makeproc' gesetzt ist. Das zweite und dritte Argument müssen hierbei in Apostrophe gesetzt sein.

```
> rsolve({fib(n)=fib(n-2)+fib(n-1), fib(1)=1, fib(2)=1},
>     'fib', 'makeproc');
```

```
proc(n)
local i, s, t, bipow;
    bipow := proc(n) ... end;
    if 1 < nargs or not type(n, integer) then 'procname'(args)
    else
        s := bipow(n - 1);
        t := 0;
        for i to 2 do t := t + s[1, i]*([[ unknown: 029 ]])[i] od; t
    fi
end
```

Vorsicht: Wenn Sie mit der Maus in der Textregion auf den Passus [[unknown: 029]] klicken, stürzt Release 4 für Windows for Workgroups 3.11 sofort ab und verbraucht zusätzlich fast alle GDI-Ressourcen. Wenn Sie vor Ausführung von **rsolve/makeproc** die Anweisung

```
> interface(verboseproc=2):
```

eingeben, so wird der gesamte Prozedurcode auf dem Bildschirm dargestellt[80].

6.7 Summen, Reihen und Produkte
- **product**   **sum**

Mit den Gliedern eine Zahlenfolge $(a_n)_{n \in \mathbb{N}}$ können Sie in Maple V einfach sowohl Partialsummen $s_n = \sum_{k=m}^{n} a_k$ als auch unendliche Reihen $(s_n)_{n \in \mathbb{N}} = \sum_{k=m}^{\infty} a_k$ bilden und mit ihnen rechnen. Dasselbe gilt für Produkte. Die Syntaxen sind eng mit der von **seq** verwandt:

6.7.1 Summen
```
> restart:
```

Die Syntax von **sum** lautet:

```
> sum(a[k], k=m .. n) = `sum(a[k], k=m .. n)`;[81]
```

$$\sum_{k=m}^{n} a_k = \text{sum}(a[k], k = m \; .. \; n);$$

Zwei Beispiele:

```
> sum(a[k], k=1 .. 4);
```

$$a_1 + a_2 + a_3 + a_4$$

```
> sum(1/k!, k=0 .. infinity);
```

$$e$$

```
> evalf(");
```

$$2.718281828$$

Summen können mit **combine** zusammengefaßt werden.

```
> r := sum(a[k], k=m .. n) + sum(a[k], k=n+1 .. p):
```

---

[80] Siehe auch Anhang B2.2.3.
[81] Solch eine Gleichung ist in Maple V eher sinnlos, sie dient aber nur der Verdeutlichung.

```
> r = combine(r);
```

$$\left(\sum_{k=m}^{n} a_k\right) + \left(\sum_{k=n+1}^{p} a_k\right) = \sum_{k=m}^{p} a_k$$

Maple V vereinfacht Summen in vielen Fällen. Der binomische Satz:

```
> sum(binomial(n, k)*a^(n-k)*b^k, k=0 .. n);
```

$$(1 + \tfrac{b}{a})^n a^n$$

```
> simplify(");
```

$$(a + b)^n$$

Geometrische Summe:

```
> sum(q^k, k=0 .. n);
```

$$\frac{q^{(n+1)}}{q-1} - \frac{1}{q-1}$$

```
> factor(");
```

$$\frac{q^{(n+1)}-1}{q-1}$$

Für $\sum_{k=m}^{n} a_k$ mit $m > n$ gilt:

```
> sum(a[k], k=2 .. 1);
```

$$0$$

6.7.2 Reihen

Bei einer unendlichen Reihe - hier wird n=infinity gesetzt - versucht Maple V, automatisch einen Grenzwert zu bestimmen. Bei Partialsummen benutzt man zur Grenzwertermittlung, wenn vorhanden, **limit**, wobei aber oft einige Vorarbeiten erledigt werden müssen. Als Beispiel möge die alternierende harmonische Reihe dienen.

```
> restart:
```

```
> sum((-1)^k*1/k, k=1 .. infinity);
```

$$-\ln(2)$$

Maple liefert hier sofort das Ergebnis. Bei der Grenzwertbildung der Summenfolge erhält man aber zunächst ein Zwischenergebnis unter Verwendung der Polygamma-Funktion Ψ.

```
> a := sum((-1)^k*1/k, k=1 .. n);
```

$$a := -\ln(2) - \frac{1}{2}(-1)^{(n+1)}\left(\Psi\left(1+\frac{1}{2}n\right)-\Psi\left(\frac{1}{2}n+\frac{1}{2}\right)\right)$$

Zunächst kann **limit** direkt keinen Grenzwert berechnen:

```
> limit(a, n=infinity);
```

$$\text{undefined}$$

Es liegt nahe, **limit** auf den zweiten Summanden des obigen Termes separat anzuwenden.

```
> limit(op(2, a), n=infinity);
```

$$0$$

Wir bilden also die Summe der Grenzwerte (im Kopf): `-ln(2) + 0 = -ln(2)`.

Es ist also möglich, ein Problem unter Beachtung der Rechengesetze, hier der Grenzwertsätze für Folgen, in Teilprobleme zu zerlegen, sie einzeln zu lösen und anschließend zu einem Endergebnis zusammenzufügen. Oft ist es notwendig, ein wenig mit den Maple-Befehlen zu experimentieren, das ist aber immer noch deutlich schneller, als die Berechnungen mit Bleistift und Papier selbst durchzuführen.

6.7.3 Produkte

Für die Erzeugung von Produkten gibt es die Funktion **product**:

```
> product(a[k], k=m .. n) = `product(a[k], k=m .. n)`;
```

$$\prod_{k=m}^{n} a_k = \text{product}(a[k], k = m \ .. n);$$

In Maple V existieren neben dem trägen Kommando **Limit** für Grenzwerte, d.h. für die Darstellung der Limes-Schreibweise, auch **Sum** und **Product**, die eine Auswertung ihrer Argumente nicht durchführen und als Seiteneffekt Summen und Produkte in ihrer bekannten mathematischen Schreibweise darstellen. Mit **value** für rationale Auswertung bzw. **evalf** für Fließkommazahlen lassen sich aber Auswertungen träger Kommandos erzwingen:

```
> Product(((k+1)/k)^k, k=1 .. 10);
```

$$\prod_{k=1}^{10} \left(\frac{k+1}{k}\right)^k$$

```
> value(");
```

$$\frac{25937424601}{3628800}$$

```
> evalf("");
```

$$7147.658896$$

6.8 Differentiation

* **D**
* **diff**
* **implicitdiff**

* **linalg/grad**
* **map**
* **plots/gradplot**

6.8.1 Ableitungen mit diff

Mit **diff** können Sie (partielle) Ableitungen einer Funktion f berechnen. Das erste Argument von **diff** ist die abzuleitende Funktion oder der abzuleitende Ausdruck in der Unbekannten x, das zweite die Variable, nach der abgeleitet werden soll. Dabei kann mit dem Anhang $n die zu errechnende n-te Ableitung angegeben werden. **diff** gibt generell Terme und keine anonymen Funktionen zurück.

```
diff(f, x);

diff(f, x$n);
```

diff ist in der Lage, allgemeingültige Aussagen zu treffen:

```
> restart:
```

```
> diff(x^n, x);
```

$$\frac{x^n n}{x}$$

```
> simplify("");
```

$$x^{(n-1)} n$$

```
> diff(a^x, x);
```

$$a^x \ln(a)$$

Beschäftigen wir uns zunächst mit einer Funktion in einer reellen Veränderlichen und ihren Ableitungen.

```
> f := x -> -x^3+3*x+4:
```

Im ersten Schritt weisen wir die Ableitungsterme erst einmal Variablen zu, um nachher mit **unapply** Funktionen zu erzeugen[82].

```
> f1x := diff(f(x), x);
```

$$f1x := -3x^2 + 3$$

```
> f2x := diff(f(x), x$2);
```

$$f2x := -6\,x$$

```
> f3x := diff(", x);
```

$$f3x := -6$$

Nun werden die Funktionen erzeugt.

```
> f1 := unapply(f1x, x):
```

```
> f2 := unapply(f2x, x):
```

```
> f3 := unapply(f3x, x):
```

Zum Zeichnen der Graphen der Funktion und ihrer Ableitungen benötigen wir zwei Befehle aus dem Paket **plots**.

```
> with(plots, textplot, display):
```

Um mühevolle Tipparbeit zu ersparen, werden jetzt noch zwei Plotoptionen abgekürzt:

```
> b := x = -3 .. 3:   # der Bereich
```

```
> ls := linestyle:   # Linienart
```

[82] Die zusätzlichen Klammern und Variablennamen würden hier erst einmal nur stören.

Die Graphen:

```
> pf0 := plot(f(x), b, ls=1, color=navy):
> t0 := textplot([1.6, f(1.6), `f(x)`], color=navy,
> align={ABOVE, RIGHT}):

> pf1 := plot(f1(x), b, ls=2, color=black):
> t1 := textplot([-2.6, f1(-2.6), `f'(x)`], color=black,
> align={BELOW, RIGHT}):

> pf2 := plot(f2(x), b, ls=5, color=red):
> t2 := textplot([-1.5, f2(-1.5), `f''(x)`], color=red,
> align={ABOVE, RIGHT}):

> pf3 := plot(f3(x), b, ls=4, color=magenta):
> t3 := textplot([-1, f3(-1), `f'''(x)`], color=magenta,
> align={BELOW}):

> display({pf0, t0, pf1, t1, pf2, t2, pf3, t3});
```

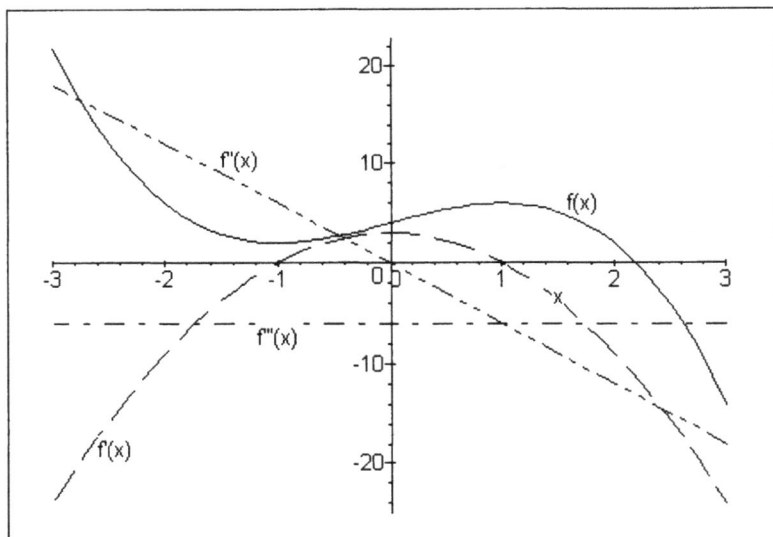

Bild 6.05: Funktion und ihre Ableitungen

6.8.2 Extrem- und Wendestellen

Um die möglichen Extremstellen (*extreme values*) zu berechnen, wird f'(x) = 0 gesetzt[83].

---

[83] Die Ergebnisse werden hier nur der Demonstration halber in einer Variablen abgespeichert, -1 und 1 lassen sich auch so schnell eingeben. Bei längeren 'Ergebnissen' kann allerdings die manuelle Eingabe Fehler enthalten, und sie ist darüberhinaus aufwendiger.

```
> L := solve(f1(x)=0, x);
```

$$L := -1, 1$$

Es muß jetzt geprüft werden, ob es sich bei den Stellen $x_0 = -1$ und $x_1 = +1$ tatsächlich um Extremstellen handelt. Es gilt in beiden Fällen: $f''(x_0) \neq 0$ und $f''(x_1) \neq 0$.

```
> f2(L[1]);
```

$$6$$

```
> f(L[1]);
```

$$2$$

Da $f''(-1) = 6 > 0$, existiert an der Stelle $x_0 = -1$ ein lokales Minimum (*local minimum*); der Tiefpunkt hat die Koordinaten T(-1, 2).

```
> f2(L[2]);
```

$$-6$$

```
> f(1);
```

$$6$$

$f''(1) = -6 < 0 \rightarrow$ lokales Maximum (*local maximum*) bei $x_1 = 1$; H(1, 6).

Zur Bestimmung der Wendepunkte (*inflection points*) setzen Sie $f''(x) = 0$.

```
> solve(f2(x)=0, x);
```

$$0$$

```
> f3(0);
```

$$-6$$

```
> f(0);
```

$$4$$

Es gilt: $f'''(0) = -6 \neq 0 \rightarrow$ Wendestelle bei x=0; W(0, 4).

Es existieren zwar im Paket **student** für die Extremwertberechnung die Befehle **extrema**, **minimize** und **maximize**, diese sind aber fehlerhaft, so daß diese hier nicht erläutert werden; zudem geben sie nur Ordinatenwerte zurück, eine weitere

Untersuchung wäre unausbleiblich. Statt dessen benutzen wir die Befehle **extrema** und **inflection** aus dem Paket **math**, welches sich auf der CD-ROM im Verzeichnis /libs/math befindet[84].

```
> f := x -> 1/5*x^5+4/10*x^4-1.85*x^3-3.1*x^2+3.45*x+4.5:
```

Der Graph läßt erkennen, daß hier vier Extrema vorliegen.

```
> plot(f(x), x=-4 .. 4, y=-5 .. 6);
```

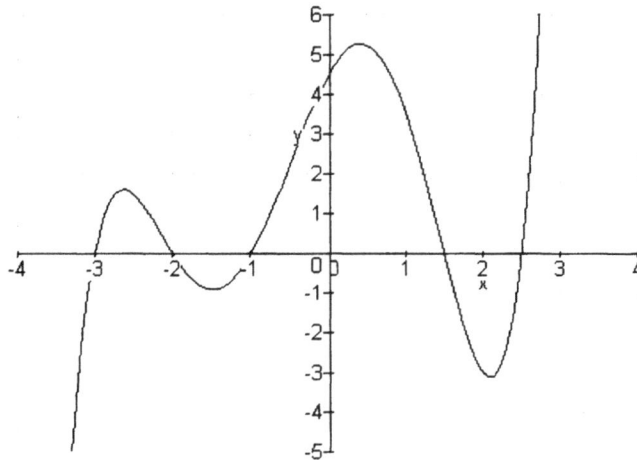

Bild 6.06: Funktion mit vier Extrema

```
> with(math):
```

Der Befehl **math/extrema** erwartet die Funktion in der Unbestimmten x sowie einen Laufbereich.

```
> extrema(f(x), x=-10 .. 10);
```

$$-2.623643632, -1.490331116, .4217111484, 2.092263599$$

Zu diesen Extremstellen werden die zugehörigen Funktionswerte ermittelt, indem **seq** der Reihe nach von linke nach rechts die Listenelemente einzeln in die Funktion einsetzt.

```
> seq(f(x), x=["]);
```

$$1.610336040, -.900362686, 5.280172046, -3.112257403$$

---

[84] Nähere Information zur Installation gibt Anhang C.

Mit den Optionen `min` und `max` wird **extrema** angewiesen, nur Minima bzw. Maxima zurückzugeben.

```
> extrema(f(x), x=-10 .. 10, min);
```

$$-1.490331116, 2.092263599$$

```
> extrema(f(x), x=-10 .. 10, max);
```

$$-2.623643632, .4217111484$$

inflection sucht nach Wendestellen:

```
> inflection(f(x), x=-10 .. 10);
```

$$1.450302958, -.4961254095, -2.154177548$$

6.8.3 Monotonieverhalten

Mit Hilfe der Ableitung kann man Aussagen über das Monotonieverhalten einer Funktion f treffen. Dazu sollten die Nullstellen von f' - wenn nötig - zuvor in Fließkommazahlen umgewandelt und in aufsteigender Reihenfolge sortiert sein, damit deutlich ist, an welchen Stellen die Grenzen der Monotonieintervalle liegen können. Die folgenden Ausführungen mögen etwas umständlich erscheinen, sie sollen aber auch den Umgang mit Folgen, Listen und Mengen demonstrieren.

```
> f1 := unapply(diff(x^5-x^3, x), x);
```

$$f1 := x \rightarrow 5x^4 - 3x^2$$

Die möglichen Extremstellen lauten:

```
> mex := solve(f1(x));
```

$$0, 0, \frac{1}{5}\sqrt{15}, -\frac{1}{5}\sqrt{15}$$

Eine Null stört, eliminieren wir sie, indem wir aus der Folge `mex` eine Menge `smex` erzeugen. (In Listen bleiben bekanntlich alle mehrfach vorkommenden Elemente erhalten.)

```
> smex := {mex};
```

$$smex := \{0, \frac{1}{5}\sqrt{15}, -\frac{1}{5}\sqrt{15}\}$$

Die Ergebnisse sind nicht in aufsteigender Reihenfolge sortiert, der Befehl **sort** übernimmt diese Aufgabe[85]. Dazu müssen zuvor die Menge mit **convert/list** in eine Liste überführt und die irrationalen Werte in Fließkommawerte umgewandelt werden.

```
> lmex := convert(smex, list);
```

$$\mathsf{lmex} := [0, \frac{1}{5} \sqrt{15}, -\frac{1}{5} \sqrt{15}]$$

evalf akzeptiert nur je eine umzuwandelnde Zahl. Daher wird der Befehl **map** benutzt, der **evalf** (erstes Argument) auf jedes Element der Liste `lmex` (zweites Argument) anwendet. Die allgemeine Syntax von **map** lautet:

```
map(befehl, ausdruck);
```

Als Ausdrücke können u.a. Summen, Produkte, Folgen, Listen oder Mengen genannt sein. Generell wendet **map** das erste Argument auf den oder die nachfolgenden Operanden an, folgendes Beispiel soll dies verdeutlichen:

```
> map(F, A+B), map(F, A*B);
```

$$F(A) + F(B), F(A) F(B)$$

Beachten Sie folgenden Unterschied:

```
> map(F, A+B, A-B-C);
```

$$F(A, A - B - C) + F(B, A - B - C)$$

```
> map(F, [A+B, A-B-C]);
```

$$[F(A + B), F(A - B - C)]$$

Es ist daher prinzipiell besser, bei der mehrfachen Anwendung von **evalf** auf numerische Werte letztere vorher in eine Liste zu fassen, bei Produkten beispielsweise (wie hier den Wurzelausdrücken) käme es sonst zu Fehlermeldungen.

```
> flmex := map(evalf, lmex);
```

$$\mathsf{flmex} := [0, .7745966692, -.7745966692]$$

---

[85] **sort** sortiert sowohl Polynomglieder nach absteigendem Grad (s. Kapitel 4.1) als auch Listenelemente in aufsteigender Reihenfolge.

Jetzt kann sortiert werden:

```
> flmex := sort(flmex);
```

$$flmex := [-.7745966692, 0, .7745966692]$$

```
> eps := 1e-5:
```

```
> seq([signum(f1(flmex[n]-eps)), flmex[n],
>         signum(f1(flmex[n]+eps))], n=1 .. 3);
```

$$[1, -.7745966692, -1], [-1, 0, -1], [-1, .7745966692, 1]$$

Die jeweils ersten und dritten Listenelemente enthalten das Vorzeichen der ersten
Ableitung f' links und rechts der möglichen Extremstellen (jeweils zweites Listenelement) und lassen somit auf Änderungen des Monotonieverhaltens der Funktion f schließen.

6.8.4 Differentialoperator D

Der Differentialoperator **D** berechnet wie **diff** Ableitungen, gibt aber das Ergebnis
als anonyme Funktion zurück. Wenn die Ableitungsfunktion einer Variablen zugewiesen wird, entfällt also der Einsatz von **unapply**, was recht praktisch ist. Die abzuleitende Funktion muß in Pfeilnotation definiert sein, und dem Operator **D** wird
nur der Funktionsname (und damit eine anonyme Funktion) in Klammern
übergeben.

```
D(f) = unapply(diff(f(x), x), x);
```

```
> restart:
```

```
> f := x -> x^3:
```

```
> f1 := D(f);
```

$$f1 := x \rightarrow 3x^2$$

```
> f1(2);
```

$$12$$

Folgt **D** hinter dem Funktionsnamen das Argument der Funktion in Klammern, so
wird nur ein Term zurückgegeben, ein **'unapply'** wird somit nicht durchgeführt[86].
Dieses ist dann äquivalent zu der bekannten Anwendung des Befehles **diff**.

---

[86] Das läßt sich allgemein auf alle anonymen Funktion übertragen.

```
> D(f)(x) = diff(f(x), x);
```

$$3x^2 = 3x^2$$

Zur Berechnung der n-ten Ableitung einer Funktion stellen Sie hinter **D** den wiederholten Verkettungsoperator **@@**, gefolgt von der Ordnung n der gewünschten Ableitung. Die entstandene Zeichenfolge wird von Klammern eingeschlossen.

```
> f2 := (D@@2)(f);
```

$$f2 := x \rightarrow 6x$$

6.8.5 Partielle Ableitungen

einer Funktion f mit mehreren Veränderlichen $x_1, .., x_k, .., x_n$ lassen sich ebenfalls mit **diff** bzw. **D** ermitteln. Möchten Sie die partielle Ableitung von f nach x_k berechnen, nennen Sie **diff** die Funktion $f(x_1, .., x_k, .., x_n)$ und x_k, wobei die Syntax dieselbe wie bei Funktionen mit einer reellen Veränderlichen ist.

Sei beispielsweise folgende Funktion f(x, y) gegeben:

```
> f := (x, y) -> x^2*y^3;
```

$$f := (x, y) \rightarrow x^2 y^3$$

Die erste partielle Ableitung läßt sich wie gewohnt ermitteln. Damit das Ergebnis etwas schöner aussieht, benutzen wir hier noch den zu **diff** trägen Befehl **Diff**, der den (mathematischen) Differentialoperator darstellt.

```
> Diff(f(x, y), x) = diff(f(x, y), x);
```

$$\frac{\partial}{\partial x} x^2 y^3 = 2xy^3$$

```
> diff(f(x, y), y);
```

$$3x^2 y^2$$

Die n-ten partiellen Ableitungen nach x und nach y (hier n=2):

```
> diff(f(x, y), x$2), diff(f(x, y), y$2);
```

$$2y^3, 6x^2 y$$

Maples Differentialoperator **D** benötigt die Angabe der *Position* von x_k in der Argumentenfolge der partiell zu differenzierenden Funktion in eckigen Klammern.

```
> D[1](f), D[2](f);
```

$$(x, y) \rightarrow 2xy^3, \ (x, y) \rightarrow 3x^2y^2$$

Es ist daher auf die Reihenfolge der Argumente einer Funktion zu achten.

```
> g := (y, x) -> x^2*y^3:
```

```
> D[1](g), D[2](g);
```

$$(y, x) \rightarrow 3x^2y^2, \ (y, x) \rightarrow 2xy^3$$

Zur Ermittlung höherer partieller Ableitungen setzt man auch hier den wiederholten Verkettungsoperator ein.

```
> (D[1]@@2)(f), (D[2]@@2)(f);
```

$$(x, y) \rightarrow 2y^3, \ (x, y) \rightarrow 6x^2y$$

Das Paket **linalg**[87] hält den Befehl **grad** bereit, der den Gradienten grad f(x) $\in$ IR^n einer Funktion berechnet. **linalg/grad** erwartet die Funktion in n Unbekannten und eine Liste dieser Unbekannten und liefert eine Liste zurück. Da wir hier nicht näher auf die Vektoranalysis eingehen wollen, belassen wir es bei einem Beispiel.

```
> linalg[grad](f(x, y), [x, y]);
```

$$[2xy^3, \ 3x^2y^2]$$

Vektoren werden in Maple V horizontal dargestellt, um Platz zu sparen. Für die Zeichnung der zugehörigen Vektorfelder im zwei- und dreidimensionalen Raum stehen die Befehle **plots/gradplot** bzw. **plots/gradplot3d** zur Verfügung.

```
> plots[gradplot](f(x, y), x=-8 .. 8, y=-8 .. 8);
```

6.8.6 Differentiation impliziter Funktionen

Das Kommando **implicitdiff** leitet implizite Funktionen ab:

---

implicitdiff(F, y, x);

> F - implizite Funktion (als Gleichung)
> y - y als implizite Funktion in Abhängigkeit von x
> x - abgeleitet nach x

---

[87] Das Paket **linalg** wird in Kapitel 7 besprochen.

Als kurzes Beispiel sei die Hyperbelgleichung in impliziter Darstellung genannt:

```
> F := x^2/3-y^2/3 = 1:
```

Die folgende Anweisung legt fest, daß y eine Funktion von x darstellt, es wird
dann nach x abgeleitet.

```
> implicitdiff(F, y, x);
```

$$\frac{x}{y}$$

Im nächsten Beispiel ist x eine Funktion in Abhängigkeit von y, und es wird $\frac{dx}{dy}$ F
berechnet:

```
> implicitdiff(F, x, y);
```

$$\frac{y}{x}$$

6.9 Integration

- • student/changevar
- • student/Doubleint
- • erf
- • int, Int
- • student/integrand
- • student/intparts
- • Si, Ci, Ssi, Shi, Chi
- • student/leftbox
- • student/leftsum
- • student/middlebox
- • student/middlesum
- • student/rightbox
- • student/rightsum
- • student/simpson
- • student/trapezoid
- • student/Tripleint
- • value

6.9.1 Unbestimmte und bestimmte Integrale

Der Befehl **int** führt in Maple V sowohl unbestimmte als bestimmte Integrationen
durch. Die zu integrierende Funktion f setzen Sie als erstes, die Integrationsvariable x als zweites Argument ein. Zur bestimmten Integration geben Sie die Integrationsvariable x und das Integrationsintervall [a, b] als (erweiterten) Bereich x=a
.. b an, wobei a die untere und b die obere Grenze bilden.

```
int(f, x);

int(f, x=a .. b, Optionen);
```

Die unbestimmte Integration (*indefinite integration*) ist problemlos, zu beachten ist allerdings, daß generell die Integrationskonstante fehlt.

```
> restart:
```

```
> int(x^3-sin(x)+ln(x), x);
```

$$\frac{1}{4}x^4 + \cos(x) + x\ln(x) - x$$

```
> int(x^2, x=0 .. 1);
```

$$\frac{1}{3}$$

Bei der Flächenberechnung über Intervallen, in denen die Funktion f sowohl positive als auch negative Werte annimmt, ist Vorsicht geboten.

```
> f := x -> sin(x):
```

```
> int(f(x), x=-Pi/2 .. Pi/2);
```

$$0$$

Es ist daher in diesem Falle nützlich, eventuell im Integrationsintervall liegende Nullstellen zu ermitteln (z. B. mit **solve**[88] oder **fsolve**) bzw. sich den Graphen zeichnen zu lassen. Bei Vorzeichenwechseln setzen Sie den Funktionsterm in Betragsstriche und integrieren dann über das gesamte Intervall.

```
> int(abs(f(x)), x=-Pi/2 .. Pi/2);
```

$$2$$

Wenn Maple V ein Integral wieder unausgewertet zurückgibt, so läßt sich versuchen, eine numerische Auswertung mit **evalf** vorzunehmen, auf diese Weise gelangt man häufig doch noch zu einem Ergebnis.

Durch eine Kombination von **Int** (dem trägen 'Partner' von **int**) mit **evalf** kann ein bestimmtes Integral ausschließlich numerisch und ohne Umwege berechnet werden.

---

[88] Setzen Sie bei trigonometrischen Funktionen vorher die Umgebungsvariable
    `_EnvAllSolutions := true.`

```
> v := Int(ln(x), x=1 .. E);
```

$$v := \int_{1}^{E} \ln(x)\, dx$$

```
> evalf(v);
```

$$1.000000000$$

Hierbei können Sie **evalf** auch spezielle Optionen vorgeben: Die Genauigkeit (ansonsten **Digits**) als drittes und das numerische Integrationsverfahren als viertes Argument.

Maple V wählt abhängig vom Typ der Funktion bei ihrer numerischen Integration automatisch eines der folgenden vier Verfahren, wenn kein viertes Argument angegeben wurde[89]:

- Clenshaw-Curtis-Integration mit symbolischer Analyse von Definitionslücken (Voreinstellung),
- Clenshaw-Curtis-Integration (_CCquad) ohne die oben beschriebene Analyse,
- adaptives doppelt-exponentielles Verfahren (_Dexp) ohne Clenshaw-Curtis-Verfahren und ohne Analyse von Unendlichkeitsstellen,
- Newton-Cotes-Verfahren (_NCrule); ist nur sinnvoll, wenn **Digits** $\leq$ **evalhf(Digits)**[90].

Die einzelnen Verfahren sind verschieden schnell, verbrauchen unterschiedlich viel Speicher und können manchmal auch mit Fehlermeldung abgebrochen werden. I.d.R. ist es daher zweckmäßig, Maple V die erforderliche Integrationsmethode selbst wählen zu lassen. Ein kurzes Beispiel:

```
> restart:

> evalf(Int(sin(x), x=0 .. Pi, 50, _CCquad));
```

$$2.0000000000000000000000000000000000000000000000000$$

Liegt zunächst ein mit **Int** definiertes bestimmtes *oder* unbestimmtes Integral vor, so kann es symbolisch mit **value** berechnet werden. Dieser Auswertungsbefehl läßt sich auch auf die anderen trägen Kommandos **Limit**, **Sum**, **Diff** und **Product** anwenden.

---

[89] Sie können Maple V bei der numerischen Berechnung von Integralen zusehen, indem Sie
`> infolevel['evalf/int'] := 1;` setzen.
[90] _NCrule greift auf den Coprozessor-Befehl **evalhf** zurück (s. Kapitel 16.2). **evalhf(Digits)** hat auf Intel-basierten PCs den Wert 14.

```
> value(Int(sin(x), x=0 .. Pi));
```

$$2$$

In Maple V sind einige 'nicht-elementare' Funktionen implementiert. Die Fehler-funktion **erf** ist definiert als:

```
> erf(x) = 2/sqrt(Pi) * Int(exp(-t^2), t=0 .. x);
```

$$\text{erf}(x) = 2 \, \frac{\displaystyle\int_0^x e^{(-t^2)} \, dt}{\sqrt{\pi}}$$

Der Integralsinus:

```
> Si(x) = Int(sin(t)/t, t=0..x);
```

$$\text{Si}(x) = \int_0^x \frac{\sin(t)}{t} \, dt$$

Weitere in Maple V enthaltene Integralfunktionen sind: **Ci, Ssi, Shi, Chi.**

6.9.2 Uneigentliche Integrale

Mit uneigentlichen Integralen kommt Maple V i.d.R. gut zurecht. Bei uneigentlichen Integralen 1. Art ('unendliche Integrationsintervalle') gibt es zumeist keine Probleme.

```
> restart:
```

```
> int(1/x^2, x=1 .. infinity);
```

$$1$$

Dieses ist bekanntlich gleichbedeutend mit:

```
> limit(int(1/x^2, x=1 .. n), n=infinity);
```

$$1$$

Bei uneigentlichen Integralen 2. Art sind zwei Fälle zu unterscheiden:

1) An einer oder beiden Integrationsgrenzen befinden sich Unendlichkeitsstellen (siehe auch Bild 6.07):

```
> int(ln(x+1), x=-1 .. 1);
```

$$2 \ln(2) - 2$$

```
> int(1/sqrt(1-x^2), x=-1 .. 1);
```

$$\pi$$

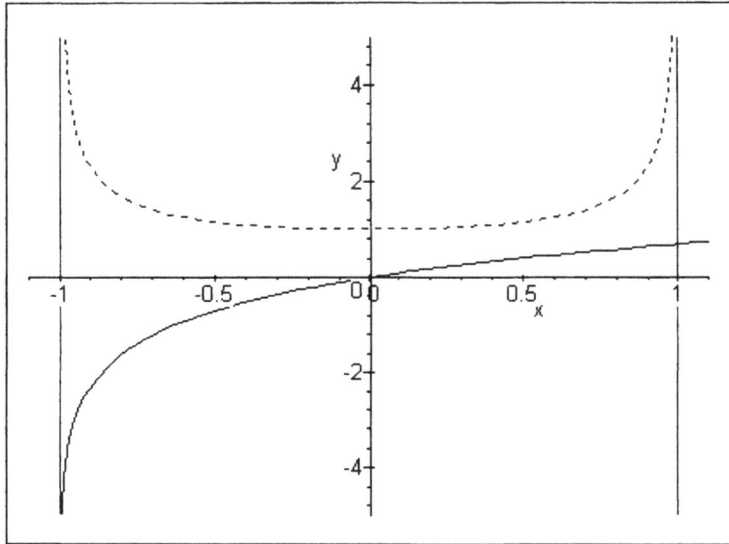

Bild 6.07: Uneigentliche Integrale 2. Art mit unbeschränkten
Integrationsgrenzen

Maple V hat hierbei keine Probleme.

2) Im Integrationsintervall befinden sich Unstetigkeitsstellen:

int überprüft generell das Integrationsintervall selbständig nach Unstetigkeitsstellen und berücksichtigt dieses, wenn sich im Intervall eine oder mehrere zweiseitige
Unendlichkeitsstellen ohne Vorzeichenwechsel befinden. In diesem Fall wird das
Intervall in mehrere Teilintervalle aufgeteilt, in denen sich keine Definitionslücken
befinden, Maple V ermittelt den Wert der einzelnen bestimmten Integrale und gibt
deren Summe anschließend zurück.

```
> restart:
```

```
> int(1/x^2, x=-1 .. 1);
```

$$\infty$$

Würde man die Unendlichkeitsstelle bei x=0 außer Acht lassen, zunächst das unbestimmte Integral

```
> F := unapply(int(1/x^2, x), x);
```

$$F := x \rightarrow -\frac{1}{x}$$

und danach den Flächenwert berechnen, erhielte man einen negativen und falschen Wert:

```
> F(1) - F(-1);
```

$$-2$$

Bei Polstellen muß man Maple V oft mit der Angabe der Option CauchyPrincipalValue helfen.

```
> int(x/(x^2-9), x=-4 .. -2);
```

$$\int_{-4}^{-2} \frac{x}{x^2-9} dx$$

Das Integral wird wieder ungelöst zurückgegeben. Auch eine numerische Auswertung ist erfolglos, da sich bei $x=-\sqrt{3}$ eine zweiseitige Unendlichkeitsstelle mit Vorzeichenwechsel befindet.

```
> evalf(");
Error, (in evalf/int) unable to handle singularity
```

Die Option CauchyPrincipalValue weist **int** an, den Cauchy-Hauptwert[91] des Integrales zu berechnen, so daß man doch noch zu einem Ergebnis kommt.

```
> int(x/(x^2-9), x=-4 .. -2, CauchyPrincipalValue);
```

$$\frac{1}{2}\ln(5) - \frac{1}{2}\ln(7)$$

---

[91] Das ist der Integrationswert, der sich ergibt (falls er existiert), wenn man sich gleichmäßig von rechts und von links der Unstetigkeitsstelle nähert. So fallen dann positive und negative uneigentliche Grenzwerte sukzessive weg. Es ist möglich, daß das uneigentliche Integral 2. Art selbst nicht konvergiert, der Cauchysche Hauptwert aber vorhanden ist.

6.9.3 Integrationsmethoden

Im Paket **student** sind zwei Befehle enthalten, mit denen die Verfahren Integration durch Substitution bzw. Partielle Integration von Hand durchgeführt werden können.

Integration durch Substitution: Zunächst wird das Integral mit dem trägen Integrationsbefehl **Int** definiert und der unausgewertete Ausdruck einer Variablen zugewiesen.

```
> restart: with(student):
> i1 := Int(2*x*sin(x^2+1), x);
```

$$i1 := \int 2x \sin(x^2 + 1)\, dx$$

Die Substitution geschieht dann mit **student/changevar**. Das erste Argument ist die Substitutionsgleichung, das zweite das Integral, in welchem substituiert werden soll, das dritte die Substitutionsvariable. Letztere *muß* dann angegeben werden, wenn sich in der Substitutionsgleichung mehr als zwei Variablen befinden, ansonsten ist dies optional.

```
> i2 := changevar(x^2+1=u, i1, u);
```

$$i2 := \int \sin(u)\, du$$

Die Stammfunktion wird nun mit **value** ermittelt:

```
> i3 := value(i2);
```

$$i3 := -\cos(u)$$

Zur Resubstitution setzen Sie entweder **changevar** oder **subs** ein, die Syntax ist hier gleich, die Substitutionsvariable lassen Sie in diesem Beispiel weg:

```
> changevar(u=x^2+1, i3);
```

oder

```
> subs(u=x^2+1, i3);
```

$$-\cos(x^2 + 1)$$

Das Ganze läßt sich mit **int** natürlich direkt berechnen.

Zur partiellen Integration einer Funktion dient das Kommando **student/intparts**. Es erwartet ein träges Integral sowie die Integrationsvariable.

```
> intparts(Int(x*exp(x), x), x);
```

$$x\,e^x - \int e^x\,dx$$

6.9.4 Mehrfachintegrale

können in Maple V durch Ineinanderschachtelung von **int**- bzw. **Int**-Anweisungen eingegeben und berechnet werden. Für Doppel- und Dreifachintegrale gibt es im Paket **student** die trägen Befehle **Doubleint** und **Tripleint**, die Sie wie gewohnt mit **value** auswerten können. Mit **Doubleint** bzw. **Tripleint** können sowohl unbestimmte als auch bestimmte Integrale dargestellt werden, dem Integranden folgen bei **Doubleint** zwei, bei **Tripleint** drei Integrationsvariablen bzw. Integrationsbereiche.

```
> restart: with(student):
```

```
> di := Doubleint((x^2+y^2), y=0 .. x^2, x=0 .. 1);
```

$$\int_0^1 \int_0^{x^2} x^2 + y^2 \; dy \; dx$$

Wie hier angedeutet, wird das Doppelintegral von innen nach außen bestimmt.

```
> value(di);
```

$$\frac{26}{105}$$

Die obere Anweisung ist gleichbedeutend mit:

```
> value(Int(Int((x^2+y^2), y=0 .. x^2), x=0 .. 1));
```

Achten Sie auf die Reihenfolge der Integrationsgrenzen.

```
> Int(Int((x^2+y^2), x=0 .. 1), y=0 .. x^2) =
>     int(int((x^2+y^2), x=0 .. 1), y=0 .. x^2);
```

$$\int_0^{x^2} \int_0^1 x^2 + y^2 \; dx \; dy \;=\; \frac{1}{3}x^2 + \frac{1}{3}x^6$$

Der Befehl **student/integrand** im Übrigen extrahiert den Integranden aus einem beliebigen träge definierten Integral.

```
> integrand(lhs("));
```

$$x^2 + y^2$$

6.9.5 Flächenprobleme

Wie Ihnen sicherlich schon aufgefallen ist, befinden sich im Paket **student** für die Integralrechnung einige spezielle Befehle. Für die Approximation von Flächeninhalten sind insgesamt fünf Befehle enthalten, von denen zunächst drei vorgestellt werden.

Zur Berechnung der Fläche zwischen zwei Kurven in einem vorgegebenen Intervall [a, b] kann man das Flächenstück in n Rechtecke aufteilen und die Summe der einzelnen Rechteckflächen bilden, um den Flächenwert zu ermitteln. Je höher n gewählt wird, desto genauer ist dann auch die Näherung.

Die Befehle **student/leftsum**, **student/rightsum** und **student/middlesum** berechnen Näherungswerte für bestimmte Integrale, wobei die Höhen der einzelnen rechteckigen Streifen von den Funktionswerten an den jeweiligen linken Intervallgrenzen (**leftsum**) bzw. den rechten Intervallgrenzen (**rightsum**) abhängen. **middlesum** berechnet die Höhen von denjenigen Funktionswerten, die in der (genauen) Mitte der Teilintervalle vorliegen.

Die Syntax ist bei allen drei Befehlen gleich, wir nehmen als Beispiel **leftsum**:

```
leftsum(f, x=a .. b);

leftsum(f, x=a .. b, n);
```

f ist ein Ausdruck in Abhängigkeit von x; a, b sind die Intervallgrenzen, n die Anzahl der Streifen im Intervall. Dieses letzte Argument ist optional, muß aber eine natürliche Zahl sein, die Vorgabe hat den Wert 4.

```
> restart: with(student):

> f := x -> x^2:

> a := 1: b := 2: n := 5:
```

Die Flächenmaßzahl zwischen der x-Achse und der Parabel im Intervall [1, 2] beträgt genau:

```
> evalf(int(f(x), x=a .. b));
```

$$2.333333333$$

Die Flächenbefehle geben ein unausgewertetes - träges - Integral zurück,

```
> leftsum(f(x), x=a .. b, n);
```

$$\frac{1}{5}(\int_{i=0}^{4}(1+\frac{1}{5}i)^2)$$

dessen Fließkommawert mit **evalf** bestimmt werden kann.

```
> evalf(");
```

$$2.040000000$$

Zu beachten ist, daß **leftsum**, **middlesum** und **rightsum** nicht mit Unter- oder Obersummen gleichgesetzt werden können. In diesem Beispiel allerdings gibt **leftsum** aufgrund der Monotonie die Untersumme, **rightsum** die Obersumme an.

```
> evalf(rightsum(f(x), x=a .. b, n));
```

$$2.640000000$$

```
> evalf(middlesum(f(x), x=a .. b, n));
```

$$2.330000000$$

Das durch **middlesum** gelieferte Ergebnis ist für n=5 schon recht brauchbar. Durch Einsatz von **seq** kann man hier beobachten, wie die 'Mittelsumme' für ansteigendes n immer genauer wird.

```
> seq(evalf(middlesum(f(x), x=a .. b, n)), n=4 .. 15);
```

$$2.328125000, 2.330000000, ..., 2.332908164, 2.332962963$$

Die graphischen 'Gegenstücke' zu **left-**, **middle-** und **rightsum** sind **student/leftbox**, **student/middlebox** und **student/rightbox**. Die Syntax ist in allen Fällen bis auf die Kommandonamen und nachfolgenden Plotoptionen mit derjenigen der analytischen Flächenbefehle gleich[92].

---

[92] Da **left-**, **middle-**, und **rightsum** alle nach dem dritten Argument genannten Angaben ignorieren, können Sie die Plotoptionen auch hier angeben, bzw. die gesamte Argumentenfolge einer Variablen zuweisen und diese einfach der Reihe nach in alle sechs Befehle einsetzen, ohne sie erneut eintippen oder kopieren und einfügen zu müssen.

Die Streifen werden mit froschgrüner Farbe ausgefüllt, dieses können Sie glückli-
cherweise mit der Option `shading` ändern. Die Standard-Liniendicke der Kurve
ist `thickness=2`, welches sich auch hier ändern läßt.

```
> p1 := leftbox(f(x), x=a .. b, 10,
>           shading=gray, color=black, thickness=1):

> p2 := rightbox(f(x), x=a .. b, 10,
>           shading=COLOR(RGB, 0.90, 0.90, 0.90), color=black,
>           thickness=1):

> plots[display]([p1, p2]);
```

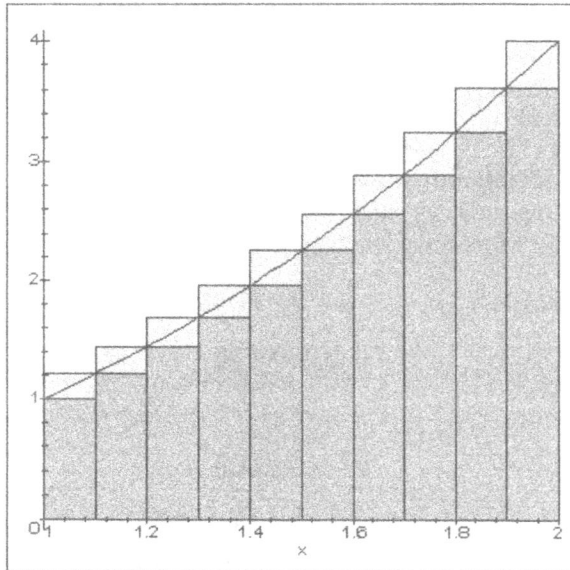

Bild 6.08: Graphische Approximation einer Fläche

Die Simpsonsche Formel und die Trapezformel sind mit **student/simpson** bzw.
student/trapezoid implemetiert. Auch hier ist die Syntax mit derjenigen von
leftsum identisch. Bei der Simpsonschen Formel muß n aber bekanntlich eine gerade natürliche Zahl sein. Beide Befehle geben wieder träge Integrale zurück. Graphische Entsprechungen existieren hier nicht.

```
> evalf(simpson(f(x), x=a .. b, 14));
```

$$2.333333334$$

```
> evalf(trapezoid(f(x), x=a .. b, 15));
```

$$2.334074074$$

6.10 Reihenentwicklung

- **share/analysis/FPS**   - **convert/polynom**
- **Order**   - **series**

Der Befehl **series** entwickelt entweder Taylor-, Laurent- oder allgemeine Potenz-reihen von Funktionen, je nach Typ des übergebenen Ausdruckes f in der Unbe-kannten x; der Entwicklungspunkt x=a wird als zweites Argument dem Komman-do mitgeteilt, ein optionales drittes Argument n legt die maximale Ordnung fest, der Vorgabewert ist 6:

> | **series**(f, x=a);
>
> **series**(f, x=a, n);

```
> restart:
```

```
> r1 := series(sin(x), x=0);
```

$$r1 := x - \frac{1}{6}x^3 + \frac{1}{120}x^5 + O(x^6)$$

```
> series(sin(x), x=0, 10);
```

$$x - \frac{1}{6}x^3 + \frac{1}{120}x^5 - \frac{1}{5040}x^7 + \frac{1}{362880}x^9 + O(x^{10})$$

Den Vorgabewert für n können Sie auch allgemein durch Änderung der Systemva-riable **Order** festlegen bzw. abrufen:

```
> Order := 7;
```

$$Order := 7$$

Mit den zurückgegebenen Reihen in O-Notation lassen sich in einigen Fällen wei-tere Berechnungen vornehmen:

```
> int(r1, x);
```

$$\frac{1}{2}x^2 - \frac{1}{24}x^4 + \frac{1}{720}x^6 + O(x^7)$$

```
> diff(rl, x);
```

$$1-\frac{1}{2}x^2+\frac{1}{24}x^4+O(x^5)$$

Es fällt auf, daß eine Reihenentwicklung jedes Mal mit dem Ordnungsterm O(...) endet, dabei ist O der Buchstabe 'O'. Oft akzeptieren einige Maple-Befehle aber solche Ausdrücke nicht:

```
> subs(x=1, rl);
Error, invalid substitution in series

> plot(rl, x=-4 .. 4);
Warning in iris-plot: empty plot
```

Der Ordnungsterm O(...) läßt sich aber eliminieren; dies geschieht am sichersten mit **subs**, indem Sie den Wert 1 in den Ordnungsterm O ein- und das ganze gleich Null setzen.

```
> r2 := subs(O(1)=0, series(sin(x), x=0));
```

$$r := x-\frac{1}{6}x^3+\frac{1}{120}x^5$$

Mit diesen Ausdrücken können Sie dann wie gewohnt ganz normal weiterarbeiten, z.B. die entwickelte Reihe zusammen mit der Ausgangsfunktion graphisch darstellen (s. Bild 6.09).

```
> plot({r2, sin(x)}, x=-4 .. 4, scaling=constrained);
```

Ist die in der zurückgegebenen Reihe enthaltene Unbekannte *nicht* als Wurzel ausgedrückt, so kann der Ordnungsterm auch eleganter und einfacher mit **convert/polynom** entfernt werden:

```
> convert(series(cos(x), x=Pi), polynom);
```

$$-1+\frac{1}{2}(x-\pi)^2-\frac{1}{24}(x-\pi)^4$$

In der Share Library existiert der Befehl **FPS** (kurz für **FormalPowerSeries**), der die allgemeine Potenzreihendarstellung einer Funktion f (erstes Argument) mit dem Entwicklungspunkt x=a (zweites Argument) ermittelt[93].

Die Share Library selbst aktivieren Sie durch den Aufruf

---

[93] Wie Sie in der Studentenversion von Release 4 die auf der CD-ROM enthaltene komplette Share Library installieren können, ist in Anhang C1 beschrieben.

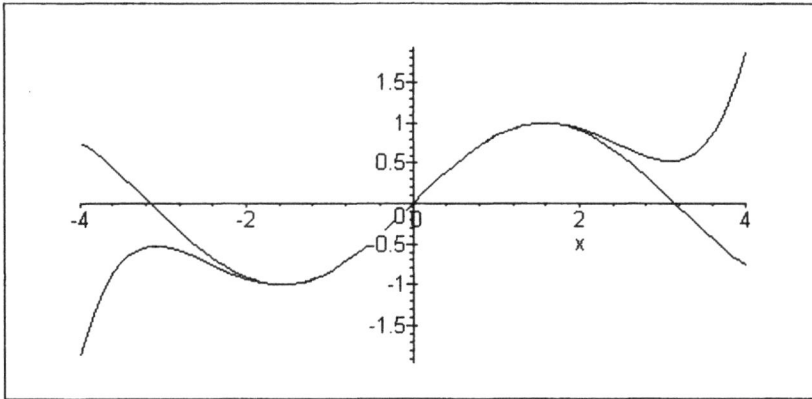

Bild 6.09: Reihenentwicklung der Sinusfunktion an x=0

```
> with(share);
```

See ?share and ?share,contents for information about the share
library

$$[\,]$$

Der Befehl **FPS** muß aus dem Unterpaket **analysis** mit **readshare** geladen werden.

```
> readshare(FPS, analysis);
```

FormalPowerSeries

```
> fps := FPS(sin(x), x=0);
```

$$\text{fps} := \sum_{k=0}^{\infty} \frac{(-1)^k \, x^{(2k+1)}}{(2k+1)!}$$

Eine solche Summe können Sie zeichnen lassen, integrieren, differenzieren, u.v.a.m.

```
> plot(fps, x=-10 .. 10, y=-2 .. 2);
```

```
> int(fps, x);
```

$$\int \sum_{k=0}^{\infty} \frac{(-1)^k \, x^{(2k+1)}}{(2k+1)!} \, dx$$

```
> value(");
```

$$-\cos(x)$$

Es existieren noch einige weitere Reihenfunktionen, die hier nur kurz erwähnt werden:

1) **taylor** - Taylorsche Reihenentwicklung:

```
taylor(f, x=a, n);
```

f ist ein Ausdruck in x, a bezeichnet den Entwicklungspunkt. Optional ist die Angabe der Ordnung n, Voreinstellung ist auch hier n=6. Die Syntax ist also gleich mit der des Befehles **series**, welcher allgemeiner anwendbar ist.

```
> taylor(ln(x), x=1, 4);
```

$$x - 1 - \frac{1}{2}(x-1)^2 + \frac{1}{3}(x-1)^3 + O\left((x-1)^4\right)$$

2) **eulermac** - asymptotische Summationsreihen nach Euler/MacLaurin:

```
eulermac(f, x, n);

eulermac(f, x=a .. b, n);
```

Der Befehl muß vor seiner Anwendung mit **readlib** geladen werden, f ist ein Ausdruck in Abhängigkeit von der Unbekannten x. In der zweiten Form kann auch ein Intervall angegeben werden, über dem die Näherung der Summe berechnet wird. Optional ist in beiden Fällen die Angabe des Grades n, die Vorgabe ist **Order** - 1.

```
> readlib(eulermac):

> eulermac(1/x^2, x, 3);
```

$$-\frac{1}{x} - \frac{1}{2}\frac{1}{x^2} - \frac{1}{6}\frac{1}{x^3} + \frac{1}{30}\frac{1}{x^5} + O\left(\frac{1}{x^7}\right)$$

```
> eulermac(1/t^2, t=1 .. x, 3);
```

$$-\frac{1}{x} + \frac{1}{6}\pi^2 + \frac{1}{2}\frac{1}{x^2} - \frac{1}{6}\frac{1}{x^3} + \frac{1}{30}\frac{1}{x^5} + O\left(\frac{1}{x^7}\right)$$

3) **asympt** - asymptotische Reihenentwicklung:

```
asympt(f, x, n);
```

Auch hier ist das dritte Argument optional, die Voreinstellung lautet: n=**Order**.

```
> asympt((x^2-3*x+2)/(x^2+2*x-3), x, 4);
```

$$1 - \frac{5}{x} + \frac{15}{x^2} - \frac{45}{x^3} + O\left(\frac{1}{x^4}\right)$$

4) Das Paket **powseries**
schließlich hält eine Vielzahl von Befehlen zum formalen Rechnen mit Potenzreihen bereit, es kann in diesem Rahmen aber nicht näher darauf eingegangen werden.

6.11 Stückweise definierte Funktionen

* **piecewise**   * **undefined**

Abschnittweise definierte Funktionen können Sie mit der Anweisung **piecewise** erzeugen. Beachten Sie, daß die Ergebnisse dieses Befehles mit Vorsicht zu genießen sind, wie gleich demonstriert wird.

Angenommen Sie möchten eine Funktion S mit folgenden Bereichen definieren:

$$S(x) = \begin{cases} -x^3 & \text{für} \quad x < 0 \\ 1 & \text{für} \quad 0 \leq x < 0.5\pi \\ \sin(x) & \text{für} \quad x \geq 0.5\pi \end{cases}$$

Die Funktion S ist an der Stelle x=0 nicht differenzierbar, da sie dort nicht stetig ist. An der Stelle $x = \frac{\pi}{2}$ ist S stetig, und die links- und rechtsseitigen Grenzwerte des Differenzenquotienten sind dort identisch. Daher existiert an dieser Stelle die Ableitung.

Für jeden Abschnitt werden in **piecewise** zwei Argumente eingesetzt: das erste für den Definitionsbereich in Form einer Relationsbedingung, das zweite für den Funktionsterm; dieses können Sie beliebig oft wiederholen. Die Bedingung kann alle mathematischen Vergleichsoperationen enthalten: <, <=, = , >, >=. Die Booleschen Operatoren **and, or** und **not** können ebenfalls verwendet werden.

```
    piecewise(rel1, ausdr1, rel2, ausdr2, ..., sonst);
```

```
> S := x ->
>   piecewise(x < 0, -x^3, x < Pi/2, 1, x >= Pi/2, sin(x)):
```

Die Funktionswerte lassen sich auf gewohnte Art berechnen und auch Grenzwerte
können Sie bilden (in diesem Beispiel in eine Liste gefaßt):

```
> S(0), [limit(S(x), x=0, left), limit(S(x), x=0, right)];
```

$$1, [0, 1]$$

```
> S(Pi/2),
>   [limit(S(x), x=Pi/2, left), limit(S(x), x=Pi/2, right)];
```

$$1, [1, 1]$$

piecewise-definierte Funktionen können Sie sowohl differenzieren als auch
integrieren.

```
> diff(S(x), x);
```
[94]

$$\left\{ \begin{array}{ll} -3\,x^2 & x < 0 \\ 0 & x \le 0.5\,\pi \\ \cos(x) & 0.5\,\pi < x \\ \text{undefinied} & x = 0 \end{array} \right.$$

```
> s := unapply(", x):
```

Obschon Maple V erkannt hat, daß die Ableitung von S an der Stelle x=0 nicht existiert (undefined), gibt es den Funktionswert 0 zurück.

```
> s(0), s(Pi/2);
```

$$0, 0$$

```
> int(S(x), x);
```

$$\left\{ \begin{array}{ll} -0.25\,x^4 & x \le 0 \\ x & x \le 0.5\,\pi \\ -\cos(x) + 0.5\,\pi & 0.5\,\pi < x \end{array} \right.$$

---

[94] Die Brüche werden an dieser Stelle als Dezimalzahlen dargestellt, da typographisch
besser erkennbar.

Für den Definitionsbereich $D(S)=\mathbb{R}^{>0.5\,\pi}$ wird eine Integrationskonstante mit angegeben; sie ist so gewählt, daß $\int S(x)\,dx$ stetig wird.

Der Graph der Funktion S und deren Ableitung:

```
> with(plots):

> optionen := x=-1 .. 4, -2 .. 2, discont=true:

> pS := plot(S(x), optionen, color=blue):

> txS := textplot([2.8, S(2.8)+0.3, `S(x)`],
>     align={above, right}):

> ps := plot(s(x), optionen, color=red, linestyle=2):

> txs := textplot([2, s(2)-0.3, `s(x)`],
>     align={below, left}):

> display({pS, txS, ps, txs}, axes=frame,
>     scaling=constrained);
```

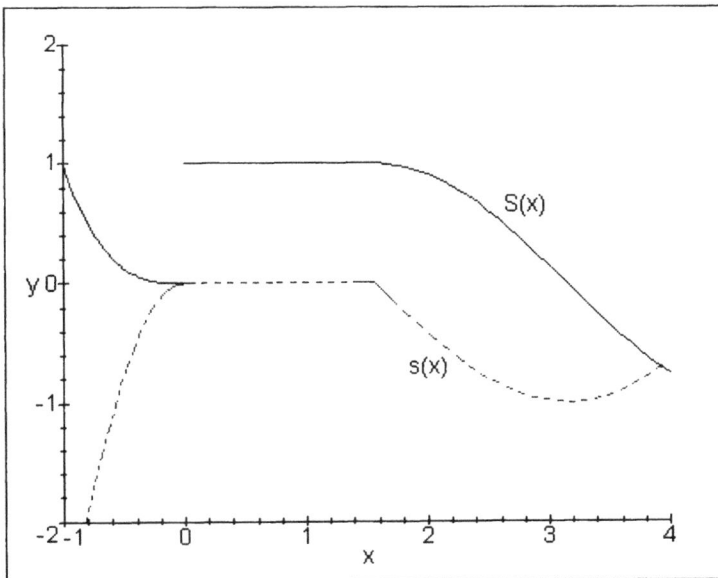

Bild 6.10: Stückweise definierte Funktionen

Die Konstante **undefined** läßt sich auch in Maple-Eingaben gebrauchen. Setzen Sie sie ein, wenn die Funktion in einem bestimmten Bereich undefiniert bleiben soll.

```
> k := x -> piecewise(
>    x < 0, -1, x = 0, 0, x < 2, undefined, x >= 2, 1):

> k(-1), k(0), k(1), k(2);
```

-1, 0, undefined, 1

Der Bereich des letzten Abschnittes braucht nicht angegeben zu werden, es genügt allein die Angabe des Funktionstermes:

```
> k := x -> piecewise(x < 0, -1, 1):

> k(0);
```

1

Bei der Verwendung **piecewise** sollten Sie die Ergebnisse generell auf ihre Richtigkeit überprüfen, daher folgen hier zwei Fehlersituationen. Im folgenden Beispiel wurde das Intervall [1 .. 2) schlichtweg vergessen.

```
> k := x ->
>    piecewise(x < 0, -1, x < 1, undefined, x >= 2, 1):
```

Release 4 gibt für den Bereich [1 .. 2) den Wert 0 an, obwohl nicht definiert.

```
> k(-1), k(0), k(1.5), k(2);
```

-1, undefined, 0, 1

Bei der Angabe der Intervalle sollten Sie grundsätzlich bis auf den letzten Abschnitt mit <=, < oder = arbeiten. Geben Sie 'mittendrin' eine >= oder >-Relation an, so führt dies zu falschen Ergebnissen:

```
> S := x ->
>    piecewise(x < 0, -x^3, x >= 0, 1, x >= Pi/2, sin(x));
                               ⇑
> S(Pi);
```

1

Die Stelle x=π fällt in den 'Zuständigkeitsbereich' von sin(x), daher sollte der Funktionswert 0 zurückgegeben werden, was hier nicht geschehen ist. Durch die Relation x >= 0 werden offensichtlich alle nachfolgenden Bedingungen von Maple V mißachtet.

6.12 Einfache Differentialgleichungen

* **convert/mks**   * **DEtools/DEplot**
* **dsolve**   * **DEtools/dfieldplot**

Eine Differentialgleichung (*ordinary differential equation - ODE*) können Sie wie
eine gewöhnliche Gleichung definieren, die n-te Ableitung von y(x) wird mit
diff(y(x), x$n) ermittelt:

```
> restart:

> dgl := diff(y(x), x)=2*x;
```

$$dgl := \frac{\partial}{\partial x} y(x) = 2\,x$$

Die allgemeinen und speziellen Lösungen berechnen Sie mit **dsolve**. Dieser Befehl
ist auf die unterschiedlichsten Typen von Differentialgleichungen anwendbar.

```
> dsolve(dgl, y(x));
```

$$y(x) = x^2 + \_C1$$

Im Gegensatz zur Integration mit **int** enthält die mit **dsolve** bestimmte Lösungsfunktion immer den Parameter (Integrationskonstante) _Cn, mit n ∈ IN, abhängig
von der Anzahl der Parameter in der Lösungsfunktion.

Zur Ermittlung spezieller Lösungen werden ein oder mehrere Anfangs- oder Rand-
werte (*initial values*) in Form von Gleichungen zusammen mit der Differentialgleichung in eine Menge gefaßt und **dsolve** als erstes Argument übertragen.

```
> dsolve({dgl, y(0)=1}, y(x));
```

$$y(x) = x^2 + 1$$

dsolve hat also für einfache Differentialgleichungen folgende Syntax:

```
dsolve(dgl, y, optionen);

dsolve({dgl, anfangswert(e)}, y, optionen);
```

dgl ist eine Differentialgleichung, y die Lösungsfunktion. Optionen können ebenfalls genannt werden, einige werden weiter unten vorgestellt. Anstatt einer können
Sie auch mehrere Differentialgleichungen und Lösungsfunktionen angeben.

Übergeben Sie diese dann als Mengen. Liegen mehrere Differentialgleichungen und Anfangswerte vor, können alle in einer einzigen Menge eingefaßt sein.

Es folgen einige einfache Differentialgleichungen verschiedener Typen und ihre Lösungen. y(x) kann auch durch die Variable y ersetzt werden, es sei denn, es ist Teil einer Ableitung.

Differentialgleichung 1. Ordnung vom Typ y' = f(ax + by + c):

```
> dgl := diff(y(x), x)=2*x-y;
```

$$dgl := \frac{\partial}{\partial x} y(x) = 2\,x - y$$

```
> dsolve(dgl, y(x));
```

$$y(x) = 2\,x - 2 + e^{(-x)}\_C1$$

Differentialgleichung 1. Ordnung vom Typ y' = f($\frac{y}{x}$):

```
> dgl := diff(y(x), x)-3*y/x = x:
> dsolve(dgl, y(x));
```

$$y(x) = -x^2 + x^3\_C1$$

Inhomogene lineare Differentialgleichung 1. Ordnung y' + f(x) * y = g(x):

```
> dgl := diff(y(x), x) + f(x)*y(x) = g(x):
> dsolve(dgl, y(x));
```

$$y(x) = e^{\left(-\int f(x)dx\right)} \left(\int e^{\left(\int f(x)dx\right)} g(x)\,dx + \_C1\right)$$

Bernoulli-Differentialgleichung:

```
> dgl := diff(y(x), x)+2*y(x)-y(x)^(-1)=0:
> dsolve(dgl, y(x));
```

$$y(x)^2 = \frac{1}{2} + e^{(-4x)}\_C1$$

Inhomogene lineare Differentialgleichung 2. Ordnung:

```
> dgl := diff(y(x), x$2)+2*diff(y(x), x)-3*y=3*x^2-4*x:
```

```
> dsolve(dgl, y(x));
```

$$y(x) = -\frac{2}{3} - x^2 + \_C1\,e^x + \_C2\,e^{(-3x)}$$

Bei der Riccatischen Differentialgleichung

```
> dgl := diff(y(x), x)+y(x)^2+1/x*y(x)-4/x^2=0:
```

gibt **dsolve** die Lösungsfunktion in impliziter Darstellung zurück.

```
> dsolve(dgl, y(x));
```

$$x = \frac{\_C1\,(x\,y(x)+2)^{1/4}}{(x\,y(x)-2)^{1/4}}$$

Durch die Angabe der Option `explicit` kann - wenn möglich - die explizite Form ermittelt werden.

```
> dsolve(dgl, y(x), explicit);
```

$$y(x) = 2\,\frac{\_C1^4+x^4}{x(-\_C1^4+x^4)}$$

Basislösungen erhalten Sie mit der Option `output=basis`.

```
> dsolve(diff(y(x), x$2) + y(x)=0, y(x), output=basis);
```

$$[\cos(x),\,\sin(x)]$$

Behandeln wir zum Abschluß noch ein Problem der Physik. Dazu benutzen wir die von Joe Riel verfaßte Funktion **convert/mks**, welche sich auf der CD-ROM zu diesem Buch befindet[95], diverse Umwandlungen zwischen physikalischen Einheiten vornimmt aber auch eine Vielzahl physikalischer Konstanten bereitstellt.

```
> restart:
```

---

[95] **convert/mks** befindet sich auf der CD-ROM im Verzeichnis `/libs/mks`. Hinweise zur Installation finden Sie in Anhang C. **libname** muß den Pfad zu der Bibliothek, in der sich **mks** befindet, enthalten; wenn sich das Paket z.B. im Verzeichnis `c:\maplev4\mks` befindet, setzen Sie **libname** wie folgt:
```
> libname := `c:/maplev4/mks`, libname:
```

Es soll die Bewegung eines schwingungsfreien mechanischen Systemes (freier, ungedämpfter harmonischer Oszillator) mit der Masse 5 kg und der Federkonstanten $c=150\frac{N}{m}$ beschrieben werden. Für die in **convert/mks** vorhandenen Einheiten und Konstanten siehe: **?convert, mks**.

```
> mass := 5*kg; c := 150*newton/meter;
```

$$mass := 5\ kg$$

$$c := 150\ \frac{newton}{meter}$$

Die Kreisfrequenz ω der Schwingung beträgt:

```
> omega := sqrt(c/mass);
```

$$\omega := \sqrt{30}\ \sqrt{\frac{newton}{meter\ kg}}$$

Eine Vereinfachung gelingt mit **convert/mks**.

```
> omega := convert(omega, mks);
```

$$\omega := \frac{\sqrt{30}}{second}$$

Die Differentialgleichung des Oszillators lautet: $x(t)'' = -\omega^2 x(t)$, die Anfangslage $x(0)$ beträgt hier 0.5 m, die Anfangsgeschwindigkeit $x'(0)$ ist 0. Ist eine Anfangsbedingung in Form der n-ten Ableitung ausgedrückt, benutzen Sie den Differentialoperator **D**, bei Ableitungen der Ordnung $n \geq 2$ kombiniert mit dem Verkettungsoperator **@@**.

```
> dsolve(
>    {diff(x(t), t$2) = -(omega)^2*x(t),
>    x(0)=0.5*meter, D(x)(0)=0}, x(t));
```

$$x(t) = .5000000000\ meter\ \cos\left(\frac{\sqrt{30}\ t}{second}\right)$$

Jetzt noch ein Beispiel mit zwei Differentialgleichungen und vier Randbedingungen: Abwurf eines Körpers mit der Masse m und der Anfangsgeschwindigkeit v_0 in horizontale Richtung. Der Körper befindet sich zur Zeit des Abwurfes im Nullpunkt, und als einzige Kraft wirkt nur die Schwerkraft.

```
> restart:
```

Differentialgleichungen können generell sowohl mit **diff** als auch dem Differentialoperator **D** gebildet werden.

```
> dgls := (D@@2)(x)(t) * m = 0, diff(y(t), t$2) * m = -g:
```

Die abhängigen Variablen sind somit:

```
> vars := x(t), y(t):
```

Berechnen wir zunächst die allgemeine Lösung.

```
> dsolve({dgls}, {vars});
```

$$\{x(t) = \_C1 + t\,\_C2,\ y(t) = \_C3 + t\,\_C4 - \frac{1}{2}\frac{t^2 g}{m}\}$$

Die vier Randbedingungen lauten:

```
> inits := x(0) = 0, y(0) = 0, D(x)(0) = v[0], D(y)(0) = 0:
```

Die dritte Randbedingung enthält den Ausdruck $v[0]$, welcher eigentlich ein Ta-
bellenelement bezeichnet. Er dient hier nur zur tiefergestellten Darstellung des Index 0 in der Ausgabe, man kann $v[0]$ aber auch einen beliebigen Maple-Wert
zuweisen.

```
> r1 := dsolve({dgls, inits}, {vars});
```

$$r1 := \{y(t) = -\frac{1}{2}\frac{t^2 g}{m},\ x(t) = t\,v_0\}$$

Lösen wir nun die zweite Lösungsgleichung nach t auf und setzen den Parameter in
die erste Lösungsgleichung (y-Koordinate) ein (**isolate** funktioniert hier aufgrund
des Ausdruckes x(t) nicht).

```
> y(t) = subs(t=x(t)/v[0], rhs(op(1, r1)));
```

$$y(t) = -\frac{1}{2}\frac{x(t)^2 g}{v_0^2 m}$$

Die Lösungsfunktionen einer Differentialgleichung können Sie mit **DEplot** aus
dem Paket **DEtools** graphisch darstellen. Dazu reicht die Differentialgleichung an
sich, nicht deren Lösung(en). Die allgemeine Lösung der Differentialgleichung 1.
Ordnung y'=2t lautet t^2+c und stellt graphisch eine Schar von nach oben geöffneten
Normalparabeln dar, welche symmetrisch zur Ordinate angeordnet sind.

DEplot verlangt als erstes Argument die Differentialgleichung(en) 1. Ordnung oder *eine* Differentialgleichung höherer Ordnung, als zweites die enthaltenen *Abhängigen* in Form einer Liste (hier `[abh]`), als drittes den Bereich der Unbestimmten (hier `t`) und als viertes eine Menge von Punkten `pts`, durch die die Integralkurven verlaufen (hier pts). Optionen können Sie ebenfalls angeben.

```
DEplot(dgl, [abh], t=a .. b, {pts}, Optionen);
```

```
> dgl := diff(y(t), t)=2*t:

> with(plots), with(DEtools):

> pts := {[0, 0], [0, 1], [0.5, 2.5]}:
```

DEplot erzeugt in Release 4 eine Graphik sowohl mit den Lösungsfunktionen als auch dem zugehörigen Richtungsfeld. Mit der Option `arrows` können Sie verschiedene Darstellungsarten für die Vektorpfeile vorgeben: SMALL, MEDIUM, LARGE, LINE oder NONE. Mit `arrows=LINE` werden statt Pfeile nur Linien, mit `arrows=NONE` gar kein Richtungsfeld gezeichnet. Für die Farbgebung der Kurvenschar steht die Option `linecolor` zur Verfügung.

Einige in Kapitel 5 genannte Plotoptionen werden akzeptiert - leider nicht diejenige für die Liniendicke der Graphen der Lösungsfunktionen, diese werden mit `thickness=3` angedruckt. Auch mit **plots/setoptions** definierte Vorgabewerte ignoriert **DEtools** (nicht aber **plots/display**, wenn die mit **DEtools**-Befehlen geschaffenen Graphiken auf dem Monitor dargestellt werden). Wir speichern daher den Graphen in einer Variable p1 zwischen, um direkt in die Datenstruktur der Graphik einzugreifen und die Liniendicke mit **subs** zu ändern.

```
> p1 := DEplot(dgl, [y(t)], t=-2 .. 2, pts, linecolor=black):
```

Das Originalbild:

```
> p1;
```

Die Liniendicke kann durch eine Substitution modifiziert werden.

```
> p1 := subs(THICKNESS(3) = THICKNESS(1), p1):

> p1;
```

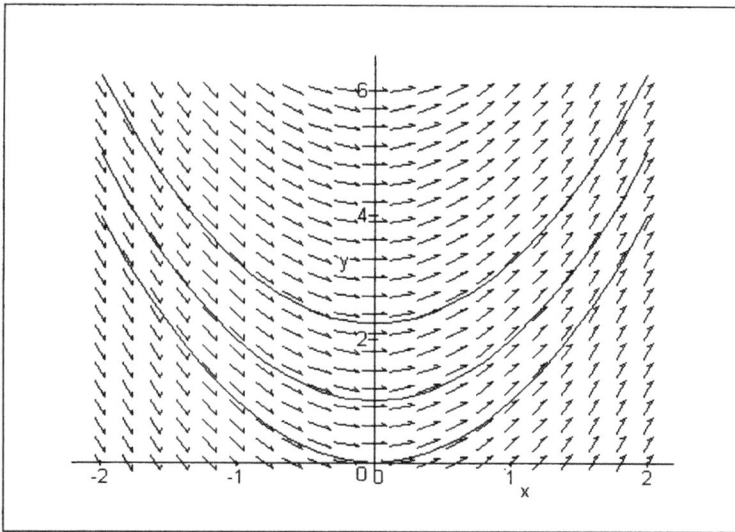

Bild 6.11 Kurvenschar mit Richtungsfeld

Das Richtungsfeld erzeugt **DEtools/dfieldplot**:

```
> dfieldplot(dgl, [y], t=-2 .. 2, y=0 .. 6);
```

7 Lineare Algebra, Analytische Geometrie und Kombinatorik

Übersicht

- 7.1 Vektoren
- 7.2 Matrizen
- 7.3 Geometrie der Ebene
- 7.4 Geometrie des Raumes
- 7.5 Kombinatorik

Für die mathematischen Themenbereiche linare Algebra, analytische Geometrie und Kombinatorik stehen die speziellen Pakete **linalg**, **geometry**, **geom3d** und **combinat** zur Verfügung.

7.1 Vektoren

- evalm
- linalg/angle
- linalg/crossprod
- linalg/dotprod
- linalg/matadd
- linalg/norm
- linalg/normalize
- linalg/scalarmul
- linalg/vector

Beginnen wir zunächst mit der Definition von Vektoren. Obschon sie mit dem Maple-Standardbefehl **array** definiert werden können, existiert im Paket **linalg** die Anweisung **vector**[96], welche benutzerfreundlicher ist. Ein Maple-Vektor besteht aus einer Liste der Vektorkomponenten $a_1, a_2, ..., a_k, ..., a_n$; seine Dimension ist beliebig: es lassen sich nicht nur Vektoren der Ebene, sondern auch des Raumes und höherer Dimensionen deklarieren.

Vektoren werden abweichend von der üblichen mathematischen Schreibweise in Maple horizontal dargestellt, damit sie auf dem Bildschirm nicht allzuviel Platz einnehmen, entsprechen aber im mathematischen Sinne Spaltenvektoren.

---

[96] Die Befehle **vector** und **matrix** sind eigentlich nicht Bestandteil des Paketes **linalg**, da beide in Release 4 bereits **readlib**-definiert sind (s. Anhang B1.2.3). Um diese Befehle nutzen zu können, ist daher das Laden der Kurzformen mit **with** nicht notwendig.

Es folgt eine Vorstellung der verschiedenen in Maple vorhandenen Operationen anhand räumlicher Vektoren.

```
> restart: with(linalg):
Warning: new definition for    norm
Warning: new definition for    trace
```

Zunächst werden zwei Vektoren mit **linalg/vector** definiert, die Syntax lautet:

```
                        vector(L);

                        vector(n, f);
```

In der ersten Form ist L eine Liste mit einer Folge von Vektorkomponenten, in der zweiten ist n die Dimension des zu erzeugenden Vektors und f eine anonyme Funktion, die die Vektorkomponenten $a_1, ..., a_n$ bildet[97].

```
> vec1 := vector([a1, b1, c1]);
```

$$vec1 := [\, a1, b1, c1 \,]$$

```
> vec2 := vector([a2, b2, c2]);
```

$$vec2 := [\, a2, b2, c2 \,]$$

Die Addition zweier Vektoren geschieht in Release 4 mit **matadd**:

```
> matadd(vec1, vec2);
```

$$[\, a1 + a2, b1 + b2, c1 + c2 \,]$$

Die Subtraktion zweier Vektoren erfolgt ebenfalls mit **matadd**, aber mit negativem Vorzeichen eines der Vektoren:

```
> matadd(vec1, - vec2);
```

$$[\, a1 - a2, b1 - b2, c1 - c2 \,]$$

Vektoraddition und -subtraktion können auch mit dem Maple-Standardbefehl **evalm** durchgeführt werden.

---

[97] Auf diese zweite Form wird hier nicht näher eingegangen, dennoch zwei Beispiele:
```
> vector(3, x -> 2*x);              ⟹   [2, 4, 6]
> f := x -> 2*x: vector(4, f);⟹   [2, 4, 6, 8]
```

```
> evalm(vec1 + vec2);

> evalm(vec1 - vec2);
```

Um die Elemente eines Vektoren (oder einer Matrix) darstellen zu können, müssen Sie dessen Namen in **eval** oder **evalm** einsetzen.

```
> evalm(vec1);
```

$$[\,a1, b1, c1\,]$$

S-Multiplikation (*scalar multiplication*):

```
> scalarmul(vec1, s);
```

$$[\,s\,a1, s\,b1, s\,c1\,]$$

Vektor- oder Kreuzprodukt (*cross product*):

```
> crossprod(vec1, vec2);
```

$$[\,b1\,c2 - c1\,b2, c1\,a2 - a1\,c2, a1\,b2 - b1\,a2\,]$$

Skalarprodukt (*dot product*) zweier Vektoren:

```
> dotprod(vec1, vec2);
```

$$a1\,a2 + b1\,b2 + c1\,c2$$

Ein Beispiel mit konkreten Vektoren vec1 und vec2, die zueinander orthogonal sind:

```
> vec1 := vector([-3, 1, 2]);
```

$$\mathbf{vec1} := [\,\text{-3}, 1, 2\,]$$

```
> vec2 := vector([2, -4, 5]);
```

$$\mathbf{vec2} := [\,2, \text{-4}, 5\,]$$

```
> dotprod(vec1, vec2);
```

$$0$$

```
> matadd(vec1, vec2);
```

$$[\,\text{-1}, \text{-3}, 7\,]$$

```
> scalarmul(vec1, 2);
```

$$[-6, 2, 4]$$

```
> crossprod(vec1, vec2);
```

$$[13, 19, 10]$$

Die Länge (2-Norm oder Euklidische Norm) eines Vektors wird mit **norm(vektor, 2)** bestimmt:

```
> norm(vec1, 2);
```

$$\sqrt{14}$$

Den Winkel zwischen zwei n-dimensionalen Vektoren berechnet **angle**:

```
> angle(vec1, vec2);
```

$$\frac{1}{2}\pi$$

Die Radianten werden in Grad umgerechnet, `vec1` und `vec2` stehen aufeinander senkrecht:

```
> convert(1/2*Pi, degrees);
```

$$90 \text{ degrees}$$

normalize normiert einen Vektor auf die Länge 1:

```
> normalize(vec1);
```

$$[-\frac{3}{14}\sqrt{14}, \frac{1}{14}\sqrt{14}, \frac{1}{7}\sqrt{14}]$$

7.2 Matrizen

- linalg/addrow
- linalg/augment
- linalg/backsub
- linalg/col
- linalg/det
- linalg/eigenvals
- linalg/entermatrix
- linalg/gausselim

- linalg/linsolve
- linalg/matadd
- linalg/matrix
- linalg/mulrow
- linalg/multiply
- linalg/rank
- linalg/stack
- linalg/submatrix

- **linalg/genmatrix**
- **linalg/geneqns**
- **linalg/inverse**

- **linalg/swaprow**
- **linalg/transpose**
- **plots/matrixplot**

7.2.1 Matrixdefinition

Matrizen können mit dem Befehl **matrix** aus dem Paket **linalg**[98] auf verschiedene Weise definiert werden:

```
matrix(L);

matrix(m, n, L);

matrix(m, n, f);

matrix(m, n, vector(L));
```

In der ersten Form ist L eine Liste von Listen, welche jeweils aus den einzelnen Zeilenelementen bestehen:

```
> matrix([[a1, b1], [a2, b2]]);
```

$$\begin{bmatrix} a1 & b1 \\ a2 & b2 \end{bmatrix}$$

Die zweite Form erzeugt eine (m, n)-Matrix (bestehend aus dem Eintrag m für die Anzahl der Zeilen und n für die Anzahl der Spalten), L ist eine Liste mit m*n Matrixelementen, die von Maple selbständig eingeordnet werden.

```
> matrix(3, 2, [a1, b1, a2, b2, a3, b3]);
```

$$\begin{bmatrix} a1 & b1 \\ a2 & b2 \\ a3 & b3 \end{bmatrix}$$

In der dritten Form erzeugt eine Funktion die Matrix, wobei in die Argumente der Funktion die Indizes der Matrixelemente eingesetzt werden.

```
> matrix(3, 2, (x, y) -> x*s+y*t);
```

---

[98] Siehe vorletzte Fußnote.

$$\begin{bmatrix} s+t & s+2t \\ 2s+t & 2s+2t \\ 3s+t & 3s+2t \end{bmatrix}$$

In der vierten Form wird aus den Komponenten eines Vektoren eine (m, n)-Matrix gebildet. In dem Beispiel unten ist die dritte Zeile der Matrix noch nicht festgelegt worden, daher finden sich dort die Einträge A[3, 1] und A[3, 2]. Wird die Matrix keiner Variablen zugeordnet, erscheinen statt des Variablennamens Fragezeichen.

```
> A := matrix(3, 2, vector([1, 2, 3, 4]));
```

$$A := \begin{bmatrix} 1 & 2 \\ 3 & 4 \\ A[3,1] & A[3,2] \end{bmatrix}$$

Den einzelnen Koeffizienten A_{ik} lassen sich nachträglich Werte zuordnen.

```
> A[3, 1] := 5; A[3, 2] := 6;
```

$$A[3, 1] := 5$$
$$A[3, 2] := 6$$

```
> eval(A);
```

$$\begin{bmatrix} 1 & 2 \\ 3 & 4 \\ 5 & 6 \end{bmatrix}$$

Beginnen wir nun, mit Matrizen zu rechnen.

```
> restart: with(linalg):
```

Eine Matrix kann auch mit dem Befehl **entermatrix** definiert werden, mit dem man interaktiv die einzelnen Koeffizienten in der Kommandozeile eingeben kann, die dann entsprechend zugewiesen werden. Vorher ist es nötig, den Typ der Matrix Maple V mitzuteilen. In Release 4 erfolgt die Eingabe der Koeffizienten mit abschließendem Semikolon.

Eine (2, 2)-Matrix wird wie folgt deklariert:

```
> A := matrix(2, 2);
```

$$A := array(1 .. 2, 1 .. 2, [])$$

```
> entermatrix(A);

enter element 1,1 >
> a;

enter element 1,2 >
> b;

enter element 2,1 >
> c;

enter element 2,2 >
> d;
```

$$\begin{bmatrix} a & b \\ c & d \end{bmatrix}$$

7.2.2. Fundamentale Matrixarithmetik

Das Paket **linalg** stellt eine ganze Reihe von Befehlen für die Matrizenrechnung zur Verfügung. Um deren Anwendung demonstrieren zu können, definieren wir noch kurz eine Matrix B:

```
> B := matrix(2, 2, [e, f, g, h]);
```

$$B := \begin{bmatrix} e & f \\ g & h \end{bmatrix}$$

Die **linalg**-Befehle **matadd** sowie **multiply** dienen der Matrixaddition und -multiplikation. Auch mit dem Standardbefehl **evalm** lassen sich bestimmte Operationen, teilweise unter Zuhilfenahme des Ampersands & (sog. *neutraler Operator*) durchführen. Die Differenz zweier Matrizen erhalten Sie, indem die zweite Matrix im Argument des Kommandos **matadd** mit negativem Vorzeichen versehen wird (wie bei den Vektoren im vorherigen Abschnitt).

```
> Cadd := matadd(A, B);

> Cadd := evalm(A + B);
```

$$Cadd := \begin{bmatrix} a+e & b+f \\ c+g & d+h \end{bmatrix}$$

```
> Csub := matadd(A, -B);
```

```
> Csub := evalm(A - B);
```

$$Csub := \left[\begin{array}{cc} a-e & b-f \\ c-g & d-h \end{array}\right]$$

```
> Cmul := multiply(A, B);

> Cmul := evalm(A &* B);
```

$$Cmul := \left[\begin{array}{cc} ae+bg & af+bh \\ ce+dg & cf+dh \end{array}\right]$$

Wie bei Vektoren kann die Skalarmultiplikation mit **linalg/scalarmul** oder mit **evalm** durchgeführt werden:

```
> scalarmul(A, s);

> evalm(A * s); # ohne &
```

$$\left[\begin{array}{cc} sa & sb \\ sc & sd \end{array}\right]$$

Determinanten quadratischer Matrizen werden mit **det** bestimmt:

```
> det(A);
```

$$a\,d - b\,c$$

Den Rang einer Matrix ermittelt **rank**:

```
> rank(A);
```

$$2$$

Die inverse Matrix:

```
> inverse(A);

> evalm(1/A);
```

$$\left[\begin{array}{cc} \dfrac{d}{-ad+bc} & \dfrac{b}{-ad+bc} \\ \dfrac{c}{-ad+bc} & -\dfrac{a}{-ad+bc} \end{array}\right]$$

Um kurz den Effekt der Transposition zu verdeutlichen, wird die Matrix A neu definiert:

```
> A := matrix(2, 3, [a1, a2, a3, b1, b2, b3]):
```

```
> evalm(A), transpose(A);
```

$$\left[\begin{array}{ccc} a1 & a2 & a3 \\ b1 & b2 & b3 \end{array} \right], \left[\begin{array}{cc} a1 & b1 \\ a2 & b2 \\ a3 & b3 \end{array} \right]$$

Eine Einheitsmatrix (also vom Typ n x n) wird durch die Anweisung

```
> array(identity, 1 .. 3, 1 .. 3);
```

$$\left[\begin{array}{ccc} 1 & 0 & 0 \\ 0 & 1 & 0 \\ 0 & 0 & 1 \end{array} \right]$$

erzeugt. Wenn Sie diese Einheitsmatrix einer Variablen zuweisen, dann wird die Matrix erst durch Einsetzen des Bezeichners in **evalm** angezeigt.

```
> Em := array(identity, 1 .. 3, 1 .. 3);
```

$$Em := array(identity, 1 .. 3, 1 .. 3, [])$$

```
> evalm(Em);
```

Matrizen*manipulationen* erlauben u.a. **addrow**, **swaprow** und **mulrow**. Darüber hinaus können Matrizen aus Vektoren oder anderen Matrizen mit **augment** und **stack** gebildet werden:

```
> restart: with(linalg):
```

```
> vec1 := vector([a1, a2, a3]):
```

```
> vec2 := vector([b1, b2, b3]):
```

```
> vec3 := vector([c1, c2, c3]):
```

augment verbindet Vektoren bzw. Matrizen horizontal (sie werden nebeneinander gestellt).

```
> A1 := augment(vec1, vec2);   # 2 Vektoren
```

$$A1 := \begin{bmatrix} a1 & a2 \\ a2 & b2 \\ a3 & b3 \end{bmatrix}$$

stack verbindet Vektoren bzw. Matrizen vertikal (sie werden untereinander gestellt):

```
> stack(vec1, vec2);
```

$$\begin{bmatrix} a1 & a2 & a3 \\ b1 & b2 & b3 \end{bmatrix}$$

Weitere Möglichkeiten von **augment** :

```
> A2 := augment(A1, vec3);   # Matrix und Vektor
```

$$A2 := \begin{bmatrix} a1 & b1 & c1 \\ a2 & b2 & c2 \\ a3 & b3 & c3 \end{bmatrix}$$

```
> augment(A1, A2);   # 2 Matrizen
```

$$\begin{bmatrix} a1 & b1 & a1 & b1 & c1 \\ a2 & b2 & a2 & b2 & c2 \\ a3 & b3 & a3 & b3 & c3 \end{bmatrix}$$

addrow multipliziert in der Matrix A2 (erstes Argument) die erste Zeile (zweites Argument) mit der Zahl 3 (viertes Argument) und addiert das Ergebnis zur zweiten Zeile (drittes Argument). Wenn keine skalare Multiplikation gewünscht ist, beträgt der Wert des vierten Argumentes '1'; das vierte Argument kann nicht weggelassen werden.

```
> addrow(A2, 1, 2, 3);
```

$$\begin{bmatrix} a1 & b1 & c1 \\ 3\,a1+a2 & 3\,b1+b2 & 3\,c1+c2 \\ a3 & b3 & c3 \end{bmatrix}$$

mulrow multipliziert in der Matrix A2 (erstes Argument) die erste Zeile (zweites Argument) mit dem Skalar 2 (drittes Argument).

```
> mulrow(A2, 1, 2);
```

$$\begin{bmatrix} 2\,a1 & 2\,b1 & 2\,c1 \\ a2 & b2 & c2 \\ a3 & b3 & c3 \end{bmatrix}$$

Zeilen werden mit **swaprow** vertauscht, hier in der Matrix A2 die erste mit der zweiten Zeile.

```
> swaprow(A2, 1, 2);
```

$$\begin{bmatrix} a2 & b2 & c2 \\ a1 & b1 & c1 \\ a3 & b3 & c3 \end{bmatrix}$$

7.2.3 Lineare Gleichungssysteme in Matrizenform

Die Lösung eines Systemes der Art A*x = c, wobei A die Koeffizientenmatrix, x der Lösungsvektor und c der Vektor bestehend aus den Absolutgliedern sind, läßt sich mit **linsolve** berechnen. Werden unendlich viele Lösungen ermittelt, so werden in der Ausgabe Parameter verwendet, gibt es keine Lösung, so erfolgt keine Bildschirmausgabe.

```
> restart: with(linalg):
```

```
> A := matrix([
>      [1, -3, 1.5, -1],
>      [-2, 1, 3.5, 2],
>      [1, -2, 1.2, 2],
>      [3, 1, -1, -3]]);
```

$$\begin{bmatrix} 1 & -3 & 1.5 & -1 \\ -2 & 1 & 3.5 & 2 \\ 1 & -2 & 1.2 & 2 \\ 3 & 1 & -1 & -3 \end{bmatrix}$$

```
> c := vector([-10.4, -16.5, 0, -0.7]);
```

$$c := [\,-10.4,\, -16.5,\, 0,\, -.7\,]$$

```
> linsolve(A, c);
```

$$[.8080000007,\, -.184000000,\, -5.880000003,\, 2.940000002]$$

Man beachte die Rundungsfehler, die dadurch zustande kamen, weil einige Koeffizienten als Fließkommazahlen angegeben wurden.

Ein Beispiel für unendlich viele Lösungen:

```
> A := matrix([ [1, 1, -2], [1, -1, -2], [2, 3, -4] ]);
```

$$A := \begin{bmatrix} 1 & 1 & -2 \\ 1 & -1 & -2 \\ 2 & 3 & -4 \end{bmatrix}$$

```
> c := vector([0, 0, 0]);
```

$$c := [\,0, 0, 0\,]$$

```
> linsolve(A, c);
```

$$[\,2\_t[1], 0, \_t[1]\,]$$

Lineare Gleichungssysteme können Sie in Matrizenform umwandeln. Gegeben sei folgendes System:

```
> restart: with(linalg):

> sys := {
>     -2*x+2*y+7*z=0,
>     x-y-3*z=1,
>     3*x+2*y+2*z=5}:
```

Mit **genmatrix** wird aus dem Gleichungssystem sys mit den Unbekannten x, y und z eine Matrix erstellt. Als drittes Argument wird Wort flag angegeben, damit die Absolutglieder nicht 'verschluckt' werden.

```
> B := genmatrix(sys, [x, y, z], flag);
```

$$B := \begin{bmatrix} -2 & 2 & 7 & 0 \\ 1 & -1 & -3 & 1 \\ 3 & 2 & 2 & 5 \end{bmatrix}$$

Mit **gausselim** wird das Gaußsche Eliminationsverfahren auf die erzeugte Matrix angewendet; das Ergebnis ist eine obere Dreiecksmatrix. **backsub** liefert die Lösung des reduzierten Systemes.

```
> gausselim(B);
```

$$\begin{bmatrix} -2 & 2 & 7 & 0 \\ 0 & 5 & \frac{25}{2} & 5 \\ 0 & 0 & \frac{1}{2} & 1 \end{bmatrix}$$

```
> backsub(");
```

$$[\,3, -4, 2\,]$$

Aus einer Matrix lassen sich mit **submatrix** auch Untermatrizen erzeugen. Das erste Argument ist die zu bearbeitende Matrix (hier B), der zweite und dritte die Zeilen- bzw. Spaltenbereiche, die kopiert werden sollen.

```
> A := submatrix(B, 1 .. 3, 1 .. 3);
```

$$A := \begin{bmatrix} -2 & 2 & 7 \\ 1 & -1 & -3 \\ 3 & 2 & 2 \end{bmatrix}$$

```
> c := submatrix(B, 1 .. 3, 4 .. 4);
```

$$c := \begin{bmatrix} 0 \\ 1 \\ 5 \end{bmatrix}$$

Die vierte Spalte können Sie aber einfacher mittels **col** (*columns*) kopieren.

```
> c := col(B, 4);
```

$$c := [\,0, 1, 5\,]$$

```
> linsolve(A, c);
```

$$[\,3, -4, 2\,]$$

Sie können mit **geneqns** aus einer Koeffizientenmatrix bzw. aus einer erweiterten Koeffizientenmatrix ein Gleichungssystem erzeugen - in diesem Sinne die Umkehrung des Befehles **genmatrix**. Zur Bildung eines Systemes aus der Koeffizientenmatrix A übergeben Sie als erstes Argument die Matrix, als zweites alle Unbekannten in Form einer Liste, das optionale dritte Argument erwartet die Absolutglieder.

```
> geneqns(A, [x, y, z]);   # rechte Seite gleich Null
```

$$\{-2\,x + 2\,y + 7\,z = 0, 3\,x + 2\,y + 2\,z = 0, x - y - 3\,z = 0\}$$

```
> geneqns(A, [x, y, z], c);   # mit Absolutgliedern
```

$$\{-2\,x + 2\,y + 7\,z = 0, x - y - 3\,z = 1, 3\,x + 2\,y + 2\,z = 5\}$$

Ein dreidimensionales Histogramm erzeugen Sie aus einer Matrix mit dem Befehl
matrixplot aus dem Paket **plots**:

```
> plots[matrixplot](
>     B, heights=histogram, gap=0.15, axes=frame);
```

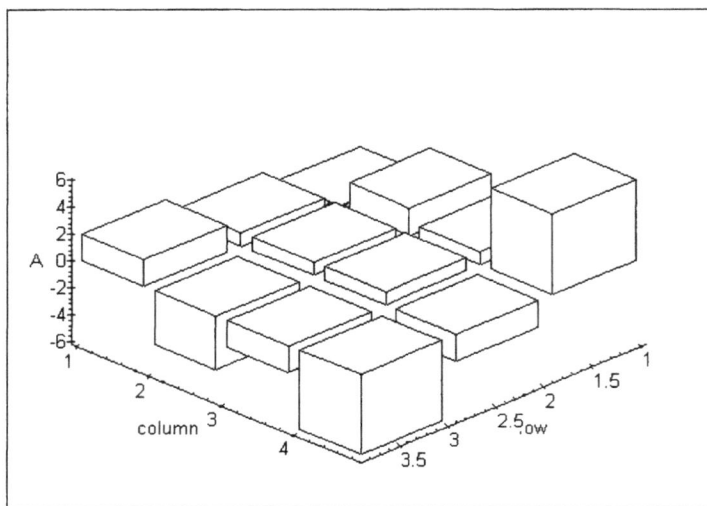

Bild 7.01: Matrixplot

Zuletzt wird noch die Eigenwertberechnung einer Matrix vorgestellt. Auch hier lei-
stet Maple nützliche Hilfe, indem mehrere Schritte zur Berechnung des Eigenwer-
tes durch einen einzigen Befehl durchgeführt werden: **eigenvals**. Die Eigenwerte
sind definiert durch:

$$\det(A - t*Em) = 0$$

mit A als Matrix, t als Parameter und Em als Einheitsmatrix, wobei nach Ermittlung der Determinanten das entstehende Polynom gleich Null gesetzt wird:

```
> restart: with(linalg):

> A := matrix(3, 3, [0, -1, 0, -1, -1, 1, 0, 1, 0]);
```

$$A := \begin{bmatrix} 0 & -1 & 0 \\ -1 & -1 & 1 \\ 0 & 1 & 0 \end{bmatrix}$$

```
> Em := array(identity, 1 .. 3 ,1 .. 3): evalm(Em);
```

$$\begin{bmatrix} 1 & 0 & 0 \\ 0 & 1 & 0 \\ 0 & 0 & 1 \end{bmatrix}$$

```
> solve(det(matadd(A, -t*Em))=0);
```

$$0, -2, 1$$

oder ganz einfach durch:

```
> eigenvals(A);
```

$$0, 1, -2$$

7.3 Geometrie der Ebene

* **geometry/AreParallel**
* **geometry/ArePerpendicular**
* **geometry/circle**
* **geometry/coordinates**
* **geometry/detail**
* **geometry/distance**
* **geometry/Equation**
* **geometry/intersection**
* **geometry/IsOnLine**
* **geometry/line**
* **geometry/point**

Die Geometrie des Raumes R_2 kann mit dem Paket **geometry** erforscht werden, dessen Syntax aber etwas gewöhnungsbedürftig ist.

Es ist hilfreich, vor der Ausführung der Befehle zwei Umgebungsvariablen für die Unbekannten der Gleichungen geometrischer Objekte zu setzen, die ansonsten immer wieder erfragt werden würden[99].

```
> restart:
```

```
> _EnvHorizontalName := x:
> _EnvVerticalName := y:
```

```
> with(geometry):
```

Definition zweier Punkte p1 und p2 mit **point**: das erste Argument ist der Punkt, dem die Punktkoordinaten 2 und 3 als weitere Argumente zugewiesen werden.

```
> point(p1, 2, 3);
```

$$p1$$

---

[99] Diese beiden Zuweisungen lassen sich in die Maple-Initialisationsdatei eintragen (siehe Anhang B3).

```
> point(p2, 0, 0);
```

$$p2$$

detail gibt Informationen über die Struktur eines geometrischen Objektes zurück.

```
> detail(p1);
```

    name of the object: p1
    form of the object: point2d
    coordinates of the point: [2, 3]

Die Koordinaten eines Punktes bestimmt **coordinates**:

```
> coordinates(p1);
```

$$[2, 3]$$

Geraden werden mit **line** definiert. Das erste Argument ist der Name der zu kreie-renden Geraden, gefolgt von zwei in eine Liste gefaßten Punkten.

```
> line(gerade, [p1, p2]);
```

$$gerade$$

```
> detail(gerade);
```

    name of the object: gerade
    form of the object: line2d
    equation of the line: 3*x-2*y = 0

Zur Extrahierung der Geradengleichung aus diesem Objekt wird der Name der Ge-raden dem Befehl **Equation** übergeben.

```
> geradengl := Equation(gerade);
```

$$geradengl := 3\,x - 2\,y = 0$$

Eine Gerade können sie auch durch eine Gleichung der Form a*x+b*y+c=0 definieren:

```
> line(g, 3*x-2*y=0):
```

```
> detail(g);
```

name of the object: g
form of the object: line2d
equation of the line: 3*x-2*y = 0

Ein Kreis wird mit **circle** gebildet, dem der Name des Kreises sowie dessen Mittelpunkt und Radius in einer Liste übergeben werden:

```
> circle(kreis, [p1, 2]):
```

```
> detail(kreis);
```
name of the object: kreis
form of the object: circle2d
name of the center: p1
coordinates of the center: [2, 3]
radius of the circle: 2
equation of the circle: x^2+9+y^2-4*x-6*y = 0

```
> kreisgl := Equation(kreis);
```

$$kreisgl := x^2 + y^2 + 9 - 4\,x - 6\,y = 0$$

Der Graph des Kreises und der Geraden:

```
> implicitplot({kreisgl, geradengl}, x=-2 .. 6, y=-1 .. 6);
```

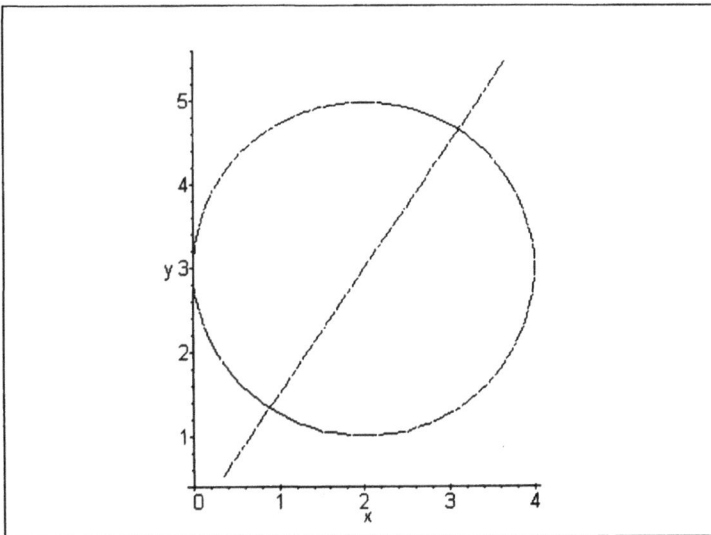

Bild 7.02: Schnitt zwischen Kreis und Gerade

intersection ermittelt die Schnittpunkte (*intersections*) zweier Geraden, eines Kreises mit einer Geraden oder zweier Kreise. Als erstes Argument muß ein Name, der das Ergebnis der Schnittpunktberechnung enthält, angegeben werden. Die Koordinaten der Schnittpunkte selbst aber werden in einer Liste, in der ein oder zwei bisher unbelegte Bezeichner enthalten sind, zwischengespeichert. In diesen Bezeichnern werden die eigentlichen Schnittpunkte abgelegt, welche sich mit **coordinates** ermitteln lassen. Die Liste übergeben Sie als viertes Argument. Die zweiten und dritten Argumente enthalten die geometrischen Objekte, die Geraden bzw. Kreise.

```
> intersection(schnitt, kreis, gerade, [M, N]);
```

$$[M, N]$$

```
> detail(schnitt);
```

    name of the object: M
    form of the object: point2d
    coordinates of the point: [2+4/13*13^(1/2), 3+6/13*13^(1/2)]
    name of the object: N
    form of the object: point2d
    coordinates of the point: [2-4/13*13^(1/2), 3-6/13*13^(1/2)]

```
> coordinates(M);
```

$$[2 + \frac{4}{13}\sqrt{13}, 3 + \frac{6}{13}\sqrt{13}]$$

```
> coordinates(N);
```

$$[2 - \frac{4}{13}\sqrt{13}, 3 - \frac{6}{13}\sqrt{13}]$$

```
> map(coordinates, [M, N]);
```

$$[[2 + \frac{4}{13}\sqrt{13}, 3 + \frac{6}{13}\sqrt{13}], [2 - \frac{4}{13}\sqrt{13}, 3 - \frac{6}{13}\sqrt{13}]]$$

ArePerpendicular prüft, ob zwei Geraden aufeinander senkrecht stehen, also orthogonal sind.

```
> restart: with(geometry):

> line(g1, [point(a1, 0, 0), point(b1, -2, 3)]):

> line(g2, [point(a2, 0, 0), point(b2, 3, 2)]):
```

```
> ArePerpendicular(g1, g2);
```

true

Parallelität zweier Geraden:

```
> AreParallel(g1, g2);
```

false

distance ermittelt die Entfernung eines Punktes von einem anderen Punkt oder einer Geraden.

```
> distance(a1, b1);   # Entfernung zweier Punkte
```

$$\sqrt{13}$$

```
> distance(b2, g1);   # Entfernung eines Punktes von
>                     # einer Geraden
```

$$\sqrt{13}$$

Zur Prüfung, ob ein Punkt (oder eine Liste von Punkten) auf einer Geraden liegt, nutzt man **IsOnLine**.

```
> IsOnLine(b1, g1);
```

true

7.4 Geometrie des Raumes

- **geom3d/line3d**
- **geom3d/inter**
- **geom3d/plane**
- **geom3d/point3d**
- **geom3d/sphere**

Das Paket **geom3d** von Release *3* beinhaltet Anweisungen zur Vektorrechnung in $\mathrm{I\!R}^3$. **geom3d** ist in Release 4 nicht mehr vorhanden. Waterloo Maple Inc. hat allerdings freundlicherweise eine Release 4-Fassung des Paketes zur Verfügung gestellt. Sie finden sie auf der CD-ROM im Verzeichnis /libs/geom3d.

Bitte beachten Sie, daß das Urheberrecht zu **geom3d** bei Waterloo Maple Inc. liegt. Nach Angaben des Herstellers wird voraussichtlich Ende 1997 Maple V Release 5 veröffentlicht, das auf der beiliegenden CD-ROM enthaltene Paket **geom3d** wird dann in der Maple Library von Release 5 integriert sein. Waterloo Maple Inc. garantiert nicht, daß Code und Syntax des auf der CD-ROM befindlichen Paketes mit denjenigen von Release 5 voll kompatibel sein wird. Besitzern eines

Internet-Zuganges wird empfohlen, die Website von Waterloo Maple Inc. unter
http://www.maplesoft.com bezüglich neuer Produktversionen und Informationen über mögliche Aktualisierungen des Paketes **geom3d** zu besuchen.

point3d definiert Punkte im Raum, deren Koordinaten können in eckige Klammern
gesetzt werden, müssen es aber nicht unbedingt:

```
> restart: with(geom3d):
```

```
> point3d(a, 1, 1, 1):
```

```
> point3d(b, [3, 4, 1]):
```

```
> point3d(c, [4, 3, -1]):
```

Bitte stellen Sie sicher, daß die Bezeichner x, y, z und _t nicht in den Koordinaten
der Punkte vorkommen, da diese Variablen vom Paket **geom3d** intern benutzt
werden.

Geraden werden durch zwei Punkte gebildet:

```
> line3d(gerade1, [a, b]):
```

oder durch Angabe eines Punktes und des Richtungsvektoren (*direction vector*)[100]:

```
> line3d(gerade1, [a, [2, 3, 0]]):
```

Die Struktur eines mit **geom3d** gebildeten dreidimensionalen Objektes wird in einer Tabelle abgelegt und läßt sich **op** ermitteln.

```
> op(gerade1);
```

```
table([
   equation = [1 + 2 _t, 1 + 3 _t, 1]
   given = [a, [2, 3, 0]]
   direction_vector = [2, 3, 0]
   form = line3d
   ])
```

Drei Punkte definieren eine Ebene:

```
> plane(ebene1, [a, b, c]):
```

---

[100] Der Vektor kann leider nicht mit **vector** aus dem Paket **linalg** definiert werden. Auch
hier gilt dasselbe bezüglich der Variablen x, y, z und _t wie bei **point3d**.

```
> op(ebene1);
```

table([
   equation = (-6 x + 7 + 4 y - 5 z = 0)
   given = [a, b, c]
   normal_vector = [-6, 4, -5]
   form = plane
   ])

Ebenso erzeugen ein Punkt und ein Normalenvektor eine Ebene.

```
> plane(ebene2, [a, [3, 2, 1]]):
```

Eine Ebene aus einem Punkt und zwei Richtungsvektoren:

```
> plane(ebene3, [a, [1, 0, -3], [2, -3, 0]]):
```

Eine Kugel bestehend aus dem Mittelpunkt c und einem Radius (oder aus vier Punkten):

```
> sphere(kreis, [c, 5]):
```

```
> op(kreis);
```

table([
   radius = 5
   equation = (x^2 - 8 x + 1 + y^2 - 6 y + z^2 + 2 z = 0)
   given = [c, 5]
   form = sphere
   center = c
   ])

Die Schnittgerade zweier Ebenen berechnet **inter**, das Ergebnis wird im dritten Argument gespeichert.

```
> inter(ebene1, ebene2, schnitt);
```

schnitt

```
> op(schnitt);
```

table([
   equation = [$\frac{19}{12}$ + 14 _t, $\frac{5}{8}$ - 9 _t, - 24 _t]
   given = [ebene1_ebene2, [14, -9, -24]]
   direction_vector = [14, -9, -24]
   form = line3d
   ])

Siehe auch: **?geom3d**.

7.5 Kombinatorik

- **combinat/bell**
- **combinat/cartprod**
- **combinat/choose**
- **combinat/numbcomb**
- **combinat/numbpart**
- **combinat/numbperm**
- **combinat/partition**
- **combinat/permute**
- **combinat/stirling2**

Für diesen Themenbereich existiert das Paket **combinat**.

choose ermittelt alle Kombinationen einer Liste von Elementen, das zweite optionale Argument n berechnet nur n-elementige Kombinationen.

```
> restart: with(combinat):
> s := [a, b, c]:
> choose(s);
```

$$[[], [a], [b], [a, b], [c], [a, c], [b, c], [a, b, c]]$$

numbcomb gibt die Anzahl der Kombinationen einer Liste an.

```
> numbcomb(s);
```

$$8$$

```
> choose(s, 2);
```

$$[[a, b], [a, c], [b, c]]$$

Die Anzahl von Möglichkeiten, aus n Elementen k auszuwählen, beträgt bekanntlich $\binom{n}{k}$, beispielsweise mit n=4 und k=3:

```
> binomial(4, 3);
```

$$4$$

```
> choose(4, 3);
```

$$\{\{1, 2, 3\}, \{1, 2, 4\}, \{1, 3, 4\}, \{2, 3, 4\}\}$$

Die Anzahl von Einträgen in einer Menge ermittelt **nops**, in diesem Falle die Anzahl der Unterlisten oder -mengen, welches mit $\begin{pmatrix} 4 \\ 3 \end{pmatrix}$ identisch ist:

```
> nops(");
```

$$4$$

Für Permutationen ist **permute** zuständig, wobei **numbperm** die Anzahl der Permutationen berechnet. Auch hier führt die Angabe eines zweiten Argumentes n wieder dazu, daß nur n-elementige Permutationen ausgegeben werden.

```
> permute(s);
```

$$[[a, b, c], [a, c, b], [b, a, c], [b, c, a], [c, a, b], [c, b, a]]$$

```
> numbperm(s);
```

$$6$$

```
> permute(s, 2);
```

$$[[a, b], [a, c], [b, a], [b, c], [c, a], [c, b]]$$

```
> numbperm(s, 2);
```

$$6$$

Das Kartesische Produkt wird auf eine etwas eigenwillige Weise ermittelt, da **cartprod** eine Tabelle zurückgibt, die eine Prozedur enthält, die alle geordneten Paare sukzessiv zurückgibt. Eine **while**-Schleife gibt alle Paare mit einer einzigen Anweisung zurück. Solange (**while**) T[finished] nicht den Wert **true** annimmt, wird der nächste Wert T[nextvalue] berechnet (**do**). Siehe auch Kapitel 12.

```
> T := cartprod([[1,2], [a,b]]):

> while not T[finished] do T[nextvalue]() od;
```

$$[1, a]$$
$$[1, b]$$
$$[2, a]$$
$$[2, b]$$

Den Inhalt der Tabelle T können Sie sich

```
> eval(T);
```

ansehen.

Die Stirlingsche Zahlen zweiter Art (*Stirling numbers of the second kind*) berechnet **stirling2**:

```
> stirling2(4, 2);
```

$$7$$

Die Bell-Zahlen b[n]:

```
> bell(4);
```

$$15$$

Für die Berechnung aller Partitionen einer natürlichen Zahl n steht **partition** bereit. Das Ergebnis ist eine Liste von Listen. Die einzelne Elemente der jeweiligen Unterlisten ergeben als Summe die Zahl n. Optional und nicht dokumentiert ist ein zweites Argument p; hier werden alle Partitionen einer Zahl n mit den Elementen 1 .. p gebildet.

```
> partition(4);
```

$$[[1, 1, 1, 1], [1, 1, 2], [2, 2], [1, 3], [4]]$$

```
> partition(4, 2);
```

$$[[1, 1, 1, 1], [1, 1, 2], [2, 2]]$$

```
> numbpart(4);
```

$$5$$

Teil 2

Die Programmiersprache
Maple V

8 Die Programmiersprache Maple V

Übersicht

- **8.1 Allgemeines**
- **8.2 Eigenschaften der Programmiersprache Maple V**
- **8.3 Begriffsbestimmungen**

8.1 Allgemeines

Bisher haben Sie als *Anwender* 'nur' die vom System Maple V zur Verfügung gestellten Befehle zur Lösung mathematischer Probleme genutzt. Die allermeisten dieser Befehle sind in der Programmiersprache Maple V verfaßte Prozeduren. Diese Programmiersprache können Sie nutzen, selbstverfaßte Befehle zu entwickln, anzuwenden und zu speichern, d.h. als *Programmierer* tätig zu werden.

Prozeduren bieten den Vorteil, komplexere Rechenvorgänge zu automatisieren und eine ganze Gruppe von (gleichartigen) Problemen bequem auf sie anwenden zu können. Viele der hier besprochenen Themen und Verfahren können Sie auch in der interaktiven Ebene nutzen, so z.B. die Programmierung von Schleifen zur Erzeugung einer Wertetabelle einer Funktion, Zugriffe auf Teile von Ergebnissen u.v.a.m.

Die Programmiersprache Maples ist zwar sehr einfach gehalten, dennoch äußerst mächtig, wie allein die im ersten Teil vorgestellten Befehle eindrucksvoll zeigen. Die Anzahl der Programmierschlüsselwörter ist relativ gering, welches das Erlernen der Programmiersprache sehr erleichtert. Sie ähnelt im großen und ganzen Algol68, enthält aber auch Elemente von C und Macsyma und gestattet die strukturierte Programmierung. Ab und an wird auf die Unterschiede der Sprache Maple V zu anderen Sprachen hingewiesen, insbesondere zu Pascal und Modula-2[101].

Der Leser sollte sowohl mit der Anwendung von Maple V vertraut sein als auch über Kenntnisse grundlegender Konzepte imperativer Sprachen wie FORTRAN, C, Modula-2, Pascal oder erweitertes BASIC verfügen.

Einige Beispiele sind bewußt etwas 'übertrieben', um die vielfältigen Möglichkeiten Maples zu demonstrieren. Auch wurden sie in der Absicht entworfen, ausschließlich das zuvor Beschriebene zu verdeutlichen, so daß der Leser sozusagen im Baukastenverfahren seine eigenen Prozeduren leicht zusammensetzen kann.

Kapitel 9 bis 14 vermitteln Ihnen das Basiswissen über die Programmiersprache Maple V, wobei diese Kenntnisse sich auch im interaktiven Einsatz anwenden lassen.

---

[101] Pascal und Modula-2 bzw. -3 basieren auf Algol60 bzw. Algol W.

Kapitel 15 baut auf den vorherigen Kapiteln auf und stellt das Prozedurkonzept Maples vor.

Kapitel 16 vertieft das zuvor erworbene Wissen anhand der Erstellung eigener Pakete und Bibliotheken sowie der zugehörigen Hilfeseiten. Ferner wird hier beschrieben, wie Berechnungen beschleunigt und numerische Daten aus Dateien eingelesen und abgespeichert werden können.

8.2 Eigenschaften der Programmiersprache Maple V

Eine Programmiersprache muß generell Daten mit bestimmten Operationen bearbeiten können. Demzufolge gibt es auch in Maple V Ablauf- und Datenstrukturen, die in den folgenden Kapiteln näher vorgestellt werden.

Es ist nützlich, sich eingangs über die in Maple vorhandenen Konstrukte einen kleinen Überblick zu verschaffen, um einen ersten Eindruck über die Möglichkeiten des Computeralgebrasystemes im Bereich der Programmierung zu erhalten.

Operationen:

Sequenzen bzw. Folgen von beliebigen Anweisungen, z.B.
- Wertzuweisungen
- Befehlsaufrufe

Alternativen
- bedingte Anweisungen

Iterationen
- Zählschleifen
- bedingte Schleifen
- Endlosschleifen
- Schleifensprungbefehle

Spezielle Prozedurfunktionen
- Rückgabebefehl
- Anweisungen zur Fehlerbehandlung
- Parameterbehandlung

Daten:

Datenstrukturen
- z.B. Folgen, Listen, Mengen, Tabellen, Felder, Zeichenketten

Datentypen
- z.B. integer, float, string, algebraic, polynom

Gültigkeitsbereiche für in Prozeduren benutzte Variablen
- local, global

Ferner bietet Maple Rekursionen, interaktive Terminaleingaben, Listenbearbeitung, Dateiein- und Ausgaben und vieles mehr.

Die Programmiersprache Maple V ist problemorientiert: Sie können sich (meist) voll auf die Entwicklung von Algorithmen konzentrieren und haben viele Freiheiten, die so manche konventionelle Programmiersprache nicht zuläßt.

Maple V agiert als Interpreter, d.h. die Befehle werden während der Abarbeitung vom Kernel in maschinenlesbare Form umgewandelt. Die Geschwindigkeit ist dabei in den meisten Fällen vollkommen ausreichend.

8.3 Begriffsbestimmungen

Die Begriffe *Prozedur, Routine* und *Befehl* werden synonym gebraucht. Dasselbe gilt für *Zeichenketten* und *String(s)*, wenn hier nicht der Datentyp **string** gemeint ist. Einträge in Dreiecken ◄ ► sind optional.

9 Bezeichner

Übersicht

- **9.1 Variablen**
- **9.2 Datentypen**
- **9.3 Schutz von Bezeichnern**

9.1 Variablen

Als Computeralgebrasystem erlaubt Maple V nicht nur, Zahlen Variablen zuzuweisen sondern jeden beliebigen Maple-Ausdruck, z.B.: Terme, Gleichungen, Prozeduren, Funktionen, Datenstrukturen, Texte und Ergebnisse von Maple-Berechnungen. In Release 4 können sogar Arbeitsblatt*dateien* [sic !] Variablen zugewiesen werden.

Variablen dienen der Aufnahme *veränderlicher* Werte und können während einer Arbeitssitzung entsprechend neu belegt werden. Auf Variablen bzw. deren Inhalt können Sie sich immer wieder beziehen. Sie dienen meist der Abspeicherung von weiter zu bearbeitenden Zwischenergebnissen.

Sind Variablen nicht mit einem Wert belegt - sie tragen dann 'ihren eigenen Namen', dienen sie als Unbestimmte im mathematischen Sinne.

Mit den Befehlen **is** bzw. **evalb** lassen sich Aussagen bezüglich des Wahrheitsgehaltes von Relationen durchführen. Das Ergebnis ist ein (Boolescher) Wahrheitswert: entweder **true** (wahr) oder **falsch** (false). Auf diese Weise läßt sich aus einer Arbeitssitzung heraus abfragen, ob eine Variable einen bestimmten Wert trägt.

```
> var := 0:

> is(var=0);
```

$$\text{true}$$

evalb führt keine Vereinfachungen durch, **is** hingegen sehr wohl.

```
> evalb(sqrt(2) < 2);
```

$$\sqrt{2} - 2 < 0$$

```
> is(sqrt(2) < 2);
```

true

Mit **assigned** läßt sich bestimmen, *ob* eine Variable einen Wert trägt, oder genauer: einen anderen als ihren eigenen Namen trägt. Das Ergebnis ist wieder ein Wahrheitswert.

```
> assigned(var);
```

true

Auch Zeichenketten (*strings*) bzw. Texte, welche u.a. der besseren Dokumentierung einer Maple-Berechnung oder zur Angabe von Pfadnamen dienen, lassen sich Variablen zuweisen, indem sie vorher in *Backquotes*[102] gesetzt werden.

```
> MapleV := `Waterloo Maple Inc.`;
```

MapleV := Waterloo Maple Inc.

```
> MapleV;
```

Waterloo Maple Inc.

```
> pfad := `c:/maplev4/lib`:
```

pfad := c:/maplev4/lib

Alle bisher vom Benutzer mit Werten belegte Namen lassen sich mit dem Befehl **anames** ermitteln.

```
> anames();
```

var, MapleV, pfad

Sollten in Ihrer Maple-Initialisationsdatei bereits Namen belegt sein - dazu zählen auch Aufrufe von Paketen - , so werden diese ebenfalls angezeigt[103].

Das Löschen der Werte einzelner Variablen geschieht bekanntlich durch eine Zuweisung der Art

---

[102] Das Backquote befindet sich auf deutschen PC-Tastaturen zwischen dem 'ß' und der Backspace-Taste. Sie erzeugen es, indem Sie die SHIFT-Taste zusammen mit der Backquote-Taste drücken, loslassen und danach eventuell noch die Leertaste betätigen.
[103] Daher kann es zweckmäßig sein, nach einem Neustart alle zugewiesenen Variablen in einer Variablen, z.B. a, abzuspeichern und im Verlaufe einer Arbeitssitzung die Differenzmenge zwischen den aktuell belegten Variablen und a zu ermitteln.

```
> Name := 'Name':
```

wobei auf der rechten Seite der Name der Variablen in Apostrophe gesetzt wird,
d.h. nicht ihr Wert, sondern ihr eigener Name wird der Variablen zugewiesen. Alternativ hierzu läßt sich auch der Befehl **evaln** verwenden,

```
> Name := evaln(Name);
```

der gleichartiges vollzieht.

Eine Besonderheit stellen Umgebungsvariablen dar, welche in Kapitel 15.4.3 vorgestellt werden.

9.2 Datentypen

Variablen gehören bestimmten Datentypen, auch Sorten genannt, an. Ein Datentyp
beschreibt eine Menge von Objekten bzw. Werten, auf die bestimmte vordefinierte
Operationen angewandt werden können[104], bzw. gibt deren Eigenschaften an. Beispielsweise ist in Maple V das Objekt 'Zahl 2' eine natürlichen Zahl, die Zahl 0.5
eine Fließkommazahl, und der Text `Maple V` gehört dem Typ String an.

Die Zahlen 2 und 0.5 können Sie als Argumente der Sinusfunktion übergeben, den
String `Maple V` zwar auch, aber dieses macht hier keinen Sinn. Natürliche Zah-
len haben die Eigenschaft, daß sie allein aus den Ziffern {0 | 1 | 2 | 3 | 4 | 5 | 6 | 7 | 8
| 9} bestehen, Fließkommazahlen aus Ziffern und einem Dezimalpunkt an einer be-
liebigen Position, Strings aus Buchstaben, Ziffern und Sonderzeichen, deren Kombination in Backquotes gesetzt wird.

Aus der Interpretereigenschaft Maples resultiert, daß Variablen nicht deklariert
werden müssen, d.h. daß ihnen nicht ein bestimmter Datentyp zugewiesen werden
muß, bevor sie benutzt werden dürfen. Ausdrücke können Sie allerdings auf ihren
Typ überprüfen, welches insbesondere für die Fallunterscheidung und Fehlerbehandlung innerhalb von Prozeduren nützlich ist. Dieses geschieht mit **type**, welches kontrolliert, ob der Ausdruck dem angegebenen Typ entspricht und eingeschränkt mit **whattype**, welches den Typ eines Ausdruckes ermittelt (siehe auch
?whattype).

Die in Maple V existierenden Datentypen lassen sich wie folgt einordnen:

---

[104] Vgl. Bauer/Goos, *Informatik 1*, 4. Auflage, Springer-Verlag, S. 68

1) Algebraische Datentypen

Der Supertyp (Oberbegriff) aller unter diesen Punkt 1) aufgeführten algebraischen Subtypen ist **algebraic**, d.h. die folgenden Typen sind alle der Oberkathegorie **algebraic** zugeordnet. Der Supertyp **algebraic** besteht aus den Subtypen **arithop** und **numeric** sowie einigen weiterem Subtypen.

arithop - arithmetische Operatoren

`+`	Summe und Differenz
`*`	Produkt und Division
`^` & `**`	Potenz

numeric - numerische Operanden

float	Fließkommazahl
fraction	Bruch
integer	ganze Zahl

Die Typen **fraction** und **integer** bilden den Typ **rational**.

Sonstige Datentypen

function	Funktion
indexed	indizierte Variable
series	Reihenentwicklung
string	Zeichenkette
uneval	unausgewerteter Ausdruck
`!`	Fakultät

2) Wertebereiche von Ausdrücken vom Typ numeric

negative	negativer Ausdruck
nonneg	nichtnegativer Ausdruck
nonnegint	nichtnegativer ganzzahliger Ausdruck
positive	positiver Ausdruck
posint	positiver ganzzahliger Ausdruck

3) Erweiterte Datentypen

array	Feld
exprseq	Folge (siehe hierzu aber Kapitel 5.1 Folgen)
list	Liste
listlist	Liste von Listen
matrix	Matrix
procedure	Prozedur
set	Menge
table	Tabelle
vector	Vektor

4) Einstufungen mathematischer Ausdrücke

complex	komplexer Ausdruck
equation	Gleichung
factorial	Fakultät
linear	linearer Ausdruck
polynom	Polynom
radical	Wurzel
rational	rationaler Ausdruck
ratpoly	rationaler Ausdruck eines Polynomes
relation	Relation der Form =, <>, <, <=, >, >=
series	Reihe
taylor	Taylorreihe

5) Boolesche Ausdrücke

boolean	aus den Typen **logical** bzw. **relation** gebildeter Ausdruck
logical	Ausdruck mit **and**, **or** oder **not**

6) Symmetrieeigenschaften von Funktionen

evenfunc	gerade Funktion
oddfunc	ungerade Funktion

7) Mathematische Funktionen

mathfunc	alle vordefinierten mathematischen Maple-Funktionen
arctrig	alle vordefinierten inversen trigonometrische und hyperbolische Funktionen
trig	alle vordefinierten trigonometrische Funktionen

8) Sonstige Datentypen

constant	Ausdruck, der entweder vom Typ **numeric** (d.h. **integer**, **fraction**, **float**), in der Variablen **constants** aufgeführt (z.B. **Pi**, **infinity**), oder der ein unausgewerteter Funktionsaufruf mit Argumenten vom Typ **constant** ist
evaln	verhindert die Auswertung eines Argumentes beim Prozeduraufruf (neu in Release 4; dieser 'Typ', der keiner ist, wird in Kapitel 15.6 näher besprochen)
name	unausgewerter Bezeichner
protected	geschützter Name
range	Bereich der Form a .. b
realcons	Ausdruck x, der bei dem Aufruf `type(evalf(x), realcons)` wahr ergibt, sowie $\pm\infty$

Siehe auch: **?type**, **?type[structured]**, **?type[surface]** bzw. **?type**[Datentyp].

Beispiele:

type prüft einen Ausdruck auf einen angegebenen Typen:

```
> restart:
```

```
> type(10, algebraic);
```

                                        true

```
> type(10, numeric);
```

$$true$$

```
> type(10, integer);
```

$$true$$

```
> type(10, float);
```

$$false$$

Mit **whattype** stellen Sie den Basistypen eines Ausdruckes fest:

```
> whattype(10);
```

$$integer$$

```
> whattype(1/2);
```

$$fraction$$

Maple V gestattet die Definition benutzerdefinierter Typen. Die Vorgehensweise hierbei wird in Kapitel 15.21 erläutert.

9.3 Schutz von Bezeichnern

Befehle und Konstanten werden beim Start Maples mit dem Befehl **protect**[105] vor Schreibzugriffen geschützt. Mit diesem Befehl können Sie Namen schützen, dies kann bei selbstdefinierten Konstanten nützlich sein.

Mit dem Kommando **unprotect** können Sie den Schreibschutz eines Namens aufheben. Es ist daher auch möglich, Maple-Befehle zu überschreiben; vor dieser Maßnahme wird aber ganz entschieden abgeraten, da sie nicht nötig und evtl. die Kompatibilität von Befehlen nicht mehr gegeben ist.

Die während einer Arbeitssitzung durchgeführte Sicherung bzw. Entsicherung von Namen mit **protect** bzw. **unprotect** wird nach einem **restart** wieder rückgängig gemacht und der Zustand wieder hergestellt, wie er vor Einsatz der beiden Befehle existierte.

protect wie **unprotect** übertragen Sie sinnvollerweise einen unausgewerteten Bezeichner.

---

[105] oder einem ähnlichen Mechanismus

```
> restart:

> unprotect('Pi');

> Pi := 20:

> protect('Pi');

> Pi;
```

$$20$$

```
> Pi := 0;
Error, attempting to assign to `Pi` which is protected

> restart:

> Pi;
```

$$\pi$$

10 Ausgabebefehle

Übersicht

- **10.1 Unformatierte Ausgabe mit print und lprint**
- **10.2 Formatierte Ausgabe mit printf**

Maple V gestattet die Ausgabe von Texten und Werten sowohl auf dem Bildschirm als auch in Dateien. Wir beschränken uns hier zunächst auf den ersten Fall. Die Nutzung der Bildschirmausgabebefehle ist zwar eher selten bei Maple V, doch dienen sie in diesem Buch dem besseren Verständnis der Arbeitsweise der vorgestellten Anweisungen und Prozeduren.

Folgende drei Ausgabebefehle haben die Funktionen:

1) **print** zentriert die Ausgabe, Darstellung - wenn möglich - in Typeset Notation.

2) **lprint** positioniert die Ausgabe linksbündig, Darstellung in Linestyle Notation.

3) **printf** funktioniert genauso wie **lprint**, gestattet aber die Formatierung von Werten gemäß gewisser benutzerdefinierter Vorgaben.

10.1 Formatierte Ausgabe mit print und lprint

print und **lprint** gestatten die unformatierte Ausgabe von beliebigen Ausdrücken. Maple V prüft selbständig einen Wert auf seinen Typ und gibt ihn entsprechend aus, ohne daß Sie sich um seine korrekte Formatierung kümmern müßten. Handelt es sich bei den ihnen übergebenen Argumenten um Maple-Ausdrücke, so werden diese ausgewertet angezeigt. Beispiele:

```
> print(Sum(1/n, n=1 .. 10));
```

$$\sum_{n=1}^{10} \frac{1}{n}$$

```
> print(sum(1/n, n=1 .. 10));
```

$$\frac{7381}{2520}$$

```
> lprint(Sum(1/n, n=1 .. 10));
Sum(1/n,n = 1 .. 10)
```

```
> lprint(sum(1/n, n=1 .. 10));
7381/2520
```

Auch Texte (sog. *Zeichenketten*) können Sie mit den beiden Befehlen anzeigen, indem
sie in Backquotes gefaßt werden. Hier können Sie alle möglichen Zeichen eingeben,
darunter Satzzeichen und deutsche Umlaute.

```
> lprint(`Mathematik mit Maple V`);
Mathematik mit Maple V
```

Texte und Werte lassen sich kombinieren, wenn sie mittels Kommata voneinander abgegrenzt sind. **lprint** trennt die einzelnen Bestandteile bei der Ausgabe durch drei
Leerzeichen, **print** durch ein Komma gefolgt von einem Leerzeichen.

```
> x := 2.5:

> lprint(`x = `, x, ` ist die Lösung.`);
x =    2.5     ist die Lösung.

> print(`x = `, x, ` ist die Lösung.`);
```

$$x = , 2.5, \text{ ist die Lösung.}$$

Um diese (oft unerwünschten) Trennzeichen zu vermeiden, können Sie die einzelnen
Bestandteile durch einen Punkt '.' (den *Punktoperator*) separieren, welches leider nur
bei Strings bzw. ganzen Zahlen zum Erfolg führt.

```
> x := 2:

> lprint(`x = ` . x . ` ist die Lösung`);
x = 2 ist die Lösung

> print(`x = ` . x . ` ist die Lösung`);
```

$$x = 2 \text{ ist die Lösung}$$

```
> x := 2.5:

> lprint(`x = ` . x . ` ist die Lösung`);
x = .(2.5). ist die Lösung
```

Der Punktoperator wertet den ersten Operanden nicht aus; bei Zeichenketten wirkt sich
dies nicht aus, bei Variablen hingegen schon:

```
> x := 0:

> print(x . ` ist der Name.`);
```

$$x \text{ ist der Name.}$$

Dieses läßt sich umgehen, indem Sie vor die Variable einen Leertext - durch zwei Backquotes symbolisiert - gefolgt von einem Punkt, also dem Verkettungsoperator, setzen.

```
> print(`` . x . ` ist der Wert von x.`);
```

                    0 ist der Wert von x.

Wieder erscheinen bei der Ausgabe von Fließkommazahlen unerwünschte Zeichen:

```
> x := 0.5:
```

```
> print(`` . x . ` ist der Wert von x.`);
```

                    ..5. ist der Wert von x.

Auch Steuerzeichen (*escape sequences*) sind in Zeichenketten erlaubt. Diese Steuerzeichen bewirken auf einem Ausgabegerät (z.B. dem Monitor) bestimmte Funktionen und beginnen alle mit einem Backslash. I.d.R. gleichen sie in Name und Funktion denen der Programmiersprache C.

Zeichen	Name	Bedeutung	englische Bezeichnung
\a	BEL	Klingelzeichen (nur bei Kommandozeilenversion)	Bell
\b	BS	ein Zeichen zurück	Backspace
\f	FF	Seitenvorschub	Form Feed
\n	LF	Beginn einer neuen Zeile	New Line, Line Feed
\r	CR	Zurücksetzen zum Anfang der Zeile	Carriage Return
\t	HT	einen Tabulator nach vorne setzen (horizontal)	Horizontal Tabulator
\v	VT	Vertikal-Tabulator	Vertical Tabulator
\\		Anzeige des Backslash	Backslash

Beispiele:

```
> lprint(`\a`);
(Klingelzeichen)

> lprint(`Text 1\b\b\bText 2`);
TexText 2

> lprint(`Text 1\fText 2`);
Text 1
      Text 2
```

```
> lprint(`Text 1\nText 2`);
Text 1
Text 2

> lprint(`Text 1\rText 2`);
Text 2

> lprint(`Text 1\tText 2`);
Text 1   Text 2

> lprint(`Text 1\vText 2`);
Text 1
      Text 2
```

10.2 Formatierte Ausgabe mit printf

Zur formatierten Bildschirmausgabe existiert der Befehl **printf**[106]. Mit ihm können Werte in einer vom Benutzer bestimmten Art, beispielsweise in der wissenschaftlichen E-Notation oder mit einer bestimmten Anzahl von Nachkommastellen, dargestellt werden. Die Syntax lautet:

```
printf(
     `Form1 ◀Form2 ...▶`, Bezeichner1 ◀, Bezeichner2 ...▶);
```

wobei Formk die jeweilige Formatierung von Bezeichnerk bestimmt:

```
%◀Steuerzeichen▶◀-▶◀Breite▶◀.Genauigkeit▶Code
```

Steuerzeichen, das Minussymbol, Breite und Genauigkeit sind optional und können unter Beachtung der o.g. Reihenfolge miteinander kombiniert werden, darüber hinaus ist die Verwendung der im letzten Abschnitt aufgeführten Steuerzeichen im Formatierungsstring möglich. Die Formatierungsangaben werden durch Backquotes begrenzt.

Als Steuerzeichen können + oder ein Leerzeichen angegeben werden. Das + führt zur Anzeige eines positiven oder negativen Vorzeichens bei numerischen Werten. Das Leerzeichen dient bei numerischen Werten entweder der Anzeige eines negativen Vorzeichens oder eines führenden Leerzeichens bei nicht-negativen Zahlen.

Das Minussymbol bewirkt die linksbündige Ausgabe des Ausdruckes.

---

[106] Einige Ein-/Ausgabebefehle Maples sind mit denen der Programmiersprache C verwandt, bzw. entstammen ihr. Siehe auch: Kernighan/Ritchie, *Programmieren in C*, 2. Ausgabe, Verlage Carl Hanser und Prentice-Hall International, S. 147ff.

Die Breite steuert die Anzahl der auszugebenden Zeichen für den gesamten darzustellenden Wert. Ist die Breite kleiner als die Anzahl der Zeichen, aus denen der Wert besteht, so werden jedoch alle Zeichen ausgegeben, ist sie größer als die Anzahl der den Wert symbolisierenden Zeichen, werden führende Leerzeichen hinzugefügt. Beginnt der Wert für die Breite mit einer Null, so werden statt Leerzeichen Führnullen vorangestellt.

Die Genauigkeit stellt die Anzahl der auszugebenden Nachkommastellen ein, wobei je nach Wert eine kaufmännische Rundung vorgenommen wird. Breite und Genauigkeit werden durch einen Punkt voneinander getrennt. Die Voreinstellung der Genauigkeit beträgt sechs Nachkommastellen.

Formatierungscodes sind u.a.:

- **a**: beliebiger Maple-Ausdruck (sonstige Formatierungsanweisungen werden übergangen)
- **d** oder **i**: mit Vorzeichen versehene ganze Zahl
- **g**: Hier gelten folgende Regeln:
  - Ist der Wert eine Integerzahl erfolgt die Ausgabe auch in diesem Format (%d); dieses trifft auch auf Fließkommazahlen zu, die mathematisch gesehen zu den natürlichen Zahlen gehören (z.B. 1.0 ⇒ 1.).
  - Ist die Zahl kleiner 10^{-4} oder größer $10^{\text{Genauigkeit}}$, wird die wissenschaftliche E-Notation verwendet (%e).
  - In allen anderen Fällen erfolgt die Ausgabe als Fließkommazahl (%f)
- **e** oder **E**: Fließkommazahl in wissenschaftlicher E-Notation
- **f**: Fließkommazahl
- **s**: Zeichenkette (in Backquotes)

Es folgen einige Anwendungsbeispiele.

```
> restart:
```

Eine ganze Zahl:

```
> printf(`%d`, 1);
1
```

Eine Zahl in wissenschaftlicher E-Notation:

```
> printf(`%e`, 0.27182818);
2.718282e-001
```

Eine Fließkommazahl:

```
> printf(`%f`, 1.5);
1.500000
```

Fließkommazahl mit führendem Leerzeichen:

```
> printf(`% f`, 1.5);
 1.500000
```

Fließkommazahl mit negativem Vorzeichen:

```
> printf(`% f`, -1.5);
-1.500000
```

Fließkommazahl mit zwei Nachkommastellen, gerundet:

```
> printf(`%.2f`, 0.005);
0.01
```

Formatierungsangaben können Sie auch innerhalb eines Textes angeben, die durch sie
darzustellenden Werte werden der Reihenfolge nach als weitere Argumente an **printf**
übergeben.

```
> printf(`Maple V Release %d und Release %d`, 3, 4);
Maple V Release 3 und Release 4
```

Zwei weitere Beispiele zum Abschluß:

```
> printf(`%s`, `Maple V`);
Maple V

> printf(`%a\n%a`, diff(ln(x), x), int(ln(x), x));
1/x
x*ln(x)-x
```

Informationen über weitere Formatierungsmöglichkeiten finden Sie in der Online-Hilfe
unter **?printf**.

11 Bedingungen

Übersicht

- **11.1 Die if-Anweisung**
- **11.2 Boolesche Operatoren**

11.1 Die if-Anweisung

Eine der wichtigsten Eigenschaften einer Programmiersprache ist die Überprüfung bestimmter Zustände - die Fallunterscheidung. Ein Programm muß abhängig von dem Wert einer oder mehrerer Variablen unterschiedliche Kommandos ausführen, es muß verzweigen können. Dazu dient der den meisten Programmiersprachen gemeine Befehl **if**.

Syntax:

```
if Bedingung1 then Anweisungsfolge1
◄elif Bedingung2 then Anweisungsfolge2►
◄else sonstige Anweisungsfolge►
fi;
```

Eine Bedingung ist ein Ausdruck, der auf seinen Wahrheitsgehalt (entweder wahr oder falsch, **true** oder **false**) überprüft wird. Ist das Resultat wahr, so wird die hinter **then** befindliche Anweisungsfolge ausgeführt; ist es falsch, so wird der **then**-Teil übersprungen und eventuell vorhandene **elif** oder **else**-Klauseln ('sonst prüfe ob' bzw. 'sonst führe aus') abgearbeitet. Nach Abarbeitung der **if**-Konstruktion wird mit der Anweisung fortgefahren, die direkt auf das die Bedingungsabfrage abschließende **fi** folgt.

Eine Anweisungsfolge beschreibt hier nicht nur einen oder mehrere Befehle bzw. Anweisungen, wie Zuweisungen u.a., sondern beliebige Maple-*Ausdrücke*.

Jede **if**-Sequenz muß durch **fi** beendet werden. Die einzelnen Teile eines if-Befehles lassen sich der Übersicht halber auf mehrere Zeilen verteilen. Dieses gilt auch für die später beschriebenen Schleifen und Prozeduren.

Das Ablaufdiagramm einer einfachen **if .. then**-Bedingungsabfrage macht die Arbeitsweise deutlich:

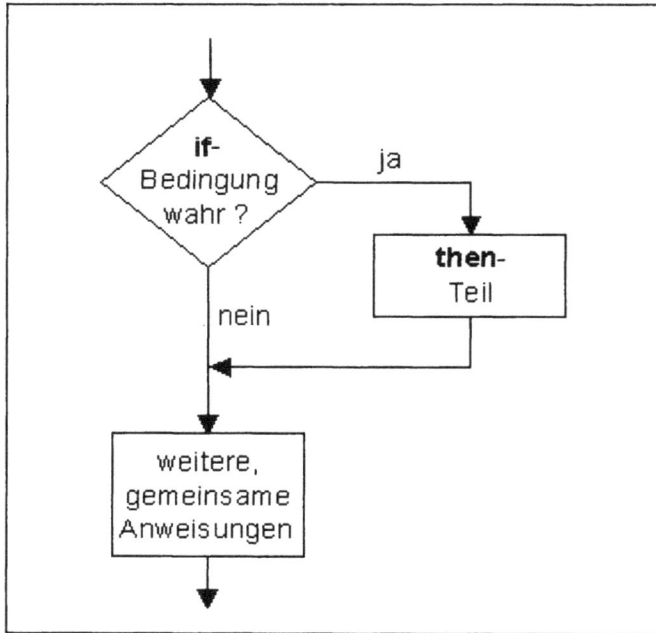

Bild 11.01: **if .. then** -Abfrage

Trifft keine Bedingung zu - die Graphik zeigt es -, so fährt Maple mit der Bearbeitung der auf die Abfrage folgenden Anweisung(en) fort. Dieses gilt auch bei der Verwendung von **elif** (s.u.).

Eine einfache **if**-Bedingung in Maple V:

```
> x := 1:

> if x > 0 then
>     ln(x)
> fi;
```

$$0$$

if .. then .. else - Konstruktion:

```
> b := false:

> if b=true then wahr else falsch fi;
```

$$falsch$$

Wären die Bezeichner wahr bzw. falsch mit Werten belegt, so werden letztere zurückgegeben.

Das allgemeine Ablaufdiagramm hierzu:

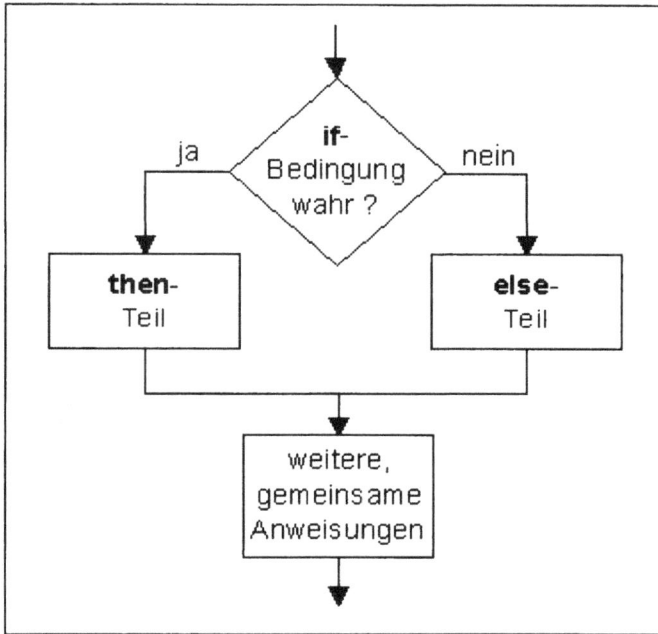

Bild 11.02: **if .. then .. else**-Abfrage

Wie bei vielen Programmiersprachen ließe sich die Abfrage 'if bedingung=**true then** ...' durch '**if** bedingung **then** ...' abkürzen.

Die Bedingung muß, wie oben bereits bemerkt, zu einem Booleschen Wahrheits- wert auswertbar sein. U.a. in diesem Sinne direkt auswertbar sind Relationen xRy, wenn sowohl x als auch y vom Typ **numeric** sind. Ferner lassen sich auf Namen und Zeichenketten (sinnvollerweise) Gleichheits- und Ungleichheitsrelationen anwenden.

```
> restart:

> x := -1:    # Eine ganze Zahl

> if x < 0 then true else false fi;
```

true

```
> x := wahr: # ein Name

> if x = wahr then true else false fi;
```

true

```
> if x <> wahr then true else false fi;
```

false

Eine irrationale Zahl beispielsweise

```
> x := sqrt(2):
```

ist nicht vom Typ **numeric**.

```
> if x < 2 then true else false fi;
Error, cannot evaluate boolean
```

Im oben genannten Beispiel bietet es sich an, den Wert von x, d.h. $\sqrt{2}$ mit **evalf** in eine Fließkommazahl umzuwandeln oder auf die Relation die Anweisung **is** anzuwenden[107].

```
> if evalf(x) < 2 then true else false fi;
```

true

```
> if is(x < 2) then true else false fi;
```

true

Besteht eine Anweisungsfolge aus mehr als einer Anweisung bzw. einem Ausdruck, so müssen diese durch Semikolon oder Doppelpunkten voneinander abgegrenzt werden[108], ansonsten ist dies nicht nötig. Hinter die letzte Anweisung *vor* den Schlüsselwörtern **elif**, **else** bzw. **fi** braucht kein Semikolon plaziert zu werden.

---

[107] **is** kann auch auf mit **assume** eingeschränkte Variablen angewendet werden. Intern rechnet **is** ebenfalls mit Fließkommazahlen. Eine Auswertung einer Bedingung mit **is** *nimmt deutlich mehr Zeit und Speicherressourcen* in Anspruch als die Umwandlung einer Zahl mit **evalf** mit anschließender Bedingungsauswertung.

[108] Eine Blockbildung mittels **BEGIN** bzw. **END** wie in Pascal oder durch geschweifte Klammern wie in C bei mehrzeiligen bedingten Anweisungen ist nicht nötig bzw. nicht zugelassen. Dieses betrifft auch Schleifen und Prozeduren.

if .. then .. elif [.. else] - Konstruktion:

Neben **else** existiert auch - wie bereits erwähnt - das Kommando **elif** (*else if*), welches in **if .. then**- bzw. **if .. then .. else**-Konstruktionen eingebaut werden kann. Es lassen sich somit in einer **if**-Bedingungsabfrage eine beliebige Anzahl von weiteren Prüfungen durchführen - man beachte aber, daß nach der ersten zutreffenden Bedingung eine Auswertung weiterer evtl. vorhandener **elif**'s bzw. von **else** unterbleibt.

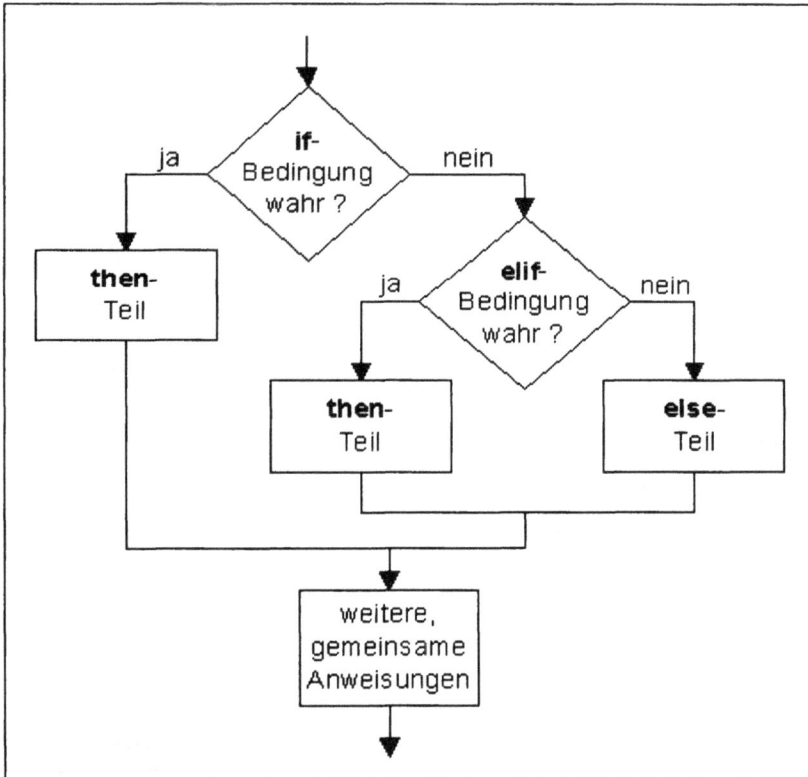

Bild 11.03: **if .. then .. elif .. else** -Abfrage

```
> c := 10:

> if c < 10 then
>      `c < 10`
> elif c > 10 then
>      `c > 10`
> else
>      `Dieser ELSE-Teil trifft zu.` # c=10
> fi;
```

                              Dieser ELSE-Teil trifft zu.

```
> c := 3:

> if c = 1 then 1
> elif c = 2 then 2
> elif c = 3 then 3
> fi;
```

                                   .   3

elif-Zeilen werden nicht mit einem schließenden **fi** begrenzt[109].

Bedingungen können Sie schachteln, wie folgende (etwas sinnlose) Zeilen belegen:

```
> if 1 = 1 then
>    if 2 = 2 then
>        print(`Computeralgebra`)
>    fi
> fi;
```

                              Computeralgebra

Maple V prüft nach der Bestätigung einer Benutzereingabe mit RETURN die Anweisung auf syntaktische Korrektheit und versucht ferner, Vereinfachungen durchzuführen, dabei kann es u.U. zu Fehlern kommen.

```
> if 1 > 2 then   # 1 > 2 ist falsch
>    lprint(`Noch eine Zeile bis zum Fehler ... `);
>    1/0
> else
>    false
> fi;
Error, division by zero
```

Das System prüft jede Eingabe für sich genommen auf Korrektheit, stellt aber keinen Zusammenhang zu anderen Anweisungen her. Daher werden folgende zwei
Zeilen ausgeführt:

```
> n := 0:

> if 1 < 2 then   # 1 < 2 ist wahr
>    lprint(`Noch eine Zeile bis zum Fehler ... `);
>    1/n
```

---

[109] Alternativ können Sie für **elif** auch **else if** verwenden, dann muß die Bedingung aber mit
fi beendet werden.

```
> else
>    false
> fi;
Noch eine Zeile bis zum Fehler ...
Error, division by zero
```

11.2 Boolesche Operatoren

Wie in anderen Programmiersprachen stehen die Booleschen Operatoren **and, or** und **not** in Maple zur Verfügung. Die ersten beiden verknüpfen zwei oder mehrere Bedingungen, die einer Wahrheitsprüfung unterzogen werden. **not** kehrt den Wahrheitsgehalt eines Ausdruckes um. Bedingungen sind entweder wahr oder falsch, sie haben in Maple den Wert **true** oder **false** respektive.

Eine **and**-Verknüpfung ist dann wahr, wenn alle ihre Teilbedingungen wahr sind.

Syntax:

```
bedingung1 and bedingung2 ◄and usw.►
```

Eine **or**-Verknüpfung ist dann wahr, wenn mindestens eine Teilbedingung zutrifft.

Syntax:

```
bedingung1 or bedingung2 ◄or usw.►
```

not negiert den Wahrheitsgehalt seines Argumentes. Aus wahr wird falsch, aus falsch wird wahr.

Syntax:

```
not bedingung;  oder  not(Ausdruck);
```

Kann eine Boolesche Verknüpfung nicht vollständig ausgewertet werden, so erhält sie den Wert **FAIL**. Die einzelnen Bedingungen müssen nicht in Klammern gefaßt werden.

Die Reihenfolge der Auswertung der einzelnen Teilbedingungen erfolgt nach den
McCarthy-Regeln: Sie werden von links nach rechts abgearbeitet, und sollte dabei
bei **and** die gerade überprüfte Bedingung falsch sein, so werden alle nachfolgenden
Bedingungen nicht mehr ausgewertet; bei **or** wird bei der ersten Teilbedingung, die
wahr ist, der restliche Teil übergangen. Dieses ist recht praktisch, besonders dann,
wenn sich in einer der nicht mehr ausgewerteten Teilbedingungen ein Ausdruck
befindet, der im konkreten Fall der Auswertung gegen die Maple-Syntax verstößt,
so z.B. Feldbereichsüberschreitungen oder Divisionen durch Null. Boolesche Bedingungen werden vorzugsweise in **if**-Anweisungen eingesetzt. Ein Beispiel:

Kurzschlußauswertung bei Booleschen Operatoren nach McCarthy:

```
> restart:

> x := 0:

> if x <> 0 and 1/x = 0 then
>     # '1/0' nicht definiert, aber nicht ausgewertet
>     true
> else
>     false
> fi;
```

$$false$$

```
> if x = 0 or 1/x = 0 then
>     # '1/0' nicht definiert, aber nicht ausgewertet
>     true
> else
>     false
> fi;
```

$$true$$

Beachten Sie die Prioritäten bei der Auswertung kombinierter Boolescher Ausdrücke. **not** bindet stärker als **and**, letzteres aber bindet stärker als **or**. Wenn Sie
dieses umgehen möchten, setzen Sie einfach Klammern (siehe auch **?precedence**
oder Kapitel 3.4 im ersten Teil des Buches).

12 Schleifen

Übersicht

- **12.1 Allgemeines**
- **12.2 for/from - Schleifen**
- **12.3 Gekürzte for/from - Schleifen**
- **12.4 for/in - Schleifen**
- **12.5 while - Schleifen**
- **12.6 Kombinierte for/while - Schleifen**
- **12.7 Sprungbefehle für Schleifen**

12.1 Allgemeines

Schleifen (*loops*) erlauben die mehrmalige Bearbeitung von Befehlen unter bestimmten Bedingungen.

Syntax:

```
◀for Bezeichner▶ ◀from Ausdruck▶ ◀to Ausdruck▶ ◀by Ausdruck▶
◀while Ausdruck▶
    do
        ◀Anweisungsfolge▶
    od;
```

oder:

```
    ◀for Bezeichner▶ ◀in Ausdruck▶ ◀while Ausdruck▶
        do
            ◀Befehle▶
        od;
```

Die Reihenfolge der einzelnen Schlüsselwörter **from**, **to** und **by** ist beliebig. Man kann also z.B. schreiben:

```
> for i from 2 to 10 by 2 do [...] od;
```

oder

```
> for i by 2 to 10 from 2 do [...] od;
```

Da einige oder alle in Dreiecken gesetzte Sequenzen weggelassen bzw. kombiniert werden können, ergeben sich viele Gestaltungsmöglichkeiten.

for definiert eine Schleife mit einer sog. *Laufvariablen* namens 'Bezeichner'. Letztere kann wie alle in Maple erlaubten Variablennamen mehrere Zeichen enthalten. Die Laufvariable wird bei jedem Durchlauf um einen festen Wert erhöht.

from gibt den Anfangswert der Laufvariablen vor. Wird er weggelassen, beginnt die Schleife mit dem Wert 1.

to bezeichnet den Endwert, bis zu dem die Laufvariable einschließlich erhöht wird. Fehlt **to**, so wird die Schleife bis in die Unendlichkeit (**infinity**) durchlaufen, es sei denn, es existieren weitere Bedingungen.

by deklariert die Schrittweite, um die die Laufvariable bei jedem Durchlauf erhöht wird. Fehlt **by**, so beträgt die Schrittweite 1.

while enthält eine Bedingung, die erfüllt sein muß, damit die Schleife ausgeführt wird.

in bestimmt einen Ausdruck, der gliedweise durchlaufen wird, z.B. Folgen, Listen, Mengen, Polynome, etc.

do und **od** müssen immer angegeben werden und umfassen die Schleife. Werden nur diese beiden Schlüsselwörter angegeben, so handelt es sich hierbei um eine Endlosschleife, aus der allerdings mit einem besonderen Befehl herausgesprungen werden kann. Man beachte, daß hinter **do** kein Semikolon gesetzt wird, genausowenig wie hinter den **for**- oder **while**-Zeilen.

Schleifen können Sie schachteln, es sind also Konstruktionen wie

```
> for m from a to b do
>    for n from c to d do
>       ...
>    od;  # Ende von 'for n'
> od;  # Ende von 'for m'
```

zulässig.

12.2 for/from - Schleifen

Steht die Anzahl der Durchläufe von vornherein fest bzw. läßt sie sich vor dem Beginn des Schleifenrumpfes rechnerisch bestimmen, so kann diese Schleifenart Einsatz finden.

Wird das Schlüsselwort **for** verwendet, so nimmt die dahinter stehende Variable - die Laufvariable - alle Werte vom Start- bis zum Endwert - jeweils erhöht um die Schrittweite - an; auf ihren Wert kann im Rumpf der Schleife zugegriffen werden. Der Wert eine Laufvariablen sollte nicht in der Schleife verändert werden - ihr kann aber vor Aufruf der Schleife ein beliebiger Wert jeglichen Typs zugewiesen sein, der dann infolge der Anfangsinitialisierung der Schleife überschrieben wird. Der Rumpf der Schleife wird von **do** und **od** eingeschlossen.

Die Laufvariable kann Werte vom Typ **numeric** annehmen (**float, fraction, integer**), die Schrittweite braucht im Gegensatz zu Pascal, Modula-2 und -3 daher *nicht* ganzzahlig sein.

Die Programmierung von Wertetabellen wurde bereits in Teil 1 vorgestellt:

```
> restart:

> i := Pi:

> f := x -> -x^3+3*x+4:

> for i from 2 to 3 by 0.25 do
>     i, f(i)
> od;
```

$$2, 2$$
$$2.25, -.640625$$
$$2.50, -4.125000$$
$$2.75, -8.546875$$
$$3.00, -14.000000$$

Nähere Erläuterung: i bezeichnet die Laufvariable, die Werte von 2 bis 3 annimmt. 0.25 ist die Schrittweite. Die Abarbeitung der Schleife beginnt mit dem Wert 2 für i. Die zwischen **do** und **od** eingeschlossenen Anweisungen (hier die Folge) werden abgearbeitet. Danach wird die Laufvariable i um die Schrittweite 0.25 erhöht und der Rumpf mit dem geänderten Wert erneut vom Anfang bis zum Ende durchlaufen. Dieses wird solange wiederholt, bis der Endwert 3 erreicht ist. Der Schleifenrumpf wird dann ein letztes Mal bearbeitet, wobei Maple nach Verlassen der Schleife die Laufvariable allerdings noch einmal um die Schrittweite heraufsetzt, welches auch die folgende Graphik anschaulich macht:

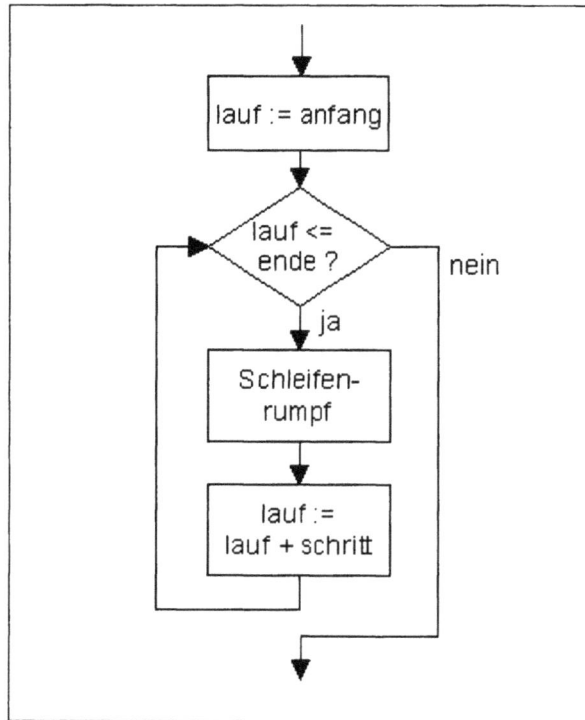

Bild 12.01: Funktionsweise der **for/from**-Schleife

Wird dieselbe Laufvariable (hier i) in einer nachfolgenden Berechnung derselben
Arbeitssitzung noch einmal als unabhängige Variable benutzt, so sollten Sie sie
vorher zurücksetzen.

i besitzt nach Verlassen der Schleife einen um 0.25 erhöhten Wert.

```
> i;
```

3.25

Der Anfangswert muß kleiner (oder auch gleich) dem Endwert sein, es sei denn,
die Schrittweite ist negativ (es wird herabgezählt), dann muß es genau umgekehrt
sein. Trifft keine dieser Bedingungen zu, so wird die Schleife überhaupt nicht bearbeitet (sog. 'abweisende Schleife') und zur ersten der Schleife folgenden Anweisung gesprungen, dennoch erhält die Laufvariable den Startwert der
for-Anweisung.

```
> restart:
```

```
> for n from 1 to 0 do
>    n  # wird nicht ausgeführt
> od;

> n;
```

                                      1

Am Beispiel der logistischen Gleichung wird in den nun folgenden Zeilen die Laufvariable im Rumpf der Schleife selbst geändert - mit unerwünschten Folgen, es entsteht eine Endlosschleife; x wird zwar immer um 0.1 erhöht, doch der Endwert 1 wird nie erreicht.

```
> restart:

> r := 3.5: iter := 2: step := 0.1:

> for x from 0 to 1 by step do
>    zaeh := 0;
>    to iter do
>       zaeh := zaeh+1;
>       lprint(zaeh, x);
>       x := r*x*(1-x);   # Laufvariable x wird verändert
>    od;  # von to iter
> od: # von for x
```

```
1 0
2 0
1 .1
2 .315
1 .8552125
2 .433384279453125
1 .959468210216607229583
2 .136111373330293719287
1 .511547735576183984245
2 .87453327429571153819  (usw.)
```

Unten wird die Laufvariable x nicht manipuliert, da ihr aktueller Wert an die Variable xneu übertragen wird; dieses führt zum richtigen Ergebnis.

```
> restart:

> r := 3.5: iter := 1000: step := 0.1:
```

```
> for x from 0 to 1 by step do
>     xneu := x;
>     to iter do
>         xneu := r*xneu*(1-xneu);
>     od;  # von to iter
>     lprint(x, xneu)  # das iter-ste Ergebnis ausgeben
> od: # von for x

0    0
.1    .82694070659143859386
.2    .82694070659143859381
.3    .38281968301732410076
.4    .38281968301732410075
.5    .50088421030721801275
.6    .38281968301732410075
.7    .38281968301732410076
.8    .82694070659143859381
.9    .82694070659143859386
1.0    0
```

Bezüglich der Bildschirmanzeige bei der Abarbeitung von **for**-Schleifen gelten folgende Regeln: Wird die Schleife durch ein Semikolon hinter **od** begrenzt, zeigt Maple alle Ergebnisse der Anweisungen innerhalb des Rumpfes an, ganz gleich ob diese mit einem Doppelpunkt oder einem Semikolon voneinander getrennt sind. Wird hinter **od** ein Doppelpunkt gestellt, so erfolgt keine Ausgabe während des Durchlaufes, auch wenn im Rumpf Semikola verwendet wurden. Werden **for** oder **while** in den noch zu besprechenden Prozeduren eingesetzt, so erscheinen generell keine Bildschirmausgaben. Die Befehle **lprint**, **print** und **printf** sind von diesem Verhalten ausgenommen.

```
> for f from 1 to 2 do
>     f:
> od;
```

$$\frac{1}{2}$$

```
> for f from 1 to 2 do
>     f;
> od:
```

(keine Bildschirmausgabe)

12.3 Gekürzte for/from - Schleifen

Teile einer **for**-Anweisung können entfallen, es gelten dann die o.g. Vorgabewerte.

```
> for i to 4 do
>    `Maple V Release` . i
> od;
```

> Maple V Release 1
> Maple V Release 2
> Maple V Release 3
> Maple V Release 4

Auch die Angabe der Laufvariablen zusammen mit dem Schlüsselwort **for** kann fehlen.

```
> to 3 do `Maple V` od;
```

> Maple V
> Maple V
> Maple V

12.4 for/in - Schleifen

Eine besondere Schleifenkonstruktion besteht für die Bearbeitung von Ausdrücken. Mittels **for/in** wird von links nach rechts gehend auf jedes Glied eines Ausdruckes der im Schleifenrumpf befindliche Algorithmus angewendet.

```
> liste := [Waterloo, Maple, `Inc.`, Ontario]:
```

```
> for f in liste do f od;
```

> Waterloo
> Maple
> Inc.
> Ontario

```
> for i in 3*x^2-4*x+5 do i od;
```

$$3x^2$$
$$-4x$$
$$5$$

12.5 while - Schleifen

Ist die genaue Anzahl der Schleifendurchläufe nicht bekannt, so benutzen Sie eine **while**-Schleife. Diese Schleife wird solange durchlaufen, bis die angegebene Bedingung den Wert 'falsch' ergibt. Die Überprüfung geschieht immer zum Anfang der Schleife (nicht während ihrer Abarbeitung), so daß es vorkommen kann, daß sie überhaupt nicht ausgeführt wird. Für die Formulierung von **while**-Bedingungen gelten grundsätzlich dieselben Voraussetzungen wie bei **if**-Bedingungen (s. Kapitel 11.1).

Das Ablaufdiagramm:

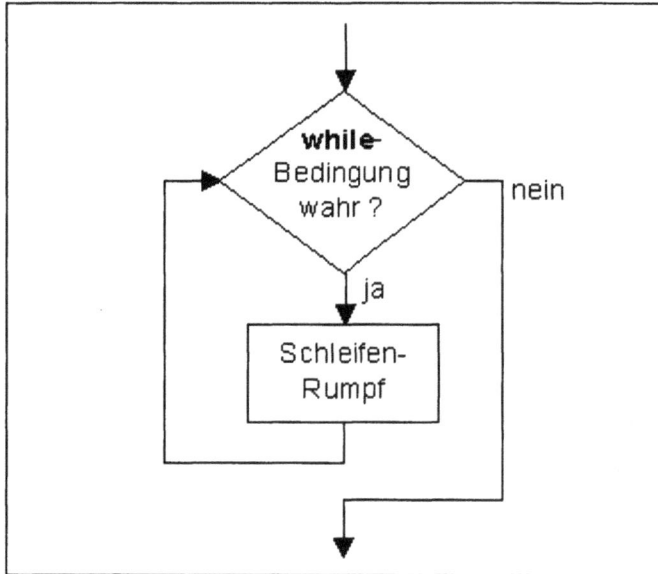

Bild 12.02: **while**-Schleife

for-Schleifen können Sie generell auch als **while**-Konstruktion implementieren; Sie müssen in diesem Falle dann selbst für die Inkrementierung der Laufvariablen im Rumpf der Schleife sorgen.

```
> restart:

> i := 1:

> while i < 2 do
>     i := i + 0.25:
> od;
```

$$i := 1.25$$
$$i := 1.50$$
$$i := 1.75$$
$$i := 2.00$$

Die Laufvariable i muß innerhalb des Rumpfes erhöht (inkrementiert) werden. Wie bei **for**-Schleifen wird auch hier der Rumpf von **do** und **od** eingeschlossen.

Bezüglich der Ausgaben während der Abarbeitung gilt dasselbe wie bei **for**:
Schließt die Schleife mit einem Semikolon, so erfolgt die Ausgabe der Ergebnisse
der Anweisungen, schließt sie aber mit einem Doppelpunkt, so erfolgt keine
Ausgabe.

REPEAT-UNTIL-Konstrukte existieren in Maple V nicht und sind hier auch unüblich, sie können aber mittels **if** und **break** (s.u.) in einer Endlosschleife nachgeahmt
werden:

```
> i := 0;

> do
>    i := i+1;
>    if i = 3 then break fi
> od;
```

Wie bei allen in anderen Programmiersprachen existierenden REPEAT-UNTIL-
Schleifen wird im Gegensatz zu **while**-Schleifen die Abarbeitung des Rumpfes auf
jeden Fall *begonnen*.

12.6 Kombinierte for/while - Schleifen

for- und **while**-Konstrukte können kombiniert werden; als Beispiel dient ein Ausschnitt einer Apfelmännchen-Routine:

```
> to 25 while abs(z) < 2 do
>    z := z^2+(x+y*I);
>    m := m+1
> od;
```

Hier werden die eingerückten Befehle maximal 25 mal durchlaufen, ist allerdings
die Bedingung abs (z) < 2 nicht (mehr) erfüllt, also falsch, so wird die Ausführung der Schleife sofort abgebrochen und mit der ersten der Schleife folgenden Anweisung fortgefahren.

Man kann sich diese Kombination als UND-Verknüpfung vorstellen: Beide Bedingungen müssen simultan zutreffen oder anders ausgedrückt: wird der Laufbereich
der **for**-Schleife überschritten, oder ist die **while**-Bedingung nicht mehr gegeben,
so wird die **for/while**-Schleife verlassen. Im letzteren Falle wird die Laufvariable
dann *nicht* noch einmal hochgesetzt.

Es gibt Situationen, in denen keine Einträge zwischen **do** und **od** benötigt werden,
die 'Berechnung' erfolgt dann in den **for/while**-Bedingungen. Die folgende Schleife
berechnet die erste Fakultät, die gleich oder größer als ein bestimmter

Schwellenwert (hier 1000) ist. Bei n=7 ist die **while**-Bedingung verletzt, die Lauf-variable n wird anschließend folgerichtig nicht noch einmal erhöht.

```
> for n while n! < 1000 do od;

> n;
```

7

```
> (n-1)!, n!;
```

720, 5040

12.7 Sprungbefehle für Schleifen

Für Schleifen gibt es zwei Sprungbefehle, welche die Abarbeitung einer Schleife beeinflussen können: **break** und **next**.

break springt bei dessen Aufruf sofort aus der Schleife heraus und setzt die weitere Abarbeitung mit der auf die Schleife folgenden Anweisung fort. Ist die aktuelle Schleife, die abgebrochen wird, Teil einer anderen Schleife, so wird letztere weiter ausgeführt, d.h **break** verläßt sofort die innere Schleife und bearbeitet die sie umgebende Schleife weiter ab. Oft kann **break** durch eine **while**-Konstruktion ersetzt werden (siehe oben).

next übergeht alle nachfolgenden Befehle des aktuellen Durchlaufes der Schleife, springt zum Kopf der Schleife zurück, wertet deren Bedingung(en) aus und setzt ggf. die weitere Abarbeitung der Schleife fort. Bei **for/from**-Schleifen wird die Laufvariable um eine Schrittweite heraufgesetzt, bei **for/in**-Schleifen mit dem nächstfolgenden Glied des 'in-Ausdruckes' fortgefahren und der Rumpf dann mit dem neuen Wert durchlaufen.

Hinweis: In Pascal, Modula-2 und -3 wird eine Schleife mit **EXIT** verlassen. Dieser Befehl bewirkt hier allerdings die Beendigung von Maple selbst und könnte bei einer Verwechslung unerwünschte Folgen haben.

Innerhalb der noch zu besprechenden Prozeduren kann die Bearbeitung einer Schleife auch mit dem Befehl **RETURN** (s. Kapitel 15.3) frühzeitig beendet werden, welche zudem im gleichen Zuge aus der Prozedur selbst springt.

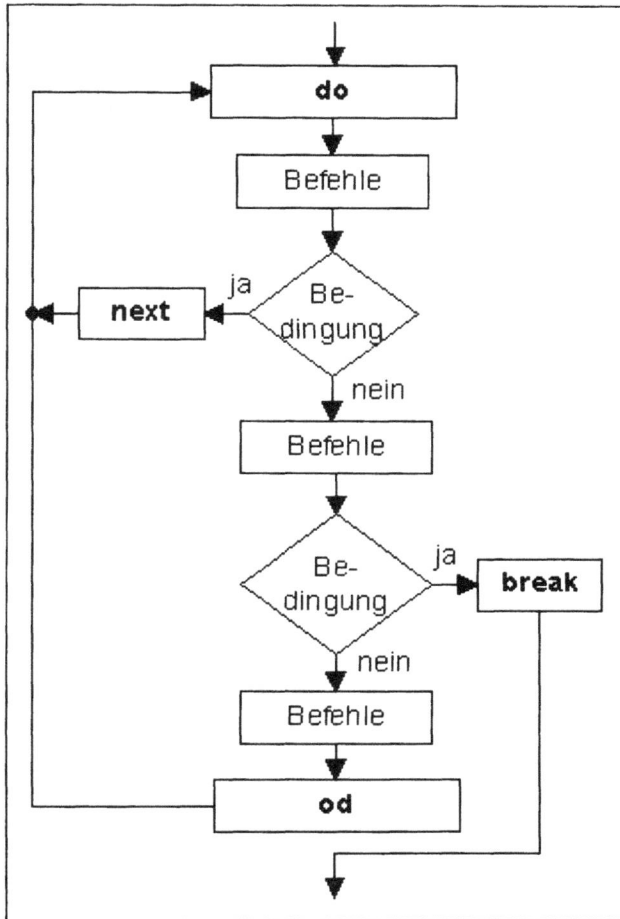

Bild 12.03: Sprungbefehle **next** und **break**

```
> restart:

> for n do
>     if n = 3 then
>         lprint(`n=3 -> next`);
>         next
>     fi;
>     if n = 5 then
>         lprint(`n=5 -> break`);
>         break
>     fi;
>     lprint(`n=` .n . ` -> kompletter Durchlauf`);
> od:

> lprint(`Erste auf die Schleife folgende Anweisung.`);
```

```
n=1 -> kompletter Durchlauf
n=2 -> kompletter Durchlauf
n=3 -> next
n=4 -> kompletter Durchlauf
n=5 -> break
Erste auf die Schleife folgende Anweisung.
```

break und **next** sind in allen Schleifenarten anwendbar.

13 Strukturierte Datentypen

Übersicht

- **13.1 Folgen**
- **13.2 Listen und Mengen**
- **13.3 Tabellen**
- **13.4 Felder**

In Kapitel 3.6 des ersten Teils wurden bereits schon Folgen, Listen und Mengen sowie ihre Eigenschaften vorgestellt. In diesem Kapitel wird noch einmal das Wichtigste hierzu wiederholt und die Thematik erweitert. Ferner werden die wichtigen Datenstrukturen Tabellen und Felder besprochen.

13.1 Folgen

Eine Folge (*sequence*) ist eine geordnete Ansammlung von Maple-Ausdrücken, die durch Kommata voneinander getrennt werden. Die noch zu besprechenden *Listen* und *Mengen* basieren auf Folgen, sind aber keine Untertypen.

Die Elemente einer Folge können verschiedene Datentypen besitzen, z.B.:

```
> restart:
```

```
> folge := 1, 2, 0.5, a;
```

$$folge := 1, 2, 0.5, a$$

Der Befehl **whattype** gibt hierfür zwar

```
> whattype(folge);
```

$$exprseq,$$

zurück, doch ist **exprseq** nur ein intern von Maple V verwendeter Datentyp, und kann nicht mit **type** abgefragt werden.[110]

---

[110] Die Prozedur **whattype** ist so programmiert, daß sie bei mehr als einem Argument, und dieses ist dann eine Folge, den Ausdruck 'exprseq' zurückgibt. Wie Sie sich den Programmcode von **whattype** und sämtlicher anderer Library-Befehle anschauen können, wird in Anhang B2.2.3 beschrieben.

Die einzelnen Elemente einer Folge behalten (natürlich) ihren originären Typ.

Der Zugriff auf einzelne Elemente einer Folge geschieht über deren Index, welcher die Position des Elementes innerhalb der Folge angibt; dieser Index wird in eckigen Klammern direkt hinter den Bezeichner der Folge ohne Leerzeichen angegeben.

```
> folge[4];
```

                                       a

Auch zusammenhängende Teile einer Folge können Sie ermitteln, indem in die eckigen Klammern ein Bereich der Form m .. n eingesetzt wird.

```
> folge[2 .. 3];
```

                                  2, .5

In Release 4 können Sie für n auch einen negativen ganzzahligen Wert angeben, -1 steht dann stellvertretend für die Position des letzten Folgeelementes, -2 für das vorletzte, usw.

```
> folge[2 .. -1];
```

                                 2, .5, a

Wird ein Indexbereich a .. b angegeben, mit a, b ∈ IN und a = b+1, so gibt Release 4 eine Leerfolge (NULL) zurück:

```
> folge[3 .. 2];
```

In Release 4 erscheint eine Fehlermeldung[111], wenn b < a - 1.

```
> folge[3 .. 1];
Error, invalid subscript selector
```

Gilt a=b, dann wird das a-te (bzw. b-te) Element zurückgegeben:

```
> folge[3 .. 3];
```

                                      .5

Folgen lassen sich erweitern, indem Sie die hinzuzufügenden Ausdrücke durch Kommata an die ursprüngliche Folge voranstellen oder anhängen.

---

[111] Release 3 gibt eine Leerfolge zurück.

```
> folge := folge, b;
```

$$folge := 1, 2, .5, a, b$$

```
> folge := 0, folge;
```

$$folge := 0, 1, 2, .5, a, b$$

Der Befehl **seq** erlaubt die einfache Erzeugung von Folgen und gleicht einer **for**-Schleife mit einer Laufvariablen n, den Start- und Endwerten a und b sowie der Schrittweite 1. Start- und Endwert müssen bei **seq** explizit in Form eines Bereiches a .. b angegeben werden, sinnvollerweise sind hier a, b Zahlen vom Typ **integer**. Die Laufvariable wird durch den Befehl neu initialisiert. Das erste Argument von **seq** bestimmt den Wert des aktuellen Folgegliedes und kann ein beliebiger Maple-Ausdruck sein, sollte aber die Laufvariable enthalten. Das zweite Argument enthält den Laufbereich in der Form n=a .. b.

```
> restart:

> n := 1:

> seq(n, n=-5 .. 5);
```

$$-5, -4, -3, -2, -1, 0, 1, 2, 3, 4, 5$$

Wie bei der **for/from**-Schleife wird die Laufvariable nach Ausführung von **seq** noch einmal um die Schrittweite 1 erhöht.

```
> n;
```

$$6$$

Weitere Beispiele:

```
> seq(1/n, n=1/2 .. 2.0);
```

$$2, \frac{2}{3}$$

```
> seq(diff(x^2, x$n), n=1 .. 2);
```

$$2 x, 2$$

Eine weitere Möglichkeit, einfache Folgen zu erzeugen, besteht mit dem $-Operator, dem ein Bereich (Typ **range**) angehängt wird - entweder mit oder ohne Klammern -, ein Bereich selbst bleibt unausgewertet:

```
> b := 1 .. 3;
```

$$b := 1 .. 3$$

Die Schrittweite beträgt 1:

```
> $b;
```

$$1, 2, 3$$

```
> $(-2.5 .. 0);
```

$$-2.5, -1.5, -.5$$

Eine Besonderheit stellt die Leerfolge (*empty sequence*) dar, die keine bzw. 0 Elemente enthält und durch die vordefinierte Konstante **NULL** repräsentiert wird. Leerfolgen werden im folgenden des öfteren als Anfangsinitialisierung einer durch eine Schleife zu bildenden Folge genutzt.

```
> n := NULL;
```

$$n :=$$

```
> for i to 3 do
>     n := n, i
> od;
```

$$n := 1$$
$$n := 1, 2$$
$$n := 1, 2, 3$$

Wäre hier n nicht mit **NULL** initialisiert worden, so würde die Zuweisung in der Schleife rekursiv (durch sich selbst) definiert sein, welches einen Stapelüberlauf zur Folge hätte.

13.2 Listen und Mengen

13.2.1 Grundsätzliches zu Listen und Mengen

Listen und Mengen entstehen durch Einschluß einer Folge in eckige respektive geschweifte Klammern.

Da Folgen theoretisch gesehen auch aus nur einem oder gar keinem Element bestehen können, lassen sich auch eingliedrige Listen und Mengen bzw. leere Listen und Leermengen bilden.

```
            folge := a1, a2, ..., ak, ... an;



    liste := [ folge ];     menge := { folge };
```

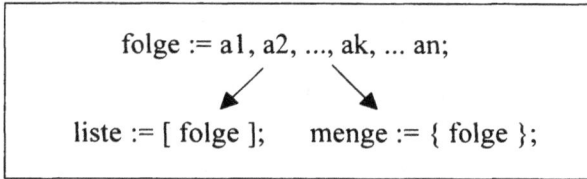

In diesem Abschnitt werden die Gemeinsamkeiten und Unterschiede dieser beiden Strukturen gegenübergestellt.

Listen (*lists*) dienen der geordneten Sammlung von Objekten, d.h. die vom Anwender vorgegebene Reihenfolge der Elemente wird eingehalten.

```
> liste := [1, 2, 3, 4, 1, 2];
```

$$liste := [1, 2, 3, 4, 1, 2]$$

Typabfrage:

```
> whattype(liste);
```

$$list$$

Mengen (*sets*) sammeln ebenfalls Objekte, eliminieren aber im Gegensatz zu Listen mehrmals vorkommende, gleiche Elemente. Bei Mengenoperationen ist die Reihenfolge der Glieder nie vorhersehbar[112].

```
> menge := {1, 2, 3, 4, 1, 2};
```

$$menge := \{1, 2, 3, 4\}$$

```
> whattype(menge);
```

$$set$$

Der Zugriff auf einzelne Listenelemente geschieht wie bei Folgen über den Index[113]:

```
> liste[5];
```

$$1$$

---

[112] Dieses hängt mit der internen Adresszuweisung der Elemente zusammen.
[113] Dies funktioniert auch bei Mengen, ist aber nicht sinnvoll.

```
> liste[7];   # Element Nr. 7 ist nicht vorhanden
Error, improper op or subscript selector
```

Der Befehl **op** gibt u.a. einzelne, mehrere zusammenhängende oder alle Elemente einer Liste bzw. Menge zurück.

```
op(m, ausdruck);

op(m .. n, ausdruck);

op(ausdruck);
```

Zur Ermittlung eines einzelnen Listenelementes teilen Sie **op** zuerst dessen Position m und danach die jeweilige Liste mit.

```
> op(5, liste);
```

$$1$$

Geben Sie als erstes Argument einen Bereich m .. n an, erhalten Sie eine zusammenhängende Teilfolge.

```
> op(2 .. 4, liste);
```

$$2, 3, 4$$

Alle Elemente:

```
> op(liste);
```

$$1, 2, 3, 4$$

```
> op(menge);
```

$$2, 3, 4, 1$$

Alternativ hierzu besteht auch die Möglichkeit, auf zusammenhängende Teile mittels eines Indexbereiches zuzugreifen; das Ergebnis ist ebenfalls eine Liste[114].

```
> liste[2 .. 4];
```

$$[2, 3, 4]$$

---

[114] Release 3 gibt eine Folge zurück.

nops ermittelt die Anzahl der Glieder in einer Liste oder einer Menge[115].

```
> nops(liste);
```

$$6$$

```
> nops(menge);
```

$$4$$

member überprüft, ob ein Element in einer Liste oder Menge existiert. Das Ergebnis ist entweder **true** oder **false**, also wahr oder falsch. Als erstes Argument wird das gesuchte Element übergeben:

```
> member(2, liste);
```

$$\text{true}$$

```
> member(0, liste);
```

$$\text{false}$$

```
> member(2, menge);
```

$$\text{true}$$

Natürlich können wie bei Folgen auch die in den Listen oder Mengen enthaltenen Elemente von verschiedenartigem Typ sein.

13.2.2 Listen

Einzelne Elemente in einer Liste können ausgetauscht werden, dazu dient das Kommando **subsop**. Hier wird das erste Element (die Zahl 1) durch den Wert 0 ersetzt und der Liste zugewiesen.

```
> liste;
```

$$[1, 2, 3, 4, 1, 2]$$

```
> liste := subsop(1=0, liste);
```

$$\text{liste} := [0, 2, 3, 4, 1, 2]$$

Das Austauschen von Elementen einer Liste über deren Indizes ist nicht möglich:

---

[115] **nops** bestimmt generell die Anzahl der Operanden eines Maple-Ausdruckes.

```
> liste[1] := 1;
Error, cannot assign to a list
```

Ein oder mehrerere Elemente können Sie leicht an den Anfang oder das Ende einer Liste hinzufügen, indem Sie **op** verwenden. Dieses Kommando wandelte eine Liste in eine Folge um, so daß eine Verkettung vorgenommen werden kann. Durch den Einschluß in Klammern wird aus dem Resultat wieder eine Liste generiert.

```
> liste := [op(liste), 5];
```

$$liste := [0, 2, 3, 4, 1, 2, 5]$$

```
> zusatz := [a, b, c];
```

$$zusatz := [a, b, c]$$

```
> liste_neu := [op(liste), op(zusatz)];
```

$$liste\_neu := [0, 2, 3, 4, 1, 2, 5, a, b, c]$$

Listen lassen sich auch in ihrem Inneren unter Zuhilfenahme von **op** erweitern.

```
> subsop(liste[2]=op([1, liste[2]]), liste);
```

$$[0, 1, 2, 3, 4, 1, 2, 5]$$

Würde **op** fehlen, würde an Stelle des zweiten Elementes, der Zahl 2, eine Liste eingefügt werden.

```
> subsop(liste[2]=[1, liste[2]], liste);
```

$$[0, [1, 2], 3, 4, 1, 2, 5]$$

Löschen können Sie ein Element aus einer Liste durch Einsatz von **subsop** und der Konstanten **NULL**:

```
> subsop(1=NULL, liste);
```

$$[2, 3, 4, 1, 2, 5]$$

Hier wird das erste Element entfernt. Auch mehrere Elemente können Sie durch nur einmaligen Einsatz von **subsop** ersetzen oder entfernen. Das letzte Argument muß immer die zu behandelnde Liste sein.

```
> subsop(1=NULL, 2=NULL, 3=NULL, 4=0, liste);
```

$$[0, 1, 2, 5]$$

Es können auch Listen innerhalb von Listen existieren, z.B. verschachtelte Listen:

```
> lliste := NULL:

> for n from 4 to 1 by -1 do
>     lliste := [n, lliste]
> od;
```

$$lliste := [4]$$
$$lliste := [3, [4]]$$
$$lliste := [2, [3, [4]]]$$
$$lliste := [1, [2, [3, [4]]]]$$

Auf ein bestimmtes Element kann durch Angabe der Position zugegriffen werden.

```
> lliste[2][2][1];
```

$$3$$

`lliste[2]` ermittelt die Unterliste `[2, [3, [4]]]`, `lliste[2][2]` hieraus die
Liste `[3, [4]]` und `lliste[2][2][1]` deren erstes Element. Alternativ können
auch zwei in der Programmiersprache LISP vorhandene Funtionen `car` und `cdr`
definiert werden. `car` ermittelt immer das erste Element einer wie oben erzeugten
Liste, `cdr` das zweite.

```
> car := 1 -> op(1, 1);
```

$$car := l \to op(1, l)$$

```
> cdr := 1 -> op(2 .. nops(1), 1);
```

$$cdr := l \to op(2 .. nops(l), l)$$

```
> car(cdr(cdr(lliste)));
```

$$3$$

Listen von Listen sind u.a. bei der Erstellung eines Graphen mit **plot** nützlich.
Möchte man beispielsweise eine Liste `pts` erzeugen, in der fortlaufend die Punktkoordinaten (x, y) eingetragen werden sollen, so muß die Variable `pts` zuerst mittels **NULL** initialisiert werden, um die Punktepaare in der Schleife an `pts` anhängen zu können.

```
> pts := NULL:
```

```
> for x from 0 to 1 by 1/plots[setoptions](numpoints) do
>    pts := pts, [x, sqrt(abs(2-x^2))]
> od;
```

$$pts := [0, \sqrt{2}\,]$$

$$pts := [0, \sqrt{2}\,], [\frac{1}{49}, \frac{1}{49}\sqrt{4801}\,]$$

(usw.)

Um die Punkte mit **plot** darstellen zu können, können Sie die bisherige *Folge* pts, welche aus den Punktepaarlisten besteht, in eine Liste umwandeln, so daß eine Liste von Listen entsteht:

```
> pts := [pts]:
```

```
> plot(pts, -0.2 .. 1.2, 0.8 .. 1.6,
>    scaling=constrained, axes=box);
```

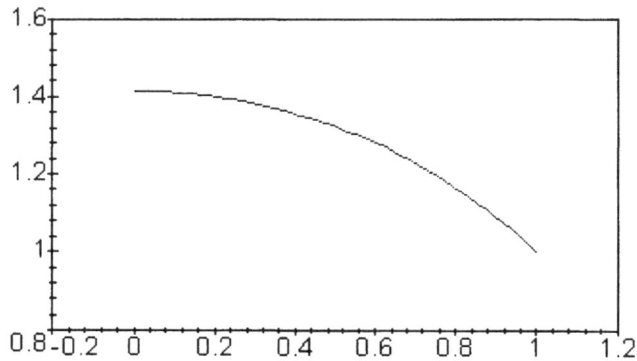

Bild 13.01: Kreissegment

Löschen können Sie eine Liste wie gewohnt:

```
> pts := 'pts':
```

Der Befehl **sort** ermöglicht die Sortierung einer Liste in aufsteigender Reihenfolge:

```
> sort(liste);
```

$$[0, 1, 2, 2, 3, 4, 5]$$

```
> sort(liste_neu);
```

$$[0, 1, 2, 2, 3, 4, 5, b, a, c]$$

Existieren unbestimmten Variablen in einer Liste wie oben angegeben, so ist das Ergebnis der Sortierung von mal zu mal verschieden. Daher sollten Sie Zahlen und Namen getrennt voneinander sortieren und danach zu einer Liste vereinigen.

Eine leere Liste läßt sich wie folgt bilden:

```
> leerlist := [];
```

$$leerlist := [\,]$$

oder

```
> leerlist := [NULL];
```

$$leerlist := [\,]$$

Mit dem Kommando **zip** können zwei Listen miteinander durch eine Rechenoperation verknüpft werden. Dabei muß es sich nicht unbedingt um Listen mit einer gleichen Anzahl von Elementen handeln. Die Rechenoperation an sich steuert eine anonyme Funktion.

```
> liste1 := [1, 2]: liste2 := [5, 6]:
> zip( (a, b) -> a+b, liste1, liste2);
```

$$[6, 8]$$

```
> zip( (a, b) -> a*b, liste1, liste2);
```

$$[5, 12]$$

zip kann auch eine Liste von Listen erzeugen:

```
> zip ( (a, b) -> [a-b], [a1, a2], [b1, b2]);
```

$$[[a1 - b1], [a2 - b2]]$$

Mit **map** (multiple apply) wird eine Funktion auf jedes Element einer Liste angewandt (vgl. Kapitel 6.8.3).

```
> liste; map(sqrt, liste);
```

$$[0, 2, 3, 4, 1, 2, 5]$$

$$[0, \sqrt{2}, \sqrt{3}, 2, 1, \sqrt{2}, \sqrt{5}]$$

13.2.3 Mengen

Mit Mengen können Sie u.a. die Operationen Vereinigungsmenge, Schnittmenge und Komplementmenge durchführen, die Ergebnisse sind wiederum Mengen.

```
> m1 := {1, 2, 3, a, b, c}:

> m2 := {3, 10, 11, a, d, e}:

> m1 union m2;
```

$$\{1, 2, 3, 10, 11, d, c, b, a, e\}$$

```
> m1 intersect m2;
```

$$\{3, a\}$$

```
> m1 minus m2;
```

$$\{1, 2, c, b\}$$

Die Funktion für die symmetrische Differenz heißt **symmdiff** und muß aus der Maple-Bibliothek geladen werden.

```
> readlib(symmdiff)(m1, m2);
```

$$\{10, b, 11, d, c, 2, 1, e\}$$

Die leere Menge erzeugen Sie wie folgt:

```
> leer := {};
```

$$leer := \{\}$$

```
> leer intersect menge1;
```

$$\{\}$$

```
> leer union menge1;
```

$$\{b, a, c, 1, 2, 3\}$$

map läßt sich auch auf Mengen anwenden, **zip** erwartungsgemäß nicht.

13.2.4 Umwandlungen zwischen Listen und Mengen

Listen können mit **convert** in Mengen oder umgekehrt konvertiert werden:

```
> convert(liste, set);   # = {op(liste)}
```

$$\{2, 3, 4, 5\}$$

```
> convert(menge, list); # = [op(menge)]
```

$$[2, 3, 4, 5]$$

13.3 Tabellen

Eine weitere Struktur stellt die Tabelle (*table*) in Maple V dar. Eine Tabelle dient der Aufnahme von Werten beliebigen Typs [sic !] unter einem gemeinsamen Namen. Möchten Sie beispielsweise die Radii des Planeten Jupiter sowie seiner größten vier Monde (Galileische Monde) tabellarisch darstellen, so bietet sich hierfür eine Maple-Tabelle an.

Index	Eintrag
Körper	Radius in km
Planet	71.398
Io	1.815 ± 5
Europa	1.569
Ganymed	2.631
Callisto	2.400

Die Anzahl der Eintragungen braucht vor der Erzeugung einer Tabelle nicht festzustehen, Sie können sie im Laufe einer Sitzung erweitern. Da zusätzlich die Indizes beliebig sein können - es sind alle Maple-Ausdrücke erlaubt - handelt es sich hierbei um eine sehr flexible und leistungsfähige Struktur, welche auch von Maple V selbst benutzt wird (z.B. für Erinnerungstabellen von Prozeduren oder Pakettabellen).

Eine Tabelle können Sie (müssen Sie aber nicht) mit **table** erzeugen:

```
> restart: Jupiter := table([]);
```

Jupiter := table([
   ])

Die Wertzuweisung kann über eine indizierte Variable vollzogen werden, der Index ist frei wählbar, es sind hierfür z.B. auch ganze Zahlen oder Fließkommazahlen zulässig. In diesem Beispiel werden für die Indizes Namen benutzt.

```
> Jupiter[Planet] := 71398;
```

$$Jupiter_{Planet} := 71398$$

Eine beliebige Anzahl von Zuweisungen können Sie aber bereits bei der Erzeugung der Tabelle bestimmen. Hierbei wird nicht der Zuweisungsoperator := benutzt, sondern das einfache Gleichheitszeichen. Die linke Seite der Zuweisung enthält den Index, die rechte Seite das Element, das ganze übergeben Sie dann als Liste dem Befehl **table**.

Wenn Sie dem Tabellen*namen* (hier Jupiter) einen neuen Wert zuordnen, werden die alten Einträge überschrieben, daher muß der Radius des Planeten noch einmal erfaßt werden. Am Beispiel des Radius des Mondes Io soll deutlich gemacht werden, daß Ausdrücke jeden Typs erlaubt sind.

```
> Jupiter := table([Planet = 71398, Io = 1810 .. 1820,
>      Europa = 1569, Ganymed = 2631, Callisto = 2400]);
```

```
Jupiter := table([
  Europa = 1569
  Ganymed = 2631
  Planet = 71398
  Callisto = 2400
  Io = 1810 .. 1820
])
```

Das Beispiel zeigt auch, daß die Reihenfolge der Einträge nicht unbedingt mit der vom Anwender eingegebenen übereinstimmen muß. Dieses Verhalten ist darauf zurückzuführen, das Maple V für die Verwaltung von Tabellen *Hashing* (Streuspeicherung) benutzt.[116]

Den gesamten Inhalt einer Tabelle ermittelt **op** oder **eval**. Aufgrund besonderer Auswertungsregeln für Tabellen und Felder würde bei Angabe des Tabellen*namens* nur dieser zurückgegeben.

```
> Jupiter;
```

```
Jupiter
```

---

[116] Bei diesem Verfahren muß ein Tabelleneintrag nicht über seinen Index *gesucht*, sondern es kann die Speicheradresse des Wertes direkt rechnerisch bestimmt werden. Durch Hashing geht die Ordnung der Elemente oft verloren.

```
> eval(Jupiter);
```

table([
   Planet = 71398
   Io = 1810 .. 1820
   Europa = 1569
   Ganymed = 2631
   Callisto = 2400
   ])

Auf einen bestimmten Wert der Tabelle können Sie wie bei Folgen und Listen mit Hilfe eines Indizes direkt zugreifen.

```
> Jupiter[Io];
```

$$1810 .. 1820$$

Einen Eintrag können Sie auf dieselbe Art wie Variablen löschen.

```
> Jupiter[Io] := 'Jupiter[Io]'; Jupiter[Io];
```

$$Jupiter_{Io} := Jupiter_{Io}$$

$$Jupiter_{Io}$$

```
> restart:
```

Tabellen müssen nicht mit **table** erzeugt werden, dieses geschieht automatisch durch eine Zuweisung wie beispielsweise:

```
> z[0.5] := x;
```

$$z_{0.5} := x$$

```
> type(z, table);
```

$$true$$

Da die Wahl der Indizes beliebig ist, können Sie auch Maple-Funktionen und -Befehle verwenden. Dieses kann man sich zunutze machen, um eine Tabelle mit Ableitungen von Funktionen zu erstellen.

```
> restart:
> abl := table([sin=cos, cos=-sin, exp=exp, ln=1/x]);
```

```
abl := table([
   cos = -sin
   sin = cos
   ln = 1/x
   exp = exp
])
```

```
> abl[sin];
```

$$cos$$

```
> abl[ln];
```

$$\frac{1}{x}$$

Die Befehle **indices** und **entries** ermitteln alle Indizes und Werte einer Tabelle, dabei werden generell Index und Wert an derselben Position in der Ausgabefolge plaziert.

```
> indices(abl);
```

$$[cos], [sin], [ln], [exp]$$

```
> entries(abl);
```

$$[-sin], [cos], [1/x], [exp]$$

Auch mehrdimensionale Tabellen lassen sich erzeugen. In einer zweidimensionalen Tabelle z.B. können Radius, mittlerer Abstand von Jupiter sowie die Massen der Körper festgehalten werden.

Körper	Radius in km	Abstand in km	Masse in kg
Planet Jupiter	71.398	0	1.9e27
Io	1.815	421.600	8,92e22
Europa	1.569	670.900	4.87e22
Ganymed	2.631	1.070.000	1,49e23
Callisto	2.400	1.880.000	1,075e23

```
> restart:
```

```
> Jupiter := table([]):
```

Die Zuweisung von Werten kann per direkter Zuweisung vollzogen werden, indem der Tabellenname sowie die jeweiligen zwei Indizes angegeben werden.

```
> Jupiter[Io, r] := 1815;
```

$$\text{Jupiter}_{\text{Io,r}} := 1815$$

Die Indizes *können* Sie bei dieser Vorgehensweise in Klammern fassen.

```
> Jupiter[(Io, d)] := 421600; Jupiter[Io, m] := 8.92e22;
```

$$\text{Jupiter}_{\text{Io,d}} := 421600$$
$$\text{Jupiter}_{\text{Io,m}} := .892\ 10^{23}$$

Auch bei mehrdimensionalen Tabellen lassen sich bei der Initialisierung bereits Werte vorgeben. In diesem Fall sind die Klammern um die Indizes obligatorisch.

```
> Jupiter := table([
>    (Planet, r) = 71398, (Io, r) = 1810 .. 1820,
>    (Europa, r) = 1569, (Ganymed, r) = 2631,
>    (Callisto, r) = 2400,
>    (Planet, d) = 0, (Io, d) = 421600, (Europa, d) = 670900,
>    (Ganymed, d) = 1070000, (Callisto, d) = 1880000,
>    (Planet, m) = 1.9e27, (Io, m) = 8.92e22,
>    (Europa, m) = 4.87e22, (Ganymed, m) = 1.49e23,
>    (Callisto, m) = 1.075e23]):
```

Die Einträge selbst lassen sich über die Indizes ansprechen.

```
> Jupiter[Io, r], Jupiter[Io, d], Jupiter[Io, m];
```

$$1810 .. 1820, 421600, .892\ 10^{23}$$

Maple V hält die Verwaltungsinformationen der Tabelle intern fest, diese Werte lassen sich mit `op(n, eval(tabellenname))` abfragen. Für Tabellen existieren drei Felder:

Feld	Bedeutung
0	Typ
1	Indizierungsfunktion
2	Einträge

```
> for n from 0 to 2 do n, [op(n, eval(Jupiter))] od;
```

$$0, \text{[table]}$$
$$1, [\,]$$
$$2, [[(\text{Io}, \text{r}) = 1810 \,..\, 1820, (\text{Planet}, \text{m}) = .19 \, 10^{28}, \text{usw.}]]$$

Auf das Feld 1 (Indizierungsfunktion) wird im nächsten Unterkapitel im Zusammenhang mit Feldern näher eingegangen. Da es im obigen Beispiel unbelegt (d.h. gleich NULL) ist, würde es auf dem Bildschirm nicht erscheinen, daher werden Klammern um den **op**-Ausdruck gesetzt (leere Liste).

Feld 2 wird in Form einer Liste zurückgegeben, daher kann die derzeitge Anzahl aller Elemente mit **nops** direkt bestimmt werden.

```
> nops(op(2, eval(Jupiter)));
```

$$15$$

Bei Tabellen und den im folgenden Unterkapitel behandelten Feldern gibt es im Vergleich zu anderen Strukturen Unterschiede im Speichermanagement. Betrachten Sie folgende Zeilen:

```
> restart:
```

```
> a := 1: b := a: b := 0: b := 'b': a;
```

$$1$$

Erwartungsgemäß wurde der Wert von a bei den Zuweisungen b := 0 und b := 'b' nicht verändert. Im nächsten Fall wird B die Tabelle A zugewiesen, ein Eintrag in der (vermeintlichen) Tabelle B geändert und B danach zurückgesetzt.

```
> A := table([1, 2, 3]): B := A: B[3] := 0: B := 'B':
```

Bei der Zuweisung B := A wird nicht der Inhalt von Tabelle A in B kopiert, sondern B erhält eine Referenz auf *dieselbe* Tabelle, auf die auch A zeigt. Daher wird bei einem 'Schreibzugriff' auf die Tabelle über die indizierte Variable B_k auch A_k verändert.

```
> eval(A);
```

```
table([
   1 = 1
   2 = 2
   3 = 0
   ])
```

Der Befehl **copy** kopiert den Inhalt einer Tabelle, so daß im Speicher mehrere, zunächst gleiche Tabellen existieren, die getrennt voneinander verändert werden können, ohne daß die anderen Tabellen davon betroffen wären.

```
> A := table([1, 2, 3]): B := copy(A);

B := table([
   1 = 1
   2 = 2
   3 = 3
   ])

> B[3] := 'B[3]': B := 'B': eval(A);

table([
   1 = 1
   2 = 2
   3 = 3 ])
```

13.4 Felder

Ein Feld (*array*) ist eine spezielle Form einer Tabelle. Es existieren daher folgende Unterschiede bzw. Einschränkungen:

1) Felder müssen generell deklariert werden (mit **array**).

2) Die Anzahl der Einträge muß vor der Erzeugung bereits feststehen.

3) Es sind nur ganzzahlige Indizes zugelassen.

Arrays finden in Maple V u.a. zur Implementierung von Matrizen und Vektoren Verwendung.

Je nach Dimension kann mittels eines oder mehrerer Indizes auf die einzelnen Elemente zugegriffen werden.

Syntax der Felddeklaration:

```
array(◄indexfunk,► ◄a .. b ◄, c .. d usw.►,►
      ◄Werteliste►);
```

mit a, b etc. als ganze Zahlen und a ≤ b, c ≤ d, etc.

Syntax des Zugriffes:

```
bezeichner[index1 ◄, index2, usw.►];
```

Die jeweiligen Feldbereiche dürfen nicht unter- oder überschritten werden. Da für die Indizes ganze Zahlen vorgeschrieben sind, können sie auch negativ sein.

Erzeugung eines eindimensionalen Feldes (eines Vektors) mit fünf Elementen:

```
> a := array(1 .. 5);
```

$$a := \text{array}(1 .. 5, [\,])$$

Zuweisung:

```
> for n from 1 to 5 do a[n] := n^2 od;
```

$$a_1 := 1$$
$$a_2 := 4$$
$$a_3 := 9$$
$$a_4 := 16$$
$$a_5 := 25$$

Zugriff:

```
> a[2];
```

$$4$$

Die Angabe eines ungültigen Indices führt zu einer Fehlermeldung:

```
> a[6];
Error, 1st index, 6, larger than upper array bound 5
```

Bleiben einige Einträge (zunächst) unbelegt,

```
> b := array(1 .. 3): b[1] := 1: b[2] := 2:
```

wird bei der Eingabe der betreffenden indizierten Variablen

```
> b[3];
```

$$b_3$$

deren Name wieder zurückgegeben. Bei einem Zugriff auf das Feld mit **eval** oder
op erscheinen nicht zugewiesene Einträge in Form eines Fragezeichens mit dem jeweiligen Index.

```
> eval(b);
```

$$[1, 2, ?_3]$$

Zur Erzeugung mehrdimensionaler[117] Felder geben Sie mehrere Bereiche an, beispielsweise für eine (5×3)-Matrix die Bereiche:

```
> c := array(1 .. 5, 1 .. 3);
```

$$c := \text{array}(1 .. 5, 1 .. 3, [\,])$$

Die Wertzuweisung kann über eine geschachtelte Schleife erfolgen.

```
> for zeile from 1 to 5 do
>     for spalte from 1 to 3 do
>         c[zeile, spalte] := zeile*spalte;
>     od;
> od;
```

Zugriff auf ein einzelnes Element:

```
> c[2, 2];
```

$$4$$

```
> eval(c);
```

$$\begin{bmatrix} 1 & 2 & 3 \\ 2 & 4 & 6 \\ 3 & 6 & 9 \\ 4 & 8 & 12 \\ 5 & 10 & 15 \end{bmatrix}$$

Wie bei Tabellen können in ein Feld Werte (nicht Indizes) verschiedenartiger Typen eingetragen werden (ganz im Gegensatz zu den meisten Programmiersprachen). Dieses ist aber eher untypisch.

Mit **indices** können Sie alle Indizes und mit **entries** alle Einträge eines Feldes
ermitteln.

---

[117] In der Student Edition kann ein Feld maximal nur dreidimensional sein.

```
> indices(c);
```

$$[3, 2], [3, 3], [4, 1], [4, 2], [1, 1], [4, 3], [1, 2], [5, 1], \text{usw.}$$

```
> entries(c);
```

$$[6], [9], [4], [8], [1], [12], [2], [5], \text{usw.}$$

Werte können Sie bereits bei der Feldinitialisierung vorgeben, indem man hinter die Angabe der Feldgrenzen eine Liste von Werten bei eindimensionalen und eine Liste von Listen bei mehrdimensionalen Feldern setzt.

```
> restart:
> dim1 := array(1 .. 2, [a, b]);
```

$$\text{dim1} := [\, a, b \,]$$

```
> dim2 := array(1 .. 2, 1 .. 2, [[a1, a2], [b1, b2]]);
```

$$\text{dim2} := \begin{bmatrix} a1 & a2 \\ b1 & b2 \end{bmatrix}$$

Bei der Tabellen- und Felddeklaration können Sie eine von fünf 'Indizierungsfunktionen' angeben, mit der bestimmte Eigenschaften festgelegt werden können:

symmetric	Symmetrische quadratische Matrix: $a[i, j] = a[j, i]$
antisymmetric	Schiefsymmetrische quadratische Matrix: $a[i, j] = -a[j, i]$
sparse	Verdünnte Matrix: allen unbelegten Feldelementen wird der Wert 0 zugewiesen.
identity	Einheitsmatrix
diagonal	Diagonalmatrix

Alle Einstellungen gelten auch für Tabellen. Beispiele:

```
> restart:
> M := array(symmetric, 1 .. 2, 1 .. 2);
```

$$M := \text{array}(\text{symmetric}, 1 .. 2, 1 .. 2, [\,])$$

```
> M[2, 1];
```

$$M[1, 2]$$

```
> M[1, 2] := a;
```

$$M[1, 2] := a$$

```
> M[2, 1];
```

$$a$$

```
> eval(M);
```

$$\begin{bmatrix} ?_{1,1} & a \\ a & ?_{2,2} \end{bmatrix}$$

```
> M[2, 1] := b: eval(M);
```

$$\begin{bmatrix} ?_{1,1} & b \\ b & ?_{2,2} \end{bmatrix}$$

```
> array(antisymmetric, 1 .. 2, 1 .. 2, [(1, 2)=a]);
```

$$\begin{bmatrix} 0 & a \\ -a & 0 \end{bmatrix}$$

```
> array(sparse, 1 .. 2, 1 .. 2, [(1, 1)=a]);
```

$$\begin{bmatrix} a & 0 \\ 0 & 0 \end{bmatrix}$$

```
> M := array(identity, 1 .. 3, 1 .. 3);
```

$$M := array(identity, 1 .. 3, 1 .. 3, [\,])$$

```
> eval(M);
```

$$\begin{bmatrix} 1 & 0 & 0 \\ 0 & 1 & 0 \\ 0 & 0 & 1 \end{bmatrix}$$

```
> M := array(diagonal, 1 .. 3, 1.. 3,
>    [(1, 1)=s, (2, 2)=t, (3, 3)=u]);
```

$$M := \begin{bmatrix} s & 0 & 0 \\ 0 & t & 0 \\ 0 & 0 & u \end{bmatrix}$$

```
> M[3, 1] := c1;
Error, cannot assign to the off-diagonal elements of a diagonal
array
```

Wie bei Tabellen stehen auch bei Feldern folgende Verwaltungsinformationen zur
Verfügung:

Feld	Bedeutung
0	Typ
1	Indexfunktion
2	Bereiche (Dimensionen)
3	erfolgte Einträge

```
> for n from 0 to 3 do op(n, eval(M)) od;
```

$$array$$
$$diagonal$$
$$1 .. 3, 1 .. 3$$
$$[(1, 1) = s, (2, 2) = t, (3, 3) = u]$$

14 Zeichenketten

Eine Zeichenkette (*string*) ist eine beliebige Folge von Zeichen: Buchstaben, Zahlen, Sonder- und Steuerzeichen. Ein String wird von Backquotes eingefaßt, sein Typ ist **string**. Eine Zeichenkette kann auch leer sein.

```
> restart:
> str1 := `CAS`;
```

$$str1 := CAS$$

```
> str2 := ``;
```

$$str2 :=$$

Buchstaben:

A B C D E F G H I J K L M N O P Q R S T U V W X Y Z

a b c d e f g h i j k l m n o p q r s t u v w x y z

Umlaute

Ä Ö Ü ä ö ü ß

Zahlen

0 1 2 3 4 5 6 7 8 9

Sonderzeichen

∧ ~ " ' § @ $ % & # / \ = ! ? ( ) { } ( ) < > . , ; _ - + * | (Leerzeichen)

Bild 14.01: Zugelassene Zeichen für Strings in Maple V

Beachten Sie, daß deutsche Umlaute über ihre Maple-internen Codes zwar korrekt in einer MWS-Arbeitsblattdatei gespeichert werden, daß aber bei einem Export in das Textformat bzw. bei einem Import einer Textdatei diese durch andere Sonderzeichen ersetzt werden.

length berechnet die Länge einer Zeichenkette, d.h. die Anzahl der enthaltenen Zeichen. Eine leerer String besitzt die Länge 0.

```
> length(`abcde`);
```

$$5$$

Der Befehl **substring** ermittelt einen Unterstring aus einer Zeichenkette str, be-
ginnnend vom a-ten Zeichnen bis zum b-ten Zeichen einschließlich.

```
             substring(str, a .. b);
```

Ist b ≥ **length**(str), so wird str zurückgegeben. Für a muß immer[118] a ≥ 1 gelten.

```
> restart:
```

```
> str := `hallo`;
```

$$str := hallo$$

```
> substring(str, 2 .. 4);
```

$$all$$

```
> substring(str, -1000 .. 1000);
```

$$hallo$$

```
> for n to length(str) do
>     substring(str, n .. n)
> od;
```

$$h$$
$$a$$
$$l$$
$$l$$
$$o$$

Probleme ergeben sich, wenn das gesuchte Muster zufällig aus den selben Zeichen
wie der Name einer Variablen besteht.

```
> restart:
```

```
> str := `hallo`:
```

```
> h := 1e-8:
```

---

[118] In Release 3 kann auch a < 1 gelten, mit a als ganze Zahl.

Maple geht hier wie folgt bei der Auswertung vor: Die linke Seite `substring(str, 1 .. 1)` des Vergleiches gibt den String `` `h` `` zurück, ohne in diesen den Wert `1e-8` einzusetzen. Die rechte Seite `` `h` `` hingegen wird zu `1e-8` reduziert, somit ist die Gleichheit nicht gegeben (`` `h` `` $\neq 1e-8$). Ein Ausweg ist, die rechte Seite nicht in Backquotes, sondern in Apostrophe zu fassen, um die Auswertung zu verhindern:

```
> if substring(str, 1 .. 1) = 'h' then
>     gefunden
> else
>     nicht_gefunden
> fi;
```

gefunden

cat kettet eine beliebige Anzahl von Strings aneinander:

```
> restart:

> alphabet :=
>     cat(`abcde`, `fghij`, `klmno`, `pqrst`, `uvwxyz`);
```

alphabet := abcdefghijklmnopqrstuvwxyz

searchtext sucht nach einer Textpassage `muster` im String `str`, Groß- und Kleinbuchstaben werden hierbei nicht unterschieden. Das Ergebnis ist die Stelle im String `str`, an der das `muster` zuerst gefunden wurde. Ist die Suche erfolglos geblieben, gibt **searchtext** das Ergebnis 0 zurück.

---

searchtext(muster, str ◄, m .. n►);

```
> restart:

> str := `Maple V Release 4`;
```

str := Maple V Release 4

```
> searchtext(`release`, str);
```

9

SearchText hingegen prüft auf exakte Übereinstimmung des Musters mit dem Text, Groß- und Kleinbuchstaben werden also unterschieden. Das Ergebnis ist wiederum die Stelle, an der das Muster das erste Mal gefunden wurde.

```
> SearchText(`release`, str);
```

0

```
> SearchText(`Release`, str);
```

9

Optional ist bei beiden Befehlen die Angabe des Bereiches m .. n, in dem nach dem Muster gesucht wird. Soll bis zum Ende des Strings gesucht werden, so können Sie hier den Wert -1 für n eintragen. Auch läßt sich 'von rechts her' die Zeichenkette nach einem Muster absuchen, indem m und n mit negativen ganzen Zahlen belegt werden, wobei $|m|$ das $|m|$-te Zeichen von rechts und $|n|$ das $|n|$-te Zeichen von rechts darstellt (mit m < n). Man beachte, daß das Ergebnis relativ zu dem angegebenen Bereich m .. n ermittelt wird. Die absolute Position erhalten Sie durch die Formel:

$$|m + searchtext(muster, str, m .. n) - 1|$$

```
> searchtext(`release`, str, 1 .. 8);
```

0

```
> searchtext(`release`, str, 8 .. -1);
```

2

```
> searchtext(`release`, str, -10 .. -1);
```

2

15 Prozeduren

Übersicht

- **15.1 Definition von Prozeduren**
- **15.2 Parameter**
- **15.3 Rückgabewerte einer Prozedur**
- **15.4 Geltungsbereiche von Variablen**
- **15.5 Auswertungsregeln für Bezeichner**
- **15.6 Veränderung der Parameter**
- **15.7 Wegfall und zusätzliche Angabe von Argumenten**
- **15.8 Funktionen als Argumente**
- **15.9 Prozeduren als Argumente**
- **15.10 Erweiterte Typüberprüfung im Prozedurkopf**
- **15.11 Optionen als Argumente**
- **15.12 Fehlerbehandlung**
- **15.13 Funktionen als Rückgabe**
- **15.14 Interaktive Terminaleingaben**
- **15.15 Unterprozeduren**
- **15.16 Selbstaufruf einer Prozedur**
- **15.17 Unausgewertete Rückgabe**
- **15.18 Optionen & interne Prozedurverwaltung**
- **15.19 Erinnerungstabellen**
- **15.20 Effiziente Rekursionen**
- **15.21 Benutzerdefinierte Typen**
- **15.22 Abspeicherung und Laden von Dateien**

Prozeduren fassen mehrere bisher in der interaktiven Ebene vollzogene Anweisungen zusammen, um sie immer wieder auf eine ganze Gruppe von Ausdrücken anwenden zu können und somit Programmcode und (vor allem) Tipparbeit einzusparen.

Beispielsweise ist es möglich, eine Prozedur zu entwerfen, die alle Nullstellen einer transzendenten Funktion in einem benutzerdefinierten Intervall bestimmt, welche wiederum von einer Prozedur zur Ermittlung von Extrem- oder Wendestellen benutzt wird. Sie können neue Graphikbefehle schreiben, eigene Typen definieren, numerische Daten aus Textdateien lesen und verarbeiten und sogar 'systemnahe' Utilities programmieren, z.B. eine Prozedur, die *mehrere* Funktionen aus der Maple Library und der Share Library auf einmal liest, ohne daß im letzteren Falle die

Share Library von Hand initialisiert und das Unterpaket angegeben werden müßte - alles mit nur einem Aufruf.

Jeder Maple-Befehl und jedes Paket kann - bis auf **restart** - innerhalb einer Prozedur genutzt werden, was zu ungemein leistungsfähigen Anwendungen führt. Ca. 90 % der in Maple V vorhandenen Befehle sind selber Prozeduren.

15.1 Definition von Prozeduren

Syntax der Implementation:

```
prozedurname := proc(◀par1 ◀::typ▶ ◀, par2 ◀::typ▶ ... ▶▶)
    ◀global var1 ◀, var2, ...▶;▶
    ◀local vara ◀, varb, ...▶;▶
    ◀options einstellung1 ◀, einstellung2 .. ▶;▶
    ◀description Zeichenkette▶;
    ◀Anweisung(en)▶
end;   # Ende der Prozedur
```

Syntax des Aufrufes von Prozeduren:

```
prozedurname(◀arg1 ◀, arg2 ... ▶ ▶);
```

Prozedurkopf wird die erste Zeile der Routine genannt. Sie enthält die Zuweisung der Prozedur an einen Bezeichner, das Schlüsselwort **proc** sowie die Parameter (auch 'formale Parameter' genannt) für die zu übergebenden Werte. Diese können in beliebiger Anzahl angegeben oder auch weggelassen werden. Danach folgt der *Prozedurrumpf*, welcher aus dem *Deklarationsteil*, dem *Anweisungsteil* und dem *Prozedurende* besteht.[119]

Der Deklarationsteil ist eine Auflistung der verwendeten globalen und lokalen Variablen sowie der *Optionen*. Der Deklarationsteil kann entfallen, sollte aber grundsätzlich eingetragen werden; er ist oft dann überflüssig, wenn in der Prozedur selbst keine Variablen zugewiesen werden. Fehlt er, so setzen Sie hinter die schließende Klammer der Parameterfolge das Semikolon, ansonsten erst hinter die erste Deklaration bzw. Option.

---

[119] Einteilung nach: Dal Cin/Lutz/Risse: *Programmierung in Modula-2*, 4. Auflage, S. 63, B.G. Teubner Stuttgart

Anschließend beginnt der eigentliche Anweisungsteil, der den Algorithmus für die durchzuführende Aufgabe enthält. Eine Prozedur wird durch das Prozedurende, welches nur aus dem Schlüsselwort **end** und einem Semikolon oder Doppelpunkt besteht, abgeschlossen.

Folgende Graphik soll die Struktur einer Prozedur verdeutlichen:

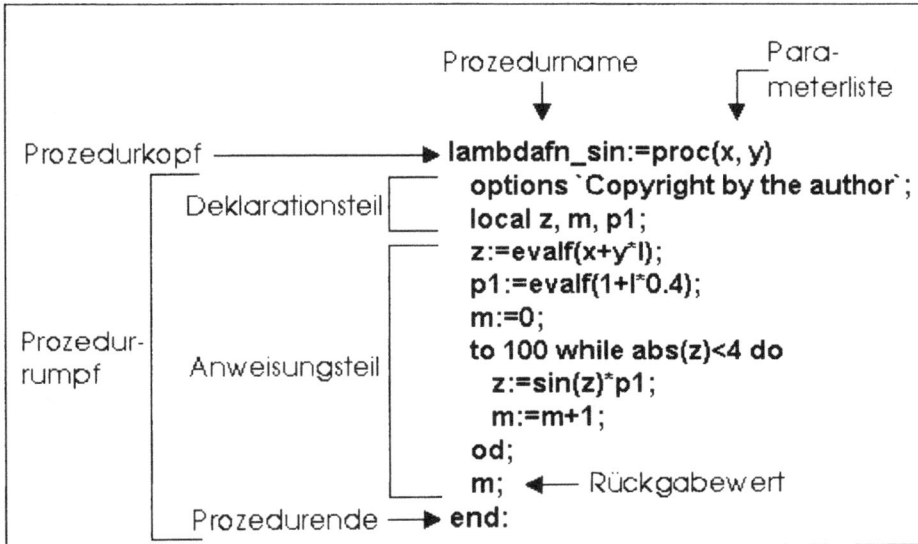

Bild 15.01: Aufbau einer Maple-Prozedur

Eine Prozedurdefinition ist eine Variablenzuweisung. Es gelten daher dieselben Bedingungen für die Namensbildung wie für alle anderen Bezeichner.

Hinsichtlich der Anzeige von Prozeduren nach deren Definition gelten dieselben Regeln wie für Variablen: Befindet sich hinter dem abschließenden **end** einer Routine ein Semikolon, so werden alle Zeilen der Prozedur angezeigt, steht dort ein Doppelpunkt, wird die Ausgabe unterdrückt. Findet Maple allerdings Syntaxfehler, so werden diese immer gemeldet. Alle Zuweisungen und Werte innerhalb einer Prozedur werden während der Laufzeit nie[120] angezeigt, auch wenn die einzelnen Zeilen mit einem Semikolon beendet werden. Bildschirmausgaben von Werten sind dennoch mit **lprint**, **print** oder **printf** möglich. Die Bearbeitung der Prozedur wird mit der Rückgabe des Ergebnisses beendet.

---

[120] Es sei denn, der Variable **printlevel** ist ein Wert größer 1 zugewiesen (siehe Anhang B2.3).

15.2 Parameter

Damit eine Prozedur mit konkreten, vom Anwender vorgegebenen Werten rechnen kann, müssen ihr diese i.d.R. mitgeteilt werden. Daher wird bei der Definition einer Prozedur auch eine *Parameterfolge* mit angegeben, welche im Extremfall aber auch leer sein kann. Die Parameter beziehen sich nur auf 'ihre' Prozedur, sie sind nur Platzhalter für die späteren expliziten Werte, die bei einem *Prozeduraufruf* durch die *Argumente* des Prozeduraufrufes in sie eingesetzt werden und mit denen die Prozedur dann abgearbeitet werden kann.

Wenn Sie eine kleine Prozedur schreiben möchten, die den Umfang eines Kreises zu einem vom Benutzer genannten Radius r errechnet, geben Sie bei der Prozedurdefinition r als Parameter an.

```
> radius := 1:

> umfang := proc(r)
>    2*Pi*r
> end:
```

Rufen Sie jetzt die Prozedur auf, indem Sie ihren Namen eingeben und dahinter direkt das Argument radius in Klammern setzen. Maple setzt anstatt des Bezeichners den Wert der Variablen radius (hier 1) in den Parameter r ein und berechnet das Ergebnis ($2 * \pi * 1 = 2 * \pi$).

```
> umfang(radius);
```

$$2\,\pi$$

An diesem Beispiel ist ersichtlich, daß Prozeduren Funktionen gleichen können. Man hätte umfang auch wie folgt definieren und auswerten können:

```
> umfang := r -> 2*Pi*r;
```

$$umfang := r \rightarrow 2\,\pi\,r$$

```
> umfang(radius);
```

$$2\,\pi$$

Es ist auch möglich, eine Prozedur zu definieren, welche keinen Parameter besitzt.

```
> hallo := proc()
>    lprint(`Hallo !`)
> end:
```

Diese Prozedur wird durch Angabe ihres Namens und einer öffnenden und schließenden Klammer aufgerufen.

```
> hallo();

Hallo !
```

Die Anzahl der Parameter ist praktisch unbeschränkt, sie werden durch Kommata
voneinander in der Parameterfolge getrennt.

```
> pythagoras := proc(a, b)
>    sqrt(a^2+b^2)
> end:

> pythagoras(1, 1);
```

$$\sqrt{2}$$

Optional ist die Angabe des Datentyps des Parameters, welcher in Release 4 hinter
zwei Doppelpunkten gesetzt wird. Geben Sie in Release 4 nur einen Doppelpunkt
an, so wird dieser automatisch um einen weiteren ergänzt, dieses sichert die Kompatibilität von Release 3-Prozeduren mit der neuen Version[121].

Wird nun also ein Typ angegeben, so überprüft Maple beim Aufruf, ob das überge-
bene Argument vom richtigen bzw. angegebenen Typ ist und bricht die Abarbeitung
der Prozedur sofort mit einer Fehlermeldung ab, wenn festgestellt wird, daß ein fal-
scher Typ vorliegt.

```
> test := proc(x::integer)
>    x
> end;
```

test := proc(x::integer) x end

```
> test(Pi);
Error, test expects its 1st argument, x, to be of type integer,
but received Pi
```

Die Anzahl der Parameter muß nicht unbedingt mit der Anzahl der Argumente bei
einem Prozeduraufruf übereinstimmen. Hierzu jedoch erst später mehr.

Prozeduren werden nach ihrer Definition von Maple hinsichtlich möglicher Fehler
ausgewertet. Ferner werden - wenn möglich - algebraische Ausdrücke vereinfacht:

---

[121] In der Kommandozeilenversion von Release 4 hingegen müssen zwei Doppelpunkte
angegeben sein, da es sonst zu einer Fehlermeldung kommt.

```
> restart:

> bsp := proc(x) x/x+exp(ln(2/4)) end;

bsp := proc(x) 1+exp(ln(1/2)) end
```

x/x wurde gekürzt, 2/4 ebenfalls. exp(ln(1/2)) wird nicht zu 1/2 reduziert, da diese Vereinfachung im Kernel nicht implementiert ist.

15.3 Rückgabewerte einer Prozedur

Eine Maple-Prozedur liefert einen Wert zurück, der von der letzten *bearbeiteten* Anweisung bestimmt wird. **od** und **fi** als Schlüsselwörter sind keine Anweisungen.

```
> bsp := proc(x)
>     if evalf(x) < 0 then
>         sin(x)
>             # bei negativem Argument letzter bearbeiteter Befehl
>     else
>         cos(x)
>             # bei nicht-negativem Argument letzter bearbeiteter
>     fi; # Befehl
> end:

> bsp(-Pi), bsp(Pi);
```

$$0, -1$$

Bei dem obigen Vergleich sollte **evalf** genutzt werden, damit auch irrationale Zahlen bearbeitet werden können (vgl. Kapitel 11.1).

Möchten Sie ein Ergebnis zurückgeben, welches nicht in der letzten Anweisung berechnet wurde, so tragen Sie die den gewünschten Wert beinhaltende Variable in die vorletzte Zeile ein.

```
> restart:

> ggT := proc(a, b)    # iterativ Lösung
>     local p, q, r;    # diese Zeile wird im nächsten Abschnitt
>     p := a;           # erklärt
>     q := b;
>     r := 1;  # r erst einmal ungleich Null setzen
>     while r <> 0 do
>         r := p mod q;
>         p := q;
>         q := r
>     od;
```

```
>     p     # Rückgabe von p als Endergebnis (nicht q)
> end:

> ggT(12, 8);
```

4

Man kann mit dem Befehl **RETURN(Ausdruck)** einen anderen Wert als den durch die letzte Prozeduranweisung bestimmten an die aufrufende Anweisung zurückgeben. **RETURN** kann an einer beliebigen Stelle der Prozedur eingetragen werden, vorzugsweise in if-Klauseln. Der Rückgabewert wird dann aus dem in den Klammern befindlichen Ausdruck ermittelt, und die Prozedur wird danach *sofort* verlassen.

```
> bsp := proc(x)
>    if x = 0 then RETURN(0) fi;
>    1/x
> end:

> bsp(0), bsp(1);
```

0, 1

Die Rückgabe mehrerer Werte läßt sich implementieren, indem Sie in der letzten Anweisung bzw. in **RETURN** eine Folge mehrerer Ausdrücke eintragen oder die Ergebnisse in eine Liste oder Menge fassen.

Beispiel: ganzzahlige Division mit Rest

```
> div := proc(a, b)
>    a/b-frac(a/b), a-trunc(a/b)*b
> end:

> div(10, 3);
```

3, 1

Der Datentyp des Ergebnisses von div ist eine Folge und Sie können auf die einzelnen Ergebnisse wie bereits bekannt über deren Indizes zugreifen[122].

---

[122] Abschnitt 15.6 beschreibt, wie Sie Ergebnisse Parametern zuweisen können, auf welche Sie sich in der interaktiven Ebene beziehen können. Diese Vorgehensweise ist bei dieser Art von Ergebnissen oft praktischer.

```
> div(10, 3)[1];
```

$$3$$

```
> div(10, 3)[2];
```

$$1$$

Programmieren wir jetzt die logische Verknüpfung 'Exklusiv-ODER'. Sie gibt nur dann den Wert 'wahr' zurück, wenn die Argumente logisch verschieden sind.

```
> xor := proc(a::boolean, b::boolean)
>    not(a = b)
> end:

> xor(false, false);
```

false

```
> xor(true, false);
```

true

Selbstverständlich ist auch bei mehr als einem Parameter die Angabe des Datentyps in der Parameterfolge optional. **boolean** läßt nur die Übergabe logischer Ausdrücke zu.

NULL als letzte Anweisung bewirkt die Rückgabe einer Leerfolge. Eine Bildschirmanzeige findet dann nicht statt, welches oft nützlich ist, wenn das Ergebnis auf andere Art und Weise zurückgegeben wird.

```
> nooutput := proc(x)
>    x;
>    NULL
> end:

> nooutput(1);
```

(keine Bildschirmausgabe)

U.a. liefern die Ausgabekommandos **print**, **lprint** oder **printf** den Wert **NULL** zurück, der 'Seiteneffekt' aber ist die Anzeige von Werten auf dem Bildschirm.

15.4 Geltungsbereiche von Variablen

Direkt nach dem Prozedurkopf können in der Prozedur benutzte Variablen als lokal oder global gekennzeichnet bzw. vereinbart werden. Im folgenden wird dies auch *Deklaration* genannt.

Lokale Variablen gelten nur innerhalb einer Prozedur. Sie werden auch nur dort definiert.

Global deklarierte Variablen gelten im gesamten Arbeitsblatt, also auch in anderen Prozeduren.

Prozedurparameter dürfen grundsätzlich nicht deklariert werden.

```
> restart:

> radius := proc(r)
>     local r;
>     2*Pi*r
> end:
Error, argument and local have the same name
```

15.4.1 Lokale Variablen

Auf lokale Variablen kann man von außerhalb einer Prozedur nicht zugreifen. Dies bedeutet auch, daß man sowohl in der oder den Routinen als auch im Arbeitsblatt selbst Variablen mit gleichen Namen verwenden kann, die aber alle jeweils verschiedene Werte tragen können.

Lokale Variablen nennt man auch 'gebundene Variablen'. Ihr 'Gültigkeitsbereich' beschränkt sich nur auf die Prozedur selbst.

```
> restart:

> a := 1:

> gebunden := proc()
>     local a, b;
>     a := 2;
>     b := 0;
>     print(`lokales a = ` .a);
>     print(`lokales b = ` .b);
> end:
```

```
> gebunden();
```

lokales a = 2
lokales b = 0

Die in der interaktiven Ebene definierte Variable a behält ihren ursprünglichen Wert, b wurde hier nicht definiert und ist folglich unbelegt.

```
> a, b;
```

1, b

Nicht in der Prozedur explizit als global oder lokal gekennzeichnete Variablen werden von Maple als lokal betrachtet, wenn ihnen dort Werte zugewiesen werden. Bei solchen automatisch als lokal deklarierten Variablen gibt Maple direkt hinter dem Ende der Prozedur eine Warn- bzw. Hinweismeldung aus.

```
> restart:

> nicht_deklariert := proc()
>     ergebnis := 1
> end:
Warning, `ergebnis` is implicitly declared local
```

Solche Meldungen sind auch hilfreich, wenn man sich irrtümlicherweise bei dem Namen einer Variablen, die in der Prozedur zugewiesen wird, vertippt hat.

Auch Laufvariablen von Schleifen sollten Sie deklarieren. Ihr Gültigkeitsbereich erstreckt sich im übrigen auf die gesamte Prozedur (anders z.B. in Modula-2 und -3, wo Laufvariablen nur innerhalb einer Schleife existieren), der Endwert der Laufvariablen ist demzufolge auch nach der Beendigung einer Schleife noch vorhanden.

Beachten Sie, daß in einer Rückgabe enthaltene Namen lokaler und als Unbekannte fungierende Variablen nicht in der interaktiven Ebene substituiert werden können:

```
> nixsubs := proc()
>     local _Z;
>     Pi*_Z
> end:

> nixsubs();
```

$\pi\,\_Z$

```
> subs(_Z=1, ");
```

$$\pi \_Z$$

Deklarieren Sie solche Unbekannten entweder global - oder besser gar nicht, wenn sie in der gesamten Prozedur keinen Wert erhalten -, so lassen sie sich in der interaktiven Ebene bzw. in anderen Prozeduren substituieren.

15.4.2 Globale Variablen

Eine in einer Prozedur als global gekennzeichnete Variable gilt nicht nur in der sie erzeugenden Routine, sondern auch im gesamten Arbeitsblatt und damit auch in allen anderen evtl. vorhandenen Prozeduren. Die **global**-Deklaration gleicht der COMMON-Anweisung in FORTRAN bzw. EXPORTS in Modula-2.

Die Prozedur **export** erzeugt eine globale Variable x mit dem Wert 1.

```
> restart:

> export := proc()
>     global x;
>       x := 1
> end:

> export();
```

$$1$$

```
> x;
```

$$1$$

Die Prozedur **import** kann auf diese globale Variable zugreifen.

```
> import := proc()
>       x
> end:

> import();
```

$$1$$

Gibt man in der Prozedur eine bereits in der interaktiven Ebene definierte Variable explizit als global an, so kann man sowohl auf sie zugreifen als auch ihren Wert ändern.

```
> restart:

> bsp := proc()
>    global var;
>    print(`Vor Zuweisung: var = ` .var);
>    var := 2;
>    print(`Nach Zuweisung: var = ` .var);
> end:

> var := 1;
```

$$var := 1$$

```
> bsp();
```

Vor Zuweisung: var = 1
Nach Zuweisung: var = 2

```
> var;
```

2

Im nächsten Beispiel wird in der Prozedur einer globalen Variablen ein Wert zugewiesen, diese Variable aber ist nicht in der Prozedur als global deklariert worden.
Obschon am Anfang der Routine noch keine Wertzuweisung stattgefunden hat,
wird aufgrund der späteren Zuweisung var := 2 die Variable var für die gesamte Routine als lokal angesehen, welches auch die Hinweismeldung dokumentiert.

```
> restart:

> bsp := proc()
>    print(`Vor Zuweisung: var = ` .var);
>    var := 2;
>    print(`Nach Zuweisung: var = ` .var);
> end:
Warning, `var` is implicitly declared local

> var := 1;
```

$$var := 1$$

```
> bsp();
```

Vor Zuweisung: var = var
Nach Zuweisung: var = 2

```
> var;
```

1

Auf die Verwendung globaler Variablen in Prozeduren kann man in den allermeisten Fällen verzichten. Es sollte hier nur anschaulich gemacht werden, was in Maple V *möglich* ist.

15.4.3 Umgebungsvariablen

Es existieren mehrere Umgebungsvariablen, die bestimmte Einstellungen speichern, z.B. die Anzahl der Stellen in Maple-Berechnungen. Darüber hinaus können auch eigene Umgebungsvariablen definiert werden. Diese beginnen mit der Zeichenfolge _Env. Umgebungsvariablen brauchen in Prozeduren nicht deklariert werden. Selbstdefinierte Umgebungsvariablen gelten nur in der Prozedur und werden nach ihrem Verlassen gelöscht. Werden die Standard-Umgebungsvariablen (wie **Digits**) oder eigene in der interaktiven Ebene definierte Umgebungsvariablen innerhalb von Prozeduren *verändert*, so werden diese Änderungen nach dem Rücksprung wieder rückgängig gemacht.

```
> demo := proc(x);
>     lprint(`Digits=` .Digits, evalf(sin(x), Digits));
>     Digits := Digits+10;
>     lprint(`Digits=` .Digits, evalf(sin(x), Digits));
>     _EnvDigits := Digits+10;
>     lprint(`_EnvDigits=` ._EnvDigits, evalf(sin(x),
>           _EnvDigits));
> end:

> demo(2);

Digits=10    .9092974268
Digits=20    .90929742682568169540
_EnvDigits=30    .90929742682568169539601986912

> Digits;
```

10

```
> _EnvDigits;
```

_EnvDigits

15.5 Auswertungsregeln für Bezeichner

Bisher wurde die Art und Weise, wie Maple V Bezeichner im einzelnen auswertet, nicht näher erläutert, es gibt jedoch Unterschiede bei der Auswertung lokaler und globaler Variablen sowie Parameter, die eventuell von Belang sein können.

Die Auswertungsregeln seien hier kurz vorgestellt:

- Globale Variablen (darunter zählen auch in der interaktiven Ebene definierte Variablen) werden auch in Prozeduren vollständig ausgewertet (vgl. Kapitel 2.6.3).
- Lokale Variablen werden nur 'auf einer Ebene' ausgewertet.
- Parameter werden nur ein einziges Mal ausgewertet, danach nicht mehr.

I.d.R. werden Algorithmen (intuitiv) in der Art entwickelt, daß diesen Regeln keine besondere Beachtung geschenkt werden braucht. Bei der Änderung von Parametern hingegen ist das Verständnis der Verhaltensweise Maples von Vorteil.

In Maple V werden in der interaktiven Ebene Variablen 'voll ausgewertet' und vorhandene Verkettungen (hier a = b = c) 'rückwärts' vollzogen.

```
> restart:
> a := b;
```
$$a := b$$
```
> b := c;
```
$$b := c$$
```
> c := 1;
```
$$c := 1$$
```
> a, b, c;
```
$$1, 1, 1$$

Durch die Zuweisung eines ausgewerteten Ausdruckes an c nehmen nachträglich auch a und b diesen Wert von c an, er wird ihnen aber *nicht zugewiesen*. Dieses wird deutlich, wenn die Kette unterbrochen wird.

Was geschieht nun bei lokalen Variablen in Maple-Prozeduren ?

```
> evallocal := proc()
>    local a, b, c;
>    a := b:
>    b := c:
>    c := 1:
>    [a, b, c], eval([a, b, c]);
> end:
```

```
> evallocal();
```

$$[b, c, 1], [1, 1, 1]$$

Die linke Ergebnisliste zeigt, daß der lokalen Variable a der bislang unbelegte Bezeichner b, und in der darauffolgenden Anweisung der lokalen Variable b der unbelegte Bezeichner c zugewiesen wird. Es wird hierbei keine rückwärtige Auswertung b = c, d.h. b = 1 oder gar a = b = c, d.h. b = 1 und a = 1 vorgenommen.

Der Befehl **eval** in der letzten Anweisung der obigen Prozedur aber nimmt die aus der interaktiven Ebene bekannte Vollauswertung vor (rechte Liste), wobei zu beachten ist, daß dies nur für den jeweiligen Aufruf von **eval** gilt und sich die Variablen danach wieder in dem 'Zustand' befinden, wie er vor Verwendung von **eval** vorlag.

Wenn Argumente bei einem Prozeduraufruf an die Parameter übergeben werden, so werden alle in der Prozedur vorhandenen Parameter durch die einzelnen Argumentwerte ersetzt, danach erst beginnt die Abarbeitung der Routine. Wird in einer Prozedur ein Parameter - nennen wir ihn q - selbst verändert, dann wird dieser geänderte Wert von q weder in den vorherigen noch in den nachfolgenden Anweisungen, in denen der Parameter q durch ein Argumentwert ersetzt wurde, berücksichtigt, d.h. der alte wird nicht durch den neuen Parameterwert ausgetauscht. Der alte Wert, der ursprünglich in q eingesetzt wurde, bleibt zumindest oberflächlich erhalten. Aber: Der *geänderte* Wert des Parameters und damit des beim Prozeduraufrufes angegeben Argumentes steht nach Vollendung der Ausführung der Prozedur in der interaktiven Ebene zur Verfügung. Ein Beispiel:

```
> restart:

> t := proc(q)
>     q := 1;
>     q := 2;
>     q
> end:

> t('r');
```

$$r$$

```
> r;
```

$$2$$

Maple wertet dieses wie folgt aus:

```
proc('r', ausgewertet zu r)
```

Alle q's werden nun durch r ersetzt:

```
    r := 1;
    r := 2;
    r  # und nicht 2
end:
```

Aufgrund dieser Tatsache ist es wenig sinnvoll, nach der Veränderung eines Para-
meterwertes noch einmal in der Routine auf ihn Bezug zu nehmen, da dann nicht
der neue, sondern der alte Parameterwert verwendet wird. Wir gehen im nächsten
Unterkapitel darauf näher ein.

15.6 Veränderung der Parameter

Wie bereits oben geschildert, können Sie die an eine Prozedur übergebenen Argumente auch innerhalb einer Prozedur in ihrem Wert verändern, sie tragen dann
nach Bearbeitung der Prozedur in der interaktiven Ebene den neuen, veränderten
Wert. In Pascal und Modula-2 beispielsweise wird dazu in der Parameterfolge des
Prozedurkopfes das Kürzel 'VAR' vor den Parameternamen gestellt.

In Release 4 können Parameter auf zwei verschiedene Weisen verändert werden.

15.6.1 Veränderung auf Release 3-Art mit *name*

Das zu manipulierende Argument (hier a) muß hier beim Aufruf der Prozedur
zwingend in Apostrophe eingefaßt werden. Bei der Prozedurdefinition wird in der
Parameterfolge dem zu ändernden Parameter der Datentyp **name** beigefügt. Im
Rumpf der Prozedur wird auf der rechten Seite der Zuweisung von x:=x+1 das x
in die Funktion **eval** eingesetzt, d.h. eine Vollauswertung erzwungen, um den numerischen Wert des Parameters zu ermitteln.

```
> restart:

> inc := proc(x::name);
>    x := eval(x)+1;
>    NULL  # keine Bildschirmausgabe
> end;

> a := 1;
```

$$a := 1$$

```
> inc('a'); a;
```

$$2$$

Die Angabe des zugelassenen Typs des zu übergebenden Argumentes sorgt dafür, daß nur unausgewertete Variablen - wie hier durch die Apostrophe geschehen - übergeben werden können. Da in dem Beispiel die Variable a jetzt einen Wert trägt, erfolgt bei einer erneuten 'ausgewerteten' Übergabe dieser Variable eine Fehlermeldung.

```
> inc(a);
Error, inc expects its 1st argument, x, to be of type name, but
received 2
```

Würde die Typüberprüfung beim Aufruf der Prozedur wegfallen, so käme es zu einer sowohl von Maple V nicht akzeptierten Art der Parametermanipulation.

```
> restart:

> inc := proc(x);
>     x := eval(x)+1;
>     NULL
> end:

> a := 1:

> inc(a);
Error, (in inc) Illegal use of a formal parameter
```

Versucht man einmal, die Parameter durch die Argumente zu ersetzen, so wird deutlich, warum Maple V die Ausführung der Prozedur ablehnt.

```
a := 1:

proc(a, ausgewertet zu 1);
    1 := 1 + 1; also 1 := 2;
    NULL
end:
```

Die Zuweisung 1 := 2 ist unzulässig.

Wird hingegen ein unausgewerteter Bezeichner übergeben, so erhält man:

```
a := 1:
```

```
proc('a', ausgewertet zu a);
   a := eval(a) + 1: also a := 1 + 1 = 2
   NULL
end:

a = 2
```

Würde hier auf der rechten Seite der Zuweisung der Parameter x nicht mit **eval** ausgewertet werden, so würde dieses zu einer rekursiven Definition von **x** und damit zu einem Stapelüberlauf führen.

```
> noeval := proc(x::name)
>    x := x + 1:
>       NULL
> end:

> a := 1:

> noeval('a');                          proc('a' ausgewertet zu a)
                                           a := a + 1: ...
                                        end:

> a;
Error, STACK OVERFLOW
```

15.6.2 Veränderung mit *evaln*

In Release 4 ist die Änderung des oder der Parameter auch auf elegantere Art und Weise durch den neu hinzugekommenen 'Datentyp' **evaln** möglich. Das zu ändernde Argument braucht bzw. darf jetzt nicht mehr in Apostrophen übergeben werden. **evaln** ist kein Datentyp an sich, es verhindert die ausgewertete Übergabe eines Argumentes an die Prozedur, d.h. es wird der Name des Argumentes übertragen, der aber weiterhin einen (hier numerischen) Wert besitzt, welcher innerhalb der Prozedur mit **eval** ermittelt werden kann.

```
> restart:

> inc := proc(x::evaln)
>    x := eval(x)+1;
>    NULL
> end:

> x := 1;
```

$$x := 1$$

```
> inc(x);
```

```
> x;
```

$$2$$

```
> inc(x);
```

```
> x;
```

$$3$$

In Kapitel 15.3 wurde bereits eine Möglichkeit vorgestellt, mehrere Werte bei einem Prozeduraufruf zurückzuliefern, indem in der letzten Anweisungszeile der Routine bzw. mittels **RETURN** diese Werte als Folge bzw. Liste oder Menge eingetragen werden. In einigen Fällen ist es besser, für die Rückgabe einen oder mehrere bisher unbelegte Parameter zu verwenden. Dieses Konzept nutzt beispielsweise der Befehl **divide**.

```
> restart:
```

```
> divide(x^2+2*x+1, x+1, 'q');
```

$$\text{true}$$

```
> q;
```

$$x + 1$$

Um die Programmierung des o.g. Konzeptes zu verdeutlichen, wird eine Prozedur zur ganzzahligen Division zweier Zahlen inklusive Rest definiert. Neben den zwei ganzzahligen Argumenten erwartet die Routine auch zwei Bezeichner, in denen das Ergebnis abgespeichert wird.

```
> restart:
```

```
> div := proc(a::integer, b::integer, X::evaln, Y::evaln)
>     X := a/b-frac(a/b);
>     Y := a-trunc(a/b)*b;
>     X, Y
> end:
```

```
> div(10, 3, p, q);
```

$$p, q$$

```
> p, q;
```

$$3, 1$$

15.7 Wegfall und zusätzliche Angabe von Argumenten

Bisher wurden bei einem Prozeduraufruf immer dieselbe Anzahl von Argumenten angegeben wie im Kopf der Routine Parameter vorhanden waren, im Extremfall auch keine Argumente. Ein weiterer Vorteil der Programmiersprache Maple V ist jedoch die Möglichkeit, keine, weniger oder auch zusätzliche, d.h. optionale Argumente bei einem Prozeduraufruf zu übertragen. Von diesen Variationen nehmen u.a. auch die in Maple V enthaltenen Funktionen oft Gebrauch.

Es existieren zwei äußerst nützliche - lokale - Variablen, welche bei einem Prozeduraufruf automatisch erzeugt werden und innerhalb der Prozedur genutzt werden können. In der Variablen **nargs** wird die *Anzahl* aller tatsächlich übergebenen Argumente abgespeichert, **args** enthält alle tatsächlich übergebenen *Argumente* in Form einer (geordneten) Folge. Dieses ermöglicht es, über einen Index auf einzelne oder mehrere Argumente zuzugreifen, wie folgende Demonstration der Übergabe zusätzlicher Argumente zeigt.

```
> restart:

> arg := proc(p)
>     local i;
>     lprint(`Anzahl der Argumente: `. nargs);
>     lprint(`Alle übergebenen Argumente: `, args);
>     for i to nargs do
>         lprint(`Argument #` . i . `:` , args[i])
>     od;
>     lprint(`Parameter p:`, p)
> end:

> arg(1, 0.2, a);

Anzahl der Argumente: 3
Alle übergebene Argumente:     1    .2    a
Argument #1:     1
Argument #2:     .2
Argument #3:     a
Parameter p:     1
```

Man sieht, daß die Präsenz des Parameters p im Prozedurkopf keine Auswirkung auf **nargs** und **args** hat, man könnte ihn hier genausogut weglassen. Auf diese Weise kann man eine Prozedur **line** entwerfen, welche eine Linie zwischen zwei Punkten zeichnet und darüber hinaus die Angabe verschiedener Plotoptionen gestattet - aber nicht voraussetzt.

```
> restart:
```

```
> linie := proc(a::list, b::list)
>    # ähnlich plottools/line
>    local plotoptionen, n;
>    plotoptionen := args[3 .. nargs];
>    plot([a, b], style=line, plotoptionen);
> end:

> linie([1, 1], [2, 2]);
```

In diesem Fall erhält die Variable plotoptionen den Wert **NULL**, weil 3 > nargs. Da aufgrund der Angabe zweier Parameter in Prozedurkopf in dieser Prozedur immer **nargs** ≥ 2 gilt, kommt es in Release 4 nicht zu einer Fehlermeldung infolge ungültigen Indexbereiches.

```
> linie([1, 1], [2, 2], scaling=constrained,
>    view=[0.5 .. 2.5, 0.5 .. 2.5]);
```

Wenn die Plotoption style vor die Variable plotoptionen gestellt wird, kann die erste Einstellung vom Benutzer geändert werden, da **plot**-Befehle bei der mehrfachen Angabe ein und derselben Plotoption immer nur die letztere beachten.

```
> linie([1, 1], [2, 2], scaling=constrained,
>    view=[0.5 .. 2.5, 0.5 .. 2.5], style=point);
```

Zusätzliche Argumente sind - wie gezeigt - u.a. dann sinnvoll, wenn in einer Prozedur bestimmte Voreinstellungen (*defaults*) getroffen wurden, diese aber änderbar sein sollen.

Maple V gestattet es, weniger Argumente anzugeben, wenn die Prozedur so entworfen ist, daß bei ihrer Ausführung kein Zugriff auf das oder die fehlenden Argumente erfolgt. Dabei können die Argumente dann von rechts nach links gehend weggelassen werden, das 'Überspringen' von Argumenten ist dabei aber nicht möglich. Die im letzten Abschnitt definierte Prozedur **div** kann daher so abgeändert werden, daß nicht unbedingt Namen zur Aufnahme des Ergebnisses angegeben werden müssen.

```
> restart:

> div := proc(a::integer, b::integer, X::evaln, Y::evaln)
>    local quo, rest;
>    quo := a/b-frac(a/b);
>    rest := a-trunc(a/b)*b;
>    if nargs = 3 then
>       X := quo;
>       RETURN(X)
```

```
>     elif nargs = 4 then
>         X := quo; Y := rest;
>         RETURN(X, Y)
>     else
>         quo, rest
>     fi
> end:

> div(10, 3);
```

$$3, 1$$

```
> div(10, 3, p); p;
```

$$\frac{p}{3}$$

```
> div(10, 3, p, q); p, q;
```

$$p, q$$
$$3, 1$$

Folgende Fehler können bei einer Argumentauswertung vorfallen:

```
> restart:

> t := proc()
>     args[1]
> end:

> t();
Error, (in t) invalid subscript selector
```

Da kein Argument übergeben wurde, kann hier auf das erste Argument nicht zuge-griffen werden. Eine Lösung ist, vorher zu überprüfen, mit wievielen Argumenten die Prozedur tatsächlich aufgerufen wurde.

```
> t := proc()
>     if nargs = 1 then args[1] else [] fi
> end:

> t();
```

$$[]$$

Im Zusammenhang mit Folgen in Kapitel 13.1 wurde bereits hingewiesen, daß es in Release 4 zu einer Fehlermeldung kommt, wenn bei einer indizierten Variable ein Bereich a .. b mit a, b ∈ IN und b < a - 1 angegeben wurde. Auch hier ist eine vorherige Abfrage, wieviele Argumente übergeben wurden, sinnvoll, damit ein Fehler gar nicht erst vorfallen kann.

```
> t := proc()
>    if nargs > 1 then
>       [args[3 .. nargs]]
>    fi
> end:

> t(1, 2);
```

$$[]$$

```
> t(1);
```

15.8 Funktionen als Argumente

Oft ist es wünschenswert, eine Funktion oder einen Term als Argument an eine Prozedur zu übergeben. Es liegt nahe, dieses auf folgende Weise zu programmieren, um die Funktion oder den Term innerhalb der Routine nutzen zu können:

```
> restart:

> fn := proc(f::algebraic, wert::numeric)
>    print(f);
>    f(wert)
> end:

> f := x -> 1/x:

> fn(f, 1);
```

$$x \to \frac{1}{x}$$

$$1$$

Wird in die Prozedur nur der Name der Funktion eingesetzt, so erhält man das gewünschte Ergebnis, doch bei der Übergabe von f(x)

```
> fn(f(x), 1);
```

$$\frac{1}{x}$$

$$\frac{1}{x(1)}$$

oder eines Ausdruckes wie

```
> fn(exp(x), 0);
```

$$e^x$$

$$e^x(0)$$

versagt diese Methode, da in der Routine in der letzten Anweisung f (hier e^x) das Argument wert nur angehängt wird ($e^x(0)$). Eine Idee ist, die Unbestimmten der Funktion zu ermitteln und eine lokale Funktion mit **unapply** zu definieren. Zunächst jedoch einige Vorarbeiten:

Zur Ermittlung von Unbestimmten dient der Befehl **indets**. Er ermittelt aus einem rationalen Ausdruck[123] (bestehend aus den mathematischen Grundoperationen +, -, *, /) alle Unbekannten als Menge. Besteht der Ausdruck auch aus nicht-rationalen Bestandteilen, so werden auch diese als Unbestimmte ermittelt. **select** stellt dann alle wirklichen Unbekannten fest[124]. Beispiel:

```
> f := (x, y) -> sin(x-E)*exp(y):
```

$$f := (x,y) \to \sin(x - E)\, e^y$$

```
> indets(f(x, y));
```

$$\{x, y, \sin(x - E), e^y\}$$

```
> op(select(type, indets(f(x, y)), name));
```

$$x, y$$

```
> fneu := unapply(f(x, y), ");
```

$$fneu := (x,y) \to \sin(x - E)\, e^y$$

Somit kann folgende Prozedur für Ausdrücke in einer Unbekannten entworfen werden.

```
> fn := proc(f::algebraic, wert::realcons)
>     local fneu, unbest;
>     unbest := op(select(type, indets(f), name));
>     fneu := unapply(f, unbest);
```

---

[123] Vgl. Online-Hilfe zu **indets**.

[124] **indets** kann auch die Option **name** beigefügt werden, jedoch werden dann auch einige etwaige im Ausdruck befindliche Konstanten zurückgegeben, welches hier nicht erwünscht ist.

```
>      fneu(wert)
> end:
```

```
> f := x ->1/x;
```

$$f := x \to \frac{1}{x}$$

```
> fn(f(x), 1);
```

$$1$$

```
> fn(sin(y)+1, 0);
```

$$1$$

15.9 Prozeduren als Argumente

Nicht nur (mathematische) Funktionen und algebraische Ausdrücke können Routinen übergeben werden, sondern auch Prozeduren, d.h. auch die in Maple V vorhandenen Befehle[125]. Der im ersten Teil besprochene Befehl **map** z.B. nutzt diese Möglichkeit.

Um eine Prozedur als Argument an eine Routine zu übertragen, wird nur deren Name angegeben. Die innerhalb der Routine zu bearbeitenden Werte werden direkt in Klammern hinter denjenigen Parameter gestellt, in den später der Prozedurname (das Argument) eingesetzt wird.

```
> restart:
```

```
> mighty := proc(p::procedure, arg::algebraic)
>      p(arg)
> end:
```

```
> mighty(solve, x^3-1);
```

$$1, -\frac{1}{2} + \frac{1}{2} I \sqrt{3}, -\frac{1}{2} - \frac{1}{2} I \sqrt{3}$$

```
> mighty(fsolve, x^3-1);
```

$$1.$$

---

[125] Diese Trennung zwischen mathematischen Funktionen und Maple-Befehlen ist eigentlich nicht korrekt. Beide sind als Maple-Prozeduren implementiert. Schlüsselwörter wie **if**, **for**, etc. können nicht übergeben werden.

```
> mighty(ln, 1);
```

$$0$$

15.10 Erweiterte Typüberprüfung im Prozedurkopf

Vom Befehl **int** her ist die Übergabe eines Intervalles der Form x=a..b für die bestimmte Integration in den Grenzen a und b bekannt. Auch dieses läßt sich einfach nachahmen, indem im Prozedurkopf für den Parameter die Datentypspezifikation beliebig erweitert wird, z.B. zu **name=range** oder auch noch genauer **name=numeric .. numeric**. Die einzelnen Bestandteile, hier Unbestimmte, linke und rechte Grenze des Bereiches stellen die Maple-Funktionen **lhs**, **rhs** - auch kombiniert mit **op** - fest. Ein kurzes Anschauungsbeispiel:

```
> fn := proc(r::name=range)
>    r, lhs(r), rhs(r), op(1, rhs(r)), op(2, rhs(r))
> end:

> fn(x=0 .. 2);
```

$$x = 0 .. 2, x, 0 .. 2, 0, 2$$

Ferner ist es manchmal wünschenswert, daß für ein Argument verschiedene Typen zugelassen werden, ohne daß die Prüfung hierauf mittels **type** innerhalb der Prozedur erfolgen muß. Daher läßt sich im Prozedurkopf eine Menge von Datentypen hinter den Parameter setzen. Das zu übergebende Argument muß dann von einem der angegebenen Typen sein.

```
> fn := proc(x::{set, list, equation})
>    x
> end:

> fn([1, 2]);
```

$$[1, 2]$$

```
> fn({1, 2});
```

$$\{1, 2\}$$

```
> fn(x=1);
```

$$x = 1$$

```
> fn(x);
Error, fn expects its 1st argument, x, to be of type {equation, set,
list}, but received x
```

15.11 Optionen als Argumente

Diverse **plot**-Befehle erlauben die Angabe von Optionen, mit denen der Anwender das genaue Erscheinungsbild eines Graphen steuern kann, z.B. mittels **scaling=constrained**, **style=point**, etc. **assign** gepaart mit **subs** ermöglicht dieses auch in eigenen Routinen, um bestimmte dort enthaltene Vorgabewerte zu ändern[126].

subs ersetzt beliebige Teilausdrücke in einem Ausdruck (letztes Argument) durch neue Ausdrücke (erste Argumente).

```
> restart:
```

```
> subs(x=1, y=2, [x, y]);
```

$$[1, 2]$$

```
> subs({x=1, y=2}, {x, y});
```

$$\{1, 2\}$$

Die Argumente werden von links nach rechts bearbeitet, treten hierbei mehrere Zuweisungen an ein und dieselbe Variable auf, so wird nur die erste Zuweisung berücksichtigt.

```
> subs(x=1, x=2, x);
```

$$1$$

Eine oder mehrere Optionen werden in einer Variablen gespeichert:

```
> opts := eps=1e-12;
```

$$opts := eps = .1*10^{-11}$$

Die Voreinstellungen erfaßt man ebenfalls:

```
> defaults := {eps=1e-8, step=0.1};
```

$$defaults := \{eps = .1*10^{-7}, step = .1\}$$

Die in `opts` bzw. `defaults` enthaltenen Bezeichner `eps` und `step` werden durch `Eps` und `Step` ersetzt:

---

[126] Die kürzeste und zugleich verständlichste Methode stammt von Joe Riel und wird hier vorgestellt.

```
> neu := {Eps=eps, Step=step};
```

$$neu := \{Eps = eps, Step = step\}$$

```
> subs(opts, defaults, neu);
```

$$\{Eps = .1*10^{-11}, Step = .1\}$$

und die Werte schließlich diesen beiden neuen Variablen zugewiesen:

```
> assign(");
```

```
> Eps, Step, eps, step;
```

$$.1*10^{-11}, .1, eps, step$$

Wenden wir nun die Verfahren, welche in diesem und den letzten beiden Abschnitten vorgestellt wurden, an. Es wird eine kurze Routine, welche eine Wertetabelle generiert, erstellt. Argumente sind eine Funktion mit nur einer Unbekannten, der Bereich und optional die Schrittweite (sonst 1).

```
> fn := proc(f::algebraic, var::name=range)
>     local unbest, f0, xlinks, xrechts, a, opts, defaults,
>           subst, Step;
>
>     # Ermittlung der Unbestimmten
>
>     unbest := op(select(type, indets(f), name));
>
>     # Wenn mehr als eine Unbestimmte angegeben, dann Fehler,
>     # der Backslash verbindet eine über mehrere Zeilen ver-
>     # teilte Anweisung
>
>     if not(nops(unbest union lhs(var))) = 1 then
>        ERROR(`Nur eine Unbestimmte zugelassen oder falsche\
>              Übergabe der Funktion.`)
>     fi;
>
>     # Erzeugung der neuen, lokalen Funktion
>
>     f0 := unapply(f, unbest);
>
>     # Ermittlung der Intervallgrenzen
>
>     xlinks := op(1, rhs(var));
>     xrechts := op(2, rhs(var));
>
```

```
>      # Abspeicherung optionaler Argumente (hier nur eines)
>
>      opts := args[3 .. nargs];
>
>      # Setzen der Vorgabeschrittweite
>
>      defaults := {step=1};
>
>      # Änderung des Namens der Schrittweite von step zu Step,
>      # da die Verwendung der lokalen Variable step aufgrund
>      # der Namensgleichheit mit der Option step nicht möglich
>      # ist
>
>      subst := {Step=step};
>
>      # Zuweisung der Schrittweite Step, entweder mit Vorgabe
>      # oder optionalem Wert
>
>      assign(subs(opts, defaults, subst));
>
>      # Schleife für Wertetabelle
>
>      for a from xlinks to xrechts by Step do
>          printf(`%+f %.20a\n`, a, evalf(f0(a)))
>      od
> end:

> f := x -> exp(x):

> fn(f(x), x=-1 .. 1);
-1.000000 .36787944117144232160
+0.000000 1.
+1.000000 2.7182818284590452354

> fn((x-E)^2, x=0 .. 2, step=0.5);
+0.000000 7.3890560989306502274
+0.500000 4.9207742704716049920
+1.000000 2.9524924420125597566
+1.500000 1.4842106135535145212
+2.000000 .51592878509446928585
```

Falsche Optionen werden ignoriert und stattdessen die Voreinstellung(en) benutzt.

```
> fn(sqrt(t), t=-1 .. 0, stp=0.25);
-1.000000 1.*I
+0.000000 0
```

Fehlermeldungen (siehe nächster Abschnitt) weisen auf eine inkorrekte Funktionsübergabe oder mehrere Unbekannte hin:

```
> fn(f, x=0 .. 2);
Error, (in fn) Nur eine Unbestimmte zugelassen oder falsche Übergabe
der Funktion.

> fn(f(x), y=0 .. 2);
Error, (in fn) Nur eine Unbestimmte zugelassen oder falsche Übergabe
der Funktion.
```

In einigen Fällen ist es sinnvoll, statt einer Option in Form einer Gleichung nur einen Begriff anzugeben oder beides zu gestatten. Z.B. kann der Anwender einer Prozedur mit der Option use=befehl mitteilen, daß sie einen bestimmten Befehl für interne Berechnungen nutzen soll, in diesem Beispiel **solve** (Vorgabe) oder **fsolve**, und bei der Verwendung von **fsolve** wahlweise auch komplexe Lösungen durch Angabe des Wortes complex ermittelt.

Die Optionen werden in einer **for/in**-Schleife ausgewertet, deren Reihenfolge ist daher beliebig. Werden keine Optionen angegeben, d.h. [args[2 .. nargs]] = **[NULL]**, so wird die Schleife nicht bearbeitet. Werden Argumente von einer **for/in**-Schleife bearbeitet werden, sollten sie grundsätzlich als Liste vorliegen.

```
> restart:

> flex := proc(alg::algebraic)
>     local Befehl, Complex, unbest, n;
>     Befehl := solve;
>     Complex := false;
>     unbest := op(select(type, indets(alg), name));
>     for n in [args[2 .. nargs]] do
>         if n='complex' then
>             Complex := true
>         elif type(n, equation) and lhs(n)='use' then
>             Befehl := rhs(n)
>         fi
>     od;
>     if Complex and Befehl = fsolve then
>         Befehl(alg, unbest, complex)
>     else
>         Befehl(alg, unbest)
>     fi
> end:

> flex(x^3+1);
```

$$-1, \frac{1}{2}-\frac{1}{2}I\sqrt{3}, \frac{1}{2}+\frac{1}{2}I\sqrt{3}$$

```
> flex(x^3+1, use=fsolve);
```

$$-1.$$

```
> flex(x^3+1, use=fsolve, complex);
```

$$-1., .5000000000 - .8660254038 \text{ I}, .5000000000 + .8660254038 \text{ I}$$

```
> flex(x^3+1, complex, use=fsolve);
```

$$-1., .5000000000 - .8660254038 \text{ I}, .5000000000 + .8660254038 \text{ I}$$

15.12 Fehlerbehandlung

Mit **ERROR(`Text`)** wird ein Text (eine benutzerdefinierte Fehlermeldung) ausgegeben und die weitere Abarbeitung der Prozedur danach abgebrochen. Verstöße gegen mathematische Regeln können von diesem Befehl nur im Vorfeld abgefangen werden, nicht aber bei bereits durchgeführter Auswertung (nutzen Sie hierzu **traperror**, s.u.). Er ist für vom Anwender einer Prozedur eventuell getätigte Falscheingaben geeignet, beispielsweise bei versuchter Übergabe eines nicht gestatteten Datentyps. Oft können Sie letzteres bereits in der Parameterfolge durch Angabe des erlaubten Datentyps eines Argumentes ausschließen.

Die folgende Routine gibt den Kehrwert eines algebraischen Argumentes aus; ist es gleich Null, so erfolgt eine Fehlermeldung.

```
> restart:

> kehrwert := proc(x::algebraic);
>    if x=0 then
>        ERROR(`Wert 0 ist nicht zugelassen.`)
>    fi;
>    1/x
> end:

> kehrwert(sin(x));
```

$$\frac{1}{\sin(x)}$$

```
> kehrwert(0);
Error, (in kehrwert) Wert 0 ist nicht zugelassen.
```

traperror fängt 'echte' Fehler ab, beendet aber nicht die Abarbeitung der Prozedur. **traperror** ermittelt das Ergebnis eines Ausdruckes; tritt dabei ein Fehler auf, so liefert er eine Maple-Fehlermeldung zurück, welche in der Prozedur ausgewertet werden kann. Zudem wird noch die globale Variable **lasterror** mit der

Fehlermeldung belegt. Diese Variable kann ebenfalls entsprechend abgefragt werden. **traperror** muß vor der Verwendung von **lasterror** aufgerufen werden. Tritt bei einer durch **traperror** durchgeführten Berechnung kein Fehler auf, so wird der Variablen **lasterror** ihr eigener Name zugewiesen.

Die Prozedur **kehrwert** kann daher wie folgt modifiziert werden:

```
> restart:

> kehrwert := proc()
>     local n, result;
>     result := NULL;
>     for n in [args] do
>         result := result, traperror(1/n)
>     od
> end:

> kehrwert(0);
```

division by zero

```
> lasterror;
```

division by zero

```
> kehrwert(-1, 0, 1);
```

-1, division by zero, 1

```
> lasterror;
```

lasterror

Allgemeiner ermittelt die Abfrage 'if ergebnis = **lasterror then** ...', ob bei einer Berechnung ein (beliebiger) Fehler aufgetreten ist, wie eine weitere Änderung der Prozedur verdeutlicht.

```
> restart:

> kehrwert := proc(x::algebraic)
>     local n, result;
>     for n to nargs do
>         result := traperror(1/args[n]);
>         if result=lasterror then
>             print(`Fehler: `. lasterror)
>         else
>             print(result, lasterror)
>         fi;
```

```
>     od
> end:

> kehrwert(0, 1, 2);
```

$$\text{Fehler: division by zero}$$
$$1, \text{lasterror}$$
$$1/2, \text{lasterror}$$

15.13 Funktionen als Rückgabe

Eine Rückgabe von Funktionen durch eine Prozedur ist mittels **unapply** möglich. Beispielsweise können Sie das Krümmungsverhalten einer Funktion mit einer Unbestimmten berechnen und als Funktionszuweisung zurückgeben.

```
> kruem := proc(func)
>     local result, var;
>     var := op(select(type, indets(func), name));
>     if nops([var]) > 1 then
>         ERROR(`Nur Funktionen mit einer Unbestimmten\
>             zugelassen.`)
>     fi;
>     result :=
>         diff(func, var$2)/sqrt((1+diff(func, var$1)^2)^3);
>     unapply(result, var);
> end:

> g := kruem(sin(x));
```

$$g := x \rightarrow -\frac{\sin(x)}{\sqrt{(1+\cos(x)^2)^3}}$$

```
> plot({sin(x), g(x)}, x=-4 .. 4);
```

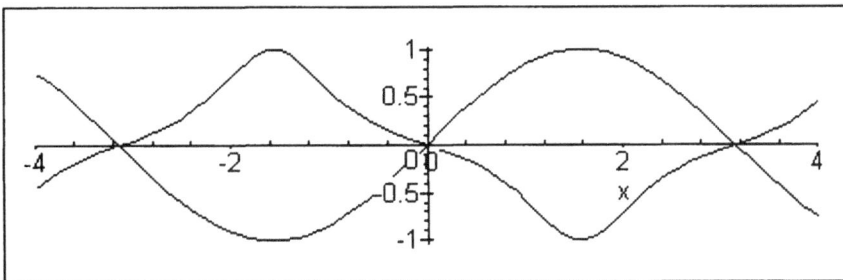

Bild 15.02: Sinus- und ihre Krümmungsfunktion

15.14 Interaktive Terminaleingaben

Interaktive Eingaben lassen sich durch **readstat** und **readline** über die Tastatur vollziehen.

readstat erlaubt die Eingabe von Ausdrücken, die der Maple-Syntax entsprechen müssen. Es lassen sich Zahlen, Bezeichner oder sonstige Maple-Ausdrücke (sogar Befehle) eingeben. **readstat** liefert einen ausgewerteten Maple-Ausdruck zurück. Eingaben müssen in Release 4 mit einem Semikolon abgeschlossen werden. Alternativ ist die Angabe eines Meldetextes als Argument des Befehles.

```
> restart:

> a := readstat();

> -1;
```

$$a := -1$$

```
> a;
```

$$-1$$

```
> text := `Ihre Eingabe:`:

> a := readstat(text);
Ihre Eingabe:

> Pi/4;
```

$$a := \frac{1}{4}\pi$$

Jetzt wird der Term `sin(a)` eingegeben, wobei Maple automatisch für die Variable a den Wert $\frac{1}{4}\pi$ einsetzt und an die Funktion **sin** weiterreicht.

```
> a := readstat(text);
Ihre Eingabe:

> sin(a);
```

$$a := \frac{1}{2}\sqrt{2}$$

```
> a := readstat(text);
Ihre Eingabe:

> evalf(a);
```

$$a := .70710678118654752440$$

Mit **readline(terminal)** können Sie ebenfalls beliebige Ausdrücke am Terminal eingeben, wobei die Eingabe nicht durch ein Semikolon beendet werden muß. Im Unterschied zu **readstat** gibt der Befehl eine (unausgewertete) Zeichenkette zurück, d.h. die eingegebene Zeichenfolge braucht nicht der Maple-Syntax zu entsprechen.

```
> restart:

> eingabe := readline(terminal);

> Maple V
```

$$eingabe := Maple\ V$$

```
> whattype(eingabe);
```

$$string$$

Dieser String kann mit **parse** in einen Maple-Ausdruck verwandelt werden, vorausgesetzt, die Syntax ist korrekt. **parse** setzt automatisch ein Semikolon an das Ende der Eingabe, wenn es dort fehlte. Die Rückgabe ist ein unausgewerteter Ausdruck. Mit dem optionalen zweiten Argument `statement` läßt sich aber die Auswertung erzwingen.

```
> parse(eingabe);
Error, incorrect syntax in parse

> eingabe := readline(terminal);

> x -> x^2*sin(x)
```

$$eingabe := x \rightarrow x^2*sin(x)$$

```
> f := parse(eingabe);
```

$$f := x \rightarrow x^2\ sin(x)$$

```
> f(Pi/2);
```

$$\frac{1}{4}\pi^2$$

```
> str := `2*sin(2.)`;
```

$$str := 2*sin(2.)$$

```
> parse(str);
```

$$2 \sin(2.)$$

```
> parse(str, statement);
```

$$1.8185948536513633908$$

15.15 Unterprozeduren

In Prozeduren können auch weitere Prozeduren definiert werden. Dieses ist dann sinnvoll, wenn eine Prozedur spezielle auf sie zugeschnittene Routinen benötigt, die sonst nicht gebraucht werden. Die Subprozeduren werden an den Anfang der Hauptprozedur nach dem Deklarationsteil plaziert und können in letzterem zusammen mit den in der Hauptprozedur verwendeten Variablen als lokal oder global vereinbart werden. Lokale Subprozeduren gelten nur in der aufrufenden Hauptprozedur, globale Subprozeduren können auch von allen anderen noch in der Routine enthaltenen Subprozeduren sowie in der interaktiven Ebene genutzt werden.

Hinweis: Parameter und lokale Variablen einer äußeren Prozedur gelten nicht in inneren Prozeduren. Wenn gewünscht, so können sie aber über die Parameterfolge der Subprozedur importiert werden.

```
> restart:

> kreis := proc(arg)
>     local umfang, flaeche;
>     # Definition der Unterprozeduren
>     umfang  := proc(r) 2*Pi*r end:
>     flaeche := proc(r) Pi*r^2 end:
>     # Hauptteil
>     umfang(arg), flaeche(arg);
> end:

> kreis(1);
```

$$2\,\pi, \pi$$

Soll eine Subprozedur auch von anderen Subprozeduren aufgerufen werden können, so muß sie **global** deklariert sein.

```
> restart:

> kreis := proc(arg)
>     global umfang, flaeche;
>     local aufruf;
>     # Definition der Unterprozeduren
>     umfang  := proc(r) 2*Pi*r end:
```

```
>       flaeche := proc(r) Pi*r^2 end:
>       aufruf  := proc(r) umfang(r), flaeche(r) end:
>       # Hauptteil
>       aufruf(arg);
> end:

> kreis(1);
```

$$2\pi, \pi$$

In der interaktiven Ebene definierte Prozeduren sind global, wie folgendes Beispiel veranschaulicht. Die Routine maximum greift zur Berechnung des Ergebnisses auf die Funktion minimum zurück:

```
> restart:

> minimum := proc(a::numeric, b::numeric)
>    if a < b then a else b fi
> end:

> maximum := proc(a::numeric, b::numeric)
>    -minimum(-a, -b)
> end:

> minimum(5, 7);
```

$$5$$

```
> maximum(5, 7);
```

$$7$$

15.16 Selbstaufruf einer Prozedur

Eine Prozedur kann sich auch selbst aufrufen. Wenn z.B. eine Prozedur auf die Bearbeitung eines Terms ausgelegt ist, ihr aber eine Gleichung übergeben wird, so kann die Gleichung in einen Term gewandelt und die Prozedur dann mit dem Term erneut aufgerufen werden. Für den Neuaufruf wird **RETURN** verwendet; **procname** enthält den Namen, mit dem die Prozedur aufgerufen wurde, hier könnte anstelle **procname** auch neu stehen.

```
> restart:
```

```
> neu := proc(arg)
>     if type(arg, equation) then
>         RETURN(procname(lhs(arg)-rhs(arg)))
>     fi;
>     arg
> end:
```

```
> neu(x^2=1);
```

$$x^2 - 1$$

Alternativ kann auch das Argument intern umgeformt und einer lokalen Variable zugewiesen werden, auf die dann der Algorithmus anwendbar ist.

```
> anders := proc(arg)
>     local r;
>     r := arg;
>     if type(arg, equation) then
>         r := lhs(arg)-rhs(arg)
>     fi;
>     r
> end:
```

```
> anders(x^2=1);
```

$$x^2 - 1$$

15.17 Unausgewertete Rückgabe

procname kann auch dazu verwendet werden, den gesamten Funktionsaufruf wieder zurückzugeben, wenn eine Lösung nicht ermittelt werden kann. Hierzu wird **procname** in Apostrophe gesetzt, damit sich die Prozedur nicht erneut aufruft.

```
> realln := proc(x)
>     if x < 0 then
>         'procname'(args)
>     else
>         ln(x)
>     fi
> end:
```

```
> realln(1), realln(-1);
```

$$0, \text{realln}(-1)$$

15.18 Optionen & interne Prozedurverwaltung

In Maple-Prozeduren lassen sich besondere Verwaltungseinstellungen, sog. *options*, im folgenden 'Optionen' genannt, treffen. Optionen werden i.d.R. nach der Deklaration lokaler bzw. globaler Variablen oder, wenn keine derartige Deklaration getroffen wurde, direkt hinter dem Prozedurkopf erfaßt.

Syntax:

```
options Einstellung(en);

       oder

option Einstellung(en);
```

Optionen sind:

remember

Mit dieser Einstellung wird für die Prozedur eine Erinnerungstabelle initialisiert, in der alle durch die Prozedur bereits ermittelten Ergebnisse gespeichert werden. Erfolgt ein Aufruf der Prozedur mit nochmals denselben Eingangswerten, so wird das Ergebnis nicht erneut berechnet, sondern einfach aus der Tabelle entnommen. Dieses führt zu einer deutlichen Zeitersparnis. Besonders rekursive Prozeduren profitieren enorm von dieser Möglichkeit. Viele originale Maple-Befehle besitzen ebenfalls eine Erinnerungstabelle.

Die nächsten beiden Unterkapitel gehen näher auf Erinnerungstabellen ein.

copyright

Diese Angabe bewirkt den Eintrag der Urheberschaft an einer Prozedur in die interne Verwaltung.

Syntax:

```
options `Copyright Text`;
```

Der String muß mit dem Wort Copyright beginnen, danach kann beliebiger Text folgen.

```
> routine := proc()
>    options `Copyright A. Maplefan`;
> end:

> op(3, eval(routine));
```

Copyright A. Maplefan

description

Legt eine Kurzbeschreibung der Prozedur fest; wird eine entsprechend beschriebene Routine aus einer Maple-Bibliothek gelesen, wird neben dem Prozedurkopf und
der Endmarke auch dieses Feld angezeigt.

> **description** `Beschreibung`;

Beispiel:

```
> nutzlos := proc() description `ich tu nichts`; end:
```

trace

listet alle Ein- und Aussprünge einer Prozedur auf, welches zur Aufsuche von Fehlern in einer selbstgeschriebenen Routine hilfreich ist. Besser sind allerdings die
Befehle **trace** bzw. **untrace** (s. nächsten Abschnitt).

Felder der Prozedurverwaltung

Für den Anwender sind sieben Felder der internen Prozedur- bzw. Befehlsverwal-
tung sichtbar. Die Bedeutung der einzelnen Felder in numerischer Reihenfolge:

Feld	Bedeutung
0	Typ
1	Parameter
2	lokale Variablen
3	Optionen
4	Inhalt der Erinnerungstabelle
5	Kurzbeschreibung der Routine (description)
6	globale Variablen

```
> restart:
```

```
> for i from 0 to 6 do [op(i, eval(sin))] od;
```

$$[\text{procedure}]$$
$$[x]$$
$$[n, t]$$
[table([
$$\frac{5}{12}\pi = \frac{1}{4}\sqrt{6}\,(1+\frac{1}{3}\sqrt{3}\,)$$
$$\frac{3}{8}\pi = \frac{1}{2}\sqrt{2+\sqrt{2}}$$
$$\frac{1}{3}\pi = \frac{1}{2}\sqrt{3}$$
(etc.)
])]

$$[\,]$$
$$[\,]$$

15.19 Erinnerungstabellen

Zu jeder Prozedur gibt es eine zugehörige Erinnerungstabelle, in welche bereits von der betreffenden Prozedur ermittelte Ergebnisse abgelegt und/oder in die Vorgabewerte abgespeichert werden können[127]. Wenn die Prozedur aufgerufen wird, so wird erst nachgesehen, ob für das Argument oder die Argumentenfolge ein gleichlautender Index bzw. eine gleichlautende Indexfolge in der Tabelle existiert. Trifft dieses zu, so wird der zugehörige Erinnerungstabelleneintrag zurückgegeben und die Prozedur nicht abgearbeitet. Ist kein gleichlautender Indexeintrag vorhanden, wird die Prozedur ausgewertet.

Im obigen Listing der einzelnen Verwaltungsfelder der natürlichen Logarithmusfunktion sind bereits Vorgabewerte in der Erinnerungstabelle von **ln** enthalten.

Der Inhalt einer Erinnerungstabelle läßt sich mit op(4, eval(prozedurname)) ermitteln. Am Beispiel der Duallogarithmusfunktion wird die Einrichtung von und der Umgang mit Erinnerungstabellen behandelt.

In den nun folgenden Zeilen wird die Prozedur lb zunächst auf bisher gewohnte Weise definiert. Zunächst beinhaltet das Verwaltungsfeld 4 nur den Wert NULL, wie die auf die Prozedurdefinition folgende Abfrage zeigt.

---

[127] Generell wird bei jedem Prozeduraufruf eine Erinnerungstabelle erzeugt, in die ermittelte Zwischenergebnisse abgelegt werden. Diese Tabelle wird aber nach Abschluß der Abarbeitung wieder gelöscht - es sei denn, die hier erklärte Einstellung remember wurde im Deklarationsteil eingetragen.

```
> restart:

> lb := proc(x::realcons)
>     local r;
>     r := log[2](x);
>     if nargs=2 and args[2] = 'float' then
>         evalf(r)
>     else
>         r
>     fi
> end:

> if op(4, eval(lb))=NULL then true else false fi;
```

true

Explizit können Sie Werte in die Erinnerungstabelle durch die Zuweisung

```
        prozedurname(argumentenfolge) := ausdruck
```

eingetragen. Solche Zuweisungen müssen immer nach der Prozedurdefinition vollzogen werden.

```
> lb(1) := 0:

> lb(2) := 1:

> op(4, eval(lb));
```

table([
   1 = 0
   2 = 1
  ])

Geben Sie im Deklarationsteil option remember an, so werden alle durch lb ermittelte Ergebnisse in die Tabelle eingetragen. Durch eine neue Prozedurdefinition (und sei es nur durch Bestätigung der obigen Prozedurdefinition durch **RETURN**) wird die existierende Erinnerungstabelle gelöscht.

```
> lb := proc(x::realcons)
>     local r;
>     option remember;
>     r := log[2](x);
>     if nargs=2 and args[2] = 'float'
>         then evalf(r) else r fi
> end:


> op(4, eval(lb));
```

```
> lb(8);
```

$$\frac{\ln(8)}{\ln(2)}$$

```
> lb(8, float);
```

$$3.000000000$$

```
> op(4, eval(lb));
```

table([
    (8, float) = 3.000000000

$$8 = \frac{\ln(8)}{\ln(2)}$$

    ])

Sie können weitere Werte in die Tabelle schreiben:

```
> lb(0) := 0: lb(1) := 1:
```

```
> op(4, eval(lb));
```

table([

$$8 = \frac{\ln(8)}{\ln(2)}$$

    1 = 1
    (8, float) = 3.000000000
    0 = 0
    ])

Einträge in die Erinnerungstabelle können auch in der Prozedur selbst vorgenommen werden[128].

```
> lb := proc(x::realcons)
>     local r;
>     r := log[2](x);
>     if nargs=2 and args[2] = 'float' then
>         lb(args) := evalf(r)
>     else
>         lb(args) := r
>     fi
> end:
```

---

[128] Dieses ist in Maple V eher unüblich.

```
> lb(8);
```

$$\frac{\ln(8)}{\ln(2)}$$

```
> lb(8, float);
```

$$3.000000000$$

```
> op(4, eval(lb));
```

table([
  (8, float) = 3.000000000
  $8 = \dfrac{\ln(8)}{\ln(2)}$
  ])

Löschen können Sie einzelne Tabelleneinträge, indem die Tabelle (oder vielmehr der Zeiger auf die Tabelle) einer beliebigen Variablen zugeordnet,

```
remtbl := op(4, eval(lb));
```

remtbl := table([
  $8 = \dfrac{\ln(8)}{\ln(2)}$
  (8, float) = 3.000000000
  ])

und dann der Eintrag gelöscht wird.

```
> remtbl[8, float] := 'remtbl[8, float]':
> op(4, eval(lb));
```

table([
  $8 = \dfrac{\ln(8)}{\ln(2)}$
  ])

Auf die nächste Weise werden grundsätzlich *alle* Einträge, inkl. eventueller Vorgabewerte, entfernt.

```
> subsop(4=NULL, eval(lb)):
> op(4, eval(lb));
> lb(0) := 0: lb(1) := 1:
```

```
> op(4, eval(lb));
```

table([
   0 = 0
   1 = 1
   ])

Besser ist die Verwendung des Befehles **forget**, der nur alle während einer Arbeitssitzung eingetragenen Werte löscht[129].

```
> readlib(forget)(lb);
```

```
> op(4, eval(lb));
```

table([
   ])

Viele in Maple V vorhandene Befehle sind mit `option remember` ausgestattet, z.B. **diff**:

```
> op(4, eval(diff));
```

```
> diff(x^2, x);
```

$$2\,x$$

```
> op(4, eval(diff));
```

table([
   $(x^2, x) = 2\,x$
   ])

Im nächsten Kapitel wird anhand rekursiver Prozeduren verdeutlicht, wie Erinnerungstabellen die Effizienz von Prozeduren ungemein steigern können.

15.20 Effiziente Rekursionen

Rekursionen sind in Maple ebenfalls realisierbar. Allgemein stellt eine Rekursion einen Algorithmus dar, der durch sich selbst definiert ist, bestehend aus zwei Teilen:

1) dem Selbstaufruf mit geänderten Argumenten und

---

[129] D.h. einer Maple-Bibliothek - sei es der mit der Installationsversion Maples mitgelieferten Bibliothek im Unterverzeichnis /lib (siehe Anhang B) oder Ihren eigenen - mitgegebene Vorgabewerte werden *nicht* gelöscht.

2) einer Bedingung, die schließlich zur Beendigung (Terminierung) der Rekursion führt.

Mit relativ wenigen Programmierzeilen können kompakte Prozeduren konstruiert werden. Normalerweise ist ein großer Nachteil rekursiver Prozeduren allerdings deren hoher Speicher-, Verwaltungs- und Zeitaufwand, wie die folgende Gegenüberstellung der rekursiven und iterativen Berechnung der Fibonacci-Zahlen zeigt. Dennoch bietet Maple V mit der o.g. Option **remember** eine ungemein leistungsfähige Lösung an.

Die für solche Demonstrationszwecke immer wieder beliebten Fibonacci-Zahlen sind definiert durch die Rekursion:

$$\text{fib}(n) := \begin{cases} 0 & \text{für n=0} \\ 1 & \text{für n=1} \\ \text{fib}(n-1) + \text{fib}(n-2) & \text{für n > 1} \end{cases}$$

Die Terminierungsbedingungen sind hier n = 0 bzw. n = 1. Für n > 1 wird die n-te Fibonacci-Zahl durch die Summe der (n-1)-ten und (n-2)-ten Fibonacci-Zahlen bestimmt, sozusagen dem letzten und vorletzten Ergebnis. Rekursiv umgesetzt lautet der Algorithmus:

```
> fib := proc(n::nonnegint)
>    if n = 0 then 0
>    elif n = 1 then 1
>    else fib(n-1)+fib(n-2)
>    fi
> end:

> fib(30);
```

832040

Diese Berechnung benötigt sehr viel Zeit, in Release 4 auf einem Pentium 90 MHz ca. 15 Minuten.

Schauen wir uns nun an, wie intern die Berechnung abläuft, indem wir die **trace**-Funktion nutzen:

```
> restart:
```

```
> fib := proc(n::nonnegint)
>    if n < 2 then n    # ein wenig verkürzter Code
>    else fib(n-1)+fib(n-2)
>    fi
> end:
> trace(fib):

> fib(5);

{--> enter fib, args = 5
   {--> enter fib, args = 4
      {--> enter fib, args = 3
         {--> enter fib, args = 2
            {--> enter fib, args = 1
            <-- exit fib (now in fib) = 1}
            {--> enter fib, args = 0
            <-- exit fib (now in fib) = 0}
         <-- exit fib (now in fib) = 1}
         {--> enter fib, args = 1
         <-- exit fib (now in fib) = 1}
      <-- exit fib (now in fib) = 2}
      {--> enter fib, args = 2
         {--> enter fib, args = 1
         <-- exit fib (now in fib) = 1}
         {--> enter fib, args = 0
         <-- exit fib (now in fib) = 0}
      <-- exit fib (now in fib) = 1}
   <-- exit fib (now in fib) = 3}
   {--> enter fib, args = 3
      {--> enter fib, args = 2
         {--> enter fib, args = 1
         <-- exit fib (now in fib) = 1}
         {--> enter fib, args = 0
         <-- exit fib (now in fib) = 0}
      <-- exit fib (now in fib) = 1}
      {--> enter fib, args = 1
      <-- exit fib (now in fib) = 1}
   <-- exit fib (now in fib) = 2}
<-- exit fib (now at top level) = 5}

                          5
```

Die Einrückungen wurden von Hand vorgenommen, um die verschiedenen Auswertungsstufen zu verdeutlichen. Ferner wurden die Rückgabewerte der einzelnen Funktionsaufrufe, die **trace** ebenso ausgibt, der besseren Übersicht halber gelöscht.

Man kann deutlich erkennen, daß die Fibonacci-Zahlen für die verschiedenen während der Berechnung ermittelten Argumente immer wieder von neuem ermittelt und dabei generell auf n=0 und n=1 zurückgeführt werden.

Die Option **remember** bewirkt - wie schon im letzten Abschnitt erwähnt - die Einrichtung einer Erinnerungstabelle, die bereits während der Rekursion für Maple sofort zugänglich ist, so daß auf bereits kalkulierte Werte zurückgegriffen werden kann und sich somit deren erneute Berechnung erübrigt.

```
> restart:

> fib := proc(n::nonnegint)
>    option remember;
>    if n < 2 then n
>    else fib(n-1)+fib(n-2)
>    fi
> end:

> trace(fib):

> fib(5);

{--> enter fib, args = 5
  {--> enter fib, args = 4
    {--> enter fib, args = 3
      {--> enter fib, args = 2
        {--> enter fib, args = 1
        <-- exit fib (now in fib) = 1}
        {--> enter fib, args = 0
        <-- exit fib (now in fib) = 0}
      <-- exit fib (now in fib) = 1}
    <-- exit fib (now in fib) = 2}
  <-- exit fib (now in fib) = 3}
<-- exit fib (now at top level) = 5}
```

$$5$$

Sie sehen, daß die Anzahl der Aufrufe deutlich niedriger ist. Die 30. Fibonacci-Zahl wird auf diese Weise in Sekundenbruchteilen ermittelt, nicht mehr wie oben in Minuten. Die Erinnerungstabelle hat nach der Berechnung von fib(5) folgenden Inhalt:

```
> op(4, eval(fib));

table([
  0 = 0
  1 = 1
  2 = 1
  3 = 2
  4 = 3
  5 = 5
])
```

Möchten Sie jetzt weitere Zahlen berechnen lassen, greift Maple auf die Tabelle zurück, und muß somit das Problem nicht immer wieder bis auf n=0 und n=1 zurückführen.

```
> fib(7);
{--> enter fib, args = 7
   {--> enter fib, args = 6
   <-- exit fib (now in fib) = 8}
<-- exit fib (now at top level) = 13}
```

$$13$$

Es sei hier noch einmal darauf hingewiesen, daß nach einer Rücksetzung von Maple V die Tabelle ebenso wie bei einer Neudefinition (indem Sie mit dem Cursor wieder zurück zur Prozedur gehen und dort RETURN drücken) gelöscht wird.

untrace schaltet die Prozessanzeige wieder aus.

```
> untrace(fib):
```

Bei rekursiven Prozeduren kommt es des öfteren zu Stapelüberläufen, so daß Sie das System zurücksetzen müssen. Oft hilft es, wenn Sie die rekursive Prozedur sukzessive mit immer größeren Argumentwerten in maßvollen Schritten aufrufen (bei der Option `remember`).

15.21 Benutzerdefinierte Typen

Sie können auch eigene Datentypen definieren. Diese lassen sich auf zwei Arten programmieren:

1) per Prozedur,

2) in Kurzform,

und können sowohl in den Befehl **type** als auch in Parameterlisten von Prozeduren eingesetzt werden.

Generell werden Datentypen in Maple V in der Form

```
`type/typname`
```

(mit Backslashes) definiert. Das Ergebnis muß entweder der Wahrheitswert **true** (wahr) oder **false** (falsch) sein.

```
> `type/irrational` := proc(expr::{algebraic, list, set})
>    local exprlist, n;
>    if type(expr, {list, set}) then
>        exprlist := expr
>    else
>        exprlist := [expr]
>    fi;
>    for n in exprlist do
>        if not type(n, 'constant') or type(n, float) or
>            type(n, fraction) or type(n, integer)
>            or has(n, {'I', 'true', 'false', 'FAIL',
>                        'infinity', 'undefined'}) then
>                RETURN(false)
>        fi
>    od;
>    true
> end:
```

Der neue Typ wird sofort von **type** berücksichtigt.

```
> type(sqrt(3), irrational);
```

$$true$$

```
> type(Pi, irrational);
```

$$true$$

```
> type(1, irrational);
```

$$false$$

Ein anderes Beispiel: Es sei angenommen, Sie sollen eine Fließkommazahl r in folgender Weise darstellen:

$$r := \text{Mantisse} * \text{Basis}^{\text{Exponent}}$$

In Programmiersprachen werden Fließkommazahlen auf diese Weise intern repräsentiert, wobei sowohl Mantisse als auch Basis und Exponent ganze Zahlen sind. Ein Beispiel:

```
> Float(3141592654, -9);
```

$$3.141592654,$$

d.h. Pi = $3141592654 * 10^{-9}$.

Die Mantisse 3141592654 stellt hier eine Näherung dar. 10 ist die Basis, -9 der Exponent. In dieser Weise werden Fließkommazahlen auch in Maple V verwaltet.

Wir erleichtern uns ein wenig die Programmierung, indem für die Mantisse m neben ganzen Zahlen auch Brüche und Fließkommazahlen verwendet werden dürfen; als Ergebnis von Berechnungen soll sie aber in folgendem Wertebereich liegen:

$$0 \le m < 1$$

Den Typen definiert man in der kurzen Form (sog. hierarchischer Typ):

```
> `type/fpn` := 'fpn'(numeric, integer):
```

Dadurch wird ein Objekt fpn festgelegt, welches zwei Argumente bzw. Komponenten besitzt, das erste (die Mantisse) vom Typ **numeric**, das zweite (der Exponent) vom Typ **integer**. Den Objektnamen setzen Sie in Apostrophe. fpn steht hier für *floating point notation*. Es empfiehlt sich, denselben Namen sowohl für den Typ als auch für das Objekt zu wählen.

Eine Variable dieses Typs definiert man gewissermaßen mittels eines 'Prozeduraufrufes' von fpn:

```
> a := fpn(0.4567, 3);
```

$$a := fpn(.4567, 3)$$

```
> type(a, fpn);
```

$$true$$

Eine Prozedur zur Addition von Fließkommazahlen kann wie folgt formuliert werden:

```
> addfpn := proc(a::fpn, b::fpn)
>    local difference, mantissa, n;
>    # difference: Differenz zwischen den Exponenten von
>    # a und b
>    # mantissa: Variable zur Aufnahme der Summe der
>    # Mantissen von a und b
>    # n: Zählschleife fuer die Anzahl der Divisionen durch
>    # 10, damit gilt:
>    # 0 <= mantisse < 1, Exponent muß entsprechend erhöht
>    # werden
>    difference := op(2, a)-op(2, b);
>    mantissa := op(1, a)*10^difference+op(1, b);
>    for n from 0 while mantissa >= 1 do
>       mantissa := mantissa/10;
```

```
>    od;
>    fpn(mantissa, op(2, b)+n)
> end:

> b := fpn(0.38, 2);
```

$$b := fpn(.38, 2)$$

```
> addfpn(a, b);
```

$$fpn(.4947000000, 3)$$

15.22 Abspeicherung und Laden von Dateien

Maple-Variablen, d.h. auch Prozeduren, können Sie mit den Befehlen **read** und **save** entweder in Textdateien oder Dateien im speziellen Maple-Format abspeichern.

```
        save ◄ Variablenfolge , ► `Zieldatei`;

                read `Zieldatei`;
```

Im nächsten Beispiel werden eine (numerische) Variable, ein String sowie eine Prozedur mit Vorgabewerten für die Erinnerungstabelle in eine Textdatei abgespeichert.

```
> restart:

> a := 1:

> str := `Maple V`:

> lb := proc(x::realcons)
>    local r;
>    option remember;
>    r := log[2](x);
>    if nargs=2 and args[2] = 'float'
>       then evalf(r) else r fi
> end:

> lb(0) := 0: lb(1) := 1:

> save `session.txt`;
```

Im obigen Fall werden alle derzeit in einer Maple-Sitzung zugewiesenen Variablen in die Datei gespeichert. Der Dateiname ist beliebig, muß aber den Regeln des

Betriebssystemes entsprechen; optional können auch Pfadangaben vor den Dateinamen gestellt werden, z.B.:

```
> save `c:/maplev4/arbeit/session.txt`;
```

Ist kein Pfad angegeben, speichert Maple V die Datei in das *Arbeitsverzeichnis* bzw. liest es aus ihm. Dieses Arbeitsverzeichnis kann wie folgt definiert werden[130]:

Unter Windows 3.11 kann der Pfad zu diesem im Programmanager festgelegt werden. Klicken Sie das Maple-Icon an, und wählen Sie dann den Menüeintrag Datei/Eigenschaften (File/Properties). In das Feld 'Arbeitsverzeichnis' ('Working directory') geben Sie den Pfad ein. In dieses Verzeichnis werden auch die über das Interface abgespeicherten Arbeitsblätter abgespeichert und aus ihm gelesen.

In Windows 95 klicken Sie mit der rechten Maustaste auf das Maple-Icon und wählen dann 'Eigenschaften' ('Properties'). Wählen Sie danach 'Verknüpfung' ('Shortcut') und geben Sie das neue Verzeichnis im Feld 'Arbeitsverzeichnis' ('Start In') an.

In UNIX bzw. auf Apple Macintosh wird das Arbeitsverzeichnis durch das Verzeichnis bestimmt, von dem aus Maple V gestartet wurde, *wenn* über den Maple-Menüpunkt File/Open eine Datei geladen wurde.

Der Dateiname bzw. Pfad + Dateiname muß von Backquotes begrenzt sein, d.h. als String **save** bzw. **read** übergeben werden. In DOS-basierten Systemen können statt dem einfachen Schrägstrich auch zwei Backslashes[131] zur Abgrenzung der Verzeichnisse gewählt werden:

```
> save `c:\\maplev4\\arbeit\\session.txt`;
```

Eine Datei kann mir **read** in die aktuelle Sitzung eingelesen werden.

```
> restart:
```

```
> read `session.txt`:
```

Der Doppelpunkt verhindert, daß der Inhalt der Datei auf dem Bildschirm angedruckt wird.

---

[130] Diese Informationen wurden von Dr. Jenny Watson, Waterloo Maple Inc., UK, zur Verfügung gestellt.

[131] Die Angabe nur eines Backslashes dient für gewöhnlich der Trennung von Strings über mehrere Zeilen und wird in der Zeichenkette als Steuerzeichen - nicht als Sonderzeichen - behandelt.

```
> a, str, eval(lb); op(4, eval(lb));
```

1, Maple V, proc(x::realcons)
local r;
option remember;
  r := log[2](x);
  if nargs = 2 and args[2] = 'float' then evalf(r) else r fi
end

table([
  1 = 1
  0 = 0
  ])

Wenn Sie als Dateisuffix den Buchstaben m wählen, so können Sie Variablen in einem besonderen Maple-Format abspeichern. Eine solche .m-Datei ist zwar für den Menschen nicht mehr lesbar, dafür aber kleiner als Textdateien und wird von Maple V auch schneller interpretiert.

Wenn Sie nur spezielle Variablen abspeichern möchten - ganz gleich, ob die Werte in eine Text- oder .m-Datei geschrieben werden sollen-, so geben Sie vor den Dateinamen eine Folge der betreffenden Bezeichner an.

```
> save str, lb, `session.m`;
```

```
> restart:
```

Der Inhalt einer eingeladenen .m-Datei wird nicht am Bildschirm angezeigt, wir nutzen daher hier **anames**, um zu prüfen, welche Variablen eingelesen wurden[132].

```
> read `session.m`;
```

```
> anames();
```

$$lb, str$$

```
> str;
```

$$Maple\ V$$

```
> lb(16, float);
```

$$3.999999999$$

---

[132] Die Verwendung von **anames** dient hier nur zur Demonstration. Grundsätzlich werden alle abgespeicherten Variablen eingelesen.

16 Weiterführende Programmierung

Übersicht

- **16.1 Erstellung eigener Pakete und Bibliotheken**
- **16.2 Hardware-Fließkommaarithmetik**
- **16.3 Dateiein- und -ausgabeoperationen**

16.1 Erstellung eigener Pakete und Bibliotheken

Vielleicht haben Sie mehrere Prozeduren zu einem bestimmten Themengebiet geschrieben, die Sie gerne zu einem Paket zusammenfassen möchten, um sie auf dieselbe Art und Weise wie diverse eingebaute Maple-Pakete (z.B. **linalg, combinat**) anwenden zu können, d.h. sie nur bei Bedarf von der interaktiven Ebene aus aufzurufen. Auch dieses gestattet Maple V. Ferner lassen sich für eigene Routinen Hilfetexte erstellen, die wie diejenigen der gewohnten Onlinehilfe aussehen und die Anwendung Ihrer Prozeduren näher erläutern.

Pakete können auf drei Arten erstellt werden:

1) durch Abspeicherung der Prozeduren mit **save** in eine Text- oder m-Datei, die Prozeduren können dann mittels **read** jederzeit eingelesen und benutzt werden;

2) durch Zuweisung der Prozedurcodes an eine Tabelle (die Prozedurnamen sind dann die Indizes, die Codes die Einträge) und Abspeicherung als m-Datei; die Befehle können dann mit **with** geladen und sofort genutzt werden;

3) durch Zuweisung verzögerter **readlib**-Anweisungen an eine Tabelle und Abspeicherung der Tabelle sowie aller Prozeduren in eine eigens geschaffene Maple-Bibliothek. Das Paket wird dann mit **with** initialisiert, der Programmcode der einzelnen Paketbefehle wird im Gegensatz zu 1) und 2) nur bei Bedarf geladen, Kurz- und Langformen sind erst nach Ausführung des Befehles **with** verfügbar.

Die Pakettabelle eines unter 3) entworfenes Paket kann in der Maple-Initialisationsdatei (s. Anhang B3) geladen werden, so daß die Langformen auch ohne Anwendung des Befehles **with** verfügbar sind.

In diesem Kapitel werden die Punkte 2) und 3) besprochen.

16.1.1 Erstellung eines Paketes

Prozeduren, welche in einem Paket namens `paketname` abgespeichert werden sollen, werden mit

```
paketname[prozedurname] := proc(...) (Code) end;
```

definiert, d.h. die Prozedur(en) werden in einer Tabelle `paketname` abgelegt, wobei die Prozedurnamen die Indizes und die Werte der Prozedurcode sind.

Im vorletzten Abschnitt von Kapitel 15 wurde ein Rechenverfahren für Fließkommaobjekte implementiert, eine Prozedur `addfpn` diente der Addition zweier Objekte vom Typ `fpn`. Die folgenden Schritte sollen die Erstellung eines Paketes veranschaulichen, in welchem auch Prozeduren enthalten sind, die nur intern verwendet werden und in einem gewissen Grade vor dem Anwender verborgen bleiben.

Beginnen wir zunächst mit der Definition der Prozedurkurznamen mittels **macro**.

```
> restart:

> macro(addfpn=paket[addfpn],
>       mulfpn=paket[mulfpn],
>       evalfpn=paket[evalfpn]);
```

Wir verwenden hier die Kurznamen bei der Prozedurdefinition[133]. Wird ein Paket mit **with** aufgerufen, so führt Maple V automatisch die Prozedur `paketname[init]` bzw. `paketname/init` - wenn vorhanden -, aus, in welchem z.B. Definitionen für globale Variablen oder Typen sowie Voreinstellungen enthalten sein können. In der interaktiven Ebene benötigen wir einmal den hierarchischen Typ `fpn` zur Objektbildung, als zweites soll auch die Basis, die bisher den Wert 10 trug, geändert werden können.

```
> `paket/init` := proc()
>    global Base, `type/fpn`;
>    `type/fpn` := 'fpn'(numeric, integer):
>    Base := 10:
> end:
```

Zwei Prozeduren für die Rechenoperationen Addition und Multiplikation sollen verfügbar sein.

---

[133] Statt der **macro**-Definition können Sie Prozeduren auch direkt definieren, z.B.:
```
> paket[addfpn] := proc(a::fpn, b::fpn) ... end:
```

```
> addfpn := proc(a::fpn, b::fpn)
>    local difference, mantissa;
>    difference := op(2, a)-op(2, b);
>    mantissa := op(1, a)*Base^difference+op(1, b);
>    `paket/normalize`(mantissa, op(2, b))
> end:
```

```
> mulfpn := proc(a::fpn, b::fpn)
>    `paket/normalize`(op(1, a)*op(1, b), op(2, a)+op(2, b))
> end:
```

In beiden Routinen ist ein Aufruf der internen Routine `paket/normalize` für die Normalisierung der Ergebnisses enthalten. Solche internen Prozeduren haben die Form:

```
`paketname/prozedurname` :=

proc(Parameterfolge) .. end:
```

Für `paketname/prozedurname` ist auch ein anderer beliebiger Name, sogar mit mehreren Schrägstrichen zulässig, z.B. `help/paket/intern/norm`. Eine interne Prozedur wird mit

```
`paketname/prozedurname`(Argumentenfolge);
```

aufgerufen. Bis auf den eventuell etwas ungewöhnlich erscheinenden Prozedurnamen unterscheiden sich solche 'internen' Prozeduren aber nicht von anderen Routinen.

```
> `paket/normalize` := proc(x::numeric, y::integer)
>    local n, a;
>    a := x;
>    for n from 0 while a >= 1 do
>        a := a/Base
>    od;
>    fpn(evalf(a), y+n)
> end:
```

Eine Prozedur evalfpn soll das Ergebnis in eine Maple-Fließkommazahl konvertieren:

```
> evalfpn := proc(x::fpn) op(1, x)*Base^op(2, x) end:
```

Zuletzt werden die Befehle abgespeichert. Dazu erzeugen Sie am besten ein eigenes Unterverzeichnis `paket` auf der Festplatte, in welches das oder die Pakete abgelegt werden. Geben Sie hiernach ein:

```
> save paket,
>         `paket/init`,
>         `paket/normalize`,
>         `c:/maplev4/paket/paket.m`;
```

Der Befehl **save** speichert die Tabelle `paket` mit allen eingetragenen Prozeduren sowie den internen Routinen `paket/init` und `paket/normalize` in die Datei `paket.m` ab. Der Dateiname (ohne Erweiterung/Suffix) muß mit dem Paketnamen vollkommen übereinstimmen (inkl. Groß- und Kleinschreibung), sonst findet Maple V die Paketbefehle nicht.

Da **with** zum Einlesen und zur Aktivierung der Kurznamen eines Paketes alle in der globalen Umgebungsvariable **libname** enthaltenen Verzeichnisse durchsucht, sollten Sie den Pfad dieser Variablen zuweisen:

```
> restart:
```

```
> libname :=`c:/maplev4/paket`, libname;
```

$$libname := c:/maplev4/paket, C:\backslash MAPLEV4\backslash update, C:\backslash MAPLEV4\backslash lib$$

Diese Zuweisung können Sie auch in die Maple-Initialisationsdatei eintragen, so daß die wiederholte Eingabe nach jedem Neustart unterbleiben kann.

Der Befehl **with** kann nicht nur ein gesamtes Paket 'aktivieren', sondern auch einzelne Teile. Mit der Option [] wird - wenn vorhanden - nur die **init**-Prozedur eingelesen, in der sich in unserem Falle die globale Variable `Base` und der hierarchische Typ `fpn` befinden. Daher ist es möglich, auf diese zuzugreifen:

```
> with(paket, []):
```

```
> Base;
```

$$10$$

```
> a := fpn(0.4567, 3);
```

$$a := fpn(.4567, 3)$$

```
> type(a, fpn);
```

true

Alle anderen Befehle sind noch nicht in ihrer Kurzform verfügbar,

```
> evalfpn(a);
```

evalfpn(fpn(.4567, 3))

aber über den Tabellenzugriff erreichbar:

```
> paket[evalfpn](a);
```

456.7000

Gibt man neben dem Paketnamen auch die Kurznamen einzelner Kommandos an, so werden nur diese zugewiesen.

```
> with(paket, evalfpn);
```

[evalfpn]

```
> evalfpn(a);
```

456.7000

Aktivieren wir nun das gesamte Paket.

```
> with(paket);
```

[addfpn, evalfpn, mulfpn]

Alle Prozedurnamen, die als Indizes in der Tabelle `paket` - d.h. mit Ausnahme der internen Routinen `paket/init` und `paket/normalize` - enthalten sind, werden als Liste zurückgegeben.

```
> b := fpn(3, -2):
```

```
> addfpn(a, b);
```

fpn(.4567300000, 3)

```
> c := mulfpn(a, b);
```

c := fpn(.1370100000, 2)

```
> evalfpn(c);
```

$$13.70100000$$

Die interne Prozedur `fpn/normalize` kann von der interaktiven Ebene aus ebenfalls angewendet werden.

```
> Base := 8;
```

$$Base := 8$$

```
> `paket/normalize`(1228.8, 0);
```

$$fpn(.3000000000, 4)$$

16.1.2 Hilfeseiten in Release 4

Erklärende Texte für ein Paket bzw. für dessen Befehle lassen sich in einem eigenen Arbeitsblatt erfassen mitsamt aller in Release 4 enthaltenen Formatierungsmöglichkeiten (Überschriften, Hyperlinks, etc.). Sie können sich dabei an den Aufbau der Onlinehilfeseiten orientieren[134]. Nachdem die Hilfeseiten fertiggestellt sind, teilen Sie Maple V den Pfad zu der zu erstellenden Hilfedatenbank mit, indem Sie im Arbeitsblatt die Variable **libname** ändern (wenn nicht bereits geschehen):

```
> libname :=`c:/maplev4/paket`, libname:
```

libname weist in Release 4 also sowohl auf Pakete als auch Hilfsdatenbanken.

Rufen Sie nun den Menüpunkt Help/Save to Database auf. Ein Fenster öffnet sich mit folgenden Feldern:

Feld	Bedeutung
Topic	Information für Release 4, unter welchem Namen die Hilfedateien aufzurufen sind; wenn eine Hilfeseite zu einem Befehl befehl mit ?befehl aufgerufen werden soll, tragen Sie hier befehl ein; wenn die Hilfeseite mit ?paket[befehl] oder ?paket, befehl angezeigt werden soll, geben Sie paket,befehl ein.
Parent	Optionales Oberthema; wenn das Paket paket heißt und eine Einleitungsseite mit ?paket abrufbar ist, geben Sie hier den Verweis paket auf diese Seite ein. Wenn eine Hilfeseite auf dem Monitor dargestellt wird, ändert sich auch die Kontextleiste und u.a. wird ein Smarticon mit einem nach oben zeigenden Pfeil dargestellt. Wenn Sie auf dieses Icon mit der Maus klicken, wird die in Parent

---

[134] Eine Vorlage befindet sich auf der CD-ROM im Verzeichnis /buch/vorlagen.

erfaßte Seite aufgerufen.

Aliases	Optionale Namen, mit denen die Hilfeseite neben dem unter Topic erfaßten Begriff aufgerufen werden kann. Muß ebenso wie Parent nicht ausgefüllt werden. Möchten Sie mehrere Aliase angeben, so trennen Sie sie mit Kommata.
Database	Verzeichnis, in das die Datenbank abgespeichert wird. Achten Sie darauf, daß nicht unbeabsichtigt die Hilfeseiten in eine andere als die gewünschte Datenbank abgelegt werden.
Writable Databases	Auflistung aller Hilfsdatenbanken, auf die **libname** derzeit weist und die geändert werden können.

In Bild 16.01 sind die Eingaben zur Erfassung der Hilfeseite zu dem Befehl `paket[addfpn]` abgebildet.

Betätigen Sie den Knopf Save Current und bejahen Sie im nächsten Fenster die Frage, ob eine neue Hilfetextdatei angelegt werden soll. Wenn Sie weitere Hilfetexte hinzufügen, muß im Feld Writable Database die entsprechende Datei markiert sein, sonst kann es passieren, daß der Hilfetext in eine andere Hilfedatei gespeichert wird.

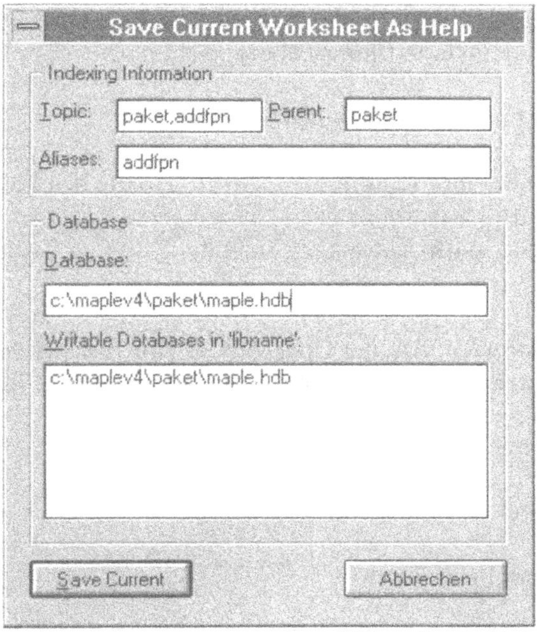

Bild 16.01: Abspeicherung einer Hilfeseite in Release 4

Der Hilfetext zu `addfpn` ist jetzt mit

```
> ?paket[addfpn]
```

oder

```
> ?paket, addfpn
```

oder

```
> ?addfpn
```

abrufbar.

```
> restart:
```

16.1.3 Erstellung einer Bibliothek

Dieses Unterkapitel beschreibt die Erstellung eines Beispielpaketes `paket` und die Abspeicherung dieses Paketes in eine Bibliothek (Maple library). Es gleicht in seiner Struktur den in der Hauptbibliothek Maples enthaltenen Paketen, z.B. **DEtools**, **linalg**, etc.

Als Beispielprozeduren werden die bereits im ersten Abschnitt dieses Kapitels genannten Befehle `addfpn`, `evalfpn`, etc. zu einem Paket `paket` zusammengefaßt. Danach wird das Paket in eine Library abgespeichert.

Nach Abschluß der Entwicklung können Sie

- die Paketbefehle über ihre Langformen aufrufen, ohne das Paket mit **with** 'initialisiert' zu haben, z.B. `paket[befehl](argumente)`,
- nach Ausführung der **with**-Anweisung auch die Kurzformen der Paketbefehle benutzen, z.B. `befehl(argumente)`.

Das Paket ist so entworfen, daß der Code der Befehle erst bei Bedarf, d.h. bei Aufruf eines Befehles, geladen wird, welches je nach Umfang der Prozeduren die Speicherressourcen mehr oder weniger schont. Dies ist der große Unterschied zu den Erläuterungen in Kapitel 16.1.1.

Das Paket wird in drei Schritten erstellt:

1) Definition interner Prozeduren

2) Zuweisung verzögerter, auf die unter 1) erstellten internen Prozeduren bezogene **readlib**-Anweisungen an die Pakettabelle

3) Abspeicherung der Pakettabelle und der internen Prozeduren in die Bibliothek.

16.1.3.1 Interne Prozeduren

Der Programmcode aller Paketbefehle wird in sog. internen Prozeduren erfaßt, die nach außen hin nicht unbedingt sichtbar sind[135]. Interne Prozeduren haben (meist) die Form:

```
`paket/befehl` := proc(argumente) ... end;
```

Die Parameterfolge argumente kann auch leer sein bzw. nur einen Parameter enthalten.

Neben den Paketbefehlen läßt sich auch eine Initialisierungsroutine programmieren, die beim Aufruf des Befehles **with** automatisch geladen und ausgeführt wird. Auf diese Weise lassen sich z.B. Voreinstellungen treffen sowie globale, von dem Paket verwendete Variablen und Typen definieren.

Eine Initialisierungsprozedur hat die Form

```
`paket/init`:= proc(argumente) ... end;
```

Auch hier gelten für die Parameterfolge dieselben Freiheiten wie oben genannt.

Die internen Prozeduren werden definiert. Die Initialisationsroutine `paket/init` enthält die globale Variable Base sowie die Typdefinition für fpn.

```
> `paket/init`:= proc()
>    global Base, `type/fpn`:
>    `type/fpn`:= 'fpn'(numeric, integer):
>    Base := 10:
>    `paket ist initialisiert`
> end:
```

Die Rückgabe einer Zeichenkette ist optional, hier könnte auch NULL stehen.

Die Routine `paket/normalize` normalisiert das Ergebnis einer Berechnung mit addfpn bzw. mulfpn, sie bleibt neben `paket/init` intern und für den Anwender nicht sichtbar (das dient hier nur der Demonstration, eventuell ist die Routine auch für den Benutzer interessant). Die Befehle addfpn und mulfpn

[135] Sie können aber mit **anames** abgefragt werden.

benötigen diese Normalisierungsroutine, und letztere muß daher erst mit **readlib** aus der Bibliothek geladen werden.

```
> `paket/normalize`:= proc(x::numeric, y::integer)
>    local n, a:
>    a := x:
>    for n from 0 while a >= 1 do
>       a := a/Base
>    od:
>    fpn(evalf(a), y+n)
> end:
```

Die Prozeduren `paket/addfpn` und `paket/mulfpn` zum Rechnen mit Zahlen vom Typ fpn:

```
> `paket/addfpn`:= proc(a::fpn, b::fpn)
>    local difference, mantissa;
>    difference := op(2, a) - op(2, b):
>    mantissa := op(1, a) * Base^difference + op(1, b):
>    readlib(`paket/normalize`)(mantissa, op(2, b))
> end:
```

```
> `paket/mulfpn` := proc(a::fpn, b::fpn)
>    readlib(`paket/normalize`)
>       (op(1, a)  * op(1, b), op(2, a) + op(2, b))
> end:
```

evalfpn wandelt eine Zahl vom Typ fpn in eine normale Maple-Fließkommazahl um:

```
> `paket/evalfpn`:= proc(x::fpn)
>    op(1, x) * Base^op(2, x)
> end:
```

16.1.3.2 Tabellenzuweisung

Die Prozeduren für die Arithmetik von fpn-Objekten, addfpn und mulfpn, sowie der Befehl evalfpn sollen aus der interaktiven Ebene heraus anwendbar sein. Daher werden die zugehörigen internen Prozeduren als verzögerte **readlib**-Anweisungen der Pakettabelle paket zugewiesen. Dieses bewirkt, daß bei einem Aufruf des Paketes mit **with** nicht sofort der Code der Anweisungen geladen wird, sondern erst dann, wenn der Anwender einen Paketbefehl benutzen möchte. Ferner ermittelt der Befehl **with** anhand der Tabelle die Kurzformen der Paketbefehle. Die Tabellenindizes (z.B. addfpn) sind dann ebengenannte Kurzformen, die verzögerten **readlib**-Anweisungen (z.B. 'readlib(' `paket/addfpn` ')' die zugehörigen Tabelleneinträge.

```
> paket[addfpn]  := 'readlib('`paket/addfpn`')':
> paket[mulfpn]  := 'readlib('`paket/mulfpn`')':
> paket[evalfpn] := 'readlib('`paket/evalfpn`')':
```

16.1.3.3 Abspeicherung der Routinen in die Bibliothek

> An dieser Stelle sei darauf hingewiesen,
> daß Sie vor der Beschäftigung mit Bibliotheken **auf jeden Fall**
> die Maple-Bibliotheksdatei `maple.lib`
> im Verzeichnis `/lib` sowie die dort enthaltene Indexdatei
> `maple.ind` vor Schreibzugriffen schützen sollten.
>
> Eine vorherige Sicherung der genannten Dateien in einem anderen Verzeichnis kann vorteilhaft sein.

Erzeugen Sie ein Unterverzeichnis auf der Betriebssystemebene, und kreieren Sie eine Bibliothek mit dem Programm MARCH im jeweiligen Betriebssystem, z.B. unter Windows in einem DOS-Fenster:

```
C:\> md c:\maplev4\paket

C:\> cd maplev4\paket
```

Die Dateien `maple.ind` und `maple.lib` werden erzeugt; zunächst können 20 Dateien in die Bibliothek abgespeichert werden - dies läßt sich aber beliebig erweitern, ohne daß Sie etwas unternehmen müßten.

```
C:\MAPLEV4\PAKET>march -c c:\maplev4\paket 20

C:\MAPLEV4\PAKET>xdir
--a---      12.288   16.06.97   17:40    c:maple.ind
--a---           1   16.06.97   17:40    c:maple.lib
```

In Release 4 *muß* die globale Variable **savelibname** auf das Zielverzeichnis gesetzt werden, damit das Paket dort abgespeichert wird. Ist sie nicht gesetzt, so wird ihr beim Aufruf des Speicherungsbefehles **savelib** der erste Eintrag der Variablen **libname** zugewiesen[136], was selten erwünscht ist.

---

[136] gewöhnlich `/maplev4/lib` oder `/maplev4/update`, wenn Release 4 bereits gepatcht wurde

```
> savelibname := `c:/maplev4/paket`;
```

savelibname := c:/maplev4/paket

Auch **libname** muß geändert werden, sonst kann Maple V die Routinen nicht in die Bibliothek abspeichern. Stellen Sie **savelibname** immer an den Anfang von **libname** - damit ist gewährleistet, daß das Paket nicht irrtümlich in eine andere Bibliothek gespeichert wird.

```
> libname := savelibname, libname;
```

libname := c:/maplev4/paket, C:\MAPLEV4/update, C:\MAPLEV4/lib

Die Kommandos werden nun in getrennte .m-Dateien in die Bibliothek geschrieben. Hierbei muß folgendes beachtet werden:

1) Der Tabellenname muß mit dem Dateinamen, unter dem die Tabelle abgespeichert wird, übereinstimmen. Auch Groß- und Kleinschreibung sind wichtig. In diesem Falle heißt die Tabelle `paket`, der Name, unter dem die Tabelle abgespeichert wird, ist daher: `paket.m`.

2) Alle internen Prozeduren müssen unter ihren jeweiligen Namen in die Bibliothek abgelegt werden. Eine Prozedur namens `paket/befehl` wird daher unter dem Dateinamen `paket/befehl.m` abgespeichert.

Dieses hat folgenden Grund: Der Befehl **readlib** ergänzt den ihm übergebenen Bezeichner um die Zeichenfolge `.m`, also `dateiname := cat(name, `.m`):`, und versucht dann, `dateiname` aus der Bibliothek zu lesen.

Die folgende Anweisung schreibt die Pakettabelle in die Bibliothek unter dem Dateinamen `paket.m`.

```
> savelib(paket, `paket.m`);
```

Die internen Routinen `paket/addfpn`, `paket/mulfpn`, `paket/evalfpn` und `paket/normalize` sowie die Initialisierungsroutine `paket/init` werden separat in die Bibliothek eingetragen.

```
> savelib(`paket/addfpn`, `paket/addfpn.m`);
> savelib(`paket/mulfpn`, `paket/mulfpn.m`);
> savelib(`paket/evalfpn`, `paket/evalfpn.m`);
> savelib(`paket/normalize`, `paket/normalize.m`);
> savelib(`paket/init`, `paket/init.m`);
```

(Hinweis: Sollten die **savelib**-Anweisungen Fehlermeldungen zurückgeben ('expects string'), so setzen Sie die Bezeichner - nicht die Dateinamen - in Apostrophe.

Solche Fehlermeldungen erhalten Sie bei normalen Variablen, nicht aber bei Tabellen oder auf die oben geschilderte Weise erstellten internen Prozeduren.)

Rufen Sie das Archivverwaltungsprogramm MARCH mit der Option -l auf, um zu überprüfen, ob die Routinen korrekt abgespeichert wurden[137]:

```
C:\MAPLEV4\PAKET> march -l c:\maplev4\paket | sort
paket.m                        97-06-16 17:42          1    221
paket/addfpn.m                 97-06-16 17:42        222    195
paket/evalfpn.m                97-06-16 17:42        558     84
paket/init.m                   97-06-16 17:42        794     93
paket/mulfpn.m                 97-06-16 17:42        417    141
paket/normalize.m              97-06-16 17:42        642    152
```

Sollten die Dateien fehlen, weil sie in eine andere Datei geschrieben wurden, so ermitteln Sie die betroffene Bibliothek anhand des derzeitigen Wertes von **libname** und den Datumsattributen der Bibliotheksdateien, und stellen die eingetragenen .m-Dateien auf der Betriebssystemebene mit

```
march -l <Verzeichnispfad>
```

fest und löschen die Prozeduren einzeln mit

```
march -d <Verzeichnispfad> <Prozedurname>
```

Bei erneuter Abspeicherung in ein Paket werden die alten Prozeduren nicht ersetzt, sondern hinzugefügt, der Bibliotheksindex zeigt aber auf die neuen Prozeduren. Dieses kann mit der Zeit zu einem unnötigen 'Aufblähen' der Bibliothek führen, löschen Sie daher die alten Prozeduren mit der Option -p:

```
C:\MAPLEV4\PAKET> march -p c:\maplev4\paket
```

16.1.3.4 Einsatz des neuen Paketes

Wenn alles funktionierte, ist das Paket fertig erstellt. Setzen Sie Maple zurück und weisen Sie das Verzeichnis des neuen Paketes **libname** zu. Es ist vorteilhaft, **libname** in der Maple-Initialisierungsdatei zu definieren, um den Vorgang zu automatisieren. Ist alles korrekt, so empfielt es sich, die Bibliothek vor Schreibzugriffen zu schützen, indem die Attribute der beiden Dateien maple.ind und maple.lib entsprechend gesetzt werden:

---

[137] Ausführliche Erläuterungen zu MARCH finden Sie in Anhang B4.

```
C:\MAPLEV4\PAKET> attrib +R maple.*
r-a--- c:maple.ind
r-a--- c:maple.lib
```

```
> restart:
```

```
> libname := `c:/maplev4/paket`, libname;
```

> libname := c:/maplev4/paket, C:\MAPLEV4/update, C:\MAPLEV4/lib

Das Paket läßt sich nun wie gewohnt benutzen.

Die Einstiegs-Hilfeseite kann aufgerufen werden. Das Paket braucht vorher aber nicht geladen zu sein, lediglich **libname** muß das Verzeichnis, in welchem sich die Hilfedatenbank - sinnvollerweise zusammen mit den Bibliotheksdateien - befindet, enthalten.

```
> ?paket
```

Die Pakettabelle sieht folgendermaßen aus (Backquotes werden nicht ausgegeben):

```
> eval(paket);
```

```
table([
  addfpn = readlib('paket/addfpn')
  mulfpn = readlib('paket/mulfpn')
  evalfpn = readlib('paket/evalfpn')
  ])
```

16.1.3.5 Initialisierung des Paketes

Bisher können die Paketbefehle nur nach Ausführung der Anweisung **with** genutzt werden, d.h. auch der Zugriff über die Langformen ist nicht möglich, weil die Pakettabelle, welche die Verweise auf die internen Prozeduren enthält, nicht im Speicher vorhanden, d.h. beim Start geladen, ist.

```
> restart: libname := `c:/maplev4/paket`, libname:
```

```
> eval(paket);
```

paket

Die Pakettabelle können Sie aber mit

```
> readlib(paket);
```

```
table([
    addfpn = readlib('paket/addfpn')
    mulfpn = readlib('paket/mulfpn')
    evalfpn = readlib('paket/evalfpn')
    ])
```

initialisieren. Ferner muß in diesem Fall die Initialisierungsroutine `paket/init` geladen und ausgeführt werden, da ansonsten der Typ fpn und die globale Variable Base nicht zur Verfügung stehen und somit die Verwendung der Paketbefehle über ihre Langformen sinnlos ist[138].

```
> readlib(`paket/init`)();
```

paket ist initialisiert

```
> a := fpn(0.4567, 3);
```

a := fpn(.4567, 3)

```
> type(a, fpn);
```

true

```
> evalfpn(a);
```

evalfpn(fpn(.4567, 3))

```
> paket[evalfpn](a);
```

456.7000

Es ist sinnvoll, den Pfad zu der Bibliothek und die Initialisierungsanweisungen in die Maple-Initialisierungsdatei[139] (in DOS maple.ini, in UNIX .mapleinit) aufzunehmen. Mit einem Texteditor können Sie in die Datei folgende Anweisungen eintragen:

```
libname := `c:/maplev4/paket`, libname:
readlib(paket):
readlib(`paket/init`)():
```

---

[138] Es ist daher vorteilhaft, die Pakettabelle zusammen mit der Initialisierungsroutine in einer einzigen m-Datei, die den Namen des Paketes trägt, abzuspeichern, also hier wie folgt:
> savelib(paket, `paket/init`, `paket.m`);
Das Paket kann dann mit der Anweisung readlib(paket); *komplett* initialisiert werden, ohne daß der separate Aufruf der init-Prozedur wie im Text oben nötig wäre.

[139] Vgl. Anhang B3.

Nun können Sie das Paket jetzt genauso wie die in der Hauptbibliothek enthaltenen Pakete benutzen.

16.2 Hardware-Fließkommaarithmetik

Maple V besitzt einen speziellen Befehl, der bei (reellen) Fließkommaberechnungen auf den Coprozessor des Computers zugreift und somit äußerst schnell ist: **evalhf** (*'evaluate using hardware floats'*)[140].

evalhf kann nur für Ausdrücke verwendet werden, die einen numerischen Wert liefern, symbolische Berechnungen sind nicht möglich.

Die Anzahl der Stellen, mit der **evalhf** rechnet, können Sie durch

```
> evalhf(Digits);
```

$$14.$$

bestimmen. Diese Hardware-Stellengenauigkeit kann *nicht* geändert werden, im Gegensatz zu **Digits**, welches die Genauigkeit von Maples Software-Fließkommaarithmetik anzeigt. Wenn **Digits** $\geq$ **evalhf(Digits)**, dann sind die Geschwindigkeitsunterschiede zwischen **evalhf** und **evalf** mit steigendem Wert von **Digits** minimal, es wird aber weiterhin der Coprozessor genutzt.

Es sollten nicht allzuviele **evalhf**-Befehle in einer Maple-Berechnung vorhanden sein, da Maple die an diesen Befehl übergebenen Argumente vom dezimalen Stellensystem in das Binärsystem umwandelt, das Ergebnis ermittelt und dieses wieder in Software-Fließkommazahlen konvertiert, bevor es damit weiterrechnet und die Umwandlungen eine wenn auch geringe Zeit in Anspruch nehmen, so daß der Geschwindigkeitsvorteil gegenüber **evalf** wieder etwas zusammenschrumpft.

Wenn ein Computer keinen Coprozessor besitzt, so benutzt Maple automatisch **evalf** mit **evalhf(Digits)** Stellen (der Wert ist systemabhängig).

Ein Beispiel: Um zu überprüfen, ob eine komplexe Zahl z_0 (bzw. ein Punkt z_0) zu der Mandelbrotmenge gehört oder nicht, muß eine Iteration mit jedem Punkt der Ebene nach der Formel

$$z_{j+1} := z_j^2 + c$$

---

[140] Wenn der Coprozessor Fehler aufweist, wie z.B. Intels frühe Pentium 60 und 66 MHz-CPUs, so kann **evalhf** u.U. falsche Ergebnisse liefern. In diesem Falle sollte auf den Befehl **evalf** zurückgegriffen werden, welcher von diesen Hardwarefehlern unberührt bleibt.

vorgenommen werden. Entfernt sich bei der Iteration der Punkt z_i weniger als zwei Einheiten vom Ausgangspunkt z_0, so wird er als der Mandelbrotmenge zugehörig angesehen, berührt oder überschreitet er den Radius 2, so liegt er definitv nicht in ihr.

Die folgende Prozedur berechnet das Apfelmännchen (die Punkte, die zu der Mandelbrotmenge gehören) mit *komplexen* Zahlen und stellt sie graphisch dar.

```
> restart: Digits := 10:

> mandelbrot := proc(x, y)
>     local z, c, m;
>     c := evalf(x+y*I);
>     z := evalf(x+y*I);
>     for m from 0 to 30 while abs(z) < 2 do
>         z := z^2+c
>     od;
>     m
> end:

> plot3d(0, -2 .. 0.7, -1.2 .. 1.2, orientation=[-90,0],
>     grid=[250, 250], style=patchnogrid, scaling=constrained,
>     color=mandelbrot);
```

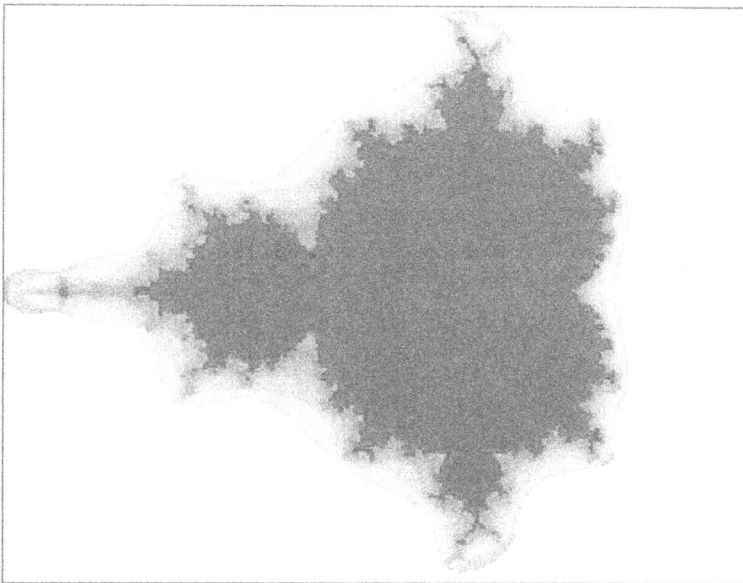

Bild 16.03: Mandelbrotmenge

Die Prozedur liefert das gewünschte Ergebnis, ist aber sehr langsam, sie braucht auf einem Pentium 90 MHz beispielsweise ca. 25 Minuten[141].

Mittels **evalc** kombiniert mit **Re** und **Im** läßt sich die komplexe Formel in ihre realen und imaginären Bestandteile aufspalten, um dann **evalhf** einsetzen zu können.

```
> mandelbrot_fast := proc(x, y)
>     local xn, xnold, yn, m;
>     xn := x;
>     yn := y;
>     for m from 0 to 30 while sqrt(evalhf(xn^2+yn^2)) < 2 do
>         xnold := xn;    # Hilfsvariable
>         xn := evalhf(xn^2-yn^2+x);
>         yn := evalhf(2*xnold*yn+y)
>     od;
>     m
> end:

> plot3d(0, -0.845 .. -0.794, 0.172 .. 0.21,
>     orientation=[-90,0], grid=[250, 250],
>     style=patchnogrid, scaling=constrained,
>     color=mandelbrot_fast);
```

Diese Routine braucht für den obigen Apfelmännchen-Bildausschnitt

$$x = -2 .. 0.7, y = -1.2 .. 1.2$$

auf dem o.g. PC nur zwei Minuten. Entscheidend ist aber, daß **Digits** ≤ **evalhf(Digits)** gesetzt ist.

16.3 Dateiein- und -ausgabeoperationen

16.3.1 Eingabeoperationen

Oft liegen numerische Daten in ASCII-Dateien vor, die man gerne mit Maple bearbeiten möchte. Auch dieses ist möglich. Grundsätzlich muß eine Datei erst geöffnet sein, bevor Daten aus ihr gelesen oder in sie geschrieben werden können. Nach Beendigung der Ein-/Ausgabeoperationen (Lesen/Schreiben) wird die Datei wieder geschlossen. Einige E/A-Befehle Maples führen diese Schritte automatisch durch, Sie brauchen sich i.d.R. nicht darum zu kümmern, bei anderen Dateibefehlen wiederum müssen Sie selber dafür sorgen.

Eine typische Textdatei mit Werten kann wie folgt aussehen[142]:

[141] Die Zeitangaben beziehen sich auf Release 3, diese Version deutlich schneller ist.
[142] Diese Datei finden Sie auf der CD-ROM im Verzeichnis /buch/teil2/kap16 unter

```
1  1  23 +0.1
2  4  1000 .23
3  0  -10 -.516666666666
4 -1 314159e-5 0.0
```

Sie enthält sowohl positive als als auch negative numerische Werte, Integer- und Fließkommazahlen sowie einen Wert, welcher in wissenschaftlicher E-Notation vorliegt. Bei reellen Zahlen zwischen 0 und 1 kann die 0 vor dem Dezimalpunkt entfallen. Die einzelnen Werte jeder Zeile sind durch ein oder mehrere Leerzeichen oder durch Tabulatoren voneinander getrennt, andere Trennzeichen sind nicht erlaubt. Die folgenden Beispiele beziehen sich auf diese obigen Werte.

Die Befehle **readdata** und **readline**, lesen Daten ein. **readdata** akzeptiert nur Werte, welche entweder in Form ganzer Zahlen (**integer**) oder Fließpunktzahlen (**float**) vorliegen, **readline** hingegen kann beliebige Maple-Ausdrücke erfassen, so auch Zeichenketten und rationale Zahlen.

Zunächst werden die Daten mit dem Befehl **readdata** eingelesen. Als erstes Argument geben Sie den Namen der Quelldatei an (evtl. mit absolutem Pfad), das zweite Argument bestimmt den Datentyp der vorhandenen numerischen Werte und das dritte die Anzahl der Zahlenspalten in der Datei. Lassen Sie das zweite bzw. das dritte Argument weg, so gelten die Voreinstellungen **float** bzw. 1. Potenzen dürfen hier nur in der wissenschaftlichen Exponentialdarstellung mittels 'E' oder 'e' vorliegen, z.B. '1e8' statt 10^8.

Das Ergebnis von **readdata** ist eine Liste; wird mehr als eine Spalte eingelesen, so werden die Werte der jeweiligen Zeile ebenfalls in eine Liste gefaßt, die Rückgabe ist daher eine Liste von Listen.

```
> restart:

> readdata(`zahlen.txt`, float, 4);
```

$$[[1., 1., 23., .1], [2., 4., 1000., .23], [3., 0, -10., -.516666666666], [4., -1., 3.14159, 0]]$$

```
> readdata(`zahlen.txt`, integer);
```

$$[1, 2, 3, 4]$$

readdata öffnet und schließt die Quelldatei automatisch, auch wird die Datei komplett ausgelesen - im Gegensatz zu **readline**. Dieser Befehl öffnet die Datei, liest deren erste Zeile ein und gibt die Daten als String zurück, in welchem sie mittels Leerzeichen voneinander getrennt sind. Danach springt **readline** zum Anfang der nächsten Zeile, liest sie aber nicht ein. In einer Schleife eingesetzt kann diese

dem Namen `zahlen.txt`.

Anweisung also alle Zeilen nacheinander abarbeiten. Ist das Dateiende erreicht, so liefert **readline** den Wert 0 zurück. Danach wird die Datei automatisch geschlossen. Als Argument wird die gewünschte Datei als alleiniges Argument in Backquotes angegeben.

Da die Werte in einem String enthalten sind, wird er mit **sscanf** bearbeitet, um alle Elemente zu separieren. Das Ergebnis ist eine Liste. Damit **sscanf** weiß, welche Art von Daten im String enthalten sind, gibt man ihm bestimmte Formatierungen in Backquotes an; die Syntax ist:

```
%[*][Länge][Typ]
```

Mit dem Prozentzeichen beginnt die Formatierungsangabe, Länge bestimmt die Anzahl von Zeichen pro Datum, welche übernommen werden sollen, und Typ den Datentyp. Die wichtigsten sind:

- a - Zeichenfolge, die an den Maple-Parser weitergereicht wird; das Ergebnis ist ein unausgewerteter Ausdruck, welcher der Maple-Syntax entsprechen muß;
- d - mit oder ohne Vorzeichen versehene ganze Zahl;
- f - Dezimalzahl mit oder ohne Vorzeichen, kann einen Dezimalpunkt bzw. die wissenschaftliche E-Notation für die Zehnerpotenz mit oder ohne Vorzeichen bzw. Leerzeichen enthalten; das Ergebnis ist eine Fließkommazahl;
- s - Wert, welcher als Maple-String zurückgegeben wird; der Ausdruck braucht nicht Maple-konform sein.

Das Malzeichen * dient dazu, zwar einen Wert einzulesen, ihn aber nicht in der Liste abzuspeichern, er kann also einfach mit dieser Option übergangen werden.

Bei einer Leerzeile gibt **sscanf** den Wert 0 zurück.

Ein Beispiel für den kombinierten Einsatz von **readline** und **sscanf** anhand unserer Datei, die erste Spalte wird mit * ausgelassen :

```
> restart:

> data := NULL:

> alt := readline(`zahlen.txt`);

> while alt <> 0 do
>    data := data, sscanf(alt, `%*d %d %f %f`);
>    alt := readline(`zahlen.txt`);
> od;
```

alt := 1 1 23 +0.1
data := [1, 23., .1]

alt := 2 4 1000 .23
data := [1, 23., .1], [4, 1000., .23]

alt := 3 0 -10 -.516666666666
data := [1, 23., .1], [4, 1000., .23], [0, -10., -.516666666666]

alt := 4 -1 314159e-5 0.0
data := [1, 23., .1], [4, 1000., .23], [0, -10.,-.516666666666], [-1, 3.14159, 0]

alt := 0

Hinweis: Befindet sich eine Datei in geöffnetem Zustand, so können Sie unter Windows 3.11 von außerhalb Maples nicht schreibend auf diese zugreifen, d.h. sie löschen oder Änderungen an ihrem Inhalt vornehmen und diese abspeichern.

Numerische Daten dürfen keine Kommata enthalten, so wie sie von einigen Tabellenkalkulationsprogrammen entweder zur Darstellung reeller Zahlen oder im angelsächsischen Raum als 1.000er-Trennzeichen verwendet werden. Die einfachsten Texteditoren gestatten die Suche und das Ersetzen beliebiger Zeichen in einer Textdatei, sollten die Werte in einer der genannten Formen vorliegen - so z.B. das Programm EDIT, welches mit einigen DOS-Betriebssystemen ausgeliefert wird. Konvertieren Sie die Zahlen wie folgt:

```
1.691,47   →   1691.47
1,691.47   →   1691.47
```

16.3.2 Ausgabeoperationen

Release 4 gestattet das gleichzeitige Arbeiten mit mehreren Quell- und Zieldateien.

Zum Schreiben von Werten in eine Datei läßt sich **writedata** verwenden. Um zu veranschaulichen, wie dieser Befehl funktioniert, leiten wir die Ausgabe zunächst mit dem ersten Argument terminal auf den Bildschirm. Möchten Sie Werte in eine Datei schreiben, so tragen Sie hier deren Namen (evtl. mit Pfad) in Backquotes ein. Das zweite Argument kann entweder eine Liste, eine Liste von Listen, ein Vektor oder eine Matrix sein. Mit **writedata** lassen sich Integer- und Fließkommazahlen verarbeiten. Rationale Zahlen werden vorher automatisch in Fließkommazahlen umgewandelt, welche allerdings nach der sechsten Nachkommastelle abgeschnitten sind.

```
> writedata(terminal, [1, 1/6, 2.5]);
```

```
1
.166666
2.5
```

Mit einem optionalen dritten Parameter läßt sich der genaue Typ angeben, float (Voreinstellung), integer oder string.

```
> writedata(terminal, [1, 1/6, 2.5], integer);
1
0
2
```

```
> writedata(terminal, [[1, 2], [3, 4], [5.1, 6]], float);
1 2
3 4
5.1 6
```

Die oben als Liste von Listen vorliegenden Daten beispielsweise lassen sich so relativ einfach in einer Datei abspeichern.

```
> writedata(`daten.txt`, [[1, 2], [3, 4], [5.1, 6]]);
```

Ihr Inhalt ist folgender:

```
1        2
3        4
5.1      6
```

Eine Datei können Sie sowohl über ihren Namen als auch über eine *Dateinummer* ansteuern. Die erste geöffnete Datei trägt im letzten Fall die Nummer 0, die zweite 1, usw.

Deutlich flexibler als **writedata** ist der Befehl **fprintf**, welcher wie **printf** arbeitet (siehe Kapitel 14), als erstes Argument geben Sie aber entweder den Dateinamen oder die Dateinummer an, danach erst folgen Formatierungsart und die abzuspeichernden Werte. (**fprintf** speichert also eine Zeichenkette ab.) Um den Zeilenumbruch zu erzwingen, wird das Steuerzeichen \n eingesetzt. **fprintf** schreibt jeweils eine Zeile in die Datei und gibt als Ergebnis die Anzahl der eingetragenen Zeichen zurück. Geben Sie einen Dateinamen an, so erübrigt sich das vorherige Öffnen der Zieldatei.

Ein kurzes Beispiel für die Verwendung:

```
> for i from -3 to 3 do
>     fprintf(
>         `exp.txt`, `%d %0.20f \n`, i, evalhf(exp(i)))
> od;
```

$$
\begin{array}{c}
26 \\
26 \\
26 \\
26 \\
26 \\
27
\end{array}
$$

Der Inhalt der Zieldatei:

```
-3 .04978706836786394000
-2 .13533528323661270000
-1 .36787944117144230000
0 1.00000000000000000000
1 2.71828182845904500000
2 7.38905609893065000000
3 20.08553692318767000000
```

Nachdem alle Werte erfaßt sind, muß die Datei geschlossen werden, dazu teilen Sie den Dateinamen oder die Dateinummer der Anweisung **fclose** mit.

```
> fclose(`exp.txt`);
```

Die Nutzung von Dateinummern ist unkompliziert. Zunächst öffnen Sie die Zieldatei exp.txt mit **fopen** und geben auch die Art des Zugriffes, hier WRITE für Schreiben, an. Das Ergebnis ist die Dateinummer, welche in der Variablen datei abgelegt wird, um sich im folgenden auf diese einfache Weise auf die geöffnete Datei beziehen zu können.

```
> datei := fopen(`exp.txt`, WRITE);
```

$$datei := 0$$

```
> for i from -3 to 3 do
>     fprintf(
>         datei, `%d %0.20f \n`, i, evalhf(exp(i)))
> od:
```

Zuletzt wird die Datei wieder geschlossen.

```
> fclose(datei);
```

Release 4 erlaubt - wie bereits erwähnt - das gleichzeitige Arbeiten mit mehreren Schreib- und Lesedateien. In MS Windows können Sie insgesamt maximal sieben

Dateien nutzen bzw. geöffnet - Lese- und Schreibdateien zusammengenommen -
halten.

Anhänge

Anhang A: Syntaxübersichten

A1: Schnellübersicht

Die in diesen Teil vorkommenden Abkürzungen haben folgende Bedeutung:

- mat   - eine Matrix,
- mat_k - k-te Matrix,
- vek   - ein Vektor,
- vek_k - k-ter Vektor.

Variablenzuweisung:	`a := b;`
	Beispiel:
	`t := x^2;`

Funktionszuweisung:	`f := x -> term;`
	`g := (argumentenfolge) -> term;`
	Beispiele:
	`f := x -> sin(x);`
	`g := (x, y) -> x^2+y^2;`

Löschung von Variablen:	`a := 'a':`
	Beispiele in bezug auf obige Definitionen:
	`t := 't':`
	`f := 'f':`
	`g := 'g':`

Rücksetzen von Maple V:	**`restart`**`:`
Ausmultiplizierung:	**`expand`**`(ausdruck);` Beispiel: `expand((x-1)^2;` $\Rightarrow x^2 - 2x + 1$
Faktorisierung:	**`factor`**`(ausdruck);` Beispiel: `factor(x^2-2*x+1);` $\Rightarrow (x-1)^2$
Zusammenfassung:	**`collect`**`(ausdruck, teilausdruck);` Beispiel: `collect(x^2*sin(x)-x*sin(x), sin(x));`

$$\Rightarrow (x^2 - x)\ \sin(x)$$

Vereinfachen:	**simplify**(ausdruck); Beispiel: simplify(sin(x)^2+cos(x)^2); $\Rightarrow 1$
Zähler:	**numer**(ausdruck); Beispiel: numer(1/x); $\Rightarrow 1$
Nenner:	**denom**(ausdruck); Beispiele: denom(1/x); $\Rightarrow x$ denom(x); $\Rightarrow 1$
Ganzrationaler Teil einer Division:	**quo**(zähler, nenner, unbestimmte); Beispiel: quo(x^2+2*x+1, x-2, x); $\Rightarrow x+4$
Gebrochen-rationaler Teil einer Division:	**rem**(zähler, nenner, unbestimmte); Beispiel: rem(x^2+2*x+1, x-2, x); $\Rightarrow 9$
Division mit Rest:	**convert**(ausdruck, **confrac**, unbest); Beispiel: convert((x^2+2*x+1)/(x-2), confrac, x); $\Rightarrow x+4+\dfrac{9}{x-2}$
Zusammenfassung nicht- gleichnamiger Brüche:	**normal**(ausdruck); Beispiel: normal(1/x+2/x^2); $\Rightarrow \dfrac{x+2}{x^2}$
Lösungen von Gleichungen:	**solve**(ausdruck); **solve**(gleichung); Beispiel: solve(x^2-1); oder solve(x^2=1); $\Rightarrow -1, 1$ Hinweis: Bei Angabe eines Termes, wird dieser gleich Null (0) gesetzt.
Linke bzw. rechte Seite einer Gleichung:	**lhs**(gleichung); **rhs**(gleichung); Beispiele: lhs(x^2=1); $\Rightarrow x^2$ rhs(x^2=1); $\Rightarrow 1$

Binomialkoeffizient $\begin{pmatrix} n \\ k \end{pmatrix}$: **binomial**(n, k);

Beispiel:
binomial(5, 3); ⇒ 10

Fakultät n!:   n!; oder **factorial**(n);
Beispiel:
5!; oder factorial(5); ⇒ 10

Grenzwert: **limit**(ausdruck, unbest=stelle);
limit(ausdruck, unbest=stelle, **left**);
limit(ausdruck, unbest=stelle, **right**);
Beispiele:
limit(x^3, x=0); ⇒ 0
limit(tan(x), x=Pi/2, left); ⇒ ∞
limit((-1)^n*n/(n+2), n=infinity);
⇒ -1 .. 1

Stetigkeit: **iscont**(ausdruck);
discont(ausdruck, unbestimmte);[143]
Beispiele:
iscont(1/x, x=-1 .. 1); ⇒ false
discont(1/x, x); ⇒ {0}

Reihen: **sum**(ausdruck, unbest=a .. b);
Beispiel:
sum(1/k!, k=0 .. infinity); ⇒ E

Differentiation: **diff**(ausdruck, unbestimmte);
Beispiel:
diff(ln(x), x); ⇒ $\frac{1}{x}$

Integration: **int**(ausdruck, unbestimmte);
Beispiel:
int(ln(x), x); ⇒ x ln(x) - x

Reihenentwicklung: **series**(ausdruck, unbestimmte=stelle);
Beispiel:
series(sin(x), x=0); ⇒ $x - \frac{1}{6}x^3 + \frac{1}{120}x^5 + O(x^6)$

---

[143] Laden Sie diese beiden Befehle bitte vorher mit **readlib**, also readlib(iscont): bzw.
readlib(discont):

Allgemeiner mit **FPS** aus der Share Library[144]:
```
FPS(ausdruck, unbestimmte=stelle);
```

$$\text{FPS}(\sin(x),\ x=0); \quad \Rightarrow \quad \sum_{k=0}^{\infty} \frac{(-1)^k x^{(2k+1)}}{(2k+1)!}$$

Lösung von Differentialgleichungen:	**dsolve**(dgl, lösungsfunktion);
	Beispiel:
	`dsolve(diff(y(x), x)=2*x+y(x), y(x));`
	$\Rightarrow$ -2x-2+e^x_C1
	Anfangswertproblem:
	`dsolve(`
	`    {diff(y(x), x)=2*x, y(0)=1}, y(x));`
	$\Rightarrow$ y(x) = x^2 +1

Definition eines Vektors:	**linalg[vector]**(liste); Beispiel: `v := vector([2, 3, 4]);`
Definition einer Matrix:	**linalg[matrix]**(m, n, liste); Beispiel: `A := matrix(3, 2, [1, 2, 3, 4, 5, 6]);` $$\Rightarrow A := \begin{bmatrix} 1 & 2 \\ 3 & 4 \\ 5 & 6 \end{bmatrix}$$
Darstellung der Vektor-komponenten bzw. Matrixelemente:	**evalm**(vek); oder **evalm**(mat); Beispiele: `evalm(v); evalm(A);`
Vektoraddition:	**evalm**(vek1 **+** vek2); oder **evalm**(vek1 **&+** vek2);
S-Multiplikation:	`linalg[scalarmul](vek, skalar);` Beispiel: `scalarmul(v, 2);` $\Rightarrow$ [4,6,8]
Kreuzprodukt:	**linalg[crossprod]**(vek1, vek2);
Skalarprodukt:	**linalg[dotprod]**(vek1, vek2);

[144] Vorher aktivieren Sie die Share Library mit `with(share)`: und laden die Funktion mit `readshare(FPS, analysis)`: in Release 4.

Euklidische Norm eines Vektors:	`linalg[norm]`(vek, 2);
Matrixaddition:	`evalm`(mat1 + mat2); oder `evalm`(mat1 &+ mat2);
Matrixmultiplikation:	`linalg[multiply]`(mat1, mat2); oder `evalm`(mat1 &* mat2);
Skalarmultiplikation:	`linalg[scalarmul]`(mat, skalar); oder `evalm`(mat * skalar);
Determinante:	`linalg[det]`(mat);
Rang:	`linalg[rank]`(mat);
Inverse:	`linalg[inverse]`(mat); oder `evalm`(1/mat);

A2 Syntaxübersicht der besprochenen Maple-Befehle

Diese Liste beinhaltet eine kurze Beschreibung der Funktion und Syntax der in Teil 1 vorgestellten Befehle, so wie sie im Rahmen dieses Textes verwendet wurden. Es wird hier nicht die komplette Syntax der Kommandos vorgestellt, auch fehlen die Plot- und convert-Anweisungen. Vollständige Informationen über die einzelnen Befehle und die komplette Syntax liefert die Online-Dokumentation.
Der Aufbau dieser Übersicht:

Befehl
    Funktion des Befehles
    Syntax
    Nähere Informationen
    Beispiel(e)

A2.1 Standardbefehle

?

    Komplette Hilfe zu einem Befehl
    `?befehl`
    ohne Semikolon abzuschließen
    `?solve`

??

    Syntax eines Befehles
    `??befehl`
    ohne Semikolon abzuschließen
    `??solve`

???

    Beispiele zu einem Befehl
    `???befehl`
    wie **example**, ohne Semikolon abzuschließen
    `???solve`

@, @@

    Verketttungsoperatoren
    `f @ g ◄@ h etc.►;` - Komposition von zwei oder mehr Funktionen
    `f @@ n;`   - n-fache Verknüpfung einer Funktion `f` mit sich selbst
    `(ln@exp)(x);` ⇒ $\ln(e^x)$

$

Folgeoperator
```
$m .. n;
a$i=m .. n;
$1 .. 3; ⇒ 1,2,3
a(i)$i=1 .. 3; ⇒ a(1), a(2), a(3)
```

about

Ausgabe der mit **assume** getroffenen Annahmen bzgl. einer Variablen
```
about(variable);
```

additionally

Hinzufügung einer oder mehrerer Annahmen für eine oder mehrere Variablen
```
additionally(annahmen);
```
Bemerkung: Die Variable bzw. die Variablen müssen vorher *nicht* mit **assume** bereits eingeschränkt worden sein.

alias

Definition einer oder mehrerer Kurzformen für Befehle oder Konstanten
```
alias(gleichung1 ◄, gleichung2, etc.►);
```
Bemerkung: Im Gegensatz zu **macro** werden die festgelegten Kurzformen auch bei der Rückgabe von Ergebnissen benutzt.
```
alias(E=exp(1));
```

allvalues

Ermittlung der expliziten Werte einer RootOf-Darstellung
```
allvalues(ausdruck);
solve(x^5+x^4); ⇒ RootOf(_Z^5 + _Z^4 - 1)
allvalues("); ⇒ -1.078388933-.4969396651*I, etc.
```

argument

Phasenwinkel eines komplexen Ausdruckes
```
argument(ausdruck);
argument(2+I*3); ⇒ arctan(\frac{3}{2})
```

assign

Zuweisung der Werte einer Lösungsmenge an die enthaltenen Unbekannten
```
assign(lösungsmenge);
sol := solve(x+1, {x}): x; ⇒ x | assign(sol): x; ⇒ -1
```

coeff

Bestimmung des Koeffizienten einer bestimmten Potenz in einem Polynom
```
coeff(polynom, unbekannte ◄, grad►);
```
Fehlt das dritte Argument, wird der Koeffizient der Potenz ersten Grades bestimmt.
```
coeff(3*x^3 + 2*x^4 + x, x, 4); ⇒ 2
```

coeffs

Ermittlung der Koeffizienten eines Polynomes

```
coeffs(polynom ◀, unbekannte▶);
```

Wenn mehr als ein Argument angegeben, dann Ausgabe der Koeffizienten nur dieser angegebenen Unbekannte(n), sonst aller; Ausgabe erfolgt in aufsteigender Reihenfolge der Potenzen des Polynomes

```
coeffs(4*x^2-3*x^5+x, x);
```
$\Rightarrow$ 1, 4, -3

collect

Zusammenfassung eines Polynomes in bezug auf den angegebenen Ausdruck

```
collect(ausdruck, teilausdruck);
p := 5*x+a*x-a; collect(p, x);
```
$\Rightarrow$ (5+a)*x-a
```
collect(p, a);
```
$\Rightarrow$ (x-1)*a+5*x

combine

Zusammenfassung von Summen, Produkten und Potenzen

```
combine(ausdruck); oder combine(ausdruck, verfahren);
combine(Sum(x^3, x=1 .. 3) + Sum(x^3, x=4 .. 6));
```
$\Rightarrow \sum_{x=1}^{6} x^3$
```
combine(a^x*a^y, power);
```
$\Rightarrow a^{(x+y)}$

conjugate

Konjugation eines komplexen Ausdruckes

```
conjugate(ausdruck);
conjugate(2+I*3);
```
$\Rightarrow$ 2-3*I

constants

Variable, die alle beim Start Maples vordefinierten Konstanten enthält

```
constants;
```

I fehlt, da beim Start mit **alias** definiert, die Eulersche Konstante **E** fehlt in Release 4

```
constants;
```
$\Rightarrow$ false, γ, ∞, true, Catalan, FAIL, π

D

Differentiationsoperator

```
D◀[n]▶(f);
```

Berechnung der Ableitung einer Funktion f; bei partiellen Ableitungen gibt [n] das n-te Argument der Funktion f an, nach dem abgeleitet wird; f ist der Funktionsname ohne Argumente; Ergebnis ist eine anonyme Funktion; mit (D@@n)(f) Berechnung der n-ten Ableitung einer Funktion f

```
f := x->x^3: f1 := D(f);
```
$\Rightarrow$ f1 := x$\rightarrow$ 3x^2
```
f2 := (D@@2)(f);
```
$\Rightarrow$ f2 := x $\rightarrow$ 6x
```
f:=(x,y)->x^3*y^3: f1x:=D[1](f);
```
$\Rightarrow$ f1x := (x, y) $\rightarrow$ 3x^{2}y^3 (Ableitung nach erstem Argument x)

degree

Ermittlung des (höchsten) Grades eines Polynomes
```
degree(polynom ◄, unbestimmte►);
```
Ein zweites Argument kann bei Polynomen mit mehreren Unbestimmten angegeben werden.
```
degree(x^2-3*x^5+x);
``` $\Rightarrow$ **5**

denom

Ermittlung des Nenners eines Bruches
```
denom(ausdruck);
```
Wird kein Bruch übergeben, gibt **denom** den Wert 1 zurück. Besteht ausdruck aus mehreren Brüchen, wird intern **normal** angewendet und danach der Nenner ermittelt. Siehe auch: **numer**.
```
denom(5/8);
``` $\Rightarrow$ **8**

diff

Berechnung der (partiellen) Ableitung eines Ausdruckes
```
diff(ausdruck, unbekannte);
diff(ausdruck, unbekannte$n);
```
unbekannte gibt die Variable an, nach der abgeleitet werden soll, mit unbekannte$n läßt sich direkt die n-te Ableitung berechnen. Das träge Gegenstück heißt **Diff**.
```
diff(sin(x), x);
``` $\Rightarrow$ **cos(x)** | `diff(x^3, x$2);` $\Rightarrow$ **6x**
```
diff(x^2*y^2, y);
``` $\Rightarrow x^2 2y$

discont

Ermittlung von Unstetigkeitsstellen eines reellen Ausdruckes (einer Funktion)
```
discont(ausdruck, unbestimmte);
```
Bemerkung: **discont** laden Sie vorher mit `readlib(discont);`
```
discont(1/x, x);
``` $\Rightarrow$ **{0}**

divide

Prüfung auf 'echte' Teilbarkeit von Polynomen
```
divide(poly1, poly2 ◄, bezeichner►);
```
Gibt den Wahrheitswert wahr (true) oder falsch (false) zurück; wenn drittes Argument angegeben, dann Zuweisung des Ergebnisses an bezeichner, falls **divide** 'true' ermittelt. Setzen Sie den Bezeichner in Apostrophe.
```
divide(x^2+2*x+1, x+1, 'erg');
``` $\Rightarrow$ **true** | `erg;` $\Rightarrow$ **x+1**

dsolve

Lösung von gewöhnlichen Differentialgleichungen
```
dsolve(dgl, y(x));
```
Anfangswertproblem: `dsolve({dgl, y(p)=q}, y(x));`
y(x) ist die Lösungsfunktion
```
dgl := diff(y(x), x)=2*x: dsolve({dgl, y(0)=1}, y(x));
``` $\Rightarrow$ **y(x) = x² + 1**

eval

Auswertung eines Bezeichners/einer Variablen
```
eval(bezeichner ◄, natürliche_zahl►);
```
Wenn nur der Bezeichner angegeben wird, dann Vollauswertung, ansonsten
Ermittlung des Wertes der Ebene ganzzahl.
```
restart: a := b: b := c: c := 1:
eval(a), eval(a, 1), eval(a, 2), eval(a, 3);  ⇒ 1, b, c, 1
```

evalb

Ermittlung des Wahrheitswertes einer Relation
```
evalb(relationsausdruck);
```
evalb führt keine Vereinfachungen vor der Auswertung durch, nutzen Sie hierfür **is**.
```
evalb(1<2);  ⇒ true
```

evalc

Umwandlung eines komplexen Ausdruckes in Polarkoordinaten in die Form
x+I*y
```
evalc(ausdruck);
evalc(polar(sqrt(13), arctan(3/2)));  ⇒ 2 + 3I
```

evalf

Auswertung eines (rationalen) Ausdruckes in Fließkommaarithmetik
```
evalf(ausdruck ◄, genauigkeit►);
```
Wenn genauigkeit weggelassen wird, dann wird mit der in **Digits** einge-
stellten Anzahl von Stellen (für die Mantisse) gerechnet. ausdruck sollte ein
nicht Fließkommazahlen enthaltender rationaler Ausdruck sein.
```
evalf(3/5, 30);  ⇒ .600000000000000000000000000000
```

evalm

Berechnung von Matrix- bzw. Vektorausdrücken
```
evalm(ausdruck);
```
Wenn nur der Name eines Vektors oder einer Matrix **evalm** mitgeteilt wird,
gibt der Befehl deren Elemente zurück. In diesem genannten Fall kann auch
eval genutzt werden.
```
evalm(vector([a1, a2]) + vector([b1, b2]));  ⇒ [a1+b1, a2+b2]
A := matrix(2, 2, [1, 2, 3, 4]): A;  ⇒ A
```

$$\text{evalm(A); oder eval(A);} \Rightarrow \begin{bmatrix} 1 & 2 \\ 3 & 4 \end{bmatrix}$$

example

Beispiele zu einem Befehl
```
example(befehl);
```
wie **???**
```
example(solve);
```

expand

Ausmultiplizieren eines Ausdruckes, z.B. eines Polynomes
```
expand(ausdruck);
expand((x-2)^2);  ⇒ x² - 4x + 4
```

factor

Faktorisierung eines Ausdruckes, z.B. eines Polynomes
```
factor(ausdruck);
factor(x^2-4*x+4);  ⇒ (x - 2)²
```

FPS

Reihenentwicklung
```
FPS(ausdruck, unbekannte=stelle);
```
Ergebnis als Summenausdruck; diese Funktion ist in der *Share Library* enthalten, in Release 4 im Unterpaket `analysis`.
```
with(share): readshare(FPS, analysis): FPS(1/x, x=1);
```
⇒ $\sum_{k=0}^{\infty}(-1)^k\,(x-1)^k$

fsolve

Lösung von Gleichungen mit numerischen Verfahren
```
fsolve(ausdruck ◄, unbekannte ◄, option(en)► ►);
fsolve({gleichungen}, {unbekannte} ◄, option(en)►);
```
Rückgabe von Fließkommalösungen; Optionen: `complex` - Ermittlung auch komplexer Lösungen, `fulldigits` - Berechnung grundsätzlich mit **Digits** Stellen (für die Mantissen), Intervall `unbekannte=a .. b`, in welchem nach einer Lösung gesucht wird. Siehe auch **solve**.
```
fsolve(x^3-1, x, complex);
```
⇒ -.5000000000-.8660254038*I, -.5000000000+.8660254038*I, 1.
```
fsolve(sin(x), x, x=6 .. 7);  ⇒ 6.283185307
```

gcd

Größter gemeinsamer Teiler zweier Polynome
```
gcd(poly1, poly2);
```
Siehe auch **lcm**.
```
gcd(x^2+2*x, x^3-x);  ⇒ x
```

has

Prüfung, ob in einem Ausdruck bestimmte Teile/Variablen vorkommen
```
has(ausdruck, teilausdruck);
```
Liefert als Ergebnis wahr (true) oder falsch (false).
```
has(5*x+a*x-a, a);  ⇒ true
```

Im

Ermittlung des Imaginärteiles eines komplexen Ausdruckes
```
Im(ausdruck);
```
Siehe auch **Re, evalc**.
```
Im(2+3*I);  ⇒ 3
```

info

Kurzbeschreibung eines Befehles
```
info(befehl);
info(solve);
```

int

Unbestimmte und bestimmte Integration
```
int(ausdruck, integrationsvariable);
int(ausdruck, integrationsvariable=a .. b);
```
Zur Berechnung des bestimmten Integrales zweite Form anwenden. Die Grenzen a und b können beliebige Ausdrücke, also auch Unbestimmte, sein. Vorsicht ist bei Funktionen angebracht, deren Werte im Integrationsintervall positiv als auch negativ sind und deren Fläche berechnet wird (**abs** benutzen).
```
int(2*x, x);  ⇒ x²  | int(sin(x), x=-Pi/2 .. 0);  ⇒ −1
```

invfunc

Tabelle, in der Umkehrfunktionen abgespeichert sind.
```
invfunc[funktion];
invfunc[sin];  ⇒ arcsin
```

iscont

Prüfung auf Stetigkeit eines reellen Ausdruckes im angegebenen Intervall
```
iscont(ausdruck, variable=a .. b ◄, 'closed'►);
```
Bei Angabe von `'closed'` (incl. Apostrophen) Berücksichtigung der Intervallgrenzen. Für a bzw. b kann auch `-infinity` bzw. `+infinity` angegeben werden. Der Befehl muß vor Nutzung mit **readlib** geladen werden.
```
iscont(1/x, x=-1 .. 1);  ⇒ false
```

lcm

Kleinstes gemeinsames Vielfaches zweier Polynome
```
lcm(poly1, poly2);
```

lcoeff

Koeffizient der höchsten Potenz in einem Polynom
```
lcoeff(polynom ◄, unbekannte►);
```
Wird kein zweites Argument angegeben, dann Auswertung des gesamten Termes mit Berücksichtigung aller Unbekannten. Siehe auch: **tcoeff**.
```
lcoeff(x^2-3*x^5+x);  ⇒ −3
```

ldegree

niedrigster Grad eines Polynomes
```
ldegree(polynom ◄, unbekannte►);
```
Angabe des zweiten Argumentes bei Polynomen mit mehreren Unbestimmten; das Polynom kann auch negative Exponenten enthalten.
```
ldegree(x^2-3*x^5+x);  ⇒ 1
```

implicitdiff

Ableitung einer implizit definierten Funktionen
```
implicitdiff(f, y, x);
```
Geben Sie nur den Funktionsnamen als erstes Argument an. y ist der Name der impliziten Funktion in Abhängigkeit von x. x ist die Unbestimmte, nach der abgeleitet wird. Dieser Befehl ist mit Release 4 neu hinzugekommen.

$F := x^2/3 - y^2/3=1$: implicitdiff(F, y, x); $\Rightarrow \dfrac{x}{y}$

implicitdiff(F, x, y); $\Rightarrow \dfrac{y}{x}$

lhs

Ermittlung der linken Seite einer Gleichung
```
lhs(gleichung);
```
siehe auch: **rhs**.
lhs(4+3*x = y*2^(1/2)); $\Rightarrow 4+3x$

limit

Grenzwertberechnung
```
limit(ausdruck, x=stelle ◀, richtung▶);
```
Für `stelle` kann auch `-infinity` oder `infinity` eingesetzt werden; bei Angabe einer Richtung entweder links- oder rechtsseitiger Grenzwert (`left` oder `right`, resp.). Das 'träge' Gegenstück zu **limit** heißt **Limit**.
limit(1/x, x=0, left); $\Rightarrow -\infty$ | limit(1/x, x=infinity); $\Rightarrow 0$

map

Anwendung einer Funktion auf einen Ausdruck
```
map(funktion, ausdruck);
```
map(sqrt, [1, 2, 3]); $\Rightarrow \left[1, \sqrt{2}, \sqrt{3}\right]$
map(x -> x^2, x^2+x+2); $\Rightarrow x^4 + x^2 + 4$

normal

Zusammenfassung nicht-gleichnamiger Brüche
```
normal(ausdruck ◀, expanded▶);
```
Bei Angabe der Option `expanded` werden Zähler und Nenner - wenn noch nicht erfolgt - ausmultipliziert.

normal(1/(x-1)+2*x/(x-2)^2); $\Rightarrow \dfrac{3x^2-6x+4}{(x-1)(x-2)^2}$

normal(1/(x-1)+2*x/(x-2)^2, expanded); $\Rightarrow \dfrac{3x^2-6x+4}{x^3-5x^2+8x-4}$

numer

Ermittlung des Zählers eines Ausdruckes
```
numer(ausdruck);
```
Besteht `ausdruck` aus mehreren Brüchen, wird intern **normal** angewendet und danach der Zähler ermittelt. Siehe auch: **denom**.
numer(5/8); $\Rightarrow 5$

op

Zerlegung eines Ausdruckes in seine Bestandteile

`op(ausdruck);` oder `op(natürlichezahl, ausdruck);`

In der zweiten Form lassen sich bestimmte Unterausdrücke bzw. bei Datenstrukturen oder Prozeduren interne Verwaltungsdaten ermitteln.

`op(x^2-3*x^5+x);` $\Rightarrow$ $x^2, -3x^5, x$

`op(1, x^2-3*x^5+x);` $\Rightarrow$ x^2

`op(2, matrix(2, 2, [a, b, c, d]));` $\Rightarrow$ $1..2, 1..2$

`op(4, eval(ln));` $\Rightarrow$ (Rückgabe der Erinnerungstabelle der Funktion **ln**)

polar

Definition einer komplexen Zahl in Polarkoordinatendarstellung

`polar(betrag, phasenwinkel);`

`polar(abs(x+I*y), argument(x+I*y));`

piecewise

Definition einer stückweise zusammengesetzten Funktion

```
piecewise(
    bed1, wert1, bed2, wert2 ◄, (usw.)► ◄Vorgabewert►);
```

$bed_1, bed_2, ..., bed_{n-1}$ sollten <- bzw. $\leq$-Relationen sein. In Release 4 auch Angabe Boolescher Ausdrücke möglich.

`f := x -> piecewise(x<0, x^3, x<2, x^2, 4):`

product

Produktfunktion

`product(ausdruck, variable=a .. b);`

Produkt einer Folge, mit a und b als ganze Zahlen; auch `infinity` möglich. Das 'träge' Gegenstück zu **product** lautet **Product**.

`product(2*n+1, n=1..10);` $\Rightarrow$ 13749310575

quo

Ermittlung des ganzrationalen Anteiles bei der Division zweier Polynome

`quo(poly1, poly2, unbekannte);`

Siehe auch: **rem**.

`quo(0.5*x^3-1.5*x+1, x^2+3*x+2, x);` $\Rightarrow$ 0.5000x-1.5000

Re

Ermittlung des reellen Bestandteiles eines komplexen Ausdruckes

`Re(ausdruck);`

Siehe auch **Im, evalc**.

`Re(2+3*I);` $\Rightarrow$ 2

related

Auflistung aller 'verwandten' Befehle (Querverweise)
```
related(befehl);
related(solve);
```

rem

Gebrochen-rationaler Teil bei der Division zweier Polynome
```
rem(poly1, poly2, variable);
```
Siehe auch: **quo**.
```
rem(0.5*x^3-1.5*x+1, x^2+3*x+2, x);
```
$\Rightarrow 4.000+2.0000x$

restart

Löschen aller Variablen, Rücksetzen von Maple zum Ausgangszustand
```
restart;
```
Wenn eine Initialisationsdatei (siehe Anhang B3) vorhanden ist, dann werden die darin enthaltenen Anweisungen neu eingelesen.

rhs

Ermittlung der rechten Seite einer Gleichung
```
rhs(gleichung);
```
siehe auch: **lhs**.
```
rhs(4+3*x = y*2^(1/2));
```
$\Rightarrow y\sqrt{2}$

select

Auswahl der Teile eines Ausdruckes, die einer bestimmten Bedingung genügen
```
select(funktion, ausdruck ◄, argumente►);
```
`funktion` muß eine Funktion sein, sie einen Booleschen Wahrheitswert zurückgibt, z.B. **type** oder **has**; `ausdruck` kann auch in Form einer Liste vorliegen; zusätzliche Argumente können in `argumente` aufgelistet werden.
```
select(type, [-1, 0, 1], posint);
```
$\Rightarrow 1$
```
select(has, 5*x+a*x-a, a);
```
$\Rightarrow ax-a$

seq

Erzeugung einer Folge von Ausdrücken
```
seq(ausdruck, variable=a .. b);
```
a und b sind typischerweise ganze Zahlen, die Schrittweite beträgt generell 1.
```
seq(1/x, x=1 .. 3);
```
$\Rightarrow 1, \frac{1}{2}, \frac{1}{3}$

series

Reihenentwicklung
```
series(ausdruck, variable=stelle);
```
Je nach Typ des `ausdrucks` Berechnung der Taylor-, Laurent- oder allg. Potenzreihe; Ausgabe mit Ordnungsterm O; die maximale Ordnung kann durch Setzen der Variablen **Order** geändert werden (Vorgabe ist **Order**=6); siehe auch: **FPS**
```
series(sin(x), x=0);
```
$\Rightarrow x-\frac{1}{6}x^3+\frac{1}{120}x^5+O(x^6)$

simplify

Vereinfachung von Ausdrücken

```
simplify(ausdruck ◄, verfahren►);
```
Wenn das Verfahren genannt wird, erfolgt die Vereinfachung entsprechend, z.B. `trig`, `radical`, `power`, etc. Ansonsten ermittelt **simplify** selbständig den Typ des Ausdruckes und wendet das geeignete Vereinfachungsverfahren an.

```
simplify((x-1)^2+(x+4)^2);
```
$\Rightarrow 2x^2 + 6x + 17$
```
simplify(sin(x)^2+cos(x)^2, trig);
```
$\Rightarrow 1$

solve

Lösung von Gleichungen oder Gleichungssystemen

```
solve(ausdruck ◄, unbekannte►);
solve({gleichungen} ◄, {unbekannte}►);
```
Wenn nur ein Term in `ausdruck` angegeben, dann wird `ausdruck` gleich Null gesetzt; auch die Angabe von einfachen Ungleichungen ist möglich. Es werden grundsätzlich auch komplexe Lösungen - wenn vorhanden - ermittelt.

```
solve(1/4*x^3-x, x);
```
$\Rightarrow 0, 2, -2$
```
solve({x-y=2, x+y=4}, {x, y});
```
$\Rightarrow \{x = 3, y = 1\}$

sort

Sortieren der Glieder eines Ausdruckes
```
sort(ausdruck);
```
Bei Polynomen werden die Glieder nach absteigendem Grad der Potenzen sortiert, bei eine Liste numerischer Werte werden die Zahlen in aufsteigender Reihenfolge sortiert.

```
sort(x^2-3*x^5+x);
```
$\Rightarrow -3x^5+x^2+x$
```
sort([3, 2, 0.5]);
```
$\Rightarrow [.5, 2, 3]$

subs

Ersetzt in Ausdrücken alte durch neue Teilausdrücke
```
subs(alter_teilausdruck=neuer_teilausdruck, ausdruck);
```
Es können auch mehrere Substitutionen an **subs** übergeben werden. In einigen Fällen kann **algsubs** eine Substitution durchführen, die mit **subs** erfolglos war. **algsubs** ist neu in Release 4. Eine Version für Release 3 befindet sich auf der CD-ROM (Verzeichnis `/libs/mv3addon`). Siehe auch **student/powsubs**.

```
gl:=y=m*x+n: subs(x=x1, y=y1, gl);
```
$\Rightarrow y1 = m\,x1+n$
```
subs(x=1, y=5, gl);
```
$\Rightarrow 5 = 4+n$
```
subs(a+b=x, a+b+c);
```
$\Rightarrow a, b, c$ | `algsubs(a+b=x, a+b+c);` $\Rightarrow x + c$

sum

Summen- bzw. Reihenfunktion
```
sum(ausdruck, variable=a .. b);
```
Berechnung der Summe einer Folge, a, b sind ganze Zahlen; bei Angabe von
`infinity` für b versucht Maple V, den Grenzwert zu bilden. Das träge Gegenstück zu **sum** ist **Sum**.
```
sum((-1)^n*1/n, n=1 .. infinity);
```
$\Rightarrow -\ln(2)$

tcoeff

Koeffizient der kleinsten Potenz in einem Polynom
```
tcoeff(polynom ◀, unbekannte▶);
```
Wird kein zweites Argument angegeben, dann Auswertung des gesamten Termes mit Berücksichtigung aller Unbekannten. Siehe auch: **lcoeff**
```
tcoeff(2*x^2-3*x^5+x);
```
$\Rightarrow 1$

traperror

verhindert den Abbruch der Bearbeitung eines Ausdruckes, der zu einem Fehler führt
```
traperror(ausdruck);
```
traperror gibt bei Korrektheit das Ergebnis der Auswertung des Audruckes
zurück, bei einem Fehler die Fehlermeldung; in letztem Fall wird ferner die
globale Umgebungsvariable **lasterror** mit der Fehlermeldung belegt.

trigsubs

gibt gespeicherte trigonometrische Identitäten zu einem Ausdruck zurück
```
trigsubs(ausdruck);
trigsubs(tan(alpha/2));
```

unapply

Umwandlung eines Ausdruckes in eine anonyme Funktion
```
unapply(ausdruck, variablenfolge);
```
`variablenfolge` ist in den meisten Fällen eine Folge einer oder mehrerer im
Ausdruck befindlicher Unbekannten.
```
f := unapply(3*x, x);
```
$\Rightarrow f := x \rightarrow 3x$
```
unapply(x+y, x, y);
```
$\Rightarrow (x, y) \rightarrow x + y$
```
unapply(x+y, x);
```
$\Rightarrow x \rightarrow x + y$ # y wird hier als Konstante betrachtet

usage

Anzeige der Syntax und der Parameter/Argumente einer Maple-Funktion
```
usage(funktion);
usage(ln); usage(solve);
```

value

Berechnung träger Ausdrücke
```
value(ausdruck);
Int(sin(z), z): value(");
```
$\Rightarrow -\cos(z)$

A2.2 Das Paket student

beinhaltet u.a. auch spezielle Befehle für den Analysisunterricht in der gymnasialen Oberstufe. Die Kurzformen der in diesem Paket enthaltenen Befehle werden mit

```
> with(student):
```

definiert.

changevar

Substitution von Ausdrücken
```
changevar(subsgl, träges_integral, subsausdruck);
```
subsgl ist eine Gleichung der Form 'zu substituierender Ausdruck = Substitutionsausdruck', träges_integral ist das mit **Int** gebildete träge Integral, in dem substituiert wird, subsausdruck ist der Substitutionsausdruck; das dritte Argument kann weggelassen werden, wenn sich in subsgl weniger als drei Unbekannte befinden.
```
i1 := Int(2*x*sin(x^2+1), x):
changevar(x^2+1=z, i1, z);   ⟹ ∫sin(z) dz
value(");                     ⟹ −cos(z)
changevar(z=x^2+1, ", x^2+1);  ⟹ −cos(x² + 1)
```

completesquare

Quadratische Ergänzung eines Polynomes vom Grade 2
```
completesquare(polynom ◄, x►);
```
Angabe des zweiten Argumentes bei Polynom mit mehreren Unbestimmten
```
completesquare(x^2+2*x+2);   ⟹ (x+1)²+1
```

Doubleint

unbestimmtes oder bestimmtes Doppelintegral
```
Doubleint(ausdruck, y, x);
Doubleint(ausdruck, y=a .. b, x=c .. d);
```
x und y sind die im ausdruck enthaltenen Integrationsvariablen. a, b, c und d sind die Integrationsgrenzen. **Doubleint** gibt ein träges Integral zurück. Die Reihenfolge der Integrationsvariablen bzw. -grenzen ist entscheidend. Das Integral können Sie mit **value** auswerten. Siehe auch **student/Tripleint**.
```
Doubleint(x^2+y^2, y=0 .. b, x=0 .. 1);   ⟹ ∫₀¹ ∫₀ᵇ x² + y² dy dx
```

integrand

Ermittlung des Integranden eines trägen Integrales
```
integrand(integral);
integrand(Int(x^2+x, x));   ⟹ x² + x
```

intercept

Ermittlung des Schnittpunktes einer Geraden mit einer anderen Geraden

```
intercept(gleichung1 ◄, gleichung2►);
```

Wird nur eine Gleichung angegeben, dann wird der Schnitt mit der y-Achse (x=0) ermittelt.

```
gl1:=y=4*x+1: intercept(gl, x=2);  ⇒ {x = 2, y = 0}
gl2:=y=x-2: intercept(gl1, gl2);  ⇒ {x = -1, y = -3}
```

intparts

Partielle Integration

```
intparts(ausdruck, integrationsvariable);
```

ausdruck ist ein mit **Int** gebildetes träges Integral.

```
intparts(Int(x*exp(x), x), x);  ⇒ x e^x − ∫e^x dx
```

isolate

Auflösung einer Gleichung nach einer Variablen

```
isolate(gleichung, variable);
```

isolate kann auch mit `readlib(isolate);` geladen werden und ist eigentlich nicht Teil des **student**-Paketes.

isolate(4+3*x=y*2^(1/2), y); $\Rightarrow y = -\frac{1}{2}(\text{-4-3x})\sqrt{2}$

leftsum, middlesum, rightsum, simpson, trapezoid

numerischer Näherungswert für ein bestimmtes Integral

```
leftsum(f, x=a .. b ◄, n►);
```

Syntax von **middlesum**, etc. ist dieselbe. f ist ein Ausdruck in der Variablen x (kein Integral !), a, b sind die Integrationsgrenzen, n bestimmt die Anzahl der zu bildenden Streifen (Voreinstellung n=4), anhand derer die Fläche berechnet wird. Bei **simpson** ist n gerade. Siehe Kapitel 6.9.5.

powsubs

Substitution unter Beachtung der Potenzgesetze

```
powsubs(subsgl, ausdruck);
```

subsgl ist eine Gleichung der Form 'zu substituierende Potenz = Substitutionsvariable'. Siehe auch **subs** bzw. **algsubs**

```
powsubs(x^2=u, x^4+x^2+1);  ⇒ u^2 + u + 1
subs(x^2=u, x^4+x^2+1);  ⇒ x^4 + u + 1
```

slope

Steigung einer durch zwei Punkte definierten Geraden

```
slope([x1, y1], [x2, y2]);
slope([1, 5], [2, 9]);  ⇒ 4
```

Tripleint

unbestimmtes oder bestimmtes Dreifachintegral

```
Tripleint(ausdruck, x, y, z);
Tripleint(ausdruck, x=a .. b, y=c .. d, z=e .. f);
```

x, y und z sind die im `ausdruck` enthaltenen Integrationsvariablen. a, b, c, d, e und f sind die Integrationsgrenzen. **Tripleint** gibt ein träges Integral zurück. Die Reihenfolge der Integrationsvariablen bzw. -grenzen ist entscheidend. Das Integral können Sie mit **value** auswerten. Siehe auch **student/Doubleint**.

```
Tripleint(ln(x+y+z), x=0 .. 1, y=0 .. 2, z=0 .. 3);
```

$$\Rightarrow \int_0^3 \int_0^2 \int_0^1 \ln(x+y+z) \, dz \, dy \, dz$$

A2.3 Das Paket linalg

Bevor die Kurzformen der Befehle dieses Paketes zur linearen Algebra genutzt werden können, rufen Sie es bitte vorher mit

```
> with(linalg):
```

auf. Die in diesen Teil vorkommenden Abkürzungen haben folgende Bedeutung:

- mat   - eine Matrix,
- mat_k - k-te Matrix,
- vek   - ein Vektor,
- vek_k - k-ter Vektor.

addrow

Addition/Subtraktion einer Zeile `zeile1` zur Zeile `zeile2` in einer Matrix A
```
addrow(A, zeile1, zeile2, skalar);
```
Die Komponenten der `zeile1` werden vorher mit `skalar` multipliziert. Wenn keine Multiplikation gewünscht, dann als Skalar den Wert 1 eintragen.
```
addrow(A, 1, 2, 10);
```

angle

Winkel zweier Vektoren
```
angle(vek1, vek2);
angle(vector([a1, a2]), vector([b1, b2]));
```

augment

Erzeugung einer Matrix aus zwei oder mehreren Vektoren oder Matrizen durch horizontale Verbindung der Spalten
```
augment(mat1, mat2 ◀, ... ▶);
augment(vek1, vek2 ◀, ... ▶);
augment(mat1, vek1 ◀, ... ▶);
```

backsub

Lösung eines durch das Gaußsche Eleminationsverfahren erzeugten reduzierten Systemes
```
backsub(mat);
```

col

Kopieren der n-ten Spalte einer Matrix
```
col(mat, n);
```

crossprod

Kreuzprodukt zweier dreidimensionaler Vektoren
```
crossprod(vek1, vek2);
crossprod(vector([a1,  a2,  a3]),  vector([b1,  b2,  b3]));
```
$\Rightarrow$ [a2 b3 – a3 b2, a3 b1 – a1 b3, a1 b2 – a2 b1]

det

Determinante einer quadratischen Matrix
```
det(mat);
```

dotprod

Skalarprodukt zweier Vektoren
```
dotprod(vek1, vek2);
dotprod(vector([a1, a2]), vector([b1, b2]));
```
$\Rightarrow$ a1 b1 + a2 b2

eigenvals

Eigenwerte einer Matrix
```
eigenvals(mat);
```

entermatrix

Interaktive Eingabe von Elementen in eine Matrix
```
entermatrix(bezeichner);
```
Matrix `bezeichner` muß vorher definiert sein (z.B. `A:=matrix(2, 2);`), am Prompt Element eingeben, mit Semikolon Eingabe beenden und mit RETURN bestätigen.

gausselim

Anwendung des Gaußschen Eliminationsverfahrens auf eine (erweiterte Koeffizienten-) Matrix
```
gausselim(mat);
```
Das Ergebnis ist eine obere Dreiecksmatrix. Siehe auch **backsubs**.

geneqns

Erzeugung eines Gleichungssystemes aus einer Koeffizientenmatrix
```
geneqns(A, [Unbekannten als Liste] ◄, Vektor der Absolutglieder►);
```
Ergebnis ist eine Menge von Gleichungen, neu in Release 4.
```
geneqns(matrix(2, 2, [a1, a2, b1, b2]), vector([a3, b3]));
```
$\Rightarrow$ {a3 b1 + b2 b3 = 0, a1 a3 + a2 b3 = 0}

genmatrix

Erzeugung einer Matrix aus einem Gleichungssystem

```
genmatrix(glsystem, [alle Unbekannten als Liste], flag);
```

Die Angabe des Bezeichners `flag` ist notwendig, wenn die Spalte mit den Absolutgliedern nicht verschwinden soll.

```
sys := {x+y=0, x-y=0};
```

$$A := \texttt{genmatrix(sys, [x, y]); } \Rightarrow \begin{bmatrix} 1 & 1 \\ 1 & -1 \end{bmatrix}$$

$$A := \texttt{genmatrix(sys, [x, y], flag); } \Rightarrow \begin{bmatrix} 1 & 1 & 0 \\ 1 & -1 & 0 \end{bmatrix}$$

inverse

Ermittlung der Inversen einer (quadratischen) Matrix

```
inverse(mat);
```

$$\text{inverse(matrix(2, 2, [1, 2, 3, 4]));} \Rightarrow \begin{bmatrix} -2 & 1 \\ \frac{3}{2} & -\frac{1}{2} \end{bmatrix}$$

linsolve

Berechnung des Lösungsvektors eines in Matrizenform vorliegenden linearen Gleichungssystemes

```
linsolve(koeffizientenmatrix, spaltenvektor);
A := matrix(2, 2, [1, 1, 1, -1]): c := vector([0, 0]):
linsolve(A, c);  ⇒ [0,0]
```

matadd

Addition von Vektoren oder Matrizen

```
matadd(A, B ◄, c, d►);
```

Ergebnis ist wieder ein Vektor oder eine Matrix. Bei Angabe der Skalare c und d wird vorher A mit c und B mit d multipliziert.

matrix

Definition einer (m, n)-Matrix[145]

```
matrix(listenfolge);
matrix(m, n, liste);
```

Die nächsten beiden Kommandos erzeugen dieselbe Matrix A:

```
A := matrix([a, b], [c, d]);
A := matrix(2, 2, [a, b, c, d]);
```

mulrow

Multiplikation einer Zeile der Matrix A mit einem Skalar `skalar`

```
mulrow(A, zeile, skalar);
```

---

[145] Die Befehle **matrix** und **vector** stehen in Release 4 sofort zur Verfügung, Sie müssen ihre Kurzformen nicht vorher mit `with(linalg):` definieren. (**matrix** und **vector** sind **readlib**-definiert, s. Anhang B1.2.3.)

multiply

Multiplikation einer (m, n)- mit einer (n, p)-Matrix
```
multiply(mat1, mat2);
```
Die Anzahl der Spalten in `mat1` muß mit der der Zeilen in `mat2` übereinstimmen.

norm

(Euklidische) Norm eines Vektors
```
norm(vek, 2);
```
```
norm(vector([a, b, c]), 2);
```
$\Rightarrow \sqrt{|a^2| + |b^2| + |c^2|}$

normalize

Normierung eines Vektors auf die Länge 1
```
normalize(vek);
```
```
normalize(vector([a, b]));
```
$\Rightarrow \left| \dfrac{a}{\sqrt{|a^2|+|b^2|}}, \dfrac{b}{\sqrt{|a^2|+|b^2|}} \right|$
```
normal(norm(", 2), expanded);
```
$\Rightarrow 1$

rank

Rang einer Matrix A
```
rank(A);
```

scalarmul

Skalarmultiplikation eines Vektors oder einer Matrix
```
scalarmul(vek, skalar);
```
```
scalarmul(vector([a1, a2]), 2);
```
$\Rightarrow [2\,a1, 2\,a2]$

stack

Verbindet zwei oder mehr Vektoren bzw. Matrizen vertikal
```
stack(mat1, mat2 ◀, usw.▶);
```
```
stack(vek1, vek2 ◀, usw.▶);
```
```
stack(mat1, vek1 ◀, usw.▶);
```

submatrix

Erzeugung einer Untermatrix
```
submatrix(mat, a .. b, c .. d);
```
`a .. b` ist der Bereich der zu kopierenden Zeilen und `c .. d` der der Spalten.
```
submatrix(A, 1 .. 3, 1 .. 3);
```

swaprow

Vertauschung von Zeilen in einer Matrix
```
swaprow(mat, a, b);
```
Vertauschung der `a`-ten mit der `b`-ten Zeile einer Matrix

transpose

Ermittlung der Transponierten einer Matrix
```
transpose(A);
```

vector

Definition eines n-dimensionalen Vektors[146]
```
vector([a1, a2, .., an]);
vec := vector([1, 2]);
```

A2.4 Das Paket geometry

für die analytische Geometrie der Ebene wird mit

```
> with(geometry):
```

aktiviert.

AreParallel

Prüfung auf Parallelität zweier Geraden
```
AreParallel(gerade1, gerade2);
```
Die Geraden müssen mit **line** aus demselben Paket definiert worden sein.

ArePerpendicular

Prüfung, ob zwei Geraden aufeinander senkrecht stehen
```
ArePerpendicular(gerade1, gerade2);
```
Die Geraden müssen mit **line** aus demselben Paket definiert worden sein.

circle

Definition eines Kreises
```
circle(name, [mittelpunkt, Radius]);
```
Dem Bezeichner `name` wird der erzeugte Kreis zugewiesen, `mittelpunkt` ist mit **point** zu definieren.
```
point(p1, 0, 0); circle(kreis, [p1, 2]);
```

coordinates

Ermittlung der Koordinaten eines mit **point** definierten Punktes
```
coordinates(punkt);
```
Punkt wird mit **point** definiert.
```
point(p1, 2, 3); coordinates(p1);    ⇒ [2,3]
```

detail

Anzeige der Struktur bzw. Eigenschaften eines geometrischen Objektes
```
detail(objekt);
```
Objekt muß mit den entsprechenden Befehlen des Paketes **geometry** definiert sein.

---

[146] Siehe vorherige Fußnote.

distance

Entfernung eines Punktes von einem anderen Punkt oder einer Geraden
```
distance(punkt1, punkt2);
distance(punkt, gerade);
```
Punkt und Gerade definieren Sie mit **point** bzw. **line**.

Equation

Gleichung eines geometrischen Objektes
```
Equation(objekt);
```
Das Objekt muß mit den entsprechenden Befehlen des Paketes **geometry** definiert sein.
```
point(p1, 2, 3): point(p2, 0, 0): line(g, [p1, p2]):
Equation(g);  ⟹ 3x-2y=0
```

intersection

Ermittlung der Schnittpunkte zweier Geraden, einer Gerade und eines Kreises oder zwei Kreisen
```
intersection(schnitt, kreis, gerade, [bez₁,bez₂]);
```
Das Ergebnis wird im Objekt `schnitt` abgelegt, bez_1 und bez_2 enthalten die Schnittkoordinaten, diese sind mit **coordinates**(bez_k) abfragbar.

IsOnLine

Prüfung, ob ein oder mehrere Punkte auf einer Geraden liegen
```
IsOnLine(punkt, gerade);
IsOnLine([Folge mehrerer Punkte], gerade);
```
Gibt entweder wahr oder falsch zurück, bei einer erfolglosen Berechnung FAIL.

line

Definition einer Linie aus zwei Punkten oder einer Gleichung
```
line(name, [punkt1, punkt2]);
line(name, geradengleichung);
```
Dem Bezeichner `name` wird die erzeugte Gerade zugewiesen, die beiden Punkte müssen vorher mit **point** definiert werden.
```
point(p1, 2, 3); point(p2, 0, 0); line(gerade, [p1, p2]):
line(g, 3*x+y=4);
```

point

Definition eines Punktes
```
point(name, x-koordinate, y-koordinate);
```
Dem Bezeichner `name` wird der erzeugte Punkt zugewiesen.
```
point(p1, 0, 0);
```

A2.5 Das Paket geom3d

stellt Befehle für die analytische Geometrie des dreidimensionalen Raumes zur
Verfügung. Die Kurzformen werden mit

```
> with(geom3d):
```

definiert. Hinweis: Das Paket geom3d ist in Release 4 eigentlich nicht enthalten.
Der Hersteller Maples hat dem Autor allerdings freundlicherweise eine Release
4-Version zur Verfügung gestellt, das Urheberrecht verbleibt allerdings weiterhin
bei Waterloo Maple Inc. Die Syntax dieser Version ist mit der von Release 3 vollkommen identisch. Lesen Sie bitte auch die ersten zwei Absätze des Kapitels 7.4.

inter

Schnitt zwischen zwei Geraden oder zwei bzw. drei Ebenen
```
inter(gerade1, gerade2, name);
inter(ebene1, ebene2, name);
inter(ebene1, ebene2, ebene3, name);
```
name trägt die Informationen bezüglich des ermittelten Schnittes.

line3d

Definition einer Gerade aus zwei Punkten oder einem Punkt und einem
Richtungsvektor
```
line3d(name, [punkt1, punkt2]);
```
Definieren Sie die Punkte mit **point3d**.

plane

Erzeugung einer Ebene aus 3 Punkten (weitere Möglichkeiten siehe Kapitel
7.4)
```
plane(name, [punkt1, punkt2, punkt3]);
```

point3d

Erzeugung eines Punktes im Raum
```
point3d(name, x-koordinate, y-koordinate, z-koordinate);
```
Die Koordinaten können auch in Form einer Liste an **point3d** übergeben
werden.
```
point3d(a, 1, 1, 1);
```

sphere

Erzeugung einer Kugel
```
sphere(name, [punkt, radius]);
```
Der Punkt ist vorher mit point3d zu definieren.

A2.6 Das Paket combinat

Die Kurzformen des Paketes für Kombinatorik lassen sich mit

```
> with(combinat):
```

zuweisen.

bell

Bell-Zahl
```
bell(ausdruck);
```
`ausdruck` muß einen ganzzahligen Wert ergeben.
bell(4); $\Rightarrow$ 15

cartprod

Kartesisches Produkt
```
cartprod([liste1, liste2]);
```
cartprod liefert eine Tabelle zurück, die eine Prozedur enthält, welche alle geordneten Paare sukzessiv berechnen kann. Mit nachfolgender **while**-Schleife werden alle Paare mit einem einzigen Aufruf zurückgegeben.
```
T := cartprod([[1, 2], [a, b]]);
while not T[finished] do T[nextvalue]() od;
```

choose

Ermittlung aller Kombinationen einer Liste von Elementen
```
choose(liste);
s := [a, b, c]: choose(s);  ⇒ [[], [a], [b], [c], [a, b], usw.]
```

numbcomp

Anzahl der möglichen Kombinationen
```
numbcomb(liste);
s := [a, b, c]: numbcomb(s);  ⇒ 8
```

numbpart

Anzahl aller Partitionen einer natürlichen Zahl
```
numbpart(ausdruck);
```
`ausdruck` muß eine natürliche Zahl ergeben.
numbpart(4); $\Rightarrow$ 5

numbperm

Anzahl aller Permutationen einer Liste mit Elementen
```
numbperm(liste);
s := [a, b, c]: numbperm(s);  ⇒ 6
```

partition

Alle Partitionen einer natürlichen Zahl
```
partition(n ◄, p►);
```

n ist die Zahl, deren Partitionen berechnet werden sollen; optional ist die
Angabe des Argumentes p (eine natürliche Zahl $p \le n$), hier werden nur die
aus den Zahlen 1 bis p gebildeten Partitionen von n ermittelt.
`partition(4, 2);` $\Rightarrow$ [[1, 1, 1, 1], [1, 1, 2], [2, 2]]

permute

Ermittlung aller Permutationen einer Liste
`permute(liste);`
`s := [a, b, c]: permute(s);` $\Rightarrow$ [[a, b, c], [a, c, b], [b, a, c], usw.]

stirling2

Stirlingsche Zahl 2. Art
`stirling2(n, k);` mit $n > k$, sonst Ergebnis gleich 0
`stirling2(4, 2);` $\Rightarrow$ 7

Anhang B: Das System Maple V

Übersicht

- **B1 Systemkomponenten**
- **B2 Systemvariablen & Systemkommandos**
- **B3 Maple-Initialisationsdatei**
- **B4 Archivverwaltungsprogramm MARCH**

B1 Systemkomponenten

Das Computeralgebrasystem Maple V besteht aus drei Teilen: Kernel, Maple-Hauptbibliothek und Benutzerschnittstelle. Die Share Library ist ein Zusatz zu Maple V und wird nicht als integraler Bestandteil angesehen.

B1.1 Kernel

Dieser ist für die Ausführung von Befehlen und die fundamentalen Vereinfachungen algebraischer Ausdrücke zuständig und enthält ferner die wichtigsten Maple-Befehle. Der in der Programmiersprache C implementierte Kernel liegt in kompilierter Form vor, damit die fundamentalen Kommandos schnellstmöglich ausgeführt werden können.

B1.2 Maple-Hauptbibliothek (*main Maple Library*):

Sie enthält alle nicht im Kernel implementierten Befehle von Maple V:

    a) die sog. **'readlib**-definierten' Befehle, z.B. **int**, **solve**,
    b) sonstige Library-Befehle, z.B. **evalr**, **iscont**, **isolate**,
    c) alle Pakete, z.B. **plots**, **linalg**, **geometry**, **DEtools**, etc.,
    d) die Startdatei `sysinit.m`,

B1.2.1 Allgemeines

Alle oben genannten Objekte sind in der Programmiersprache Maple V verfaßt. Deren Code können Sie sich auf dem Bildschirm ansehen (siehe Abschnitt B2.2.3). Die Library-Befehle werden bei ihrer Ausführung interpretiert und sind dementsprechend langsamer als die im Kernel eingebauten Befehle.

Die Maple-Hauptbibliothek befindet sich im Maple-Unterverzeichnis `/lib` und besteht aus zwei Dateien: Der Datei `maple.lib`, die den Programmcode der Bibliotheksbefehle enthält und mehrere Megabytes umfaßt, sowie die zugehörige

Indexdatei `maple.ind` mit den Positionsangaben der Bibliotheksbefehle in der Datei `maple.lib`, damit Maple V die einzelnen Befehle schnellstmöglich finden kann.

Das Zusatzprogramm `march` (siehe Abschnitt B4) kann u.a. auch ein Inhaltsverzeichnis der Library anzeigen. DOS-Anwender geben in der DOS-Kommandozeile ein:

```
C:\> march -l c:\maplev4\lib
```

Sie können die Ausgabe auch sortiert in eine Datei abspeichern:

```
C:\> march -l c:\maplev4\lib | sort > index.txt
```

Unter Linux geben Sie ein:

```
/usr/bin/maplev4/bin> march -l ../lib | sort > index.txt
```

Die Datei hat folgenden Inhalt:

```
...
combinat/bell.m                              95-12-14 13:48  1950947    299
...
dsolve.m                                     95-12-14 14:02  4295537   8402
...
dsolve/diffeq/ConvertSysTo1stOrder.m         95-12-14 13:50  4521613   1748
...
```

Insgesamt befinden sich in der Maple-Hauptbibliothek von Release 4 3.944 Prozeduren bzw. Befehle, viele davon Hilfsprozeduren für die verschiedenen Maple-Kommandos.

Anhand des obigen Ausschnittes lassen sich folgende Merkmale einer Maple-Bibliothek entnehmen:

• Alle Befehle - bis auf die im Kernel befindlichen - sind in Form von Prozeduren als `.m`-Dateien in Maples optimierten Dateiformat in der Library abgelegt.
• Die `.m`-Dateien sind vollkommen unabhängig von dem jeweils genutzen Betriebssystem gespeichert, damit werden Beschränkungen einiger Betriebssysteme umgangen, z.B. die begrenzte Anzahl von Zeichen für Dateinamen unter DOS. Daher kann ein und dieselbe Maple Library unter all jenen Betriebssystemen verwendet werden, für die die jeweilige Release von Maple V implementiert wurde.

Neben der Hauptbibliothek gibt es aber noch weitere Maple-Bibliotheken: Diese können vom Hersteller Maples herausgegebene Verbesserungen von Standard-Befehlen enthalten, wie z.B. die Release 4-Bibliothek im Verzeichnis

`/maplev4/update`, oder von Maple-Programmierern geschriebene Befehle oder Pakete. Auch lassen sich selber Änderungen am Code von Befehlen durchführen und diese Änderungen in einer eigens geschaffenen Maple-Bibliothek speichern[147].

Diese 'zusätzlichen' Maple-Bibliotheken bestehen ebenfalls aus zwei Dateien: der Indexdatei `maple.ind` und der Archivdatei `maple.lib`, beide Dateien müssen zusammen in *einem* separatem Unterverzeichnis gespeichert werden. **Kopieren Sie niemals zusätzliche Maple-Libraries in das Mapleverzeichnis `/lib` !** Gerade unter Linux ist das sehr schnell passiert. In diesem Falle bleibt dann nur die Neuinstallation von Maple V übrig. Die in B1.4 beschriebene Share Library ist 'technisch' gesehen ebenfalls eine zusätzliche Maple Library.

B1.2.2 Die Variable libname

Die Pfade zu den Verzeichnissen, in welchen sich Maple Libraries befinden, sind in der globalen Variablen **libname** abgespeichert. Diese Variable wird beim Start des Systems initialisiert. Wenn Sie Ihre Maple-Version noch nicht 'upgedated' haben, so ist i.d.R. nur ein Pfad in **libname** enthalten, nämlich derjenige zur Maple-Hauptbibliothek, in der Windows-Version von Release 4 beispielsweise:

```
> libname;
```

C:\MAPLEV4/lib

Wenn das System 'upgedated' bzw. 'gepatcht' wurde, sind zwei Pfade in **libname** abgelegt:

```
> libname;
```

C:\MAPLEV4/update, C:\MAPLEV4/lib

Nach dem Patch von Release 4 befinden sich zwei Maple Libraries auf Ihrer Festplatte: einmal die alte mit der ursprünglichen Version von Release 4 ausgelieferte Maple Library im Verzeichnis `c:\maplev4\lib`, und dann ein Zusatz mit verbesserten Bibliotheksbefehlen im Verzeichnis `c:\maplev4\update`.

Damit Maple V einen Befehl in der Library finden kann, sucht es die in **libname** abgespeicherten Verzeichnisse von links nach rechts ab, beim ersten Antreffen des Befehles lädt Maple V diesen in den Arbeitsspeicher und beendet danach den Such- und Ladevorgang[148]. Auf diese Weise können Sie immer die aktuellste Version eines Befehles nutzen. Wenn dieser in der Zusatz-Bibliothek im Verzeichnis `c:\maplev4\update` enthalten ist, lädt ihn Maple V. Die alte Fassung des

---

[147] Siehe auch Kapitel 16.1.
[148] Dasselbe gilt für die mit Release 4 eingeführten `maple.hdb`-Dateien, die die Online-Hilfe enthalten.

Befehles, die sich noch in der Bibliothek im Verzeichnis `c:\maplev4\lib` befindet, wird also (gar) nicht mehr geladen, da der Code zu dem Befehl im Verzeichnis
`c:\maplev4\update` zuerst gefunden wurde.

Soll eine zusätzliche Maple Library in das System eingebunden werden, muß der
Pfad zu dem Unterverzeichnis, in welchem sich die neue Bibliothek befindet, der
Variablen **libname** hinzugefügt werden. Ein Beispiel: Die neue Bibliothek befindet
sich im Verzeichnis `c:\maplev4\addon`. Geben Sie dann nach dem Start Maple
ein:

```
> libname := `c:/maplev4/addon`, libname;
```

> c:/maplev4/addon, C:\MAPLEV4/update, C:\MAPLEV4/lib

Damit nicht jedesmal von neuem der Pfad **libname** hinzugefügt werden muß, können Sie die o.g. Zuweisung auch in die Maple-Initialisationsdatei eintragen (s. B3).

B1.2.3 readlib-definierte Befehle

Beim Start Maples wird aus der Maple Library die Datei `sysinit.m` gelesen und
ausgeführt. Diese Datei weist den meisten Befehls*namen* die Anweisung

```
'readlib('befehlsname')'
```

zu, also

```
befehlsname := 'readlib('befehlsname')'.
```

readlib lädt den Programmcode eines Library-Befehles, so daß der Befehl durch
den Anwender genutzt werden kann. Ein Beispiel:

```
> restart:
```

```
> eval(dsolve, 1);
```

> readlib('dsolve')

Der Programmcode der Befehle ist aufgrund der verzögerten Anweisung (hier
`'readlib('dsolve')'`, ausgewertet zu `readlib('dsolve')`), noch nicht geladen, und die Speicherressourcen werden geschont. Erst wenn der Befehl benutzt
wird[149], lädt Maple V den zugehörigen Code und führt den Befehl mit seinen Argumenten aus:

---

[149] Es reicht aber auch die Eingabe des Namens mit einem abschließenden Semikolon oder
Doppelpunkt und die Bestätigung mit RETURN.

```
> dsolve(diff(y(x), x)=2*x, y(x));
```

$$y(x) = x^2 + \_C1$$

Der Code ist nun geladen und muß nicht erneut aus der Bibilothek gelesen werden.

```
> eval(dsolve, 1);
```

$$proc(Deqns, vars) \; ... \; end$$

Ferner initialisiert `sysinit.m` alle Pakettabellen (s. B1.2.5) und schützt die Namen **readlib**-definierter Befehle, der Pakettabellen, der Datentypen sowie der in Kapitel 3.2 aufgeführten Konstanten vor Schreibzugriffen. Des weiteren werden offensichtlich alle Konstanten als Folge der Systemvariablen **constants** zugewiesen[150].

B1.2.4 Sonstige Maple Library-Befehle

Viele weitere in der Maple Library enthaltene Befehle werden beim Start Maples nicht initialisiert, d.h. sie müssen vor ihrer Benutzung mit **readlib** geladen werden. Auf diese Weise wird die Start- bzw. Initialisierungsphase Maples möglichst kurz gehalten und weniger Arbeitsspeicher benötigt.

```
> restart:
```

```
> eval(discont, 1);
```

$$discont$$

```
> discont(1/x, x);
```

$$discont(\tfrac{1}{x}, x)$$

```
> readlib(discont);
```

$$proc(f::algebraic, x::name) \; ... \; end$$

```
> discont(1/x, x);
```

$$\{0\}$$

Die Eingabe kann auch abgekürzt werden, indem die an den Befehl zu übergebenden Argumente in Klammern direkt hinter die **readlib**-Anweisung gesetzt werden.

---

[150] Dieser letzte Satz ist eine Vermutung des Autors, die vorangehenden Angaben wurden ihm vom Hersteller Maples bestätigt. Der Inhalt der Datei `sysinit.m` läßt sich (vermutlich) nicht listen, sondern nur in einem Texteditor betrachten.

```
> restart:

> readlib(discont)(1/x, x);
```

$$\{0\}$$

Wie Sie nicht-**readlib**-definierte Befehle **readlib**-definieren können, ist in B3 erklärt.

B1.2.5 Das Paketkonzept von Maple V

Viele zu bestimmten mathematischen Unterthemen gehörige Befehle sind in Paketen enthalten, die ebenfalls in der Maple-Hauptbibliothek abgespeichert sind. Beim Start Maples werden neben den **readlib**-definierten Befehlen und den Konstanten auch Tabellen mit unausgewerteten Verweisen auf die Paketbefehle initialisiert.

```
> restart:

> eval(combinat);
```

```
table([
    numbcomp = readlib('combinat/kpart2')
    (...)
    bell = readlib('combinat/bell')
    (...)
    encodepart = readlib('combinat/encodepar')
    ])
```

```
> eval(combinat[bell], 1);
```

$$readlib('combinat/bell')$$

Bei der Ausgabe der Pakettabelle fehlen die Backquotes um die internen Befehle, es müßte also heißen `readlib('`combinat/bell`')` usw.

Beim Aufruf eines Paketbefehles über die voll ausgeschriebene Form (hier `combinat[bell]`), liest Maple die zugehörige interne Paketprozedur (``combinat/bell``) und übergibt ihr das oder die Argumente (in diesem Falle 5).

```
> combinat[bell](5);
```

$$52$$

Dieses ist gleichbedeutend mit dem Aufruf

```
> readlib('`combinat/bell`')(5);
```

$$52$$

Der Code des geladenen *internen* Befehles befindet sich nun im Speicher.

```
> eval(`combinat/bell`, 1);
```

$$proc(n) \ldots end$$

In der Pakettabelle jedoch befindet sich noch immer der Verweis auf die interne Prozedur, dies hängt mit der Verwaltung von Tabelleneinträgen zusammen, welche in diesem Fall unausgewertet bleiben.

```
> eval(combinat[bell], 1);
```

$$readlib('combinat/bell')$$

Da die mit **readlib** geladene interne Prozedur aber in der Erinnerungstabelle (s. Kapitel 15.19) von **readlib** abgelegt wird, muß sie Maple V nicht erneut aus der Bibliothek (von der Festplatte) lesen, sondern holt sie direkt aus dem Arbeitsspeicher,

```
> op(4, eval(readlib));
table([
  combinat/bell = (proc(n) ... end)

  combinat = table([
  multinomial = readlib('combinat/multinom')
  (...)
  nextpart = readlib('combinat/nextpart')
  ])
  ])
```

wenn der Paketbefehl erneut über die Langform aufgerufen wird.

Anhand der obigen Tabellen ist auch zu ersehen, daß die durch den Benutzer eingegeben Befehlsnamen nicht unbedingt mit den Namen der internen Prozeduren übereinstimmen müssen. Wenn Sie beispielsweise den Befehl `combinat[numbcomp]` eingeben, wird nicht die interne Prozedur `combinat/numbcomp` geladen, sondern `combinat/kpart2`. Wenn Sie also versuchen sollten, auf die internen Prozeduren direkt zuzugreifen, z.B.

```
> readlib(`combinat/numbcomp`)(7, 3);
Error, could not find `combinat/numbcomp` in the library
```

klappt dieses nicht unbedingt immer.

```
> readlib(`combinat/kpart2`)(7, 3);
```

15

Der **with**-Befehl ermöglicht es, Paketbefehle nicht über die Langform aufrufen zu müssen, sondern er weist die Namen der Tabellenindizes den jeweiligen **readlib**-Anweisungen zu, so daß die Prozedurcodes zwar immer noch nicht geladen sind, aber der Indexzugriff auf die Pakettabelle entfallen kann.

```
> restart:
```

```
> eval(bell);
```

bell

```
> eval(combinat[bell], 1);
```

readlib('combinat/bell')

```
> with(combinat, bell);
```

[bell]

```
> eval(bell, 1);
```

readlib('combinat/bell')

Wenn der Befehl **bell** zusammen mit dem Argument eingeben wird,

```
> bell(4);
```

15

führt Maple V vorher die Anweisung `readlib('`combinat/bell`')` aus, lädt also den Befehlscode zu **bell**, und kann ein Ergebnis zurückgeben.

```
> eval(bell);
```

proc(n) ... end

B1.3 Benutzerschnittstelle (*user interface*)

Sie sorgt für den Zugang des Anwenders zum Kernel bzw. zu den Libraries unter dem jeweiligen Betriebssystem. Es gibt textbasierte und graphische Schnittstellen,

beide werden i.d.R. mit den verschiedenen Maple-Distributionen der Professional
Edition ausgeliefert.

B1.4 Share Library

Mit den Vollversionen Maples wird auch eine Bibliothek mit von 'freien' Maple-
Programmierern verfaßten Befehlen zu den verschiedensten naturwissenschaftli-
chen Gebieten ausgeliefert. Besitzer der Studentenversionen können die Share
Library aber ganz einfach in ihr System integrieren, dieses ist in Anhang C1
beschrieben.

Um die in der Share Library enthaltenen Befehle nutzen zu können, muß zuvor die
Share Library mit `with(share);` aufgerufen werden. Diese Anweisung ermittelt
den Pfad zu dem Verzeichnis, in dem sich die Share Library befindet, weist diesen
Pfad der Variablen **sharename** zu und hängt den Inhalt von **sharename** an das Ende der in **libname** gespeicherten Pfadfolge an. Die Variable **sharename** wird von
dem Befehl **readshare** genutzt, welcher die einzelnen Share Library-Befehle lädt.

```
> restart:
```

```
> sharename;
```

sharename

```
> libname;
```

C:\MAPLEV4/update, C:\MAPLEV4/lib

Diese obigen drei Zeilen müssen nicht eingegeben werden, um die Share Library
zu initialisieren, sie sollen nur demonstrieren, welche Änderungen an den beiden
globalen Variablen vorgenommen werden.

```
> with(share);
```
See ?share and ?share,contents for information about the share library

[ ]

```
> sharename;
```

C:\MAPLEV4/share

```
> libname;
```

C:\MAPLEV4/update, C:\MAPLEV4/lib, C:\MAPLEV4/share

Einzelne Befehle können Sie mit **readshare** laden.

```
> readshare(FPS, analysis);
```

FormalPowerSeries

und direkt benutzen.

```
> FPS(1/x, x=1);
```

$$\sum_{k=0}^{\infty} (-1)^k (x-1)^k$$

Online-Hilfen zu den Befehlen stehen in den meisten Fällen ebenfalls zur Verfügung. Es lohnt sich aber, in die Unterverzeichnisse von /share zu schauen, da hier die Programmierer oft auch LaTeX-Dokumente hinzugefügt haben.

B2 Systemvariablen & Systemkommandos

In Maple V können Sie einige Einstellungen treffen, interne Vorgaben abfragen und in einigen Versionen Maples das Betriebssystem aufrufen.

B2.1 Überblick

Digits

Stellt die Anzahl der Stellen in Fließkommaberechnungen ein; der Vorgabewert ist 10.
Syntax: `Digits:=n;` mit n ∈ [1, 500 000] und n ganzzahlig, in der Studentenversion nur bis max. 100 möglich.

history

Speichert alle Ausgabewerte; wird mit `readlib(history);` geladen und mit `history();` ausgeführt.
Siehe `?history` für weitere Informationen.

interface

Ausgabe oder Änderung der Schnittstellenvariablen bzw. des Ausgabeverhaltens.
Syntax: `interface(einstellung);`
Siehe: `?interface` sowie die im Anschluß an diese Aufstellung genannten Informationen.

kernelopts

Abfrage und Setzen von den Kernel betreffenden Systemvariablen in Release 4.
Syntax: `kernelopts(argumentenfolge);`
Siehe: `?kernelopts`.

Order

Ordnungsterm O bei Reihenentwicklung.

Syntax: `Order:=n;` mit n ∈ IN, Voreinstellung ist n=6.

printlevel

Anzeige der Zuweisungen, Ergebnisse und gerade bearbeiteten Prozeduren bei
der Ausführung von Befehlen bzw. Prozeduren.

Syntax: `printlevel := n;` mit n ∈ IN

Voreinstellung ist n = 1, d.h. keine derartige Anzeige; je höher n gewählt wird,
desto mehr Informationen erschließen sich Ihnen (s. auch B2.3). **printlevel**
funktioniert nicht mit im Kernel implementierten Befehlen.

system und **!**

Aufruf des Betriebssystemes und Ausführung des angegebenen Befehles aus
einer Maple-Arbeitssitzung, der Befehl wird als String **system** übergeben, bei
der Verwendung des Ausrufezeichens kann die Befehlssequenz ohne Backquotes angegeben werden.

Syntax:

```
system(`Betriebssystemanweisung`);
!Betriebssystemanweisung
```

Beispiele in NOVELL DOS 7:
```
> system(`cls`);
> !copy c:\maplev4\lib\index.ind d:\
```

Beispiele in Linux:
```
> system(`clear`);    Löschen des Bildschirmes
```

Einschränkungen: Funktioniert nicht in MS Windows 3.11, funktioniert in den
DOS-Kommandozeilenversionen (auch in DOS-Fenstern unter Windows 3.11).
Der Zugang zum Betriebssystem unter Windows 95 und NT mit dem Ausrufe-
zeichen wird nicht unterstützt.

B2.2 interface-Einstelloptionen

Die Anweisung **interface** gestattet es, die Benutzerschnittstelle Maples beeinflus-
sende Einstellungen zu ändern bzw. deren Inhalt anzuzeigen. Nicht alle Vorgaben
lassen sich ändern; zu beachten ist auch, daß von Ihnen vorgenommene Einstellungen für die Dauer einer Arbeitssitzung permanent sind und auch durch ein **restart**
nicht zurückgesetzt werden können, es sei denn, Sie nehmen mit dem Befehl **interface** neue Einstellungen vor.

B2.2.1 Ausgabemodi

Die Art der Darstellung von Maple-Ausgaben läßt sich auf drei verschiedene Arten mit **interface/prettyprint** steuern:

Syntax: `interface(prettyprint=n);`

n=0: *Lineprint Notation*
> Ausgabe wie beim **lprint**-Befehl in einer Zeile, d.h. linksbündig; in Release 4 im Stil 'Text Output'.

n=1: *Character Notation*
> 'Zweidimensionale' Anzeige wie in den Textversionen Maples, i.d.R. zentriert; in Release 4 im Stil 'Text Output'.

n=2: *Typeset Notation*
> Standardeinstellung; Anzeige graphischer mathematischer Symbole wie z.B. dem Integralzeichen, griechischen Buchstaben, durchgezogenen Linien für Brüche, Klammern, etc.

Anmerkung: Release 4 speichert ungeachtet der **prettyprint**-Einstellung alle Ergebnisse in Character-Notation in die ASCII-Datei ab. Bei n > 2 verwendet Release 4 für Windows Character Notation.

Beispiele:

```
> restart:

> interface(prettyprint);
```

$$2$$

```
> a := Sum(1/n, n=1 .. 10) = sum(1/n, n=1 .. 10):

> interface(prettyprint=0);

> a;
Sum(1/n,n = 1 .. 10) = 7381/2520

> interface(prettyprint=1);
```

```
> a;
```

$$\sum_{n=1}^{10} 1/n = \frac{7381}{2520}$$

```
> interface(prettyprint=2);

> a;
```

$$\sum_{n=1}^{10} \frac{1}{n} = \frac{7381}{2520}$$

B2.2.2 Prompt

Der Eingabeprompt, i.d.R. in der Form '> ' läßt sich mit **interface/prompt** ändern.

Syntax: `interface(prompt=`**string**`);`

'string' beschreibt eine beliebige Zeichenkette und wird in Backquotes gefaßt. Ein Beispiel:

```
> interface(prompt=`Ich bin die Eingabezeile> `);

Ich bin die Eingabezeile> _

Ich bin die Eingabezeile> interface(prompt=`> `);

>
```

In der Studentenversion von Release 4 kann der Prompt `STUDENT> ` nicht gelöscht werden.

B2.2.3 Anzeige von Prozedurcode

Mit **interface/verboseproc** können Sie festlegen, ob und wenn ja, von welchem Prozedurtyp, der Rumpf, sprich der Code der Prozedur, bei der Ausgabe dargestellt werden soll. **interface/verboseproc** und **printlevel** (s. Abschnitt 2.3) sind daher der Schlüssel zur Erforschung von Maple's Innenleben.

Syntax: `interface(verboseproc=`**n**`);`

n=0:

 Ausgabe des Skeletes einer Prozedur grundsätzlich in der Form proc(x) ... end;

n=1:

 Ausgabe des gesamten Inhaltes einer *benutzerdefinierten* Prozedur
 (Voreinstellung)

n=2:

 Ausgabe des Inhaltes aller Prozeduren incl. der in den Bibliotheken enthaltenen
 Prozeduren

n=3:

 Neu in Release 4: Wie n=2, aber mitsamt des Inhaltes der zur Prozedur gehöri-
 gen Erinnerungstabelle

Da nur ein kleiner Teil der in Maple enthaltenen Befehle codiert, der größte aber in
der Maple-eigenen Programmiersprache verfaßt ist, kann man diesen also wie folgt
anzeigen:

```
> restart: interface(verboseproc=3);
```

```
> print(ln);
```

```
proc(x)
option `Copyright (c) 1992 by the University of Waterloo. All rights reserved.`;
    if nargs <> 1 then ERROR(`expecting 1 argument, got `.nargs)
    elif type(x, 'complex(float)') then evalf('ln'(x))
    elif x = 0 then ERROR(`singularity encountered`)
    elif
    (...)
end
# (-1) = (-1)^(1/2)*Pi
# (1) = 0
# (infinity) = infinity
# ((-1)^(1/2)) = 1/2*(-1)^(1/2)*Pi
# (-(-1)^(1/2)) = - 1/2*(-1)^(1/2)*Pi
```

Anhand dieser Rückgabe läßt sich bereits ersehen, daß vielen Funktionen Vorgabewerte mitgegeben wurden.

B2.3 Interne Arbeitsweise von Maple V:

Die interne Arbeitsweise von Maple V bei der Ausführung von Befehlen bleibt
normalerweise vor dem Anwender verborgen, läßt sich aber durch die Umgebungsvariable **printlevel** anzeigen. Als Beispiel möge die Lösung einer einfachen Gleichung genügen. Je höher der Wert von **printlevel**, die Vorgabe ist 1 - d.h. keine

Ausgabe von Bearbeitungsschritten -, gesetzt wird, desto mehr Details erschließen
sich Ihnen.

```
> restart:

> printlevel := 5:

> solve(x^2-1=1, x);
```

```
{--> enter solve, args = x^2-1 = 1, x
                        Args := [x² - 1 = 1, x]
                          solve/split := false
                         _EnvFloats := false
                               t := { }
                               t := { }
                             Slist :=
                             Blist :=
                             Xvars := { }
                           notzero := { }
                           notzero := { }
                             ineqs := { }
                             ineqs := { }
                           eqns := {x² - 2}
                           eqns := {x² - 2}
<-- exit solve (now at top level) = 2^(1/2), -2^(1/2)}
```

$$\sqrt{2}, -\sqrt{2}$$

B3 Maple-Initialisationsdatei

Ständig benötigte Pakete, selbstdefinierte Variablen, Makros, Voreinstellungen,
selbstgeschriebene Prozeduren u.v.a.m. können Sie in die Maple-Initialisationsdatei eintragen, welche beim Start von Maple, beim Öffnen eines neuen Arbeitsblattes oder nach Ausführung von **restart** automatisch geladen wird, wenn sie vorhanden ist. Auf diese Weise können Sie sich Ihre eigene individuelle Arbeitsumgebung schaffen, ohne die Eingaben immer wieder von neuem eintippen zu müssen.

In DOS-basierten Betriebssystemen heißt die Initialisierungsdatei `maple.ini` und
muß im Unterverzeichnis `\lib` positioniert werden. In UNIX bzw. Linux heißt sie
`.mapleinit` und wird im `home`-Verzeichnis des Benutzers plaziert. Apple Macin-
tosh-Nutzer benutzen den Dateinamen `MapleInit`.

Wenn beispielsweise die Systemvariable **Digits** mit einem geänderten Vorgabewert, eine Variable namens h mit h := `1e-8`, die Befehlskurznamen des Graphikpaketes **plots** und die Eulersche Zahl E (letzteres ist bei Maple V Release 4 wichtig, da diese dort nicht mehr vordefiniert ist) automatisch geladen werden sollen, so
muß mit einem Texteditor in die Initialisationsdatei folgendes eingetragen werden
(eventuell diese Datei vorher erzeugen, viele Texteditoren bieten dies von sich aus
an, z.B. EDIT DOS-Systemen oder PINE in Linux):

```
Digits:=20:
h:=1e-8:
with(plots):
alias(E=exp(1)):
```

An den Anfang einer jeden Zeile wird kein Prompt gesetzt.

Möchten Sie eine Zeile (vorübergehend) deaktivieren, so stellen sie an ihren Anfang ein Nummernzeichen '#' (sog. 'Auskommentieren'). Dieses Sonderzeichen - auch Hash genannt - weist Maple V an, alle in der Zeile enthaltenen Zeichen zu ignorieren. Ebenso sollte jede Zeile mit einem Doppelpunkt beendet werden, um die Anzeige der einzelnen Befehle während der Abarbeitung der Initialisationsdatei zu unterdrücken.

Ebenfalls können Sie mit **macro** häufig benutzte Befehle wie **evalf** oder **restart** oder Optionen wie `scaling=constrained` abkürzen.

```
macro(new = restart):
macro(ef  = evalf):
macro(sc  = 'scaling=constrained'):
```

Nutzer des Paketes **geometry** können den Passus

```
_EnvHorizontalName := x:
_EnvVerticalName   := y:
```

eintragen, um bei Aufruf des Kommandos **Equation** von der immer wiederkehrenden Frage nach den Namen der Abszisse und Ordinate verschont zu bleiben.

Möchten Sie eine zusätzliche *Bibliothek* nutzen - z.B. eine, welche sich im Verzeichnis /maplev4/addon befindet -, so fügen Sie den Pfad auf diese Bibliothek **libname** hinzu:

```
libname := `c:/maplev4/addon`, libname:
```

Auch Texte, die beim (Neu-) Start Maples angezeigt werden sollen, können erfaßt werden - dieses kann allerdings auf die Dauer ziemlich störend sein.

```
print(`Initialisationsdatei geladen`):
```

Es reicht aber auch nur der Eintrag eines Strings:

```
`Initialisationsdatei geladen`:
```

So kann eine Release 4-Initialisationsdateien aussehen:

```
# maple.ini fuer Maple V Release 4

# Makros

macros :=                         # Dies ist eine etwas andere Version der
   [bi  = binomial,               # Definition von Makros. Sie können jene
    eb  = evalb,                   # nun jederzeit während einer Arbeits-
    ef  = evalf,                   # sitzung mit "macros;" abfragen, wenn
    inf = infinity,                # Ihnen die Zuweisungen entfallen sein
    lim = limit,                   # sollten (zumindest ging dies dem Autor so).
    new = restart,
    sc  = 'scaling=constrained',
    si  = simplify,
    sv  = solve]:
for i to nops(macros) do
   macro(macros[i])
od:
i := 'i':                          # i zurücksetzen, damit im Arbeitsblatt nicht
                                   # schon belegt

# Definition der Euler'schen Zahl wie in Release 3

alias(E=exp(1)):
constants := constants, E:         # constants jetzt auch wie in Release 3

# Voreinstellungen fuer geometry und solve

_EnvHorizontalName := x:           # Definition der Namen fuer Abszisse und
_EnvVerticalName   := y:           # Ordinate

_EnvAllSolutions   := true:        # Rückgabe allgemeiner Lösungen bei
                                   # transzendenten Funktionen durch solve

# Erweiterung der Variablen libname

libname :=
   `c:/maplev4/math`,              # math-Paket
   `c:/maplev4/joe_riel`,          # Joe Riel's Administering Maple V Release 4
   `c:/maplev4/geom3d`,            # geom3d fuer Release 4
   `c:/maplev4/mv4ext`,            # Patch fuer Invfunc
   libname:                        # ursprünglicher Wert von libname nach der
                                   # Startphase

# Laden von Kurzformen aus zwei Paketen

with(math):                        # selbstgeschriebenes Paket
with(plots, display):              # Kurzform von plots[display]

# Vordefinition von Plotoptionen (Schriftsätze wie in Release 3)

plots[setoptions](
   titlefont = [HELVETICA, BOLD, 12],
   axesfont  = [HELVETICA, 11],
   labelfont = [HELVETICA, 11],
   font      = [HELVETICA, 11]):
```

```
# readlib-Definition einiger Library-Befehle

unprotect('evalr', 'iscont', 'discont', 'isolate', 'profile'):
evalr   := 'readlib('evalr')':
iscont  := 'readlib('iscont')':
discont := 'readlib('discont')':
isolate := 'readlib('isolate')':
profile := 'readlib('profile')':
protect('evalr', 'iscont', 'discont', 'isolate', 'profile'):

# Hackerroutine

unprotect('pp'):
pp := proc(n::nonnegint):
   if n < 3 then
      interface(prettyprint=n)
   else
      ERROR(`Argument must be less than 3`)
   fi
end:
protect('pp'):
```

Im übrigen können Sie sogar andere Textdateien mit Maple-Kommandos mittels **read** einlesen und bearbeiten lassen. Selbst weitere Textdateien lassen sich aus den von der Initialisationsdatei aufgerufenen Textdateien einladen und abarbeiten. Insofern gleicht diese Möglichkeit der CALL-Anweisung in Novell DOS 7-Stapeldateien.

Neben bzw. nach dem Verzeichnis /lib wird auch das Vorgabe-Arbeitsverzeichnis (s. Kapitel 15.22) nach der Initialisationsdatei abgesucht. Dieses ist vor allem dann interessant, wenn Maple V in einem Netzwerk betrieben wird. Im Verzeichnis /lib werden all diejenigen Einstellungen getroffen, die für alle Anwender gelten sollen. Im persönlichen Arbeitsverzeichnis kann der Benutzer eine weitere Initialisationsdatei speichern, in der weitere, individuelle Anweisungen getroffen werden.

B4 Archivverwaltungsprogramm MARCH

Dieses mit Maple V ausgelieferte Zusatzprogramm für Maple-Bibliotheken, welches jeder Betriebssystemvariante von Maple V Release 4 beiliegt[151], bietet die Möglichkeit, Archiven Befehle hinzuzufügen, sie zu löschen oder zu ersetzen. Darüber hinaus können Sie ein Inhaltsverzeichnis der Bibliothek anzeigen bzw. sie optimieren. MARCH wird auf der Betriebssystemebene eingesetzt, es ist kein unter Maple V laufendes Programm.

Zum Arbeiten mit MARCH muß Maple unbedingt vorher verlassen werden. Wenn Sie MARCH in einem DOS-Fenster unter Windows ausführen sollten, brechen Sie **niemals** die Ausführung des Programmes ab ! Fatale Fehler können die Folge sein.

---

[151] In der Student Version von Release 4 ist es nicht enthalten.

Dieser Hinweis gilt auch für alle anderen Betriebssysteme. Versuchen Sie auch nicht, MARCH mit den Maple-Kommandos **system** oder **!** aufzurufen.

In diesen Kapitel werden die wichtigsten Möglichkeiten vorgestellt. Ausführliche Informationen erhalten Sie in Maple V unter dem Stichwort **?march**.

Anzeige des Inhaltsverzeichnisses:

```
march -l Bibliotheksverzeichnis
```

Alle folgenden Beispiele veranschaulichen die Verwendung von MARCH unter Novell DOS 7:

Da die Maple-Hauptbibliothek in Release 4 fast 4.000 Prozeduren umfaßt, wird die Ausgabe von MARCH zunächst sortiert und dann in eine Textdatei umgeleitet, die danach mit einem beliebigen Editor angezeigt werden kann.

```
C:\> march -l c:\maplev4\lib | sort > index.txt

C:\> edit index.txt

@.m                   95-12-14 14:01   1655318    88
@.m                   95-12-14 14:01   2034612    48
AiryAi.m              95-12-14 14:04   4211171    45
AiryBi.m              95-12-14 14:04   1759132    46
AngerJ.m              95-12-14 14:01    769697    39
about.m               95-12-14 14:04    240928    17
abs/abs.m             95-12-14 13:48    576718    12
abs/conjugate.m       95-12-14 13:48   2755776    12
abs/csgn.m            95-12-14 13:48   1288883    20
abs/exp.m             95-12-14 13:48   1924135    12
abs/Heaviside.m       95-12-14 13:48   2156731    13
abs/ln.m              95-12-14 13:48   3545756    19
abs/piecewise.m       95-12-14 13:48   4716117    25
abs/polar.m           95-12-14 13:48   1383497    12
abs/signum.m          95-12-14 13:48   1177358    20
addcoords.m           95-12-14 14:01    880369   258
additionally.m        95-12-14 14:04     81953    17
addproperty.m         95-12-14 14:04   3856134    17
algsubs.m             95-12-14 14:01   4822071   458
allvalues.m           95-12-14 14:01    972826   180
(...)
```

In der ersten Spalte sind die Befehle und Hilfsbefehle aufgelistet, die zweite und dritte zeigen das Datum und die Uhrzeit der letzten Änderung, die vierte die Position innerhalb der Datei und die fünfte und letzte Spalte die Größe des Befehles in Bytes.

Die Option -l ist auch dann sehr nützlich um zu überprüfen, ob ein Befehl in einer Bibliothek abgespeichert wurde. Es werden nur die aktuellen Befehlsversionen angezeigt, nicht ältere Versionen ein und derselben Funktionen.

Erzeugung einer neuen Maple Library:

```
march -c Bibliotheksverzeichnis Anzahl
```

`Bibliotheksverzeichnis` ist das Verzeichnis, in dem die Library-Dateien `maple.lib` und `maple.ind` zu erzeugen ist. Dazu muß das Verzeichnis bereits bestehen. Existierende Archive können nicht überschrieben werden.

```
C:\> march -c c:\maplev4\patch 10
march: there is already an archive in "c:\maplev4\patch"
```

`Anzahl` ist die Anzahl der abzuspeichernden Dateien. Sie müssen sich nicht im Voraus auf einen bestimmten Wert festlegen. Werden mehr als die ursprünglich angegebenen Befehle abgespeichert, wird die Bibliothek automatisch erweitert.

Packen des Archives

```
march -p Bibliotheksverzeichnis
```

Wird eine neue Version eines bereits existierenden Befehls in eine Bibliothek gespeichert, so werden die alten Befehlsversionen nicht überschrieben, sondern bleiben erhalten, und nur der Verweis bzw. der Zeiger wird auf die neue Befehlsversion gesetzt. Infolgedessen wächst die Dateigröße der Bibliothek mit jeder neuen Befehlsversion an, welches schnell zu Dateigrößen von mehreren Megabytes führen kann - je nach Anzahl und Größe der in der Bibliothek enthalten Befehle.

Die -p Option löscht alle alten Versionen von (allen) Befehlen und reduziert dabei die Dateigröße der Bibliothek.

Beispiel:

Die Bibliotheksdateien im Verzeichnis **math** haben folgende Größe,

```
C:\MAPLEV4\MATH> xdir maple.ind maple.lib
--a---      12.288   6.06.97  17:33   c:\maplev4\math\maple.ind
--a---     820.345   6.06.97  17:33   c:\maplev4\math\maple.lib
```

und in der Bibliothek selbst sind folgende Dateien abgespeichert.

```
C:\> march -l c:\maplev4\math
math/cartgrid.m                                         771805   1132
math/fnull.m                                            782005   7724
math/man.m                                              795597    728
math/mreadlib.m                                         796325   1084
math/rad.m                                              797769    120
math/seqplot.m                                          798521   2572
(...)
```

Es fällt auf, daß die Größe der Datei maple.lib ziemlich hoch ist und die Befehle ungefähr erst ab Position 700.000 in der Library abgelegt sind. Alle davor noch vorhandenen alten Befehlsversionen befinden sich vor dieser Position, können aber aufgrund des akualisierten Index nicht mehr angesprochen werden.

MARCH mit der Option -p entfernt die alten Befehle, setzt die Zeiger neu und verkleinert ferner die Dateigröße der Bibliothek.

```
C:\MAPLEV4\MATH> march -p c:\maplev4\math

C:\MAPLEV4\MATH> march -l c:\maplev4\math

math/cartgrid.m                                              1   1132
math/fnull.m                                              1133   7724
math/man.m                                                8857    728
math/mreadlib.m                                           9585   1084
math/rad.m                                               10669    120

C:\MAPLEV4\MATH> xdir maple.ind maple.lib
--a---        12.288    6.06.97  17:38   c:\maplev4\math\maple.ind
--a---       117.193    6.06.97  17:38   c:\maplev4\math\maple.lib
```

Extrahieren eines Befehles aus der Library:

```
march -x Bibliotheksverzeichnis Quelldatei Zieldatei
```

Einzelne Befehle, die in der Library bekanntlich als .m-Dateien gespeichert sind, lassen sich aus der Bibliothek in einer eigene 'externe' .m-Datei kopieren. Die Beschränkungen des Betriebssystemes sind allerdings zu beachten. Die extrahierten Dateien werden *nicht* aus der Library gelöscht.

Zwei Beispiele:

Extrahierung des Befehles **solve** aus der Hauptbibliothek in die externe Datei solve.m:
```
C:\MAPLEV4\LIB> march -x c:\maplev4\lib solve.m solve.m
```

```
C:\MAPLEV4\LIB> xdir solve.m
--a---       8.892   6.06.97  14:22    c:solve.m
```

Extrahierung einer Hilfsprozedur von **solve** namens **solve/abs**:

```
C:\MAPLEV4\LIB> march -x c:\maplev4\lib solve/abs.m solve/abs.m
march: warning, file "solve/abs.m" could not be opened, skipping

C:\MAPLEV4\LIB> march -x c:\maplev4\lib solve/abs.m solveabs.m

C:\MAPLEV4\LIB> xdir solveabs.m
--a---       1.615   6.06.97  14:26    c:solveabs.m
```

Eine solche Datei läßt sich nur unter einem anderen Namen unter Berücksichtigung der Beschränkungen des Betriebssystemes abspeichern.

Löschen eines Bibliotheksbefehles:

```
            march -d Bibliotheksverzeichnis Quelldatei
```

Dieser Befehl ist mit äußerster Vorsicht zu verwenden. Er *löscht* einen Maple-Befehl aus einer Bibliothek, der gelöschte Befehl ist damit unwiderruflich verloren. Gerade im Falle der irrtümlichen Angabe des Pfades zur Maple-Hauptbibliothek und eines dort enthaltenen Befehles wäre eine solche Löschung fatal[152]. Zumindest unter Novell DOS 7 kann nur ein Befehl pro Aufruf von MARCH gelöscht werden. Die Angabe von Wildcards (*, ?) ist nicht möglich.

Beispiel: Es soll der Befehl **fnull** aus der Bibliothek **math** gelöscht werden. Der interne Befehl lautet

```
C:\MAPLEV4\MATH> march -l c:\maplev4\math

(...)
math/fnull.m                                          1133   7724
(...)
C:\MAPLEV4\MATH> march -d c:\maplev4\math math/fnull.m
```

Der Befehl eignet sich daher meist nur zur Löschung von in einem falschen Paket abgespeicherten Befehlen.

---

[152] Im Falle von Novell DOS 7 ist es möglich, Library-Dateien mit dem Attribut 'Read-only' ('Nur Lesen') zu versehen, eine Löschung von Befehlen mit MARCH *scheint* dann unmöglich zu sein. Dieses Verhalten kann aber nicht zugesichert werden !

Anhang C: Installationshinweise

Übersicht

- C1: Installation der Share Library
- C2: Installation von Maple Library Updates
- C3: Installation der auf der CD-ROM enthaltenen Pakete

C1: Installation der Share Library

Zur Studentenversion von Maple V Release 3 für Windows wird nur eine sehr kleine Share Library mitgeliefert, sie enthält allein den Befehl **directionfield** von Daniel Schwalbe. Die Studentenversion von Release 4 enthält überhaupt keine Share Library.

Der Hersteller Maples, Waterloo Maple Inc., hat dem Autor allerdings freundlicherweise die zu den Vollversionen von Release 3 und 4 zugehörigen Share Libraries zur Verfügung gestellt, Sie finden sie auf der CD-ROM zu diesem Buch im Verzeichnis /share. Die Share Libraries und Maple Library Updates können unter jedem Betriebssystem verwendet werden, für das es eine Maple-Version gibt.

Besitzer der Academic bzw. Professional Edition von Maple V brauchen die Share Library nicht zu installieren, da sie dort schon vorhanden ist.

Die Installation ist denkbar einfach, wir beschreiben sie hier exemplarisch für Release 4 für Windows 3.11. Die Installation der Share Library für Release 3 läuft auf dieselbe Art und Weise ab. Sie benötigen nur das Archiventpack-Programm PKUNZIP oder ein kompatibles Programm (z.B. WinZIP).

Im folgenden wird davon ausgegangen, daß Sie sich in DOS oder in einem DOS-Fenster im Wurzelverzeichnis des Laufwerks C:\ befinden, Maple V je nach Version im Unterverzeichnis C:\maplev3 bzw. C:\maplev4 installiert ist und der Laufwerksbuchstabe des CD-ROM-Laufwerkes F: heißt. Ansonsten müssen Sie die jetzt vorzunehmen Eingaben entsprechend anpassen. In der Startdatei autoexec.bat sollte ein Pfad zu dem Verzeichnis eingetragen sein, in dem sich das Entpackprogramm befindet.

Vorgehensweise:

1) Verlassen Sie Windows oder öffnen Sie ein DOS-Fenster. Die folgenden Anweisungen müssen auf der Betriebssystemebene eingegeben werden, *nicht* im Maple-Arbeitsblatt. Schließen Sie sicherheitshalber vorher *alle* Anwendungen.

2) Kopieren Sie die Archivdatei `share.zip` aus dem CD-ROM-Verzeichnis `\share\r4\tgz&zip` in das Maple-*Haupt*verzeichnis auf Ihrer Festplatte,
`C:\> copy f:\share\r4\tgz&zip\share.zip c:\maplev4`
Wechseln Sie in das Verzeichnis `c:\maplev4`:
`C:\> cd \maplev4`

3) Entpacken Sie mit dem Programm PKUNZIP die Datei `share.zip` wie folgt:
`C:\maplev4> pkunzip -d share.zip`

4) Wichtig ist die Option `-d`. Dadurch wird das Unterverzeichnis `\share` im Verzeichnis `\maplev4` erzeugt, in das die einzelnen Dateien unter Beibehaltung der Pfadnamen entpackt werden.

Die Installation ist damit beendet. Lesen Sie Abschnitt B1.4, dort ist beschrieben, wie Sie die in der Share Library enthaltenen Befehle benutzen können.

Anwender von Release 3 für Windows geben statt

`C:\> copy f:\share\r4\share.zip c:\maplev4`

die Anweisung

`C:\> copy f:\share\`**`r3`**`\share.zip c:\`**`maplev3`**

ein und wechseln danach in das Verzeichnis `c:\maplev3`, um dort das Archiv zu entpacken.

Share Libraries sind auch über das Internet via FTP erhältlich (Stand Juli 1997):

Institution	FTP-Adresse	Verzeichnis
Waterloo Maple Inc.	ftp.maplesoft.com	/pub/maple/share
CAN / RIACA	ftp.can.nl	/pub/maple-ftplib
INRIA	ftp.inria.fr	/lang/maple
University Karlsruhe	ftp.ask.uni-karlsruhe.de	/pub/maple/share
University of Kent-Canterbury	unix.hensa.ac.uk	/mirrors/maple
University of Waterloo	daisy.uwaterloo.ca	/maple
ETH Zürich	ftp.inf.ethz.ch	/pub/maple

C2: Installation von Maple Library Updates

Auf der CD-ROM befinden sich folgende Updates der Maple-Hauptbibliotheken von Release 3 und Release 4:

	Library Patch Level	CD-ROM Verzeichnis
Release 3	3	`/patches/r3/library/patch3/fix`
Release 4	2	`/patches/r4/library`

Diese Updates enthalten Modifikationen bzw. Fehlerbereinigungen bereits existierender Hauptbibliotheksbefehle. Sie sind kein Ersatz für die im Verzeichnis `/lib` befindliche Bibliothek, sondern ein Zusatz, welches in *einem anderen* Unterverzeichnis installiert werden muß.

Vor einer Installation sollten Sie prüfen, ob ein Library Update bereits vorgenommen wurde. Geben Sie sowohl in Release 3 als auch Release 4 folgende Anweisung ein:

```
> interface(patchlevel);
```

Dieser Aufruf gibt die 'Versionsnummer' (Patch Level) der aktuellen Hauptbibliothek zurück. Erhalten Sie hier für die jeweilige Release einen geringeren Wert als in der Tabelle in der Spalte 'Library Patch Level' angegeben oder in Release 3 gar eine Fehlermeldung, können Sie den auf der CD-ROM befindlichen Library Patch für Ihre Maple-Version installieren.

Wichtiger Hinweis:

Kopieren Sie niemals Library Updates in das
Maple-Unterverzeichnis /lib !

Sie würden damit die dort befindlichen Hauptbibliotheksdateien
`maple.ind` und `maple.lib` überschreiben,
die auch weiterhin benötigt werden.

Die neuesten Library Updates, Patches und Share Library Updates können Sie per FTP vom Server der Waterloo Maple Inc. beziehen: `ftp.maplesoft.com`, Unterverzeichnis `/pub/maple`.

C2.1: Installation des Library Updates in Release 3:

2) Erzeugen Sie ein Unterverzeichnis im Maple-Hauptverzeichnis, z.B. mit dem Namen `patch3`.

3) Kopieren Sie die beiden Dateien `maple.lib` und `maple.ind` von dem oben angegeben CD-ROM-Verzeichnis in dieses neue Unterverzeichnis. Anwender von Maple V Release 3 für DEC Alpha unter OSF/1 kopieren bitte die genannten Dateien nicht aus dem Unterverzeichnis `/fix` sondern aus `/fix64`.

4) Ändern Sie die Variable **libname** so, daß der Pfad zu dem neuen Unterverzeichnis (z.B. `c:/maplev3/patch3`) auf jeden Fall vor dem zum Unterverzeichnis `/lib` steht, z.B.:
   `> libname := c:/maplev3/patch3`, libname;
   Es ist sinnvoll, diese Definition in die Maple-Initialisationsdatei einzutragen (siehe Anhang B3).

5) Fragen Sie nun die Libraryversionsnummer erneut ab:
   `> interface(patchlevel);`
   Es müßte nun der Wert 3 zurückgegeben werden.

C2.2: Installation der Library Updates in Release 4:

Hinweis: Anwender der UNIX-Versionen von Release 4 brauchen das Update nicht installieren, es ist bereits bei der Originaldistribution von Maple V enthalten.

1) Vergewissern Sie sich zunächst, ob Sie das *Programm* (nicht die Library) bereits gepatcht haben, indem Sie die Programmversion über den Menüpunkt Help/About Maple V abfragen. Wenn unter MS Windows bzw. OS/2 die Versionsnummer nicht 'Version 4.00b' und beim Macintosh nicht 'Version 4.00e' lautet, empfielt es sich, erst den Programmpatch zu installieren, da dabei ein älteres Update des Maple Library mitinstalliert wird, das dann mit dem neueren überschrieben werden kann.

2) Schauen Sie im Maple-Hauptverzeichnis nach, ob dort ein Unterverzeichnis namens `update` existiert. Wenn nicht, dann erzeugen Sie ein neues Unterverzeichnis mit diesem Namen.

3) Kopieren Sie die im o.g. CD-ROM-Verzeichnis befindlichen Dateien `maple.lib`, `maple.ind` und `check.m` in das unter 2) angesprochene Verzeichnis `maplev4/update`.

4) In Maple V überprüfen Sie durch Abfrage der Variablen **libname**, ob dort ein Pfad `maplev4/update` enthalten ist. Wenn der *Programm*patch bereits installiert ist, müßte dieses Verzeichnis beim Start Maples **libname** automatisch zugewiesen werden, so daß keine weiteren Änderungen notwendig sind.

Wenn *nicht*, dann ändern Sie die Variable **libname** so, daß der Pfad zu dem neuen Unterverzeichnis (in DOS-basierten Systemen z.B. `c:/maplev4/update`) auf jeden Fall vor dem zum Unterverzeichnis /lib steht, z.B. durch:

```
> libname := `c:/maplev4/update`, libname;
```

Es ist dann sinnvoll, diese Definition in die Maple-Initialisationsdatei einzutragen (siehe Anhang B3).

5) Fragen Sie erneut **interface/patchlevel** ab:

```
> interface(patchlevel);
```

Erscheint nun der Wert 2 auf dem Bildschirm, hat alles geklappt.

C3: Installation der auf der CD-ROM enthaltenen Pakete

Die auf der CD-ROM enthaltenen Pakete können Sie auf verschiedene Art und Weise laden. Es ist sinnvoll, vorher die von den jeweiligen Verfassern beigefügten Dokumentationsdateien zu lesen. Anhand der Dateiendungen läßt sich aber erkennen, welche Dateien einzulesen sind.

`*.txt,` keine Endung	Der Quellcode ist in einer Textdatei enthalten, welche mit **read** eingelesen werden kann. Eventuell müssen Sie einen Pfad zu dieser Datei hinzufügen. Wenn Sie die Datei beispielsweise direkt von der CD-ROM unter DOS einlesen möchten und der Laufwerksbuchstabe F: heißt, geben Sie in Maple ein:
	 `> read`
	 `>  `f:/libs/<unterverzeichnis>/<dateiname>.txt`;`
	 In Linux geben Sie ein:
	 `> read`
	 `>`
	 ``/cdrom/libs/<unterverzeichnis>/<dateiname>.txt`;`
	 Diese Anweisungen wurden hier nur aus typographischen Gründen über zwei Zeilen verteilt.

`*.mv3` `*.mv4`	Wie oben, aber mit Kennzeichnung, für welche Release die Datei bestimmt ist: mv3 für Release 3, mv4 für Release 4.
`*.mtx`	Installationsdateien von Joe Riels Paketen und Dokumentationen. Lesen Sie diese Datei ebenfalls mit **read** ein und folgen Sie den in einem Fenster dargestellten Anweisungen. Alternativ können Sie auch die Beschreibung zu einem Paket mit derselben .mtx-Datei in LaTeX erzeugen. Dazu benötigen Sie das auf der CD-ROM im Verzeichnis /docs/mapledoc befindliche LaTeX-Makropaket. Man kann eine .mtx-Datei als kombinierte Maple/LaTeX-Datei betrachten.

maple.lib maple.ind	Maple-Bibliotheken:
	1) Kopieren Sie diese beiden Dateien in ein neues Unterverzeichnis im Maple-Hauptverzeichnis, z.B. `c:\maplev4\math`. **Kopieren Sie die beiden Dateien niemals in Verzeichnisse, in denen sich Dateien mit denselben Namen befinden**, z.B. in `/maplev4/lib` oder `/maplev4/update`.
	2) Ändern Sie die Variable **libname** (siehe Anhang B1.2.2) so, daß sie auch den Pfad zu diesem neuen Unterverzeichnis enthält, z.B.:
	`> libname := `c:/maplev4/math`, libname:`
	Um diesen Vorgang zu automatisieren, können Sie diese Zuweisung auch in die Maple-Initialisationsdatei eintragen (siehe Anhang B3).
	3) Aktivieren Sie das Paket mit **with**, hier beispielsweise:
	`> with(math);`

Oft liegen auch Demonstrationsarbeitsblätter den Paketen bei. Diese veranschaulichen die Anwendung der einzelnen Befehle.

Anhang D: Maple V im Internet

Zu Maple V gibt es mittlerweile im Internet eine Unzahl von Informationen von sehr guter Qualität. Es folgt eine Liste von *Diskussionsforen* zu diesem Computeralgebrasystem. Der Stand ist Juli 1997. Auf der beiliegenden CD-ROM finden Sie viele Links zu Maple-bezogenen Websites.

Die Maple User Group
Dieses ist eine Elektronische Mailingliste, in der Fragen rund um Maple diskutiert werden. Sie wird von einem Mitglied der Symbolic Computation Group an der Universität Waterloo, Ontario, betreut.

Eine Frage oder Antwort läßt sich an

```
maple-list@daisy.uwaterloo.ca
```

senden, welche vom dortigen Server an alle z.Z. 2.000 'Abonnenten' weitergeleitet wird. In der Maple User Group (MUG) sind viele Maple-Experten vertreten, die über ein entsprechend umfangreiches Wissen verfügen. Die Teilname ist kostenlos. Allein durch Lesen des über die MUG verteilten elektronischen Schriftverkehrs zwischen den Maple-Anwendern (Frage & Antwort) können Sie eventuell eine Menge lernen. Auch gibt es des öfteren Hinweise auf Fehler Maples bei mathematischen Berechnungen oder Probleme diverser Art mit verschiedenen Betriebssystemen.

Bitte senden Sie nur Maple-bezogene Nachrichten an diese Mailingliste. Die Nachrichten werden vor ihrer Weiterleitung überprüft, Sie bleiben also u.a. vor kommerziellen Werbungen verschont. Im Zeitraum Februar 1996 bis Juli 1997 wurden i.d.R. zweimal die Woche jeweils fünf bis zehn Mails weitergeleitet.

Der Maple User's Group können Sie durch Absenden einer E-mail an

```
majordomo@daisy.uwaterloo.ca
```

beitreten. In die Nachricht (nicht Subject-Feld) muß folgender einzeiliger Text eingetragen werden:

```
subscribe maple-list [eigene E-mail-Adresse, ohne Klammern]
```

Die Angabe Ihrer E-mail-Adresse ist optional, die Informationen werden ansonsten anhand des Mail-Headers entnommen. Es ist aber grundsätzlich besser, sie anzugeben[153].

Wenn Sie das Abonnement beenden möchten, schicken Sie an dieselbe E-mail-Adresse die Anweisung:

unsubscribe maple-list [eigene E-mail-Adresse, ohne Klammern]

Wenn sich Ihre E-mail-Adresse ändert oder die Postings an eine andere Adresse geschickt werden sollen, melden Sie sich unter der alten Adresse ab und geben Sie danach ihre neue Adresse an. Erfassen Sie diese beiden Anweisungen nacheinander in getrennten Zeilen in *einer* Mail an `majordomo@daisy.uwaterloo.ca`.

Wenn Ihr Programm eine Signatur an die Mail anhängt, beenden Sie die Anweisungen mit `end` *vor* dem Signaturteil.

Beispiel: Ihre E-mail-Adresse lautet `james.hacker@daa.uk`, es existiert ein `.signature`-File, und Sie möchten sich anmelden. Dann erfassen Sie:

subscribe maple-list james.hacker@daa.uk
end

Sie möchten sich ummelden:

unsubscribe maple-list james.hacker@daa.uk
subscribe maple-list humphrey.appleby@daa.uk
end

Ferner können Sie mit einer Mail an `majordomo@daisy.uwaterloo.ca` überprüfen, ob Ihre E-mail-Adresse gespeichert wurde:

which [eigene E-mail-Adresse, ohne Klammern]

oder sich mit dem einfachen Kommando

help

eine Liste von weiteren Befehlen zuschicken lassen.

Archive der über die Gruppe verteilten Mail finden sich unter:

---

[153] Wenn Sie sich über Modem in das Internet einloggen und eine Nachricht verschicken, kann es u.U. passieren, daß - wenn keine E-mail-Adresse explizit angegeben wurde - nicht Ihre richtige Adresse, sondern eine temporäre Zugangsadresse verschickt wird.

- NCSU (FTP)
  `ftp.eos.ncsu.edu/pub/maple/info/advanced/mug`
- Universität Regensburg (GOPHER)
  `rchs1.uni-regensburg.de/11/pub/.maillist`
- University of Waterloo, MUG (FTP)
  `daisy.uwaterloo.ca/maple/MUG`
- Waterloo Maple Inc, MUG (FTP)
  `ftp.maplesoft.com/pub/maple/MUG`
- MapleAnswers - Sammlung der interessantesten Antworten von Dr. Ulrich Klein, RWTH Aachen
  `http://www.math.rwth-aachen.de/MapleAnswers/`

Newsgroup sci.math.symbolic
Eine für symbolische Berechnungen gegründete Newsgroup existiert unter

```
sci.math.symbolic
```

Dort werden auch Nachrichten über andere mathematische Programme, wie z.B. Mathematica, bereitgehalten. Auch hier finden sich sehr wertvolle Informationen zu Maple und man kann dort auch Fragen stellen, die meistens beantwortet werden.

Anhang E: Geschichte Maples

Dieser Abschnitt ist eine Zusammenfassung des WWW-Dokumentes 'History of Waterloo Maple Inc.' der Waterloo Maple Inc., verschiedener Webseiten der Symbolic Computation Group zur Geschichte Maples sowie einer E-mail von Keith Geddes/Symbolic Computation Group an den Autor zur Frage 'LISP oder C für Maple'.

Im Jahre 1980 begannen an der kanadischen Universität Waterloo (Provinz Ontario) die Professoren Keith Geddes und Gaston Gonnet die Entwicklungsarbeiten an Maple, um ein mathematisches Softwaresystem zu konstruieren, das sich sowohl in der Forschung als auch zur Ausbildung einsetzen läßt. Bereits nach nur drei Wochen wurde die erste funktionierende - wenn auch sehr eingeschränkte - Version im Dezember 1980 fertiggestellt.

Im Laufe der nächsten Jahre wurde das System infolge mehrerer Förderprogramme weiterentwickelt und schon relativ früh (d.h. 1982/83) an amerikanischen und europäischen Universitäten auf so verschiedenen Gebieten wie Mathematik, Informatik, Physik, Wirtschaft und Ingenieurwesen eingesetzt.

Ursprünglich wurde Maple mit der Programmiersprache B implementiert, aber sehr schnell wechselte man zu C. (B ist ein Pate der Sprache C.) Auf die Verwendung von LISP verzichtete man von Anfang an. Dafür gab es u.a. folgende Gründe:

1) Da Maple u.a. auch in der Schule auf Computern mit ein oder zwei Megabytes RAM eingesetzt werden sollte, benötigte man ein System, welches bescheiden in seinen Ressourcenansprüchen ist. LISP erfordert ein sehr großes Laufzeitsystem, das in den 80er Jahren auf 'kleinen' Computern nicht zu verwirklichen war.

2) C sieht das Dateisystem als integralen Bestandteil des gesamten Systemes an - im Gegensatz zu LISP. Dies ermöglichte ein Laden von Befehlen nur bei Bedarf aus der Bibliothek und war ein weiteres Kriterium für die Wahl von C, um ein großes Laufzeitsystem zu vermeiden.

Durch Ausprobieren und Verwerfen von Ideen wurden immer neuere und bessere Lösungsverfahren in Maple verwirklicht. Dieser Prozeß hält bis heute an.

1984 wurde Watcom Inc. zum Auslieferer von Maple bestimmt. Version 3.3 wurde herausgegeben. Bis Ende 1987 erschienen Maple 4.0, 4.1 und 4.2.

1988 wurde Waterloo Maple Software gegründet, ein Unternehmen, das Maple direkt vermarktet und unterstützt. Ein Jahr später wurde Maple 4.3 vorgestellt, welches auf 20 verschiedenen Computerplattformen läuft, u.a. auf Intel 386 PC-Systemen.

Das Entwicklungsteam besteht nicht nur aus Angestellten von Waterloo Maple Software selbst, sondern auch aus Experten der Universität Waterloo, ETH Zürich und des Institut National de Recherche en Informatique et en Automatique (INRIA).

Die erste Version von Maple V erschien 1990, ist 3D-grafikfähig, weist eine neue Benutzerschnittstelle auf und unterstützt die UNIX X Window-Benutzeroberfläche.

Anfang der frühen 90er Jahre formte Waterloo Maple Software verschiedene Allianzen, um das System weiterzuentwickeln. Dazu gehören u.a. Mathsoft Inc. (Hersteller von MathStation und Mathcad) und Visual Numerics, Inc. 1993 wurde eine kalifornische Softwarefirma aufgekauft, um neue Technologien im Bereich der symbolischen Mathematik sowie Grafik und Animation zu erwerben. Auch erhielt Maple mehrere Preise von renommierten Computerfachzeitschriften.

Im März 1994 wurde Maple V Release 3 veröffentlicht. Diese Version weist extrem verbesserte symbolische und numerische Rechenverfahren, eine leichter zu handhabendes Benutzerinterface, Exportmöglichkeiten nach LaTeX und eine neue Hilfefunktion sowie verbesserte Programmiersprache auf. Wenige Monate später vermarktete Waterloo Maple Software MathEdge, ein Paket aus mathematischen Softwaremodulen zur Integration in zu entwickelnde Anwendungsprogramme.

1995 erschien MathOffice für Microsoft Word 6.0 für Windows. Dieses ist ein mathematisches Textverarbeitungssystem, welches Maple-Berechnungen und -Grafiken innerhalb eines Word-Dokumentes ermöglicht.

Anfang 1996 erschien Release 4, für Ende 1997 ist die Veröffentlichung von Release 5 vorgesehen.

Anhang F: Inhalt der CD-ROM

Die CD-ROM enthält:

- alle im Buch enthaltenen Beispiele als MWS-Arbeitsblattdateien,
- Programm-Patches für Release 3 und 4 für DOS, Windows, OS/2, Macintosh,
- Library Updates für die Hauptbibliotheken von Release 3 und 4,
- Share Libraries für Release 3 und 4,
- Dokumentationen,
- diverse Pakete für Release 3 und 4,
- einige Arbeitsblätter für Release 3 und 4.

Für die Benutzerführung stehen HTML-Dateien zur Verfügung, die den Inhalt der jeweiligen Verzeichnisse erläutern. Zum Betrachten dieser HTML-Dateien benötigen Sie einen HTML-2-fähigen Webbrowser (z.B. Netscape Navigator, Internet Explorer, NCSA Mosaic, Lynx). Rufen Sie bitte die Datei /html/index.htm auf, dieses ist die Startseite. Zu jedem CD-ROM-Unterverzeichnis gibt es eine gleichnamige HTML-Datei (ebenfalls im Verzeichnis /html), die den Inhalt des Unterverzeichnisses beschreibt, z.B. wird der Inhalt des Unterverzeichnisses /buch durch die Datei /html/buch.htm erklärt.

Arbeitsblattdateien

Alle im Buch enthaltenen Beispiele sind in Release 4-Arbeitsblättern, getrennt nach den jeweiligen Kapiteln, im Verzeichnis /buch gespeichert:

- die Beispiele zu Teil 1 - *Mathematik mit Maple V*
  im Verzeichnis /buch/teil1,
- die Beispiele zu Teil 2 - *Die Programmiersprache Maple V*
  im Verzeichnis /buch/teil2.

Das Verzeichnis /buch/vorlagen enthält eine Mustervorlage für Online-Hilfeseiten (Datei help.mws) sowie eine Beispiel-Initialisationsdatei maple.ini.

Programm-Patches

Die CD-ROM enthält Programmpatches für Release 3 und 4 im Verzeichnis /patches:

Release 3:

- Patch für das Archivverwaltungsprogramm MARCH für DOS,
- Patch für das Konvertierungsprogramm `updtsrc.exe`, welches m-Dateien von Release 2 nach Release 3 übersetzt,
  beide im Verzeichnis `/patches/r3/dos_win`.

Release 4:

- Patch 4.00b für Release 4 für MS Windows
  im Verzeichnis `/patches/r4/dos_win`,
- Patch 4.00e für Release 4 für Apple Macintosh
  im Verzeichnis `/patches/r4/mac`,
- Patch 4.00b für Release 4 für OS/2
  im Verzeichnis `/patches/r4/os2/os240b` sowie
- Memory Leak-Fix für Release 4 unter OS/2 Warp 3.0 mit Fixpack 17 oder höher, sowie OS/2 Warp 4.0 (belegter Speicher wird nach Beendigung Maples jetzt wieder vollständig freigegeben),
  im Verzeichnis `/patches/r4/os2/os2dll`.

Lesen Sie bitte unbedingt die englischsprachigen Installationsanleitungen (Datei `readme.txt`), bevor Sie die Patches installieren. **Installieren Sie die Patches nicht mit den Student Editions von Relase 4.**

Library Updates

Korrekturen der Hauptbibliotheksbefehle:

- Library Update Patchlevel 3 für Release 3
  im Verzeichnis `/patches/r3/library/patch3`,
- Library Update Patchlevel 2 für Release 4
  im Verzeichnis `/patches/r4/library`.

Die Installation ist in Anhang C2 beschrieben. Diese Patches können zu allen Betriebssystemversionen Maples - je nach Release - installiert werden.

Share Libraries

für Release 3 und 4 finden Sie in den Verzeichnissen `/share/r3` bzw. `/share/r4`. Die Academic Editions von Maple V werden bereits mit Share Libraries ausgeliefert, so daß eine Installation nur in den Studentenversionen Sinn macht. In Anhang C1 ist die Installation der Share Libraries erklärt.

Dokumentationen

finden Sie im Verzeichnis `/docs`:

Administering Maple V Dokumentation zu Release 3 und 4 über die Interna, Erweiterungsmöglichkeiten und Kniffe zur Programmierung von Maple V, in englischer Sprache; von **Joe Riel**, San Diego, USA.
Diese Dokumentation gibt es als Textdatei für Release 3 und als Online-Hilfedatenbank für Release 4. Letztere kann mit **?admin** aufgerufen werden.
Verzeichnis: `/docs/admin`

Undocumented Maple Commands Undokumentierte Maple-Befehle von Release 4, in englischer Sprache; von **Joe Riel**, San Diego, USA.
Diese Dokumentation liegt in Form eine Online-Hilfedatenbank vor, sie läßt sich mit **?undoc** aufrufen.
Verzeichnis: `/docs/undoc`

Das System Maple V PostScript- und Lotus Ami Pro 3.1-Dateien:
Maple V patchen, undokumentierte und eingebaute Befehle von Release 3 und Release 4, ASCII-Zeichensatz mit Maple V, goto-Sprungbefehl, einige Umgebungsvariablen in Release 4;
von Alexander Walz.
Datei: `/docs/texte/anhangx.*`

Maple V unter MS Windows 3.11 PostScript- und Lotus Ami Pro 3.1-Dateien:
Probleme mit der Windows-Version von Maple V Release 3, Einstellung der Schriftfonts bei Release 3 für Windows, Einstellungen für die Oberfläche von Release 4, Maple V beschleunigen;
von Alexander Walz.
Datei: `/docs/texte/anhangy.*`

Pakete

sind alle im Verzeichnis `/libs` enthalten.

Curvcoord Paket für gekrümmte Koordinaten, für Release 3;
von **Douglas B. Meade**,
Associate Professor, Department of Mathematics, University of South Carolina, Columbia, South Carolina, USA.
Verzeichnis: `/libs/curvcoor`

DESIR II **Version 2.0**	Berechnung formaler Lösungen von gewöhnlichen homogenen linearen Differentialgleichungen sowie von Systemen von Differentialen 1. Ordnung in der Umgebung von bzw. als asymptotische Darstellung der Lösungen von Systemen linearer Differenzengleichungen, für Release 3; von **Eckhard Pflügel**, LMC-IMAG Grenoble, Frankreich. Verzeichnis: /libs/desir
Fraktale	Prozeduren zur Berechnung und graphischen Darstellung verschiedenster Fraktale für Release 3 und 4; enthält auch eine Dokumentation über Fraktale in französischer Sprache im Word 7-Format; von **Alain Schauber**, Forbach, Frankreich. Verzeichnis: /libs/fraktale
geom3d	Paket für die analytische Geometrie im dreidimensionalen Raum, für Release 4; enthält ferner die aus Release 3 bekannten und in Release 4 ebenfalls nicht vorhandenen Pakete **bianchi**, **projgeom**, **oframe**, **np**, **NPspinor**; von Waterloo Maple Inc., Waterloo, Ontario. Verzeichnis: /libs/geom3d
Grassmann **Version 1.1**	Paket für Produkte und Ableitungen antikommutativer sowie nichtkommutativer Objekte, für Release 3, von **E.S.Cheb-Terrab**, Departamento de Fisica Teorica, Instituto de Fisica, Universidade do Estado do Rio de Janeiro, Brasilien. Verzeichnis: /libs/grassman
IEEE 1.00	Paket zur Konvertierung von Maple-Zahlen in und aus dem IEEE-Binär-Fließpunktzahlenformat (IEEE754 standard), für Release 4; von **Joe Riel**, San Diego, USA. Verzeichnis: /libs/ieee
convert/mks	Umwandlung verschiedenster naturwissenschaftlicher Einheiten in metrische Einheiten (SI), für Release 4; von **Joe Riel**, San Diego, USA. Verzeichnis: /libs/mks
Zusätze für **Release 3**	Verbesserte trigonometrische Funktionen und **algsubs**; von Prof. **Michael Monagan**, Department of Mathematics and Statistics, Simon Fraser University, British Columbia, Kanada. Verzeichnis: /libs/mv3addon

math   Mathematische und graphische Funktionen für die gymnasiale
                    Oberstufe sowie *Utilities*, für Release 3 und 4;
                    von Alexander Walz, Düsseldorf.
                    Verzeichnis: /libs/math

MTN-SHOOT   Verfahren zur Lösung des 2-Punkte-Grenzwertproblems;
                    von **Douglas B. Meade**, Associate Professor, Department of
                    Mathematics, University of South Carolina, Columbia, South
                    Carolina, USA.
                    Verzeichnis: /libs/mtnshoot

NODES   Paket zur Lösung nichtlinearer gewöhnlicher Differentialglei-
Version 2.5   chungen, für Release 3;
                    von **Marco Codutti**, Brüssel, Belgien.
                    Verzeichnis: /libs/nodes

NULLROT   Routinen zur Erzeugung 2-parametriger Untergruppen der
                    6-parametrigen Lorentz-Gruppentransformation, für Release 3;
                    von **Sasha Cyganowski**, Deakin University, Australien.
                    Verzeichnis: /libs/nullrot

ODE2   Paket zur numerischen Lösung und graphischen Darstellung
                    von Differentialgleichungen, für Release 4;
                    Autor: **Dan Schwalbe**, Assistant Professor of Mathematics,
                    Dept. of Math/CS, Macalester College, St. Paul, USA.
                    Kapitel 5 des *Maple Flight Manual*, herausgegeben von
                    Brooks/Cole Publishing Co., beschreibt die genaue Anwen-
                    dung des Paketes.
                    Verzeichnis: /libs/ode2

ODEtools   Sammlung von Befehlen und Routinen zur analytischen Lö-
                    sung gewöhnlicher Differentialgleichungen 1. und 2. Ordnung
                    durch die Anwendung der Lie-Gruppen- Symmetrie, für Relea-
                    se 3;
                    von **E.S. Cheb-Terrab**, **L.G.S. Duarte** und **L.A.C. da Mota**,
                    Symbolic Computation Group, Theoretical Physics Depart-
                    ment, Instituto de Fisica, Universidade do Estado do Rio de Ja-
                    neiro, Brasilien.
                    Verzeichnis: /libs/odetools

Partials   Maple-Prozeduren für partielle und funktionale Ableitungen
                    von Tensorfeldern, für Release 3;
                    von: **E.S.Cheb-Terrab**, Departamento de Fisica Teorica, Insti-
                    tuto de Fisica, Universidade do Estado do Rio de Janeiro,
                    Brasilien.
                    Verzeichnis: libs/partials

PATHINT   Paket zur Auswertung von Pfadintegralen, für Release 3 und 4;
3.01 & 4.03 von **Joe Riel**, San Diego, USA,
                Verzeichnis: /libs/pathint

PDEplot   Paket zur zeichnerischen Darstellung der Lösung einer linearen
                oder nicht-linearen partiellen Differentialgleichung, für Relea-
                se 3;
                von **Katy Simonsen**, erweitert: **Austin Roche**.
                Verzeichnis: /libs/pdeplot

PDEtools   Paket zur analytischen Lösung partieller Differentialgleichun-
                gen, Systemen gewöhnlicher Differentialgleichungen, etc., für
                Release 3 und 4;
                von **E.S.Cheb-Terrab** und **Katherina von Bulow**, Departa-
                mento de Fisica Teorica, Instituto de Fisica, Universidade do
                Estado do Rio de Janeiro, Brasilien.
                Verzeichnis: /libs/pdetools

Poincare   Plotten 2- und 3-dimensionaler Projektionen von Oberflächen
                bzw. Abschnitten von Hamilton-Systemen, für Release 3 und
                4;
                von **E.S.Cheb-Terrab**, Departamento de Fisica Teorica, Insti-
                tuto de Fisica, Universidade do Estado do Rio de Janeiro,
                Brasilien.
                Verzeichnis: /libs/poincare

Riemann   Werkzeuge zur Tensormanipulation / Anwendung auf die all-
                gemeine Relativitätstheorie, für Release 3 und 4;
                von **Renato Portugal** und **Sandra L. Sautu**, Centro Brasileiro
                de Pesquisas Fisicas, Rio de Janeiro, Brasilien.
                Verzeichnis: /libs/riemann

SCHEME 1.00 Paket zur Zeichnung und Konvertierung elektronischer Schalt-
                kreise, für Release 3;
                von **Joe Riel**, San Diego, USA.
                Verzeichnis: /libs/scheme

STOCHASTIC Paket zur expliziten Bestimmung der Lösungen stochastischer
                Differentialgleichungen, enthält Routinen zur Bestimmung nu-
                merischer Schemata bis zur 2. (streng) und 3. (schwach) Ord-
                nung, für Release 3;
                von **Sasha Cyganowski**, Deakin University, Australien.
                Verzeichnis: /libs/stochast

SYRUP	Paket zur Analyse elektronischer Schaltkreise, für Release 3
3.21 & 4.01b	und Release 4;
	von **Joe Riel**, San Diego, USA.
	Verzeichnis: /libs/syrup
Vecalc	Vektoranalysis für algebraische Vektoren (nicht Matrizen) in gekrümmten Koordinaten, für Release 3;
	von **E.S.Cheb-Terrab**, Departamento de Fisica Teorica, Instituto de Fisica, Universidade do Estado do Rio de Janeiro.
	Verzeichnis: /libs/vecalc

Arbeitsblätter

Im Verzeichnis /var befinden sich Arbeitsblätter zu folgenden Themen:

* Kurvendiskussionen von **Dr. Erhard Pross**, Leipzig,
  im Verzeichnis /var/epross,
* Maxwell Speed Distribution von **Elizabeth und Robert Scheyder**, Department of Mathematics, University of Pennsylvania, Philadelphia, PA, USA,
  im Verzeichnis /var/scheydec.

Urheberrechte

Beachten Sie bitte, daß die Rechte an den auf der CD-ROM enthaltenen Programmen, Paketen, Bibliotheken, Prozeduren, Dokumentationen etc. bei den jeweiligen Urhebern verbleibt.

Die Programme und Dokumentationen sind ausschließlich für Amateur- und Lehrzwecke bestimmt und dürfen gewerblich - vollständig, teilweise und/oder in geänderter Form - nur mit Zustimmung des Verlages und nach Einholen einer Genehmigung der Lizenzinhaber verwertet werden. Eine Liste sämtlicher Lizenzinhaber für Dokumentationen, die Pakete, Programme und Prozeduren liegt dem Verlag vor.

Insbesondere unterstehen die auf der CD-ROM befindlichen Programmpatches von Maple V und die Zusatzprogramme, die Library Updates, die Share Libraries und deren Updates sowie das Paket geom3d dem Urheberrecht des Herstellers von Maple V, Waterloo Maple Inc., Waterloo, Ontario, Kanada.

Weder Waterloo Maple Inc., R. Oldenbourg Verlag GmbH noch der Autor übernehmen eine Verantwortung für die Integrität und Verwendbarkeit des auf der CD-ROM zu diesem Buch befindlichen Datenmateriales.

Waterloo Maple Inc. wird Ende 1997 eine neue Version ihres Produktes, Maple V Release 5, veröffentlichen. Das Unternehmen hat uns darüber informiert, daß das Paket geom3d, welches auf der dem Buch beiligenden CD-ROM enthalten ist, in die Hauptbibliothek von Maple V Release 5 integriert sein wird.

Waterloo Maple Inc. garantiert nicht, daß Code und Syntax des auf der CD-ROM befindlichen Paketes mit denjenigen von Release 5 voll kompatibel sein wird, wenn wesentliche Veränderungen vorgenommen werden sollten. Besitzern eines Internet-Zuganges wird empfohlen, die Website von Waterloo Maple Inc. unter `http://www.maplesoft.com` bezüglich neuer Produktversionen und Informationen über mögliche Aktualisierungen des Paketes **geom3d** zu besuchen.

Hilfestellung

Sollten Sie Fragen zur Installation der

* Library Updates,
* Share Libraries,
* Pakete und
* Dokumentationen

unter Windows 3.11 und Windows NT 4.0 haben, so senden Sie bitte eine E-mail an den Autor des Buches:

Alexander Walz, `afw@bigfoot.com`

Anhang G: Quellenverzeichnis

Maple V:

- Blachman, Nancy R., Mossinghoff, Michael J.: *Maple V Quick Reference*, Brooks/Cole Publishing Company, Pacific Grove, CA, 1994
- Braun, Rüdiger, Meise, Reinhold: *Analysis mit Maple*, Verlag Vieweg, Braunschweig/Wiesbaden, 1995
- Char, B. W., Geddes, K. O., Gonnet, G. H., Leong, B. L., Monagan, M. B., Watt, S. M.: *First Leaves: A Tutorial Introduction to Maple V*, Springer-Verlag, 1992
- Corless, Robert M.: *Essential Maple, An Introduction for Scientific Programmers*, Springer-Verlag, 1995
- Devitt, John S.: *Calculus with Maple V*, Brooks/Cole Publishing Company, Pacific Grove, CA, 1993
- Dodson, C. T. J., Gonzalez, E. A.: *Experiments in Mathematics Using Maple*, Springer-Verlag, 1995
- Gloggengießer, Helmut: *Maple V - Software für Mathematiker*, Markt&Technik Buch- und Software-Verlag AG & Co., Haar bei München, 1993
- Holmes, M. H., Ecker, J. G., Boyce, W. E., Siegmann, W. L.: *Exploring Calculus with Maple*, Addison-Wesley, Reading, MA, 1993
- Johnson, Eugene: *Linear Algebra with Maple V*, Brooks-Cole Publishing Company, Pacific Grove, CA, 1993
- Kofler, Michael: *Maple V Release 3*, 2. Auflage, Addison-Wesley, Bonn, 1994
- Kofler, Michael: *Maple V Release 4*, Addison-Wesley, Bonn, 1996
- Lopez, Robert J.: *Tips for Maple-Instructors*, (ASCII-Version eines Artikels in MapleTech, Birkhäuser), Terre Haute, IN
- Marlin, Joe A., with Dr. Kim, Hok: *Calculus I with Maple V, A MA 141 Supplement*, Raleigh, NC, 1994 (Internet-Dokumentation)
- Monagan, M. B., Geddes, K. O., Heal, K. M., Labahn, G., Vorkoetter, S.: *Maple V Programming Guide*, Springer-Verlag/Waterloo Maple Inc., 1996
- Monagan, Michael: *Programming in Maple: The Basics*, (Internet-Dokumentation)
- Monagan, Michael: *Tips for Maple Users*, MapleTech Vol. 1., Issue 1, Birkhäuser, NY
- Riel, Joseph S.: *Administering Maple V Release 3*, San Diego, CA, 1995 (Internet-Dokumentation, siehe CD-ROM)
- Riel, Joseph S.: *Administering Maple V Release 4*, San Diego, CA, 1996, (Internet-Dokumentation/Maple V Release 4-Worksheet, siehe CD-ROM)

- Waterloo Maple Inc.: Online-Hilfe zu Release 3 und 4, Waterloo, Ontario, 1994 & 1996

Mathematik:

- Aigner, Martin: *Diskrete Mathematik*, Verlag Vieweg, Braunschweig/Wiesbaden, 1993
- Beutelspacher, Albrecht: *Lineare Algebra*, Verlag Vieweg, Braunschweig/Wiesbaden, 1994
- Bronstein, I. N., Semendjajew, K. A., Musiol, G., Mühlig, H.: *Taschenbuch der Mathematik*, 2. Auflage, Verlag Harry Deutsch, Thun, Frankfurt am Main, 1995
- Heuser, Harro: *Lehrbuch der Analysis*, Teil 1, 11. Auflage, B. G. Teubner, Stuttgart, 1994
- Kusch, L., Rosenthal, H.-J., Jung, H.: *Kusch Mathematik Band 3 - Differentialrechnung*, 9. Auflage, Cornelsen Verlag, Berlin, 1993
- Kusch, L., Rosenthal, H.-J., Jung, H.: *Kusch Mathematik Band 4 - Integralrechnung*, 5. Auflage, Cornelsen Verlag, Berlin, 1993
- Kuypers, Wilhelm, Lauter, Josef (Hrsg.): *Mathematik Sekundarstufe II, Analytische Geometrie und lineare Algebra*, Erweiterte Ausgabe, Cornelsen Verlag, Berlin, 1993
- Lauter, Josef (Hrsg.): *Mathematik Sekundarstufe II, Analysis Leistungskurse*, Cornelsen Verlag, Berlin, 1993
- Meyberg, Kurt, Vachenauer, Peter: *Höhere Mathematik 1*, Springer-Verlag, Berlin, 1995
- Papula, Lothar: *Mathematik für Ingenieure Band 1*, 6. Auflage, Verlag Vieweg, Braunschweig/Wiesbaden, 1991
- Papula, Lothar: *Mathematik für Ingenieure Band 2*, 6. Auflage, Verlag Vieweg, Braunschweig/Wiesbaden, 1991
- Papula, Lothar: *Mathematik für Ingenieure Band 3*, Verlag Vieweg, Braunschweig/Wiesbaden, 1994
- Papula, Lothar: *Mathematische Formelsammlung für Ingenieure und Naturwissenschaftler*, 4. Auflage, Verlag Vieweg, Braunschweig/Wiesbaden, 1994
- Peitgen, H.-O., Jürgens, H., Saupe, D.: *Bausteine des Chaos - Fraktale*, Verlagsgemeinschaft Springer-Verlag und J. G. Cotta'sche Buchhandlung Nachfolger GmbH, Berlin/Stuttgart, 1992
- Peitgen, H.-O., Jürgens, H., Saupe, D.: *C.H.A.O.S Bausteine der Ordnung*, Verlagsgemeinschaft Springer-Verlag und J. G. Cotta'sche Buchhandlung Nachfolger GmbH, Berlin/Stuttgart, 1994
- Walter, Wolfgang: *Gewöhnliche Differentialgleichungen - Eine Einführung*, 5. Auflage, Springer-Verlag, Berlin, 1993
- Walter, Rolf: *Einführung in die lineare Algebra*, 3. Auflage, Verlag Vieweg, Braunschweig/Wiesbaden, 1990

- Weltner, Klaus (Hrsg.): *Mathematik für Physiker, Leitprogramm Band 2*, 5. Auflage, Verlag Vieweg, Braunschweig/Wiesbaden, 1990

Programmiersprachen:

- Abelson, H., Sussman, G. J., mit Sussman, J.: *Struktur und Interpretation von Computerprogrammen*, 2. Auflage, Springer-Verlag, Berlin, 1991
- Bauer, Friedrich L., Goos, Gerhard: *Informatik 1, Eine einführende Übersicht*, Springer-Verlag, Berlin, 1991
- Bielecki, Jan: *TopSpeed Modula-2, Erweiterte Modula-2 Version 2 für den IBM-PC*, Hüthig Buch Verlag, Heidelberg, 1992
- Böszörményi, László, Weich, Carsten: *Programmieren mit Modula-3, Eine Einführung in die stilvolle Programmierung*, Springer-Verlag, Berlin, 1995
- Burhenne, Werner, Erbs, Heinz-Erich: *Datenstrukturen objektorientiert mit Modula-2*, B. G. Teubner, Stuttgart, 1994
- Dal Cin, Mario, Lutz, Joachim, Risse, Thomas: *Programmierung in Modula-2*, B. G. Teubner, Stuttgart, 1989
- Dürholt, Stefan, Schnur, Jochem: *Modula-2 Programmierhandbuch*, Markt&Technik Verlag AG, Haar bei München, 1991
- Kernighan, Brian W., Ritchie, Dennis M.: *Programmieren in C*, 2. Ausgabe ANSI C, Verlage Carl Hanser und Prentice-Hall International, München, Wien, London, 1990
- Louden, Kenneth C.: *Programmiersprachen, Grundlagen , Konzepte, Entwurf*, 1. Auflage, International Thomson Publishing GmbH, Bonn, 1994
- Press, W. H., Teukolsky, S. A., Vetterling, W. T., Flannery, B. P.: *Numerical Recipes in FORTRAN*, 2. Auflage, Cambridge University Press, MA, 1994
- Schmitt, Günter: *Fortran-Kurs*, 8. Auflage, Verlag Oldenbourg, München, 1992
- Wirth, Niklaus: *Algorithmen und Datenstrukturen mit Modula-2*, B.G. Teubner, Stuttgart, 1986

Sonstiges:

- Beatty, J. Kelly, Chaikin, Andrew, (ed.): *The New Solar System*, Sky Publishing Corporation, Cambridge, MA, 1990

Anhang H: Index

!, 167
$, 403
?, 54, 402
@, 165, 402
??, 54, 402
@@, 166, 196, 402
???, 54, 402
$-Operator, 178, 291
[[unknown:029]], 184
_Cn, 217
_EnvAllSolutions, 100
_EnvExplicit, 103
_EnvHorizontalName, 239
_EnvVerticalName, 239
_NNn~, 175
_Zn~, 101, 175

A

Ableitungen
    Partielle Ableitungen, 196
about, 86, 403
abs, 115
Absolutglieder, 235
Achsenkreuz, 121, 128, 146
additionally, 88, 403
Algol68, 251
algsubs, 111
alias, 68, 403
allvalues, 103, 403
Ampersand, 231
Analysis, 163
anames, 256, 370
and, 275
and-Verknüpfung, 275
Animationen, 144, 158

Annahmen, 85
    abfragen, 86
    setzen, 86
    zusätzliche, 88
anonyme Funktionen, 49
Apostrophe, 177, 257
Arbeitsblatt, 11, 23, 25
args, 336
argument, 115, 403
Argumente, 38, 48, 336
    Funktionen als Argumente, 339
    Optionen als Argumente, 343
    Prozeduren als Argumente, 341
    Wegfall und zusätzliche Angabe, 336
assign, 101, 343, 403
assigned, 256
assume, 86, 178
asympt, 213
Ausdruck, 70
Ausgabebefehle, 263
Ausgabebereich, 11
Auswertungsregeln, 45

B

Backquote, 78, 256
Backslash, 265
Bedingungen, 269
Bell-Zahl, 248
Benutzeroberfläche, 11, 13
Benutzerschnittstelle, 11, 432
Bereich, 70
Bezeichner, 42, 255
    Auswertungsregeln, 329
    Schutz, 261
binomial, 167
Binomialkoeffizient, 167

Blickbereich, 129
Bookmark, 29
Boolesche Operatoren, 275
break, 286
Brüche, 79
    Hauptnenner, 83
    Nenner, 80
    ohne Rest teilbar, 83
    Zähler, 80
    Zusammenfassung, 82

C

C, 251, 265
Caret, 36
cat, 315
Cauchy-Hauptwert, 203
Character Notation, 17, 20
coeff, 78, 403
coeffs, 78, 404
collect, 76, 404
COLOR/RGB, 132, 150
combinat, 246
combinat/bell, 248, 423
combinat/cartprod, 247, 423
combinat/choose, 246, 423
combinat/numbcomb, 246, 423
combinat/numbpart, 423
combinat/numbperm, 247, 423
combinat/partition, 248, 423
combinat/permute, 247, 424
combinat/stirling2, 248, 424
combine, 89, 185, 404
combine/ln, 92
combine/power, 89
combine/radical, 91
combine/trig, 94
conjugate, 115, 404
constants, 404
convert/`+`, 78
convert/binomial, 167
convert/confrac, 80
convert/degrees, 228
convert/exp, 116

convert/expsincos, 96
convert/factorial, 167
convert/list, 194, 301
convert/mks, 219
convert/parfrac, 83
convert/polar, 116
convert/polynom, 210
convert/radians, 96
convert/rational, 80
convert/set, 301
convert/sincos, 95
convert/trig, 96
Coprozessor, 386
copyright, 355

D

D, 195, 221, 404
Dateien
    Abspeicherung und Laden, 368
    Arbeitsverzeichnis, 369
    Dateiein- und Ausgabeoperationen,
        388
    Dateinummern, 393
Datenstrukturen, 70, 289
Datentypen, 257
    algebraische Datentypen, 258
    benutzerdefinierte Typen, 365
    Boolesche Ausdrücke, 259
    Einstufungen mathematischer Aus-
        drücke, 259
    erweiterte Datentypen, 259
    hierarchische Typen, 367
    mathematische Funktionen, 260
    numerischer Datentyp, 258
    sonstige Datentypen, 260
    Symmetrieeigenschaften, 259
degree, 79, 405
denom, 80, 405
description, 356
Determinanten, 232
DEtools/DEplot, 221
DEtools/dfieldplot, 223
Dezimalzahlen, 36

diff, 188, 221, 405
Differentialgleichung, 217
   allgemeine & spezielle Lösungen,
     217
   Anfangs-/Randwerte, 217
   Basislösungen, 219
   Bernoulli-Differentialgleichung, 218
   Differentialgleichung 1. Ordnung,
     218
   inhomogene lineare Differentialglei-
     chung, 219
   Riccatische Differentialgleichung,
     219
Differentialoperator, 195, 221
Differentiation, 188
   impliziter Funktionen, 197
Digits, 38, 105, 329, 386, 434
discont, 175, 405
Ditto, 40, 57
divide, 83, 109, 405
Doppelpunkt, 12, 60, 285
Dreiecksmatrix, 236
dsolve, 217, 405

E

E-Notation, 266
Ebene, 244
Eingabebereich, 11
Eingabemodus, 11, 18
Entfernung, 243
entries, 304, 309
Entwicklungspunkt, 209
Ergebnisspeicher, 40
Erinnerungstabellen, 357
   alle Einträge abfragen., 357
   Einträge löschen, 360
   zusätzliche Werte, 358
Erzeugende Funktion, 184
eulermac, 212
eval, 49, 302, 309, 332, 334, 406
evalb, 85, 255, 406
evalc, 116, 388, 406
evalf, 39, 172, 187, 199, 207, 272, 406

evalhf, 386
evalm, 226, 231, 406
evaln, 257, 334
example, 54, 406
expand, 75, 92, 407
Exponentialdarstellung, 96
Exponentialfunktion, 96
Exponentialschreibweise, 65, 116
Extremstellen, 190

F

factor, 76, 92, 407
factorial, 167
FAIL, 275
Fakultäten, 167
Fallunterscheidung, 269
false, 255, 275
fclose, 393
Fehlerfunktion, 201
Felder, 307
   Feldbereiche, 308
   Felddeklaration, 307
   Indizierungsfunktionen, 310
   mehrdimensionale Felder, 309
   Unterschiede bzw. Einschränkungen
     zu Tabellen, 307
   Verwaltungsinformationen, 312
Fibonacci-Zahlen, 182, 362
Flächen
   in Kugelkoordinaten, 154
   in Punktkoordinaten, 153
Flächenberechnung, 199
Flächenprobleme, 206
Fließkommaberechnungen, 37, 38, 117,
   386
Folgen, 71, 289
   bestimmte Divergenz, 180
   divergente Folge, 180
   explizit gebildete Folgen, 176
   Folgen reeller Zahlen, 176
   implizit gebildete Folgen, 182
   Teilfolgen, 71, 178

unbeschränkt, aber nicht bestimmt divergent, 180
Font, 12, 24, 30
fopen, 393
for-Schleife, 50, 177
Formatierung, 17
Formatierungscodes, 267
FORTRAN, 327
fprintf, 392
fsolve, 98, 104, 407
Funktionaloperator, 49, 164
Funktionen, 48
  abschnittsweise definiert, 213
  anonyme, 49, 81, 164, 226
  Argumente, 48
  Definition, 48
  implizite, 134, 155
  Symmetrie, 168
  träge, 170
  transzendente, 100, 104
  Verknüpfung, 163
  vordefinierte, 63
  Werte vorgeben, 51
Funktionsschar, 144

G

Gaußsches Eliminationsverfahren, 236
gcd, 407
geom3d, 243
geom3d/inter, 245, 422
geom3d/line3d, 244, 422
geom3d/plane, 244, 422
geom3d/point3d, 244, 422
geom3d/sphere, 245, 422
Geometrie
  der Ebene, 239
  Raumes, 243
geometry, 239
geometry/AreParallel, 243, 420
geometry/ArePerpendicular, 242, 420
geometry/circle, 241, 420
geometry/coordinates, 240, 420
geometry/detail, 240, 420

geometry/distance, 243, 421
geometry/Equation, 240, 421
geometry/intersection, 242, 421
geometry/IsOnLine, 243, 421
geometry/line, 240, 421
geometry/point, 239, 421
Geraden, 240, 244
  orthogonal, 242
  Parallelität, 243
  Schnittpunkte, 113, 242
Geradengleichung, 112
  Steigung, 112
  y-Achenabschnitt, 112
ggT, 83
Gitterlinien, 128, 146
Gleichungen, 97
  mehrere Unbestimmte, 99
  rekursiv definiert, 182
  vielfache Nullstellen, 99
Gleichungssysteme, 105
  Lineare Gleichungssysteme in Matrizenform, 235
Glieder, 176, 295
Gradient, 197
Graphik, 119
Graphikbereich, 11, 120
Graphikfunktionen, 120
Grenzwerte, 169
  Funktionen als Grenzwerte, 181
  links- und rechtsseitigen Grenzwerte, 170
  uneigentliche Grenzwerte, 171, 180
Griechische Buchstaben, 74

H

has, 76, 95, 407
Hilfefunktionen, 21, 53
Hilfeseiten, 376
Histogramm, 238
history, 434
Hyperlinks, 21, 28

I

Iconleiste, 23
Identitätsgleichung, 93, 95
if-Anweisung, 269
   if .. then .. elif, 273
   if .. then .. else, 270
   irrationale Zahlen, 272
   schachteln, 274
Im, 115, 388, 407
implicitdiff, 197, 409
indets, 340
Index, 71, 72, 290
Indexbereich, 71, 72, 290, 294
indices, 304, 309
infinity, 171, 278
info, 54, 408
Int, 199
int, 198, 202, 408
Integrale
   Doppelintegrale, 205
   Mehrfachintegrale, 205
   unbestimmte und bestimmte Integra-
      le, 198
   uneigentliche Integrale, 201
Integralfunktionen, 201
Integrand, 205
Integration, 198
   Integration durch Substitution, 204
   numerische Integrationsverfahren,
      200
   partielle Integration, 205
Integrationsintervall, 198
Integrationskonstante, 199, 215, 217
Integrationsvariable, 198, 205
interface, 434, 435
interface/labelling, 103
interface/patchlevel, 449
interface/prettyprint, 436
interface/prompt, 437
interface/verboseproc, 437
Internet, 448, 453
intersect, 300
Intervalle, 70, 89

Randpunkte, 89
invfunc, 166, 408
irrationale Zahlen, 37, 38
is, 88, 255
iscont, 173, 408
isolate, 98

J

JPEG-Format, 159

K

Kartesisches Produkt, 247
Kernel, 425
kernelopts, 434
kgV, 83
Koeffizientenmatrix, 235, 237
Kombinationen, 246
Kombinatorik, 246
Komplexe Zahlen, 114
   Betrag, 115
   Konjugation, 115
   Eulersche Schreibweise, 116
   imaginäre Einheit, 114
   Imaginärteil, 115
   Normierung, 115
   Phasenwinkel, 115
   Polarkoordinaten, 116
   Polarschreibweise, 116
   Realteil, 115
   zerlegen, 117
Komposita, 165
Konstanten, 64
   Catalan, 64
   Euler, 64
   imaginäre Einheit, 64
   Kreisteilungszahl, 64
Kontextleiste, 24, 121, 148
Konvergenz, 178
Kreis, 241
Kreuzprodukt, 227
Kugel, 245
Kurven im Raum, 156

Kurznamen, 67
  Alias, 68
  Makro, 67
Kurzschlußauswertung, 276

L

Labels, 102
lasterror, 348
Laufindex, 177
Laufvariable, 278, 279
lcm, 408
lcoeff, 78, 408
ldegree, 79, 408
Leerfolge, 71, 292
Leermenge, 73, 300
length, 313
lhs, 97, 409
libname, 374, 376, 382, 427, 450
Limit, 170
limit, 169, 178, 186, 409
linalg/addrow, 233, 416
linalg/angle, 228, 416
linalg/augment, 416
linalg/backsub, 236, 417
linalg/col, 237, 417
linalg/crossprod, 227, 417
linalg/det, 232, 417
linalg/dotprod, 227, 417
linalg/eigenvals, 238, 417
linalg/entermatrix, 230, 417
linalg/gausselim, 236, 417
linalg/geneqns, 237, 417
linalg/genmatrix, 236, 418
linalg/grad, 197
linalg/inverse, 232, 418
linalg/linsolve, 235, 418
linalg/matadd, 226, 231, 418
linalg/matrix, 418
linalg/mulrow, 233, 418
linalg/multiply, 231, 419
linalg/norm, 228, 419
linalg/normalize, 228, 419
linalg/rank, 232, 419

linalg/scalarmul, 227, 232, 419
linalg/stack, 233, 419
linalg/submatrix, 237, 419
linalg/swaprow, 233, 419
linalg/transpose, 233, 420
linalg/vector, 225, 420
Lineprint Notation, 20
Listen, 72, 292, 295
  leere Liste, 299
  Listen verknüpfen, 299
  Listen von Listen, 297
  Sortierung, 298
  verschachtelte Listen, 297
Lösungen
  komplexe Lösungen, 102
  numerische Lösungen, 103
Lösungsfunktion, 217
  graphische Darstellung, 221
  explizite Form, 219
Lösungsvektor, 235
lprint, 50, 263, 282

M

.m-Datei, 426
macro, 67
Macsyma, 251
Mandelbrotmenge, 386
map, 194, 299, 341, 409
Maple-Initialisationsdatei, 256, 439
Maple Library, 425
  Installation von Maple Library Updates, 449
Maple User Group, 453
MARCH, 426, 442
mathematische Prioritäten, 56, 65
Matrixarithmetik, 231
Matrixdefinition, 229
Matrixelemente, 229
Matrizen, 228
  Diagonalmatrix, 310
  Eigenwertberechnung, 238
  Einheitsmatrix, 233, 310
  inverse Matrix, 232

schiefsymmetrische quadratische Matrix, 310
symmetrische quadratische Matrix, 310
Untermatrizen, 237
verdünnte Matrix, 310
McCarthy-Regeln, 276
member, 295
Mengen, 73, 292, 300
Komplementmenge, 300
Schnittmenge, 300
symmetrische Differenz, 300
Vereinigungsmenge, 300
Menü Edit, 17
Menü File, 14
Menü Help, 21
Menü Options, 20
Menü View, 19
Menü Window, 20
minus, 300
Modula-2, 279, 286, 327
Monotonieverhalten, 193
MS-Dateien, 15, 17
MWS-Dateien, 15, 17, 313
nargs, 336
Nenner, 80
next, 286
Niveaulinien, 147
nops, 247, 295, 306
normal, 82, 409
Normalenvektor, 245
not, 275
NULL, 71, 292, 297, 337
Nullstellen, 99, 100, 199
numer, 80, 409

O

Obersumme, 207
op, 78, 100, 244, 294, 296, 302, 309, 410
Open, 89
or, 275
or-Verknüpfung, 275

Order, 209, 411, 435
Ordnung, 209
maximale Ordnung, 209
Ordnungsterm, 210

P

Pakete, 371
aktivieren bzw. laden, 77
Erstellung eigener Pakete, 372
Erstellung einer Bibliothek, 378
Initialisierung, 384
Installation der auf der CD-ROM enthaltenen, 451
interne Prozeduren, 379
Kurzformen, 77
Pakettabelle, 380
Paketkonzept, 430
Parallel Kernel Mode, 15
Parameter, 320, 330
Veränderung, 332
parametrische Kurven, 138
parse, 351
Partialbruchzerlegungen, 83
Partialsummen, 185
Partitionen, 248
Pascal, 279, 286
Permutationen, 247
Pfeilnotation, 48, 61
piecewise, 213, 410
plot, 119
plot3d, 146
Plotbereich, 122
Plotoptionen, 122
align, 126
arrow, 141
axes, 128, 146
axesfont, 127
color, 126, 129, 132, 147, 150
contours, 148
discont, 123
font, 127
frames, 144
grid, 129, 141, 150

labels, 127
linestyle, 133
numpoints, 144
optionsclosed, 143
optionsexcluded, 143
optionsfeasible, 143
optionsopen, 143
orientation, 148
scaling, 124, 147
shading, 150, 208
style, 131, 146
thickness, 208
title, 127
titlefont, 127
view, 129, 135
xtickmarks, 127
ytickmarks, 127
plots/animate, 144
plots/animate3d, 158
plots/coordplot, 128
plots/display, 125, 222
plots/fieldplot, 141
plots/gradplot, 197
plots/implicitplot, 134
plots/implicitplot3d, 155
plots/inequal, 142
plots/logplot, 140
plots/matrixplot, 238
plots/polarplot, 138
plots/setoptions, 127, 222
plots/spacecurve, 156
plots/sphereplot, 154
plots/surfdata, 153
plots/textplot, 124
Plotstrukturen, 127
polar, 410
Polynome, 75
    Ausmultiplizierung, 75
    Glieder, 78
    Grad, 78, 79
    Koeffizienten, 78
    Linearfaktoren, 76
    Quadratische Ergänzung, 76

sortieren, 77
Vereinfachung, 76
Zusammenfassung, 76
Postscript, 159
Potenzen, 36
Potenzreihen, 210
print, 50, 263, 282
printf, 263, 266, 282
printlevel, 435, 438
Prioritäten, 276
procname, 353, 354
product, 187, 410
Produkte, 187
Prompt, 11
Proß, Erhard, 7, 465
protect, 261
Prozeduren, 182
    Aufruf, 318
    Definition, 318
    Deklarationsteil, 318
    Fehlerbehandlung, 347
    Funktionen als Rückgabe, 349
    Optionen, 355
    Prozedurkopf, 318, 342
    Prozedurrumpf, 318
    Prozedurverwaltung, 356
    Rückgabewerte, 322
    Selbstaufruf, 353
    unausgewertete Rückgabe, 354
    Unterprozeduren, 352
Punkt-Richtungsform, 112
Punkte
    Koordinaten, 239, 240
    im Raum, 244
Punktoperator, 264

Q

Quadratwurzel, 38
quo, 80, 410
Quotienten, 79

R

Rang, 232
Re, 115, 388, 410
read, 368, 371
readdata, 389
readlib, 94, 371, 380, 428, 429, 431
readlib-Anweisungen, 378, 380
readlib-definierte Befehle, 425, 428
readline, 351, 389
readshare, 211, 433
readstat, 350
Reihen, 186
    alternierende harmonische, 186
    unendliche, 185, 186
Reihenentwicklung, 209
    asymptotische, 213
    asymptotische Summationsreihen,
      212
    Taylorsche, 212
Rekursionen, 361
related, 54, 411
Relation, 86
rem, 80, 411
remember, 355, 362
restart, 44, 68, 103, 128, 261, 411, 439
Resubstitution, 110
RETURN, 286, 323, 335, 353
rhs, 97, 411
Richtungsfeld, 223
Richtungsvektoren, 244
Riel, Joseph S., 7, 219, 451, 461, 462
RootOf-Darstellung, 103
rsolve, 182
Rücksetzen, 44
Rundungsfehler, 38, 183, 235

S

S-Multiplikation, 227
save, 368, 371
savelib, 381
savelibname, 381
Scheitelpunkt, 107

Scheyder, Elizabeth C., 7, 465
Schleifen, 49, 277
    Anfangsinitialisierung, 279, 292
    for/from-Schleifen, 279
    for/in-Schleifen, 283, 346
    gekürzte for/from-Schleifen, 282
    kombinierte for/while-Schleifen, 285
    schachteln, 278
    Schleifensprungbefehle, 286
    while-Schleifen, 283
Schnittgerade, 245
Schnittpunkte, 112
Schreibschutz eines Namens, 58
Schrittweite, 278
sci.math.symbolic, 455
SearchText, 316
searchtext, 315
select, 76, 95, 340, 411
Semantikfehler, 56
Semikolon, 12, 50, 272, 285
seq, 111, 176, 291, 411
series, 209, 411
share/analysis/FPS, 210, 407
Share Library, 210, 433
    Installation der Share Library, 447
Shared Kernel Mode, 14, 44, 45
signum, 115
simplify, 76, 93, 412
Simpsonsche Formel, 208
Skalarmultiplikation, 232
Skalarprodukt, 227
Skalierung, 121, 124
solve, 98, 412
sort, 77, 412
sscanf, 390
Stammfunktion, 204
Stapelüberlauf, 59, 292
Statusliste, 24
Stetigkeit, 173
Steuerzeichen, 265, 266
Stile, 32
    Abschnitt, 26
    Autor, 26

Überschrift, 25
Stirlingsche Zahlen zweiter Art, 248
Struktur
    eines geometrischen Objektes, 240
    eines mit geom3d gebildeten, 244
student/changevar, 204, 414
student/completesquare, 77, 414
student/Doubleint, 205, 414
student/integrand, 206, 414
student/intercept, 113, 415
student/intparts, 205, 415
student/isolate, 415
student/leftbox, 207
student/leftsum, 206, 415
student/middlebox, 207
student/middlesum, 206, 415
student/powsubs, 110, 415
student/rightbox, 207
student/rightsum, 206, 415
student/showtangent, 134
student/simpson, 208, 415
student/slope, 112, 415
student/trapezoid, 208, 415
student/Tripleint, 205, 415
Studentenversion, 11, 150, 437, 447
subs, 60, 108, 343, 412
subsop, 295
Substitution, 107
Substitutionsgleichung, 204
Substitutionsgleichungen, 107
Substitutionsvariable, 111, 204
substring, 314
sum, 413
Summen, 185
    geometrische Summe, 186
symmdiff, 300
Syntaxfehler, 55
system, 435

T

Tabellen, 301
    copy, 307
    Hashing, 302

Indizes, 301, 303
Indizierungsfunktion, 306
Unterschiede im Speichermanage-
    ment zu 'normalen' Variablen, 306
Verwaltungsinformationen, 305
Werte, 301
table, 301
Tangenten, 134
Tastenfunktionen, 13
taylor, 212
tcoeff, 413
Terminaleingaben, 350
Textbereich, 11
    mathematische Schriftsetzung, 26
Textdatei, 451
    importieren, 16
Tilde, 86, 87
trace, 356, 363
Transposition, 233
traperror, 171, 347, 413
Trapezformel, 208
Trennzeichen, 264
trigsubs, 94, 413
true, 255, 275
type, 168, 257
type/evenfunc, 168
type/oddfunc, 168
Typeset Notation, 17, 20
Typüberprüfung, 342

U

Umgebungsvariablen, 329
Umkehrfunktion, 166
Umkehrrelation, 134
Umlaute, 264, 313
unapply, 81, 164, 349, 413
undefined, 171, 180
Ungleichungen, 105, 142
    'Real-Range'-Darstellung, 105
union, 300
unprotect, 261
Unstetigkeitsstellen, 175
Untersumme, 207

usage, 54, 413

V

value, 187, 200, 204, 413
Variablen, 42, 255
  Geltungsbereiche, 325
  global Variablen, 327, 330, 352
  lokale Variablen, 325, 330
Vektoren, 225
  Addition, 226
  Definition, 225
  Euklidische Norm, 228
  Normierung, 228
  Subtraktion, 226
  Winkel, 228
Vektorkomponenten, 225, 230
Vereinfachung, 52
Vereinfachungen, 89, 255
  Logarithmen, 92
  Potenzen, 89
  Trigonometrische Ausdrücke, 93
  Wurzeln, 91
Vergleich, 84
Verkettung, 296
Verkettungsoperator, 265
Vollauswertung, 45, 330

W

Wahrheitswert, 255
Watson, Jenny, 7
Wendestelle, 190
Wertetabelle, 49
whattype, 257
with, 77, 371, 374, 378, 432
writedata, 391

Z

Zähler, 80
Zeichenketten, 256, 264, 313
  Verkettung, 315
  Länge, 313
  Muster suchen, 315

Unterstring, 314
zip, 299
ZSoft PCX-Format, 159
Zuweisungen, 42, 58
Zuweisungsoperator, 42, 51